高等学校教材

土木工程计算机辅助设计

（AutoCAD 中文版）

（第2版）

主　编：曾　珂

副主编：李　睿　李　进

编　委：何远宾　卢林枫　肖　宇
刘晓帆　王　茹　徐　红
王应生

主　审：肖临善　牛荻涛

中国建材工业出版社

图书在版编目（CIP）数据

土木工程计算机辅助设计/曾珂主编．—2版．—北京：中国建材工业出版社，2015.9
ISBN 978-7-5160-1284-0

Ⅰ.①土… Ⅱ.①曾… Ⅲ.①土木工程—建筑制图—计算机制图—AutoCAD软件 Ⅳ.①TU204

中国版本图书馆CIP数据核字（2015）第216152号

内容简介

全书共分13章。以绘制建筑工程平面图为主线，从AutoCAD绘图的工作环境设置入手，由浅入深，从简单的卫生间开始，一步步绘制，到最终完成并打印出图。书中详细讲述了如何使用块、层来组织图形，如何使用其精确定位工具和编辑工具提高绘制效率，如何为我们的图形标注文字、尺寸等，并介绍了如何解决在使用中可能遇到的许多实际问题。

本书的特点是绘图应用为主，命令学习为辅。书中的图形显示以AutoCAD 2014为基础。本书讲述的内容重点是绘制建筑工程图的方法，而不是在命令的讲解上，所以读者可选择AutoCAD 2014及更高级的版本做上机练习。作为一本教材，本书的大部分内容笔者都在本、专科CAD教学中应用过，效果很好，因此本书非常适合从事建筑、结构、环境工程、建筑管理及施工等人员学习CAD绘图使用。

土木工程计算机辅助设计（AutoCAD中文版）（第2版）
主　编　曾　珂
副主编　李　睿　李　进

出版发行：中国建材工业出版社
地　　址：北京市海淀区三里河路1号
邮　　编：100044
经　　销：全国各地新华书店
印　　刷：北京鑫正大印刷有限公司
开　　本：787mm×1092mm　1/16
印　　张：18.75
字　　数：464千字
版　　次：2015年9月第2版
印　　次：2015年9月第1次
定　　价：43.80元

本社网址：www.jccbs.com.cn　　微信公众号：zgjcgycbs
本书如出现印装质量问题，由我社网络直销部负责调换。联系电话：（010）88386906

第 2 版前言

时光荏苒、岁月如梭，一晃本书已经走过十几年的风风雨雨。虽然本书的主要案例是以平面图为例讲解的，尽量排除版本的差异，但 AutoCAD 的版本已经从 2004 升级到现在的 2016，经历了十数个版本，Windows 也从 XP 发展到现在的 Win10，界面操作已经有了不少变化，确实出现了许多对应不足的情况，因此几个编委商定根据平时的教学经历改版了此书。

经过几年的筹划，在保持原书主要教学思想的前提下，以 2014 作为主要的界面图形（不得不感慨 CAD 版本更迭的速度，截至发稿前，最新版已经更迭到 2016），对全书进行了整体改造，并去除了 CAD 已经摒弃的功能，使本书能跟上 CAD 版本更迭的步伐。

AutoCAD 软件发展至今，功能越来越复杂，界面也越来越繁复，但其平面绘图功能基本变化不大，只是从易用性角度改善了一些工具，比如 Extend 和 Trim 命令的统一、增加了一次多根线段的修剪和延伸等等。基本命令变化不大，绘图的基本方法变化不大，新版本主要从三维功能、网络共享、图形驱动上有大的提升。

改版后本书还是 13 章，依旧保持了从简入繁、由低向高，在实例中学命令、在练习中学软件的风格。突出了教学中学生的主导地位，教师为辅，循循善诱。既避免老师在课堂上满堂灌教命令的枯燥，又改善了学生在自学软件时遇到实例无从下手的尴尬。本书通过精心的编排，尽量排除软件的依赖性，以方法教学为主，命令阐述为辅，使学生在教学过程中耳濡目染地去学习，提高学习的兴趣，掌握解决问题的方法，也就是所谓授之以渔式的教学理念。

在实际教学过程中，也发现了一些问题。遵循案例教学使部分学生感觉命令分布比较散，不系统，查找命令不方便，因此本次改版还增加了一个“命令速查”的章节，以配合这部分同学快速了解命令。

本书首先从 CAD 的发展现状入手，简单阐述了现有建筑工程设计绘图的辅助软件，使初学者对市场有一个初步的认识。简单的 CAD 入门后，从第 3 章到第 12 章，通过 10 章的内容，详细描述了从简单线段入手，如何绘制出一张合理的图纸以及最后的打印出图。内容突出了：

精确定位工具＋丰富的编辑工具＋合理的运用命令＋规范的布置＝CAD 绘图

建议学时不变，本教材讲课 20 学时，上机 20 学时，共计 40 学时。

分配如下：

第 1 章：1 学时	第 2 章：1 学时	第 3 章：2 学时	第 4 章：2 学时
第 5 章：2 学时	第 6 章：1 学时	第 7 章：2 学时	第 8 章：1 学时
第 9 章：1 学时	第 10 章：2 学时	第 11 章：2 学时	第 12 章：1 学时

第 13 章：2 学时

全书由曾珂统稿，第 1 章、第 2 章由曾珂编著，第 3 章到第 6 章由李睿编著，第 7 章、第 8 章由李进编著，第 9 章由李进、肖宇编著，第 10 章由卢林枫、徐红编著，第 11 章由王茹编著，第 12 章、第 13 章由曾珂、刘晓帆编著。这些编委在资料收集、文字录入、核对、绘图及打印等各方面做了大量的工作。

在此我非常感谢我的两位导师——肖临善教授和牛荻涛教授为本书的最终定稿提供了大量的有益建议，并进行了仔细的校对。

由于时间仓促，编者水平有限，本书的不足之处在所难免，恳请批评指正，欢迎使用 E-mail 通知我们，我们将不断地做出改进。

曾 珂
ZENGKE@XAUAT. EDU. CN
西安建筑科技大学土木学院
2015 年 8 月

序

计算机的应用已经深入到社会生活的一切领域。现今的建筑工程专业中，大量地使用计算机来进行设计和研究，而 CAD（计算机辅助设计）技术作为衡量一个国家科技现代化和工业现代化水平的重要标志，其在建筑工程中各个领域的大量应用是毋庸置疑的。从简单的绘图到智能 CAD 系统的应用，从设计、分析到加工制作，CAD 技术的应用已不再简单局限于设计而成为一种 CAE（计算机辅助工程）系统的应用。

随着微型计算机的普及，在建筑工程的设计和绘图中，采用工程设计软件计算，以 CAD 软件绘图的方法，已经完全取代了人工计算、用图板画图的老方法。熟练掌握 CAD 软件绘图现已成为设计工程师必备的素质。我们说：

CAD 图纸＝设计方法＋CAD 软件应用

即一个设计师能够绘制 CAD 图纸所必备的基本素质有两点：第一，设计者掌握相关专业的设计方法；第二，熟练掌握一门 CAD 软件。该书的重点是讲解 AutoCAD 软件在建筑工程中的应用。

这次由中国建材工业出版社与各高校组织编写本书，旨在提高专业教材学术水平，普及科技知识，是非常有意义的。它的出版对于提高我校的专业计算机应用水平具有重要意义，而且对推动我校的教材建设，提高本学科的专业教材水平起到非常重要的作用。

该书面向土木工程专业的初、中级用户。俗话说，“万事开头难”，由于 AutoCAD 绘图功能强大，命令繁多，其输入方法也多种多样，虽然给绘图者以极大的空间可以灵活使用，但这也使得初学者在画图时面对众多的命令，无从下手。另外，现在对于建筑工程专业来说，主要的绘图工作都集中在平面绘图中，而现在的版本更新大都集中在三维绘图部分，工程绘图是以实用、高效为主，初学者首要的任务就是熟练使用 AutoCAD 的基本命令。

该书具有以下特色：

- 全新的思路。以往的 CAD 教材要么是 AutoCAD 的实用大全，要么是专业的 CAD 应用，不适合于作为教材。而该书通过讲述专业制图方法来引出 AutoCAD 命令的讲解，使讲解的 CAD 命令通过实例形成一个有机的整体。
- 章节安排新颖。本书的主线是使用 AutoCAD 软件绘制建筑平面图的实例。章节的设计是按照图纸绘制的步骤来考虑，使初学者学会如何绘制出完整的图纸，而不仅仅是命令的学习。
- 与版本无关。教学用书需要有一定时间的稳定性，该书着眼于讲述在 AutoCAD 中实现建筑工程制图的方法，而不是讲解 CAD 命令；而且建筑工程制图重在实用，熟练掌握基本命令是关键，而在各版本中基本命令的变化不大。

该书内容由浅入深，从绘图的步骤入手，很好地解决了初学者绘图下手难的问题，而且实例详尽，图文并茂，文字言简意赅，非常适合建筑类专业本、专科学生教学及相关工程技术人员参考和自学。

西安建筑科技大学土木学院

2003 年 5 月

第1版前言

科学技术是第一生产力，社会主义的现代化建设事业首先需要科学技术的现代化，大力发展科学技术已成为我国的基本国策。建筑业作为国家的支柱产业，现代科技的应用已经深入其每个领域。作为一名从事建筑工程专业的教师，有义务去普及科技知识，提高国民的科学文化知识，奋发努力赶超世界水平。

笔者一直从事大学的建筑工程专业本、专科CAD教学，关于AutoCAD软件的学习，从AutoCAD R10到AutoCAD 2010，版本更替十分迅速，教材换了一本又一本，而且后来我们引入了多媒体CAD教学，不说备课笔记要换，多媒体的演示文稿也要换。于是我就想，在教学过程中能不能找到一种适合建筑工程类学生的CAD教学的较为稳定的教科书，而且在实际工程应用中，AutoCAD软件是工程师用以表达设计思路的工具，设计人员必须能够熟练使用它。在多年的CAD教学中，我们发现学生从第一次上机接触CAD开始，一旦打开一个CAD的例图使用Zoom、Pan等工具操作例图后，就将情不自禁地点击各种绘图、编辑工具和菜单，课堂的气氛非常活跃。但随着学生练习的深入，发现面对众多命令，画图却无从下手，这是初学者急需解决的问题。因此，我萌发了自己写书的念头。在此感谢中国建材工业出版社给我一个机会来组织编写这本书。为了写好本书，特地邀请了十几位从事CAD教学的老师及资深结构工程师参与编写，从2001年9月开始策划、设计、编著、校核到最终定稿，历时近两年时间，终于将这本书编纂出来。每一位编委都为此付出了艰辛的劳动，在此表示衷心的感谢。

全书共分13章，选用现在建筑结构辅助设计的主流软件中文版AutoCAD为平台，详细地讲解了CAD技术在建筑结构中的应用，从绘图的第一步——建立工作区开始，然后按照绘图惯例，从小到大、从简到繁，首先绘制卫生间的洁具，引出简单对象的绘制及编辑命令，并绘制出卫生间；下一步使用“块”操作来重复利用画好的洁具，引出块命令的操作，并在卫生间中加入洁具；进而利用层来组织图形，绘制出单个房间的平面图，并把不同的图素放置在不同的层上，以方便管理。而CAD软件之所以使设计绘图工作变得简单而有效，要归功于其编辑工具，即：

精确定位工具＋丰富的编辑工具＝强大的CAD工具

在一幅图中，随着图形绘制得越多，图幅越大，图形的拼接和组织就越重要，于是就引出了如何使用“编辑命令”把一个房间平面图变成一栋房子的平面图；然后引出文字标注及尺寸标注，直至打印出图。最后还给出了两个其他实例，并给出不同的绘制方法，内容贯穿整个教材，可作为总复习及提高之用。全书每个章节都配备一定数量的思考题和从工程图中摘取的习题，使学生通过习题巩固学到的知识。建议本教材讲课20学时，上机20学时，共计40学时。

建议分配如下：

第 1 章：1 学时　　第 2 章：1 学时　　第 3 章：2 学时　　第 4 章：2 学时
第 5 章：2 学时　　第 6 章：1 学时　　第 7 章：2 学时　　第 8 章：1 学时
第 9 章：1 学时　　第 10 章：2 学时　　第 11 章：2 学时　　第 12 章：1 学时
第 13 章：2 学时

第 1、2 章由何远宾和胡俊辉编著，第 3、4、5、6 章由李睿、徐红和曾珂编著，第 7、8 章由李进和曾珂编著，第 9 章由肖宇和曾珂编著，第 10 章由卢林枫和解琦编著，第 11 章由王茹、曾珂编著，第 12 章由刘晓帆、王茹、王应生编著，第 13 章由肖宇、何远宾等编著，全书由曾珂统一编纂。这里要特别感谢各位编委在资料收集、文字录入、核对、绘图及打印等各方面所做的大量工作。

在此我非常感谢我的两位导师——肖临善教授和牛荻涛教授为本书的最终定稿提供了大量的有益建议，并提供了仔细的校对。

由于时间仓促，编者水平有限，本书的不足之处在所难免，恳请批评指正，欢迎使用 E-mail 通知我们，我们将不断地做出改进。

曾　珂
西安建筑科技大学土木学院
zeng-ke@126. com
2004 年 6 月

目　录

建议学时：1学时

第1章　计算机辅助设计在工程中的应用及现状

问题提出

本章主要介绍以下内容：

- 什么是CAD?
- 当今CAD技术发展到什么程度?
- 在土木工程中，CAD技术有哪些应用?
- 土木工程专业中常用的CAD软件有哪些?

1.1　CAD的起源及发展过程

CAD为计算机辅助设计（Computer Aid Design）的缩写，是用计算机硬、软件系统辅助人们对产品或工程进行设计、修改及显示输出的一种设计方法。CAD作为一门综合性应用技术，发展十分迅速，现已深入到人民生活和国民经济的许多方面。CAD的诞生可追溯到20世纪50年代中期程序化设计语言产生的年代。但CAD这一术语是随着SketchPad系统的诞生而出现的。这一系统是由美国人Ivan Sytherland研究出来的一个交互式图形系统，能在屏幕上直接进行图形设计与修改。它的出现，掀起了计算机图形学的高潮。20世纪60年代，CAD系统得到了广泛应用。70年代，计算机图形学和计算机绘图得到快速发展，但由于计算机水平的限制，还只能解决一些简单的设计问题。进入80年代，随着工作站级计算机和个人电脑的发展，CAD与计算机辅助工艺设计（CAPP）及数控自动化编程连在一起，形成集成的CAD/CAM系统，大大促进了生产的发展。初期的CAD主要用于绘图，随着计算机硬、软件技术及其他相关技术的发展，不仅能做二维的平面绘图，而且可用于三维造型、曲面设计、机构分析仿真等方面。为适应设计与制造自动化的要求，进一步提高集成水平是CAD/CAM系统重要的发展方向之一。例如近年来出现的计算机集成制造系统（CIMS），对CAD/CAM系统的数据库及其管理系统、网络通信等方面都提出了更高的要求。要使CAD真正实现辅助设计，就应将人工智能技术与传统的CAD技术结合起来，形成智能化CAD，这是CAD发展的必然趋势。

1.2　CAD技术应用——一场设计革命

对全世界200多万使用个人计算机进行设计的专业人士来说，CAD技术是他们把理想和构思转化为现实的最基本的生产工具。CAD 系统为用户提供了一个不断前进、不断变革的二维与三维设计环境与工具集。依赖于这样的环境与工具，设计师们正在创造、修订和共享着精确的、富含各种信息内容的图形。正是由于软件中内建的自动化设计工具，CAD 帮助设计师把注意力完全集中于设计过程本身。

CAD/CAM 技术为什么这样重要？因为它推动了几乎一切领域的设计革命，CAD 技术的发展和应用水平已成为衡量一个国家科技现代化和工业现代化水平的重要标志之一。CAD/CAM 技术从根本上改变了过去的手工绘图、发图、凭图纸组织整个生产过程的技术管理方式，将它变为在图形工作站上交互设计、用数据文件发送产品定义、在统一的数字化产品模型下进行产品的设计打样、分析计算、工艺计划、工艺装备设计、数控加工、质量控制、编印产品维护手册、组织备件订货供应等等。

1989 年美国评出近 25 年间当代十项最杰出的工程技术成就，其中第 4 项是 CAD/CAM。1991 年 3 月 20 日，海湾战争结束后的第三个星期，美国政府发表了跨世纪的国家关键技术发展战略，列举了 6 大技术领域中的 22 项关键项目，认为这些项目对于美国的长期国家安全和经济繁荣至关重要。而 CAD/CAM 技术与其中的两大领域 11 个项目紧密相关，这就是制造与信息、通信。制造技术为工业界生产一系列创新的、成本上有竞争能力和高质量的产品投入市场打下基础。而信息和通信技术则以惊人的速度不断发展，改变着社会的通信、教育和制造方法。制造技术的关键项目有柔性计算机集成制造、智能加工设备、微米级和毫米级制造、系统管理技术；信息和通信技术包括软件、微电子学和光电子学、高性能计算和联网、高清晰度成像显示、传感器和信号处理、数据存储器和外围设备、计算机仿真和建模。

所谓建立一个产品的 CAD 系统，首先应该理解为建立一种新的设计和生产技术管理体制。有了这样的新体制，就可以方便地：

1. 组织平行作业。产品的各个部件设计组、系统组、专业分析组、试验组、生产准备组都可以及时从屏幕上看到产品的总体布局，及早进行各种专业协调。

2. 在产品设计阶段用三维几何模型模拟零件、部件、设备的装配和安装，及早发现结构布局和系统安装的空间干涉。

3. 组织迅速有效的发图更改。德国 MBB 飞机公司与英国、意大利合作生产“狂风”（Tornado）战斗机，1983 年在型号管理数据库中存储了 7500 项用户提出的各种设计更改要求、18000 个工厂内部的更改单、8000 个三国协作的各种更改通知、95000 个图纸更改单、16000 个生产更改单。日本从波音飞机公司转包生产 777 客机，在名古屋建立数据中心，与波音的西雅图总部联网，将波音 777 的图纸和生产要求转送富士、川崎、三菱三家公司。

4. 进行产品的性能仿真。核武器的物理设计要对比上千种模型，一次核反应在微秒级的时间内完成，温度达到几千万度，压力超过几千万大气压，只有依靠计算机数值模拟，才能从上千种设计方案中优选出一种进行物理试验。导弹设计的发射仿真同样可以大大减少实地打靶数量。

5. 提前进行产品的外观造型设计。这点对轻工业产品尤其重要，及早让订货单位从屏幕上评审产品的色彩、装潢和包装。

更加全面的 CAD 技术应该是一个集开发、制造和支持一体化解决的完备方案，我们称之为 CADMEAS（Computer Aided Development，Manufacturing and Support），它是计算机辅助工程开发、制造和支持系统的缩写，其目的在于通过主数据库和数据总线将生产中已经使用的 6 个子系统集成在一起，并且创造一个良好的足以适应 20 世纪 90 年代 CAD/CAM 软件发展需要的开发环境。有待集成的 6 个子系统是：

1. 计算机辅助设计 CAD。包括二维绘图、曲面造型、实体造型等新开发的功能和已有的 CADAM 和 CATIA 等商品软件。

2. 计算机辅助工程 CAE（Computer Aid Engineering）。对于设计主要涉及动力、结构强度、温度场、颤振、总体参数优化等程序，有现成的 ANSYS、Nastran 等商品软件。

3. 计算机辅助制造 CAM（Computer Aid Manufacture）。包括坐标数控加工编程系统、基于 APT 的曲面加工系统、多坐标编程系统等。

4. 计算机辅助型号管理 CAPM。这是为了统一控制产品的各种设计更改和生产更改，使得设计图纸和生产文件的更改严格遵守统一的审批、发放、归档制度，杜绝一切差错。

5. 计算机辅助文档服务 CADS。供编辑出版产品的技术说明、使用手册、维护手册、备件目录以及企业内部的刊物用。软件工具有图像扫描输入的数值化处理和数据压缩、图文编辑、激光排版系统等。

6. 计算机辅助供应 CAS。包括生成全机的材料清单，组织原材料、零部件、成件的订货、跟踪和入库，向领导部门提供各种统计分析报表。

1.3　土木工程专业常用的 CAD 软件分类及应用

在土木工程的设计中，不仅仅包括图纸的绘制，更广泛的，包括计算、分析和模拟等。更进一步，有些专用的 CAD 软件还兼有 CAM 软件的功能，在目前的钢结构设计软件中已开始采用。一个涵盖更广泛的概念 CAE 已逐渐为土木建筑行业所接受。

CAD 软件系统发展历程：

- 单功能 CAD 系统。
- 基于文件管理功能的多功能 CAD 系统。
- 基于工程数据库技术的集成化 CAD 系统。

下面我们从四个方面来了解和比较在土木工程专业中常用的一些 CAD 软件。

1.3.1　绘图篇

通用的绘图软件有 AutoCAD、MicroStation 等，专业绘图软件有 Xsteel、Hyper-STEEL 等。我国自行开发的 CAD 软件有华中理工大学的 Inte CAD、浙江大学的 CAD、北航海尔的 CAXA 电子图板等等。

我们常用的 AutoCAD 软件是一种通用的绘图软件，它广泛地应用于机械、土木工程等领域的绘图工作，其开放式的绘图接口适合在其基础上开发出各种专业的绘图模块，天正、探索者绘图软件就是其中的佼佼者。从整个绘图软件市场来看，AutoCAD 软件崛起并非偶然，它从一个名不见经传的小公司做成世界最大的图形解决供应商，市场占有率第一，战胜了无数著名图形软件公司，其成功的根本就在于它的开放性和易用性，它肯定不是最好的软件，但它一定是最易用的软件。国产软件往往功能有特色但过于迎合使用者的习惯甚至是陋习，把易用性理解庸俗化了，而且在开放性上做得严重不足，故步自封，甚至图形文件都是加密的，很难共享，很少有公司会提供二次开发功能，这也使得用户的自主性不足，缺乏市场应用。另外，国产图形软件的投入不足，AutoCAD开始都是免费赠送，后来也对盗版睁一只眼闭一只眼，只是在其成功主宰市场后才开始打击盗版。对国产图形软件，国外风投难以惠顾，而国内投资者也是急功近利难以资助，这也造成自主平台推广难以成系统、成规模。

1. AutoCAD

AutoCAD（Auto Computer Aided Design）是Autodesk（欧特克）公司首次于1982年开发的自动计算机辅助设计软件，用于二维绘图、详细绘制、设计文档和基本三维设计。现已成为国际上广为流行的绘图工具。在此之上，用户还可以通过Autodesk以及数千家软件开发商开发的5000多种应用软件把AutoCAD改造成为满足各专业领域的专用设计工具。在许多互不相关的工业领域中，都可以看到正在使用AutoCAD完成设计工作的专业设计人员。这些领域包括建筑工程设计、工厂设施管理、机械设计和地理信息系统等。

目前AutoCAD最新版本是R2016，增加了A360共享平台、ReCap智能点云工具、地理位置和实时地图、智能标注、增强的PDF输出、系统变量监视器以及基于图像的光照环境等。

详情可查阅http：//www. autodesk. com。

2. MicroStation

MicroStation为美国Bentley System公司所研发，是一套可执行于多种软硬件平台（Multi-Platform）的通用电脑辅助绘图及设计（CAD）软件。MicroStation的前身名为IGDS（Interactive Graphics Design System），是一套执行于小型机（Micro Vax-2）的专业电脑辅助绘图及设计软件，也因为它是由小型机移植的专业电脑辅助绘图及设计软件，在软件功能与结构上不仅远优于一般的PC级电脑辅助绘图及设计软件，在软件效率表现上更有一般PC级电脑辅助绘图及设计软件远不能及之处。

MicroStation V8i是世界领先的信息建模环境，专为公用事业系统、公路和铁路、桥梁、建筑、通信网络、给排水管网、流程处理工厂、采矿等所有类型基础设施的建筑、工程、施工和运营而设计。MicroStation既是一款软件应用程序，也是一个技术平台。它可通过三维模型和二维设计实现实景交互，确保生成值得信赖的交付成果，如精确的工程图、内容丰富的三维PDF和三维绘图。它还具有强大的数据和分析功能，可对设计进行性能模拟，包括逼真的渲染效果和超炫的动画。此外，它还能以全面的广度和深度整合来自各种CAD软件和工程格式的工程几何线形和数据，确保用户与整个项目团队实现无缝化工作。

详情可查阅http：//www. bentley. com。

3. Tekla Structures

1966年Teknillinen laskenta Oy在赫尔辛基成立，TEKLA为其注册的商品名称。

1993年，正式推出钢结构设计软件Xsteel，2004年正式更名为Tekla Structures。它是一个独立的三维智能钢结构模拟、详图的软件包，用户可以使用Xsteel创建一个结构完整的三维图形。它包括3D实体结构模型与结构分析完全整合、3D钢结构细部设计、3D钢筋混凝土设计、专案管理、自动Shop Drawing、BOM表自动产生系统。Tekla公司于2011年7月并入Trimble Group公司。

Tekla Structures是一个基于面向对象技术的智能软件包，这就是说，模型中所有元素包括梁、柱、板、节点、螺栓等都是智能目标，例如当梁的尺寸改变时，相邻的节点也自动改变。

零件、安装及总体布置图都能自动生成。自带的绘图编辑器能对图纸进行编辑，这样就可以使人为所引起的错误降低到最低限度。

Tekla Structures是一个开放的系统。用户可以创建自己的节点和目标类型（宏），并可以添加到平台中去。用户完全能自定义所有的报告模式、图纸布局及图纸表格。

Tekla Structures完整深化设计是一种无所不包的配置，囊括了每个细部设计专业所用的模块。用户可以创建钢结构和混凝土结构的三维模型，然后生成制造和架设阶段使用的输出数据。

OVE是一个使用该软件实现的模拟人体构造的项目，充分体现了BIM的潜力。最初由奥雅纳作为一个内部项目。OVE将由Arup公司在拉斯维加斯建造，170m的高度将超过吉萨的大金字塔。作为一种结构，OVE是一个商业和住宅混合项目，双腿是公寓，躯干是办公室和主机控制室以及会议室。它是BIM实施建设项目，有着精心设计的几何结构、非正统的设计挑战和独特的美学体现。

详情可查阅http://www.tekla.com/uk/products/tekla-structures。

4. 天正系列

天正系列是北京天正工程软件有限公司以AutoCAD为平台开发的专业绘图工具集，包括了天正建筑、天正暖通、天正给排水、天正结构、天正电气、天正装修和天正市政道路及管线，其中最为著名的是天正建筑。由于应用专业对象技术，有能力在满足建筑施工图功能大大增强的前提下，兼顾三维快速建模。模型与平面图同步完成，不需要建筑师额外劳动，可以快速、方便地达到施工图的设计深度，同步提供三维模型。三维模型除了提供效果图外，还可以用来分析空间尺度，有助于设计者与设计团队的交流、与业主的沟通及施工前的交底。最新版本支持AutoCAD 2015版本，如图1-1所示。

详情可查阅http://www.tangent.com.cn。

5. TSSD

探索者系列软件是北京探索者软件技术有限公司在AutoCAD平台上运用ObjectArx、MFC、AutoLisp等开发的工程CAD软件，包括结构和BIM两个系列。而TSSD

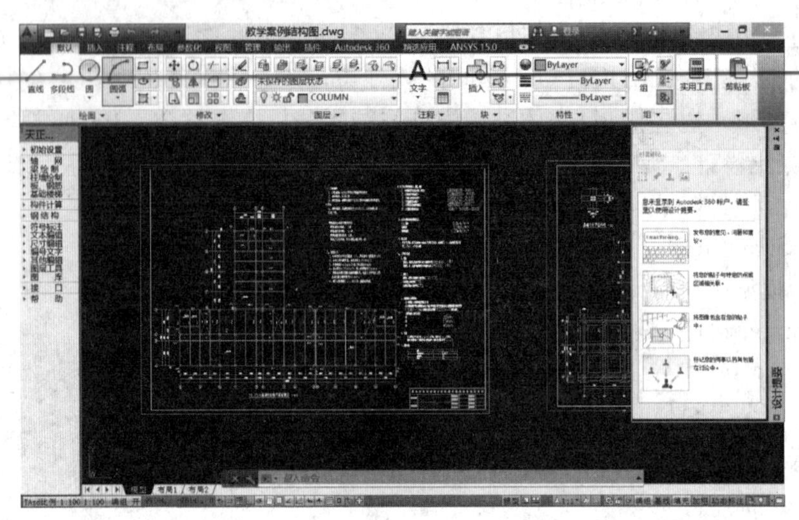

图 1-1　天正主界面

是该系列软件中的核心模块，主要以各种工具为主，包括计算程序接口、建筑软件 DWG 图形的转换程序，提供构件计算、出图一体化功能。

TSSD 可以与其他结构类软件接口，包括天正建筑（天正 7 以下的所有版本）、PK-PM 系列施工图、广厦 CAD，转化完成的图形可以使用 TSSD 的所有工具再编辑。TSSD 具有专业化的多比例绘图功能，满足用户不同绘图习惯方式。强大的文字输入及排版工具，有效解决了结构在图中专用特殊符号图例较多的问题。

优点是有为平法绘图提供的专用工具，平面绘制修改量较少，极为完备的钢筋工具，边算边画的结构设计的理想工作环境，内置规范，为工程师提供安全保障，先进的图库管理系统以及统一设置等。

探索者支持最新版 AutoCAD，其主界面如图 1-2 所示。现探索者又开发了面向国内 CAD 如浩辰 CAD 平台上的软件。

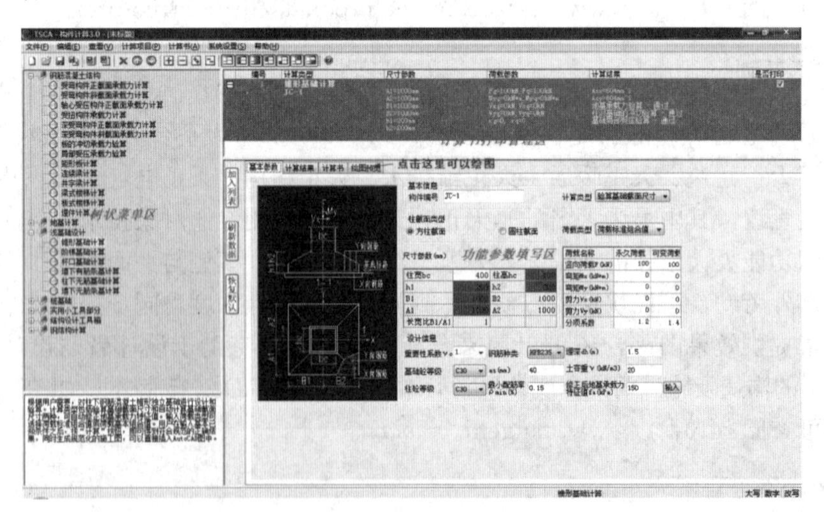

图 1-2　TSSD 主界面

详情可查阅 http：//www. tsz. com. cn。

1.3.2 计算篇

结构计算软件是非常专业的市场，鉴于国内外设计习惯的不同，国内少有专门的计算软件提供。我国设计市场重视绘图而轻视计算，尤其是优化设计。设计人员的设计周期比较短，大量时间被用于与甲方乙方的沟通甚至是扯皮，设计的主导不是设计师而是甲方，设计方案经常变更，设计师疲于更改图纸而无暇投入时间进行结构的合理优化。这也使得国内大部分软件集中于如何更快更方便地绘图，在计算软件上的投入严重不足。而国外正好相反，有大量优秀的计算软件提供。

1. CSI系列软件

CSI（Computers & Structures Inc.）系列软件包括SAP、ETABS和SAFE。

SAP2000是面向结构分析/设计的有限元软件。SAP2000提供强有力的结构模型的建立功能，包括桥梁、水坝、水箱和建筑物。基于视窗的图形化界面可以利用预设模板快速建立模型。建立和修改模型、执行分析、查看结果及最优化设计等都整合于同一个界面内。结构类型包括了框架/桁架（Frame/Truss）、板壳/平板（Shell/Plate）、实体（Solid）及非线性杆（Nonlinear Link）等。静力荷载包括重力（gravity）、压力（pressure）、温度（thermal）和预应力，可利用定义作用力或位移加载于节点上。动力荷载可利用多重的基底反应谱或多重的时间顺序荷载形式来模拟。程序提供Eigen和Ritz两种分析并包括SRSS、CQC和GMC的振型组合方法。车辆活荷载可模拟卡车及火车等荷载。完整的设计包括钢结构（AISC-ASD和LRFD）最优化设计，以及钢筋混凝土结构的钢筋计算（ACI-89）。非线性增量分析（Pushover）SAP2000非线性版Version 7增加了简单实用的静力增量分析。非线性塑胶可定义于框架结构的任何位置，而且其性质可由使用者自定义或由程序自动计算。分析可利用作用力或位移控制，而其结果可显示于图形或输出于报表。非线性增量分析结果可用于后处理的钢结构及钢筋混凝土结构设计。增量分析结果可逐步以图形或文字格式输出。

ETABS是一个建筑结构专用计算机程序，它可以进行线性和非线性、静力和动力分析。在ETABS中，建筑结构被理想成柱、梁、斜柱和墙的集合，它们由在自身平面内刚性的或柔性的楼板连接在一起。基本的框架几何用简单的三维轴网系统定义，这个轴网是楼层平面和柱线的交点，采用相当简单的模拟技术就可以考虑非常复杂的框架。

在平面上，建筑物既可以非对称也可以非长方形。计算结果能反映楼层的扭转特性和层间的协调性。程序的解具有完整的三维位移协调性，这样ETABS可以反映由于小跨度柱群造成的筒效应。半刚性的楼板用楼板单元来模拟，它可以描述楼板平面内的变形。楼梯可以用跨层的单元处理。程序可以模拟半楼板，如半层（mezzanine）、缩进（setback）、大厅（atrium）和楼板开口（floor opening）。程序也允许考虑同一层上的多块楼板，这使得程序可以模拟下连和上连多塔楼结构。其最新版ETABS 2013主界面如图1-3所示。

详情可查阅http：//www. csiberkeley. com。

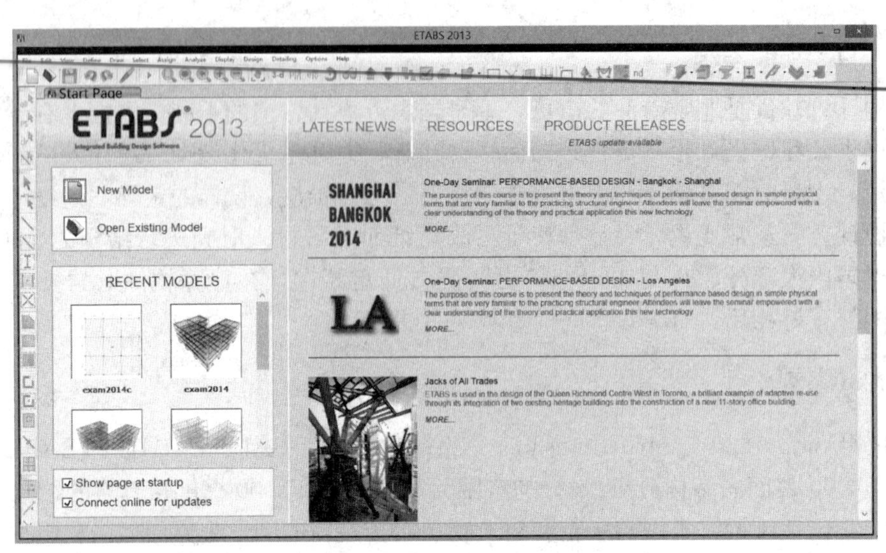

图1-3　ETABS 2013主界面

2. STAAD. PRO

STAAD. PRO是美国REI公司开发的产品，是一个功能强大的工程分析计算软件，在工程界享有较高的声誉。许多世界著名的大工程公司，如Fluor Daniel、Bechtel Corp、Foster Wheeler、British Telecom等，都采用STAAD. PRO作为自己唯一指定的结构工程计算软件，STAAD. PRO的用户遍及世界各地。在我国，STAAD. PRO也已经广泛应用于石化、电力、交通等各个领域，大量的设计成果已经在全国各大企业建成并使用良好。2005年，Bentley工程软件有限公司并购了美国REI公司的STAAD. PRO产品。目前最新版本是STAAD. PRO V8i，其主界面如图1-4所示。

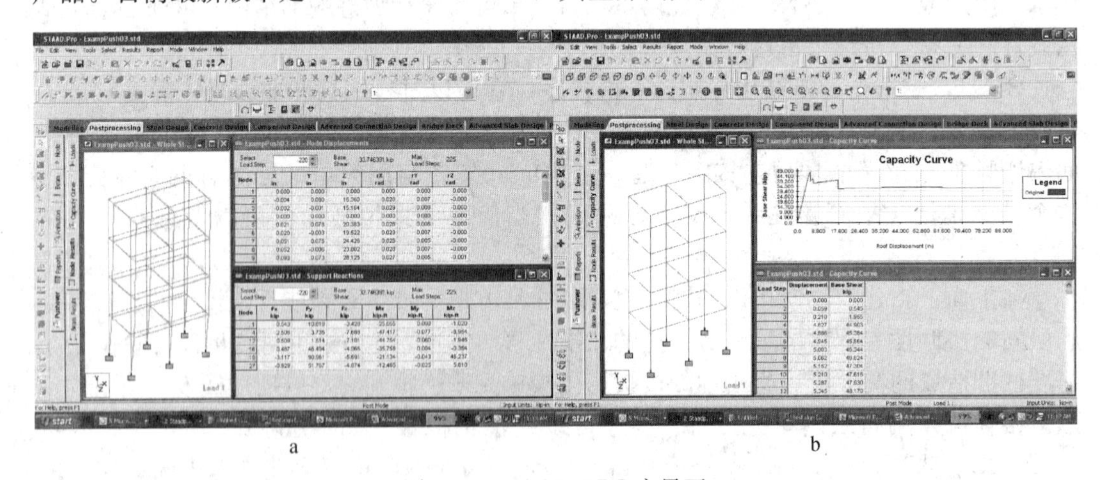

图1-4　STAAD. PRO主界面

STAAD. PRO可通过其灵活的建模环境、高级的功能和流畅的数据协同进行涵洞、石化工厂、隧道、桥梁、桥墩等设施的钢结构、混凝土结构、木结构、铝结构和冷弯型钢结构设计，以及时间历程推覆分析和电缆（线性和非线性）分析，其结构分析和设计功能符合 10CFR Part 50、10CFR21、ASME NQA-1-2000 标准的核工业认证，并支持 7 种语言及 70 多种国际设计规范和 20 多种美国设计规范。

STAAD. PRO 可与 STAAD. Foundation 和 ProSteel 等其他 Bentley 产品相集成，而 OpenSTAAD 则可与第三方程序集成。其产品包括：AECOsim Building Designer、Bentley Rebar、STAAD Foundation Advanced、STAAD. beava、Sectionwizard、RAM Concept、RAM Connection、AutoPIPE、ProStructures、ProSteel、STAAD. Offshore。

详情可查阅 http：//www. bentley. com/en-US/Products/STAAD. Pro/。

3. Autodesk Robot Structural Analysis

Autodesk Robot Structural Analysis 原是 Robobat 公司的产品，Robobat 是全球最主要的建筑结构分析和设计软件开发商之一，拥有 8000 多家世界各地的客户，2008 年被 Autodesk 公司收购。Robot Structural Analysis 是一集成的图形化程序，它用于各种结构类型的建模分析和设计程序，允许用户创建结构并进行计算和验证结果，而且可以设计和创建相应的计算报告。Robot 最重要的特点包括：更加轻松地提高协作和工作流程效率；复杂结构的快速仿真和计算，包括直接动力分析、风荷载模拟分析；当计算（设计）一个结构时可以计算（设计）另一个结构（多任务）；可进行复杂单元的自动网格划分，使分析更灵活且无区域限制；可以在结构创建期间而不是在规范模块里给杆单元类型赋值；可以任意组合打印输出（计算报告、屏幕捕捉、打印组合其他程序的转换内容）。

Robot 由若干个模块组成，它们在结构设计中各具不同功能（创建结构模型、结构分析、结构计算），所有模块都在统一的环境下工作。

Autodesk Robot Structural Analysis 可方便地与 AutoDesk Revit 双向交换数据，但不足的是，Robot Structural Analysis 中一些分析结果还不能完全体现在 Revit 中，比如计算出来的钢筋与 Revit Structure 中的钢筋无法联动。其最新版本 Autodesk Robot Structural Analysis 2015，如图 1-5 所示。

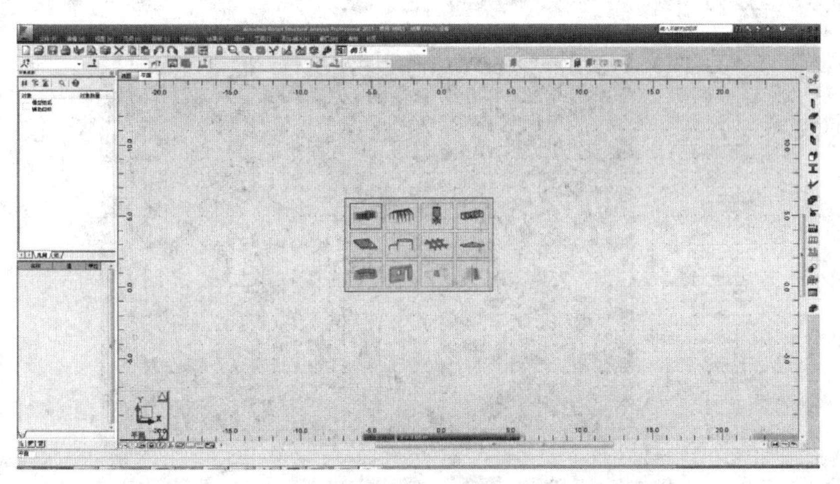

图 1-5　Autodesk Robot Structural Analysis 主界面

详情可查阅 http：//www. autodesk. com/products/robot-structural-analysis/overview。

1.3.3 分析篇

通用分析软件依旧是外来软件占主导地位，基本上已经统治了整个高校市场，并进一步进入国内设计。由于现在超高超限建筑大量涌现，非线性有限元分析成为了一个较为热门的市场，也许是崇洋思想在作怪，甚至有人认为即便是杆系的弹性有限元设计，国外大型软件也会比国内软件计算准确。总的来说，专业分析软件的使用门槛较高，对使用者的素质要求也较高，其结果分析也不如设计软件直观，也没有包含相关设计规范。

现有的分析软件市场也和绘图市场一样，平民出身的 ANSYS 从各个有限元巨头的夹缝中脱颖而出，成为全球最大的有限元提供商，其幕后推手也是其易用性、开放性以及资料共享的方便程度。

1. ANSYS

ANSYS 公司成立于 1970 年，总部位于美国宾西法尼亚州的匹兹堡，目前是世界 CAE 行业最大的公司。近三十年来，ANSYS 公司一直致力于分析设计软件的开发、维护及售后服务，不断吸取当今世界最新的计算方法和计算机技术，领导着有限元界的发展趋势，并为全球工业界所广泛接受，拥有全球最大的用户群。

ANSYS 是一个完整的 FEA（Finite Element Analysis，有限元分析）软件包，它适合各个工程领域使用：结构分析、热分析、流体分析、电/静电场分析、电磁场分析。

结构分析用于确定变形、应变、应力及反力；动力分析计入质量和阻尼效应；模态分析用于计算固有频率和振型；谐响应分析用于确定结构对正弦变化的已知幅值和频率载荷的响应；瞬态动力学分析用于确定结构对随时间任意变化载荷的响应，可以考虑与静力分析相同的结构非线性行为；用 ANSYS/LS-DYNA 进行显示动力分析模拟以惯性力为主的大变形分析用于模拟冲击、碰撞、快速成形等。其最新版 ANSYS 15 的主界面如图 1-6 所示，ANSYS Workbench 的主界面如图 1-7 所示。

图 1-6 ANSYS 15 主界面

详情可查阅 http：//www.ansys.com.cn。

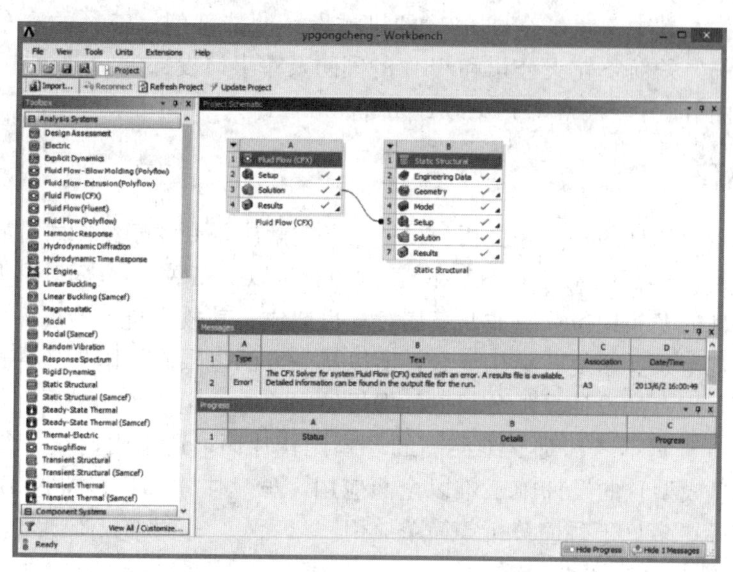

图 1-7　ANSYS Workbench 主界面

2. MSC 系列 Nastran/Patran

MSC. Software Corporation（简称 MSC. Software）创建于 1963 年，总部设在美国洛杉矶，是享誉全球最大的工程校验、有限元分析和计算机仿真、预测应用软件（CAE）供应商，也是世界著名、权威、可靠的大型通用结构有限元分析软件 MSC. Nastran 的开发者。MSC. Nastran 软件始终作为美国联邦航空管理局（FAA）飞行器适航证领取的唯一验证软件。

MSC. Software 公司先后在 1989 年收购了闻名于国防、核能和汽车行业的流体 CAE 软件公司 Pisces International，1993 年收购了著名 CAD 供应厂商 Aries Technology 公司，1994 年收购了当时全球第二大 CAE 公司 PDA Engineers，1998 年收购了机构动力学和运动学仿真软件公司 Knowledge Revolution，1999 年收购了顶尖高度非线性 CAE 软件公司 MARC，2001 年收购了美国 AES 公司等。并购之后重新整合的 MSC. Software 产品线，从低端桌面级设计工具，向上延伸到终端专业级仿真软件，到最顶层的高端企业级分析平台。2001 年 4 月，MSC. Software 与 IBM/达索（DASSAULT，CATIA）结成全球性战略联盟，共同向市场提供内容广泛的产品生命周期管理 PLM（Product Lifecycle Management）集成分析和仿真分析软件包。

MSC. Software 以其丰富的产品线、无价的行业应用专长和一流的技术服务，为全球制造业及相关行业提供全套的 CAD/CAE/System/Service 解决方案，赢得超过 40% 的全球 CAE 市场份额。2001 年以来，随着市场的不断扩大，MSC. Software 公司已从纯粹的 CAE 公司发展成从 CAD/CAE 软件到系统/硬件及工程咨询服务一体化集成，提供一步到位的全方位整体解决方案的公司。

MSC. Software 公司的产品被广泛应用于各个行业的工程仿真分析，包括国防、航空航天、机械制造、汽车、船舶、兵器、电子、铁道、石化、能源、材料工程、科学研究及大专院校等各个工业领域，用户遍及世界 100 多个国家和地区的主要设计制造工业公司和研究机构，其中覆盖了全球92%的机械设计制造部门、97%的汽车制造商和零部件供应商、95%的航空航天公司和98%的国防及军事研发部门。

详情可查阅 http：//www. mscsoftware. com. cn。

1.3.4 综合篇

国内结构专业软件的特点是分析、设计一条龙解决，专注于绘图，在特种结构的分析方面非常不足。从PKPM、TBSA和ABD的竞争以PKPM的全面胜利开始，我国建筑结构设计软件的龙头地位一直非其莫属，这也造成了其故步自封的态度。由于我国建筑结构的设计规范条文繁复、结构复杂，所以从一方面也限制了国外软件进入国内的速度；另一方面，现有的设计虽然分析已经慢慢转向三维，但绘图还是平面设计，且大部分施工企业相对素质不高，对三维绘图的理解比较片面，这也阻碍全三维设计即基于BIM（建筑信息模型）的设计施工难以全面应用，虽然住建部积极推进BIM技术的全面应用，但实际更多见于碰撞分析等简单应用。

1. PKPM

PKPM软件是由中国建筑设计研究院开发的综合建筑软件，该软件涵盖了建筑设计、结构设计、基础设计及施工管理等几大模块。其中，结构设计从计算到出图，均集中在一个软件中完成。同时这些模块之间相互有接口，衔接起来较为方便。

结构平面计算机辅助设计软件PMCAD是整个结构CAD系统的核心，也是建筑CAD与结构CAD的必要接口。通过精心设计的人机交互输入方法建立起各层结构布置数据和荷载数据，结构布置包括柱、梁、墙、洞口、次梁、预制板、挑檐、错层等，在荷载生成中做结构自重计算，荷载从板到次梁、承重梁及从上部结构到基础的传导计算。人机交互过程中随时提供修改、复制、查询等功能。PMCAD为框架、连续梁、框剪空间协同、砖混分析及高层三维分析计算软件提供全部数据文件而无需人工再填表，还可为梁柱、剪力墙、楼梯和基础CAD提供画图信息。绘制正交及斜交网格平面的框架、框剪及砖混结构平面图，包括柱、墙、洞口的平面布置、尺寸、偏轴，画出轴线及总尺寸线，画出预制板、次梁及楼板开洞布置，计算现浇楼板内力与配筋并画出板配筋图；画砖混结构圈梁构造柱节点大样图；做砖混结构和底层框架上层砖房结构的抗震分析验算；统计结构工程量并以表格形式输出。其最新版PKPM 2010 V2.1的主界面如图1-8所示。

PKPM为目前国内模块功能数量最多、功能相对最强的软件。但其缺点也是显然的，缺乏统一界面，非真正的三维设计。为了改变目前状况，PKPM也尝试推出了PMSAP（SpasCAD）三维解决方案，以期能统一各个模块。

详情可查阅 http：//www. pkpm. com. cn。

2. 3D3S

3D3S是由上海同磊土木工程技术有限公司依托同济大学开发的门式刚架设计软件，该软件以AutoCAD为平台开发，可直接生成基于DWG格式的门式刚架解决方案，使用比较简便，适逢中国经济高速发展，门式刚架应用广泛，从而也推动了该类软件的应

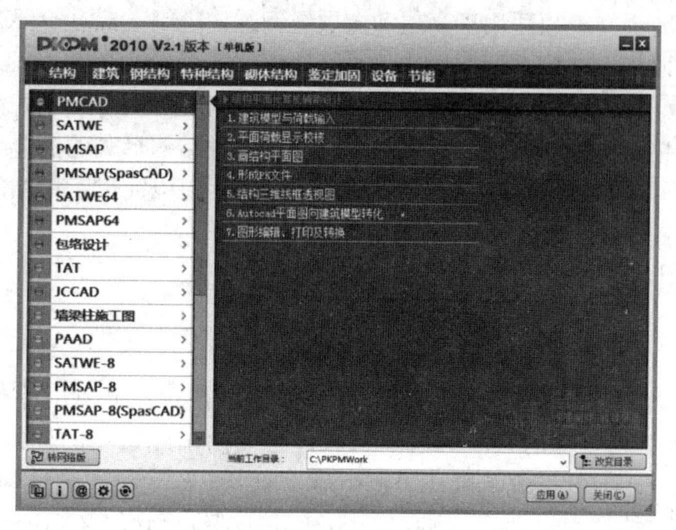

图 1-8　PKPM 主界面

用。3D3S 也逐步发展为钢结构综合设计软件，基本模块包括厂房结构、多高层结构、桁架屋架结构、变电构架、网架网壳结构等。

轻钢厂房模块可以进行任意跨布置的轻型门式刚架和重型门式钢架系统的设计与绘图，其界面如图 1-9 所示，是在 AutoCAD 平台上二次开发的产品。其也可单独进行主钢架二维结构的设计以及包括围护结构在内的三维结构的设计、节点计算和绘图。可考虑多坡多跨吊车、夹层、天窗、双阶柱、天窗以及活载不利布置、积雪分布系数等参数，适用于任何形式的门架结构：常规门架结构，非常规门架结构包括左右高低跨、前后高低跨，轴线不对齐、抽柱钢架等结构，包括带吊车、夹层、天窗、女儿墙、毗屋、摇摆柱、混凝土柱钢梁等厂房结构。

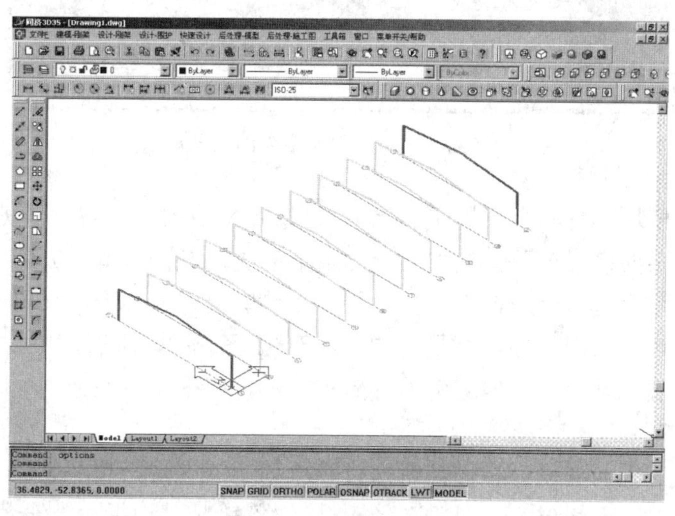

图 1-9　3D3S 主界面

多高层模块普通版适用于高层和多层纯钢结构；结构形式可以是纯框架、框架一支撑结构；具体框架形式不限，层高不限，构件总数也不限。可以进行多层钢结构框架的设计与绘图。多高层高级版适用于高层和多层纯钢结构，钢一混凝土混合结构、钢筋混凝土结构和钢骨混凝土结构；结构形式可以是纯框架、框架一支撑、框架一剪力墙、框支建立墙、框架一核心筒、纯剪力墙结构等。能计算和设计钢结构框架和其他结构形式，比如框架＋桁架、框架＋网架、框架＋塔架等多种结构形式的混合结构，输出多高层整体控制指标，包括层间位移、转角、质心刚心等。可以完成钢结构的节点设计和混凝图的配筋以及施工图绘制。

详情可查阅 http：//www. tj3d3s. com。

3. YJK

YJK 软件是盈建科公司的产品。该公司由陈岱林于 2010 年在北京创建成立，而其原为开发 PKPM 系列软件的核心。盈建科软件是面向国际市场的建筑结构设计软件，既有中国规范版，也有欧洲规范版。盈建科第一期推出盈建科建筑结构设计软件系统，包括盈建科建筑结构计算软件（YJK-A）、盈建科基础设计软件（YJK-F）、盈建科砌体结构设计软件（YJK-M）、盈建科结构施工图辅助设计软件（YJK-D）。还将推出钢结构设计软件和海外版本。其 YJK 主界面如图 1-10 所示。

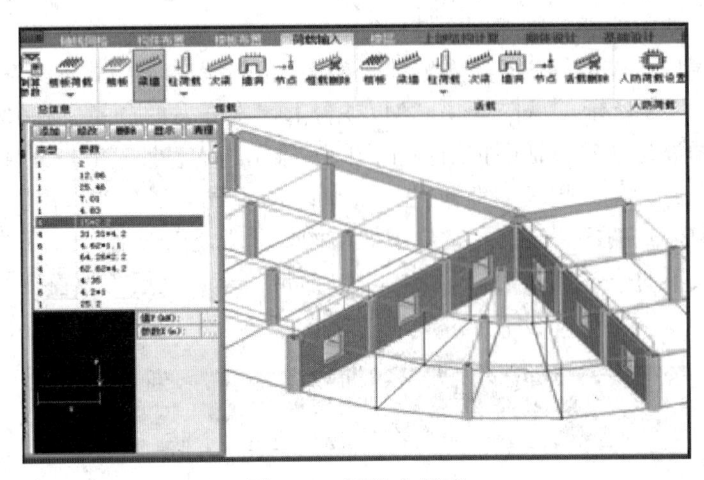

图 1-10　YJK 主界面

该软件为多模块集成的自主图形平台，Ribbon 风格的菜单界面美观清晰，其先进手段管理纷繁复杂的多级菜单，使本系统的多个模块得以在一个集成的、精练的平台上实现。可进行三维模型与荷载输入方式，既可在单层模型上操作，又可在多层组装的模型上操作；结构计算采用了通用有限元的技术架构，采用了偏心刚域、主从节点、协调与非协调单元、墙元优化、快速求解器等先进技术，使程序的解题规模、计算速度大幅度提高。

强制刚性板假定与非刚性板假定两次计算自动连续进行，同时完成规范指标计算和内力配筋计算；对于多塔结构，实现对合塔与分塔状况自动拆分、分别计算并结果选大；对转换梁自动采用细分的壳元计算；对按照普通梁输入的连梁也自动采用细分的壳单元计算，从而和按照墙洞口方式输入的连梁设计结果相同。

对剪力墙连梁提供按照分缝连梁设计、配置斜向交叉钢筋等减少连梁内力或配筋的措施；对带边框柱或型钢、型钢混凝土柱剪力墙的配筋，按照柱和剪力墙组合在一起的工形截面或T形截面配筋，可使边缘构件配筋量大大减少；对剪力墙轴压比自动采用组合墙肢方式计算，给出全新的剪力墙边缘构件设计结果；对少墙框架结构的框架部分自动按照二道防线模型计算。

YJK可以直接读取PKPM的数据，还开发了与REVIT、ETABS、ABAQUS、MIDAS、PDS、PDMS、BENTLEY等的接口转换程序。

详情可查阅http：//www.yjk.cn/。

1.4　要点回顾

应掌握的内容：

- CAD的概念。

应了解的内容：

- CAD的起源及发展过程。
- CAD技术的现状及应用。
- CAD技术在土木工程中的应用。
- 土木工程专业常用的CAD软件及应用比较。

建议学时：1 学时

第 2 章　AutoCAD 初步

问题提出

本章主要介绍以下内容：

- 了解 AutoCAD 软件的发展史。
- AutoCAD 软件在工程中的应用。
- 打开和退出 AutoCAD 软件（Open，Quit）。
- 如何发布 AutoCAD 命令（介绍 Zoom 命令）。
- 命令发布错误或误操作的修正（Undo 命令）。

2.1　AutoCAD 软件的发展史

Autodesk 公司于 1982 年 12 月推出 AutoCAD 系列的第一个版本——AutoCAD V1.0。当时，Autodesk 公司在美国只是一家仅有数名员工的小公司，AutoCAD V1.0 的发行，并没有引起人们的重视。那时，CAD 一词还鲜为人知，而且 VersaCAD 以其强大的功能占据了大部分市场。AutoCAD 由于在功能上的不可比性，所以在软件性质上类似于现在的免费软件，任何计算机用户都可以轻易地复制到 AutoCAD，这为 AutoCAD 的发展奠定了坚实的基础。AutoCAD 的 V1.2、V1.3 和 V1.4 版在 1983 年连续发布，但始终以低姿态出现在 CAD 软件市场上。

1984 年 10 月，AutoCAD V2.0 版增强了 V1.4 中的 20 多个功能，并新增了 30 多个功能，从此拉开了 AutoCAD 的发展序幕。在接下来发布的 V2.17 版和 V2.18 版中除增加了一些新功能外，最重要的是在 V2.18 版中已可初窥到一些 AutoLISP 的雏形。AutoCAD 的真正转折点出现在 1986 年 7 月发布的 V2.5 版。究其成功的原因，主要有以下两个方面：首先，由于 AutoCAD 前几个版本是免费的，使其在普通用户中得到广泛的应用，为 AutoCAD 的发展奠定了坚实的基础；其次，AutoLISP 语言的开发也起到了决定性的作用，正由于 AutoCAD 的功能存在许多不足，使能写程序的人可通过 AutoLISP 语言开发各种专业功能。这不仅完善了 AutoCAD 的功能，而且进一步扩大了 AutoCAD 的用户范围。

从 AutoCAD V2.6 版起，AutoCAD 已经奠定了它在市场上的占有率，从此 AutoCAD 走向了它的巅峰。1987 年 11 月，AutoCAD 的版本名称方式有了改变，此次推出的新版本名称是 AutoCAD Release 9，简称为 AutoCAD R9。以后推出的一系列版本，在基本功能上都没有太大的改进，但都有其新特点。从 R11 版起，AutoCAD 增加了网络功能。R12 版可以看成是 AutoCAD 发展的一个里程碑，它开始采用 Windows 交互式界面，并由于人们对知识产权认识的加强，使 R12 版创造了 AutoCAD 原版软件销售纪录。甚至在 R13 于 1994 年 11 月发布以后，R12 版的用户数量仍高于 R13 版。但在 R13 版中，AutoCAD 成功地完成了从 DOS 环境向 Windows 环境的过渡。1997 年 4 月，AutoCAD R14 版问世了，它是一个纯 32 位软件，运行于已流行的 Windows 95 或 Windows NT 操作系统上，并以一系列的新特性赢得了大量用户。AutoCAD 发展到 R14 版，以其纯 32 位的程序代码、高效的运行方式等优点取得了 Autodesk 公司近几年历史上少见的成功。在 R14 版推出两年后．该公司又推出了新一代的设计绘图工具——AutoCAD 2000。这一版本在 R14 版的基础上增加或增强了 400 多项新特性，使用户能更好地进行设计，并与工作小组配合通过网络与整个世界结合在一起。

AutoCAD 2000（AutoCAD R15.0）：1999 年发布，提供了更开放的二次开发环境，出现了 Vlisp 独立编程环境；同时，3D 绘图及编辑更方便。

AutoCAD 2005：2005 年 1 月发布，提供了更为有效的方式来创建和管理包含在最终文档当中的项目信息。其优势在于显著地节省时间、得到更为协调一致的文档并降低了风险。

AutoCAD 2006：2006 年 3 月 19 日发布，推出最新功能：动态图块的操作；选择多种图形的可见性；使用多个不同的插入点；贴齐到图中的图形；编辑图块几何图形；数据输入和对象选择。

AutoCAD 2007：2007 年 3 月 23 日发布，拥有强大直观的界面，可以轻松而快速地进行外观图形的创作和修改，2007 版致力于提高 3D 设计效率。

AutoCAD 2008：2007 年 12 月 3 日发布，提供了创建、展示、记录和共享构想所需的所有功能。将惯用的 AutoCAD 命令和熟悉的用户界面与更新的设计环境结合起来，能够以前所未有的方式实现并探索构想。

AutoCAD 2009：2008 年 5 月发布，软件整合了制图和可视化，加快了任务的执行，能够满足个人用户的需求和偏好，能够更快地执行常见的 CAD 任务，更容易找到那些不常见的命令。

AutoCAD 2010：使用了新的 2010 版图形格式；新的自由形状设计工具；新的参数化绘图工具；注释比例工具；3D 打印功能；使用全新的条状界面；动态属性提取工具；动作录制器，自动执行重复性任务；动态块功能；创建、编辑并提供格式一致的引线。

AutoCAD 2011：提供了更为强大的三维自由形状设计，还可用于将数学表达式和参数化约束应用于曲面。

AutoCAD 2012：命令行添加了自动完成功能，界面更加人性化；可以导入更多格式的外部数据，如 3D 点云；夹点编辑增加了更多的选项和菜单；UCS 坐标可以进行更多的操作。

AutoCAD 2013：使用了新的 2013 版图形格式；增强点云的支持；增强用户交互命令；增强阵列功能；快速查看图形及图案填充编辑器；特性编辑预览。

AutoCAD 2014：图层管理器可以进行图层排序、合并等功能；简单实体转换为三视图；增加受信任位置功能；提取两相交曲线的交线；屏幕菜单只能从系统变量设置后调出；多段线自我封闭；插入地理功能；继续增强点云功能，并提供 Autodesk ReCap 程序转换扫描文件成点云格式。

AutoCAD 2015：已停止对 Windows XP 的支持；增加 Autodesk BIM 360 附加模块；自定义应用程序管理器；可以新建选项卡；提供帮助查找工具；套索选择；命令预览；可调整大小的模型空间视口；文档增强功能。

目前最新的版本为 AutoCAD 2016：优化界面、新标签页、功能区库、命令预览、帮助窗口、地理位置、实景计算、Exchange 应用程序、计划提要、线平滑。新增暗黑色调界面，界面协调深沉更利于工作；底部状态栏整体优化更实用便捷；硬件加速效果相当明显。

2.2 初识 AutoCAD 软件

本节将以目前较为通行的 AutoCAD 2014 为例，介绍 AutoCAD 软件的简单使用。

进入 AutoCAD 2014 后，首先看到的是界面上弹出启动向导对话框“创建新图形”[图 2-1（a）]。对话框左上角的 4 个选项表示启动对话框提供的 4 种操作，即打开一个存在的文件、按缺省设置新建一个文件、使用预定义的模板的设置建立文件和使用向导来配置并建立文件。图 2-1（b）中所示是按缺省设置新建文件，这时提示选择样本文件新建图形，按默认选择“acadiso. dwt”即可新建文件。

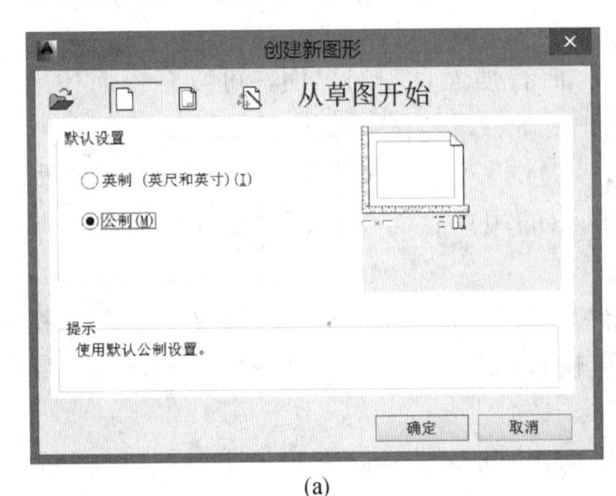

(a)

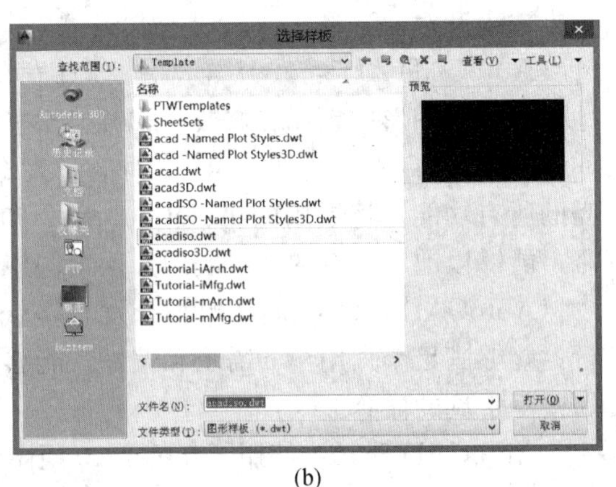

(b)

图 2-1　启动对话框

（a）启动向导对话框；（b）选择样板文件

注意：高版本 AutoCAD 要将系统变量 STARTUP 设置成 1 才会弹出启动向导对话框，如果设置为 0 则直接进入如图 2-1（b）所示的选择样板文件。

1. 打开 AutoCAD 文件

除了在启动对话框中可以打开一个已存在的文件外，进入工作界面后，AutoCAD 还提供了三种打开文件的方法。实际上，AutoCAD 中绝大多数绘图操作的执行均可由三种途径完成：

（1）用下拉式菜单中的命令完成。单击下拉菜单中“文件”选项，即出现如图 2-2 所示的文件菜单，单击“打开”选项，即会弹出如图 2-3 所示的对话框，选择所要打开的文件后，即可单击“打开”键打开文件。

图 2-2　文件菜单

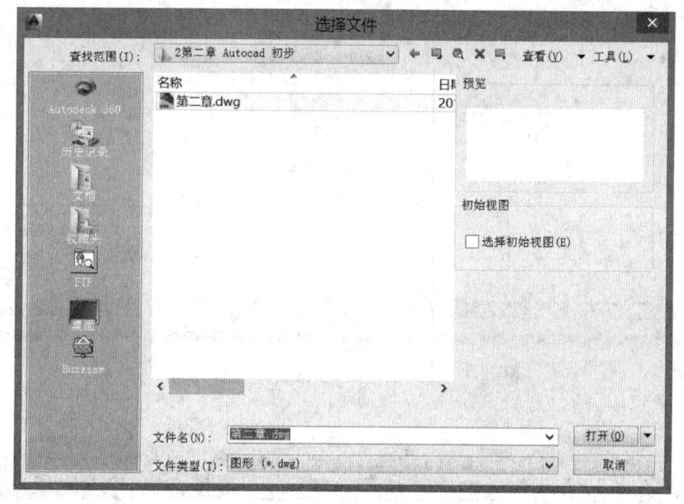

图 2-3　“选择文件”对话框

（2）采用标准工具栏中的“打开”按钮（图 2-4）打开一个文件，单击该按钮后依然会出现如图 2-3 所示的对话框。

图 2-4　使用工具栏的“打开”按钮

（3）在命令行的“命令：”提示符下，键入“Open”命令打开一个文件，如图 2-5 所示，按 Enter 键后会出现如图 2-3 所示的“选择文件”对话框。

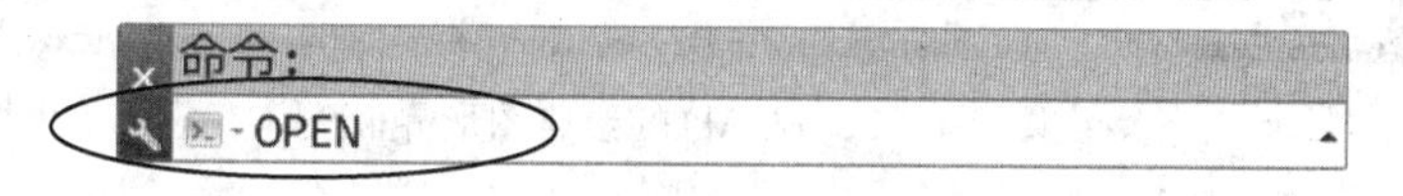

图 2-5　在“命令：”提示符下，键入“Open”命令

2. 熟悉 AutoCAD 界面

启动 AutoCAD 之后，计算机将显示如图 2-6 所示的界面，这就是 AutoCAD 的应用程序默认界面（自 2010 版本后改为此样式的界面）。可以通过标题栏上的工作空间切换，或者屏幕右下角状态栏里的设置按钮，切换为经典样式，如图 2-7 所示。

该应用程序的显示界面形式和其他 Windows 的应用软件相似，这也是 Windows 程序的标准样式。为了保证和原版本的一致性，本书全部采用经典界面。

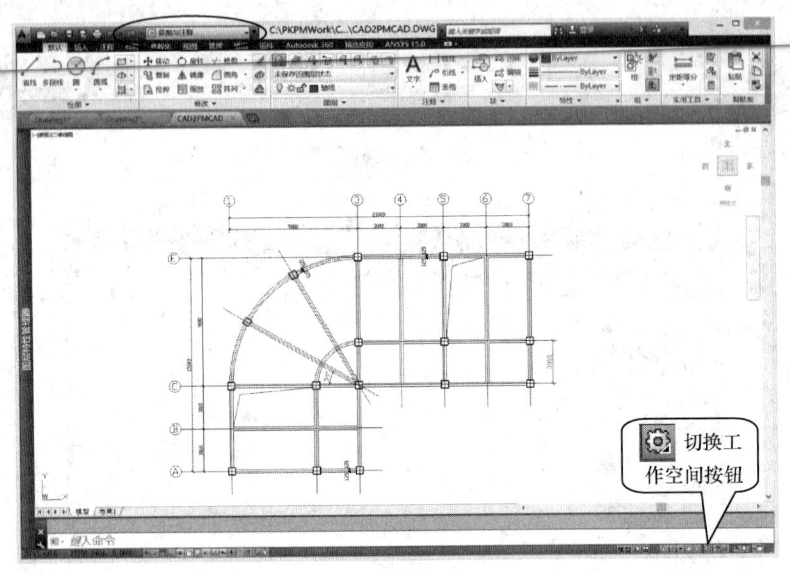

图 2-6　AutoCAD 的默认图形界面

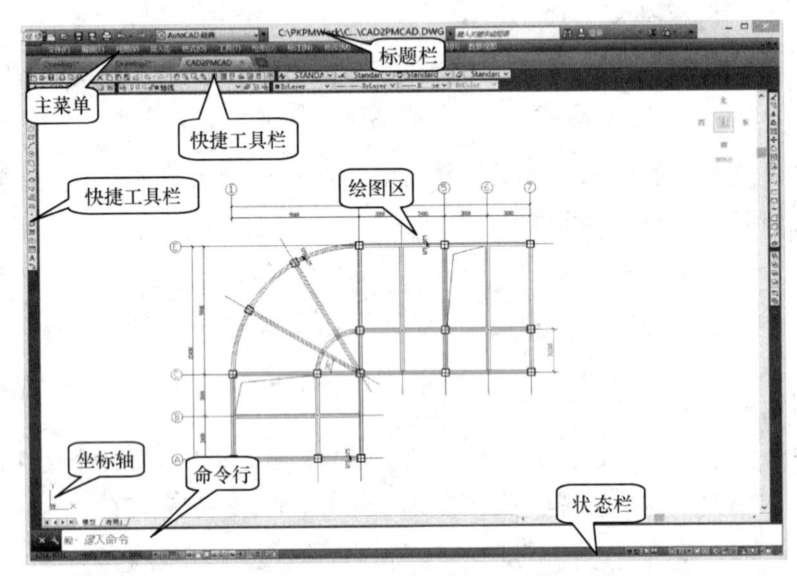

图 2-7　AutoCAD 的经典图形界面

2.3　发布第一个命令：缩放图形（Zoom）

1. 标准命令定义格式（命令＋参数）

（1）命令：Zoom。Zoom 命令的作用是对图形进行缩放处理。工具栏图标：🔍。

（2）参数：Zoom 命令有众多参数，All/Center/Dynamic/Extents/Previous/Scale/Window/Realtime。每一个参数都代表一种缩放方法，现就 Zoom 的参数说明如下：

Zoom/All（全部），在当前视口中缩放显示整个图形。在平面视图中，AutoCAD

缩放到图形界限或当前范围；在三维视图中，Zoom 命令的“全部”选项与“范围”选项等价。即使图形超出了图形界限也能显示所有对象。

Zoom/Center（中心点），会要求用户选定中心点，当中心点选定后，会提示用户输入放大倍数或新图形的高度，按此进行缩放。

Zoom/Dynamic（动态），缩放显示在视图框中的部分图形。视图框表示视口，可以改变它的大小或在图形中移动。移动视图框或调整它的大小，将其中的图像平移或缩放，以充满整个视口。首先显示平移视图框，将其拖动到所需位置后按定点设备的拾取按钮，继而显示缩放视图框。调整其大小后按 Enter 键进行缩放，或按拾取键继续显示平移视图框，按 Enter 键用当前视图框中的窗口布满当前视口。

Zoom/Extents（范围），缩放显示图形的范围。

Zoom/Previous（上一个），缩放显示前一个视图，最多可以恢复向前的 10 个视图。

Zoom/Scale（比例），以指定的比例因子缩放显示。输入值与图形界限有关。例如，如果某对象缩放到图形界限时的显示尺寸为 1，则输入 2 后该对象的显示尺寸为 2。若输入的值后面跟着 X，AutoCAD 根据当前视图确定比例。例如，输入“.5X”使屏幕上的对象显示为原大小的 1/2。若输入的值后面跟着 XP，AutoCAD 根据图纸空间单位确定比例。例如，输入“.5XP”以图纸空间单位的 1/2 显示模型空间。

Zoom/Window（窗口），缩放显示有两个焦点定义的矩形窗口框定的区域。

Zoom/Realtime（实时），进入实时缩放模式后，通过垂直向上或向下移动光标即可实现实时放大或缩小图形。

2. 发布命令的基本方法

AutoCAD 中发布命令的方法有多种，下面以 Zoom 命令为例，讲述命令发布方法。

（1）功能强大的智能命令行

速度最快、功能最强，AutoCAD 几乎所有的命令都可以通过命令行发布，但需要使用者非常熟悉 AutoCAD 的命令。

① Zoom：用命令行模式，即在命令行中键入 Z 后，系统自动推荐合适命令（图 2-8），按 Enter 键，将出现 Zoom 命令参数的选项，选择相应的参数即可。

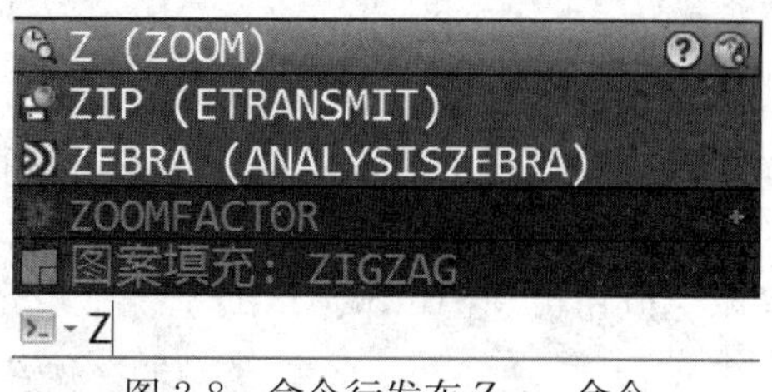

图 2-8 命令行发布 Zoom 命令

② All：在参数中选择 All，即键入 A 后按 Enter 键（图 2-9）。

（2）分类明确、操作简单的菜单操作

随着 AutoCAD 版本的更迭，其菜单操作越来越完善，而且分类明确、便于查找。用菜单模式，在下拉菜单中点选“视图”项中的“缩放”。在“缩放”的子菜单中会出现缩放的参数选项，选择相应的参数即可（图 2-10）。

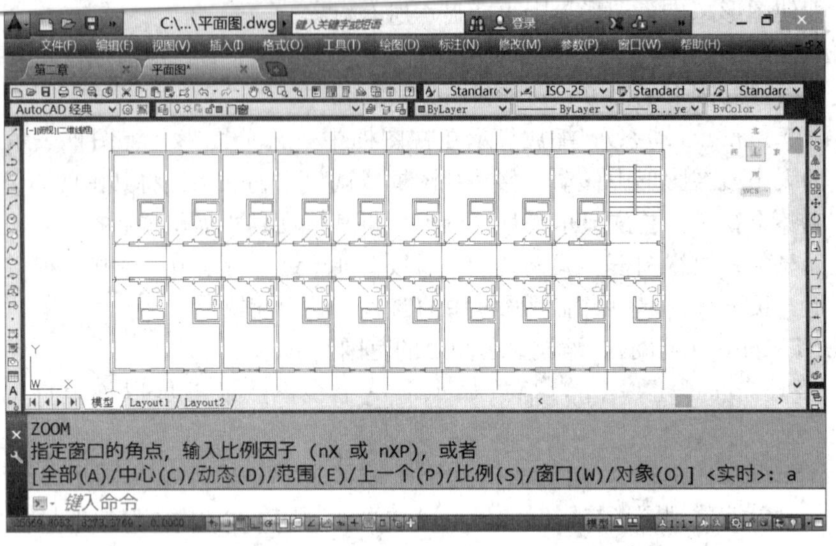

图 2-9　命令行发布 Zoom＋All

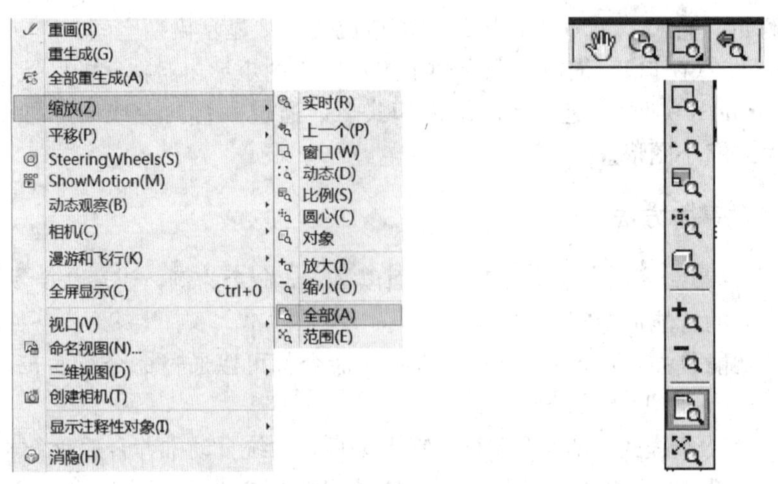

图 2-10　使用菜单发布命令　　　　图 2-11　使用工具栏发布命令

（3）直观方便的工具栏操作

由于使用了非常直观、非常形象的小图标，而且可以通过简单的拖放构造自己常用的工具栏，不但方便了操作，还增加了操作的趣味性。在标准工具栏中点选如图 2-11 所示的相应的按钮（若没有该组按钮可在 AutoCAD 的系统中设定）。

2.4　AutoCAD 命令调用方式分类

1. 模式命令

模式命令只能在命令行提示符下调用并且不能有其他命令或程序处于活动状态。例如，要在绘制直线时进行文本标注，则需要退出直线命令再进行文本标注。

注意：菜单命令和工具栏命令其实都是命令行命令的一种宏调用。

2. 透明命令

透明命令可以在提示用户输入时调用，即可以嵌套运行，目前透明命令只能嵌套一级。例如，要在绘制直线时打开栅格，可以在Zoom命令前面加单引号（′）来透明启动。透明命令的提示前面有两个括号（>>）。命令提示如下：

```
命令:line
指定第一点:Zoom      (使用模式命令启动)
点无效。      (出现错误提示)
指定第一点:′Zoom      (使用透明方式启动)
>>指定窗口角点,输入比例因子(nX或nXP),或      (透明命令提示)
[全部(A)/中心点(C)/动态(D)/范围(E)/上一个(P)/比例(S)/窗口(W)]<实时>:
>>>>指定对角点:
正在恢复执行LINE命令。      (透明命令结束,恢复原有命令的执行)
指定第一点:
……
```

2.5 取消错误的操作——取消和重复命令（Undo，Redo）

有多种方法可以放弃最近一个或多个操作。最简单的就是使用Undo命令来放弃单个操作。Undo和Redo命令为每个打开的图形保留各自独立的操作序列。

例如，先在图形A中画一条直线，切换到图形B中画一个圆，然后切换回图形A，此时可以放弃绘制直线。

1. 放弃最近操作的步骤

- “标准”工具栏：。
- 从“编辑”菜单中选择“放弃”。
- 命令行：Undo。
- 快捷菜单：没有任何命令运行也没有选定任何对象时，在绘图区域中单击右键然后选择“放弃”。

放弃指定数目操作的步骤：

（1）在命令提示下，输入Undo。

（2）在命令行中输入要放弃的操作数目。例如，要放弃最近的10个操作，输入10。AutoCAD显示放弃的命令或系统变量设置。

可以使用Undo命令的“标记”选项来标记一个操作，然后用Undo命令的“后退”选项放弃在标记的操作之后执行的所有操作。还可以用Undo命令的“开始”和“结束”选项来放弃一组预先定义的操作。

2. 要重做 Undo 放弃的最后一个操作，可以使用 Redo 命令

Redo 命令恢复前一个 Undo 或 U 命令所放弃执行的效果。

Redo 恢复执行 Undo 或 U 命令后放弃的效果，Redo 必须紧跟着 U 或 Undo 命令执行。

- 命令行：Redo。
- “标准”工具栏：。
- “编辑”菜单：重做。
- 快捷菜单：没有命令正在执行和未选定对象时，用右键单击绘图区域，然后选择“重做”。

2.6 时刻注意存储工作成果（Save，Saveas，Export）

1. 存盘命令 Save

文件存储命令。如果已经命名该图形，AutoCAD 将显示“图形另存为”对话框。如果输入不同的文件名，AutoCAD 将以指定的名称保存图形。如果未命名该图形，AutoCAD 将显示“图形另存为”对话框，可输入文件名来命名并保存该图形。

Save 命令只能在命令行中使用。“文件”菜单或“标准”工具栏上的“保存”选项是 Qsave。如果图形已命名，则 Qsave 保存图形时不显示“图形另存为”对话框；如果图形未命名，则 AutoCAD 显示“图形另存为”对话框，输入文件名并保存此图形。

2. 另存为命令 Saveas

文件另存命令。AutoCAD 显示“图形另存为”对话框，如图 2-12 所示，输入文件名和类型。文件类型支持从 R14 到 2013 所有的版本文件格式，对 R12 仅支持 DXF 格式。

可选择文件类型如下：

AutoCAD 2013 图形（*.DWG，AutoCAD 2010 图形（*.DWG），AutoCAD 2007 图形（*.DWG），AutoCAD 2004 图形（*.DWG），AutoCAD 2000 图形（*.DWG），AutoCAD R14 图形（*.DWG），AutoCAD 图形样板文件（*.DWT），AutoCAD 2013 DXF（*.DXF），AutoCAD 2010/LT 2010 DXF（*.DXF），AutoCAD 2007/LT 2007 DXF（*.DXF），AutoCAD 2004/LT 2004 DXF（*.DXF），AutoCAD 2000/LT 2000 DXF（*.DXF），AutoCAD R12/LT2 DXF（*.DXF）。

AutoCAD 以指定的文件名保存文件。如果已经命名该图形，AutoCAD 以新的文件名保存图形。

AutoCAD 还提供 DWG 转换工具，可以批量转换其他版本的文件格式，菜单“文件”→“DWG 转换”。如图 2-13 所示。

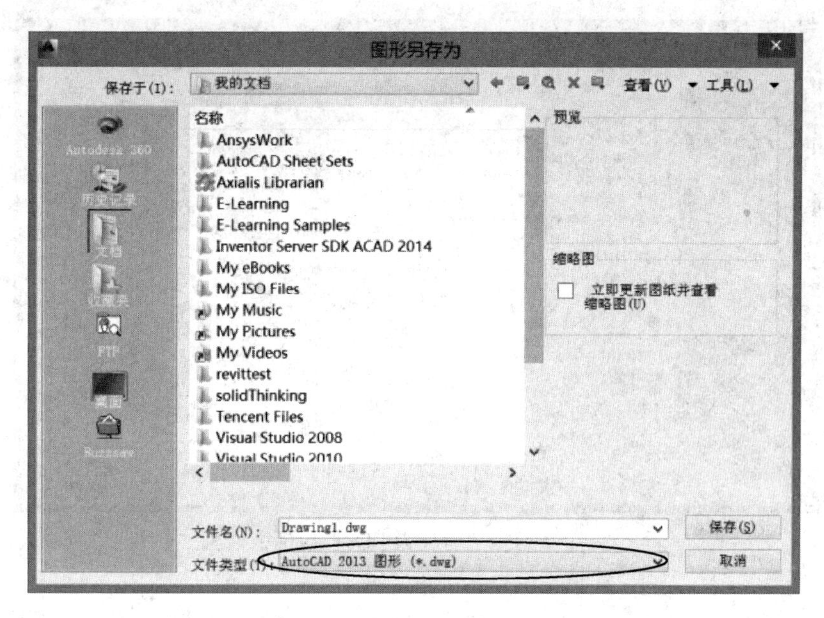

图 2-12　“图形另存为”对话框

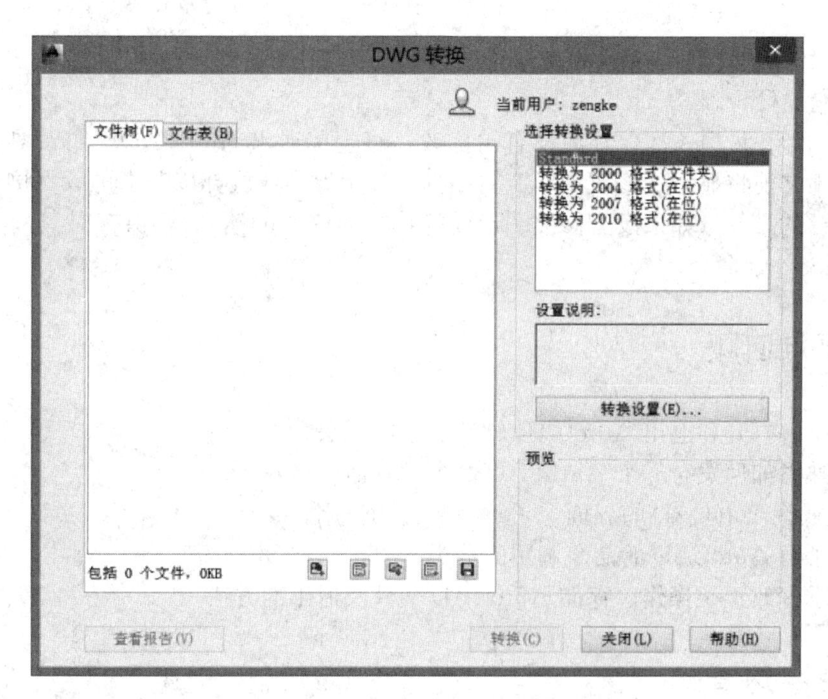

图 2-13　“DWG 转换”对话框

3. Export（EXP）

输出其他文件格式命令，如 PDF、IGS、IGES、DWF、DGN、SAT 等。图 2-14 为另存为 PDF 文件格式，PDF。

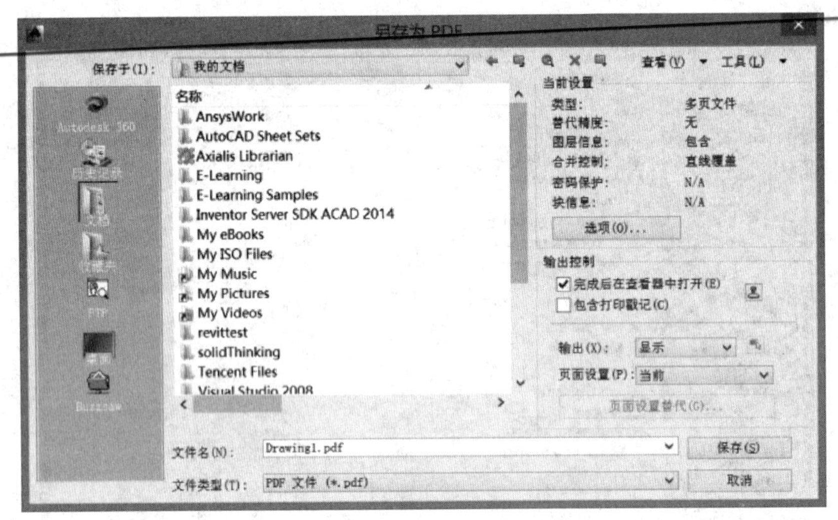

图 2-14　“另存为 PDF”对话框

2.7　退出 AutoCAD（Quit）

“文件”菜单：退出。

命令行：Quit。

如果图形在最后一次保存后没有再修改，将直接退出 AutoCAD。如果图形已做过修改，退出之前将显示“修改图形”对话框，提示保存或放弃修改。可以直接关闭以只读模式打开的文件（如果没有修改图形或打算放弃修改的话）。要保存对只读文件的修改，使用 Saveas 命令。

2.8　要点回顾

- 了解打开和退出 AutoCAD 软件的不同方法。
- 熟悉如何发布一个 AutoCAD 命令及其命令格式。
- 熟悉 AutoCAD 的界面，了解各部分的作用。
- 了解 AutoCAD 的命令调用的分类。
- 掌握改正误操作、存储 AutoCAD 文件及退出的方法。

2.9　命令速查

◇　New：，创建新图形。

◇　Zoom：，增大或减小当前视口中视图的比例。

◇　Pan：，改变视图而不更改查看方向或比例。

◇　Undo：，撤销命令的效果。

◇ Redo：，恢复上一个用 Undo 或 U 命令放弃的效果。

◇ QSave：，使用指定的默认文件格式保存当前图形。

◇ Export：，以其他文件格式保存图形中的对象。

◇ Quit：，退出程序。

◇ Cutclip：，将选定的对象复制到剪贴板，并将其从图形中删除。

◇ Copyclip：，将选定的对象复制到剪贴板。

◇ Pasteclip：，将剪贴板中的对象粘贴到当前图形中。

2.10　复习思考题及上机练习

2.10.1　复习思考题

1. 简述 3 种启动 AutoCAD 的方法及其过程。

2. AutoCAD 打开文件有几种方法并简述过程。

3. 举例说明 AutoCAD 模式命令与透明命令的区别。

2.10.2　上机练习

1. 用不同的方式启动 AutoCAD 软件。

2. 熟悉 AutoCAD 的窗口。

3. 找到 AutoCAD 软件在硬盘中的位置；例如 ACAD2000 会存在目录名为 ACAD2000 的目录下，找到它并打开 \ ACAD2000 \ SAMPLE 目录下的图形文件。

4. 试使用 Zoom 命令缩放打开的图形；使用标准工具栏中的窗口缩放、实时缩放、实时平移查看图形；用主菜单“视图”中的“缩放”下的选项查看图形。

5. 将当前打开的文件另存到“桌面”上。

建议学时：2 学时

第 3 章　绘制第一张图——简单二维图形绘制基础

问题提出

怎样使用 AutoCAD 绘制二维图形呢？从哪里画起？用什么样的命令好呢？初学绘图的同学们往往感到无从下手。那么本章就解决前两个问题。而第三个问题其实就是如何有效灵活地使用 AutoCAD 命令，我们将在后续章节里详细讲述。

在各种工程设计和绘图工作中，二维图形即平面图形历来都是应用最多的图形形式。无论是什么工程领域（如建筑、机械、电子等领域），绘制平面图形都是最基本的绘图要求。

本章主要解决以下问题：

- 什么是工作区？如何设置工作区？如何安排图纸大小和绘图比例？
- 如何利用绘图命令绘制图形？
- 如何利用编辑命令绘制图形？
- 如何利用栅格捕捉绘制图形？
- 如何使用简单工具编辑图形？

3.1　绘图前的准备——工作环境的设置

在 AutoCAD 中，每一个图形都是在一定的工作环境下绘制的。所谓工作环境，包括工作区的大小、文字类型、尺寸标注、线型比例、系统变量等。而工作区的设置是整个工作环境设置的基础。工作区的设置包括单位的设置、工作区界限的设置等。设定工作区有以下好处：

- 设定工作区是规范化绘图的要求。
- 使初学者易于掌握整图的比例，选择合适图号。
- 为以后的文字标注、尺寸标注以及线型比例、填充比例设定基准。
- 便于规划图形整体布局。
- 提高制图效率。
- 便于存档及资源共享。

下面我们将通过一个实例来讲述绘图前的准备工作。这是某地小宾馆的标准层（图 3-1），轴线的平面尺寸为 33.0m×13.4m。

第一步，统一尺寸单位，包括长度测量单位、角度测量单位、方向等。AutoCAD 可以支持两种单位制——公制和英制。我国建筑结构制图使用的是公制标准，测量单位

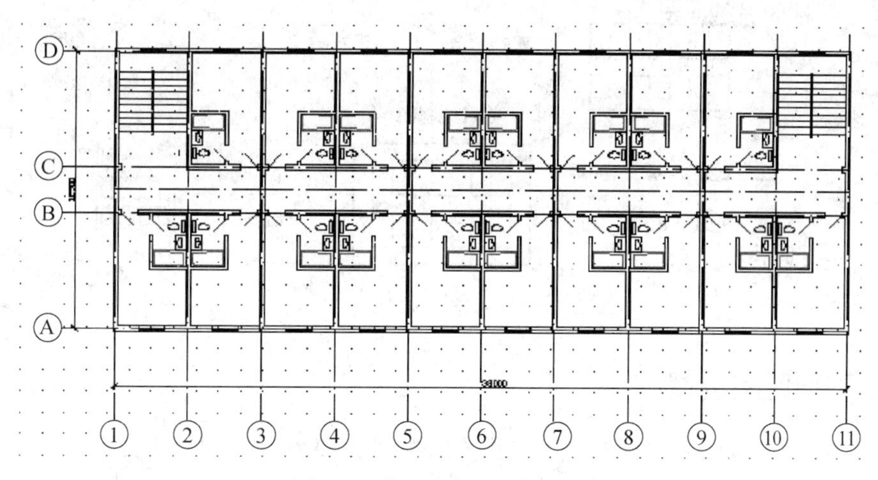

图3-1　某地小宾馆的标准层

是毫米（mm），角度测量是度（°）、分（′）、秒（″）。

第二步，确定合适的绘图比例。此处的比例是指打印机出图的比例，为了防止混淆，后统称出图比例。比例的选取可参照表3-1，详细可见《建筑制图标准》（GBJ 104—87）第2.2.1条的规定，具体比例的选取可根据实际情况调节。

表3-1　常用绘图比例表

图　名	比　例
建筑物或构筑物的平面图、立面图、剖面图	1∶50、1∶100、1∶150、1∶200、1∶300
建筑物或构筑物的局部放大图	1∶10、1∶20、1∶25、1∶30、1∶50
配件及构造详图	1∶1、1∶2、1∶5、1∶10、1∶15、1∶20、1∶25、1∶30、1∶50

在本例中我们采用的出图比例为1∶100。

第三步，选择合适的图纸图幅大小，即选用几号图纸画图。我们可根据附表1的幅面规定选择合适的图纸（详见《房屋建筑制图统一标准》GB/T 50001—2010第3.1.1条的规定）。

注：建筑制图标准不属于强制执行的规范，其中的规定都是推荐使用，在新版《建筑制图标准》（GB/T 50104—2010）中不再对具体的图形推荐比例，只是提出了常用比例和可用比例。此处是为初学者提出一个比例使用的概念而借用GBJ 104—87中的条文。

在AutoCAD中绘制图形和在图纸上绘图的一个最大区别就是，在图纸上绘图1∶100是将实物缩小100倍画在图纸上。而在AutoCAD中画图是以“所见即所得”为原则，按1∶1来绘制图形（后文统称CAD绘图比例），这在绘制和标注尺寸时无需比例变换，非常方便直观。这就要求将图纸范围扩大100倍，出图的时候直接缩小100倍打印即可。因为我们需绘制的建筑平面尺寸大小为33.0m×13.4m（33000mm×13400mm）。相应地选取A3幅面放大100倍（即42000mm×29700mm）即可满足要求。流程详见图3-2。

下面我们进入AutoCAD开始学习相关的命令。

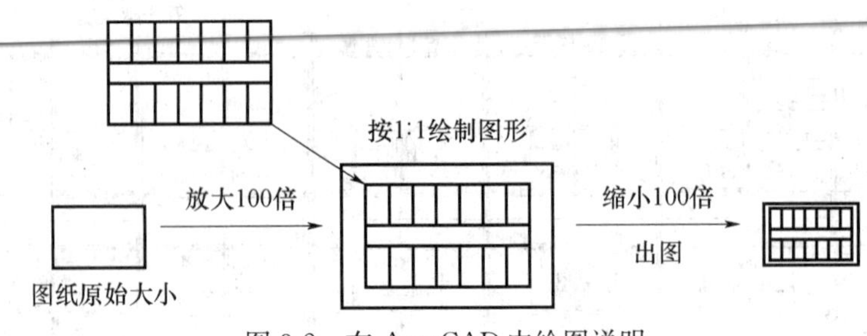

图 3-2　在 AutoCAD 中绘图说明

3.1.1　工作区的设置

在 AutoCAD 中，工作区的设置方法有许多种，以下是三种常用方法：

- 使用绘图向导进行设置。
- 使用命令方式进行设置。
- 使用预先保存的模板进行设置。

下面以一个具体的例子来说明工作区的设置方法。

【实例 3-1】 设置一个 3 号图（A3）工作区，出图比例为 1∶100。

（1）方法一，使用绘图向导进行设置。步骤如下：

① 单击常用工具栏中“新建”按钮，打开“创建新图形”对话框，如图 3-3 所示。

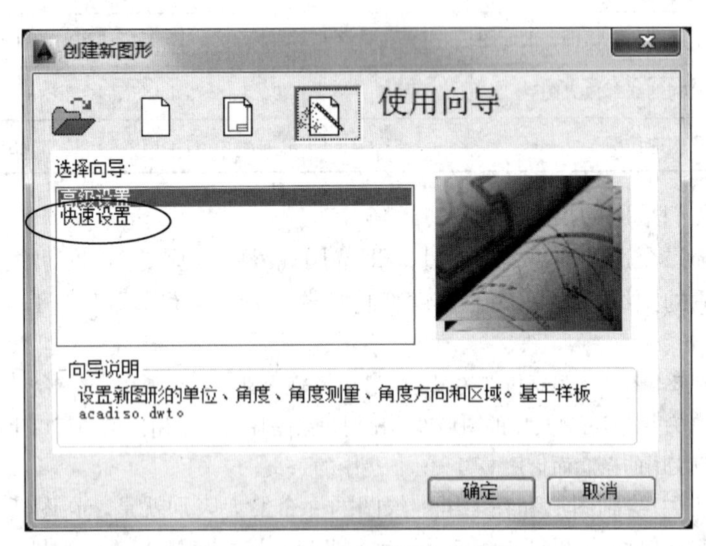

图 3-3　“创建新图形”对话框

提示： AutoCAD 2014 默认状态下，新建图形时不会弹出“创建新图形”对话框，而是打开“选择样板”对话框，如图 3-4 所示。需在命令行设置系统变量“STARTUP”为 1，才能在新建图形时弹出“创建新图形”对话框，而且在下次启动 AutoCAD 2014时会自动弹出“启动”对话框，如图 3-5 所示，也可进行工作区设置。

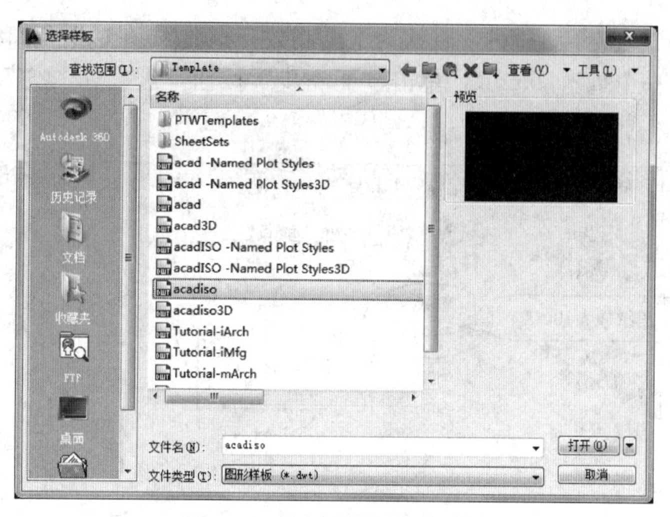

图 3-4　“选择样板”对话框

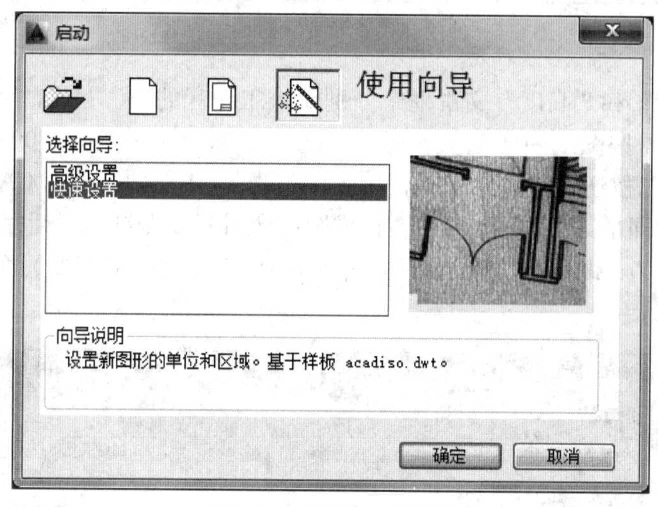

图 3-5　“启动”对话框

② 单击“使用向导”按钮，在“选择向导”列表框中，选择“快速设置”，再单击“确定”按钮，打开“快速设置”对话框，如图 3-6 所示。

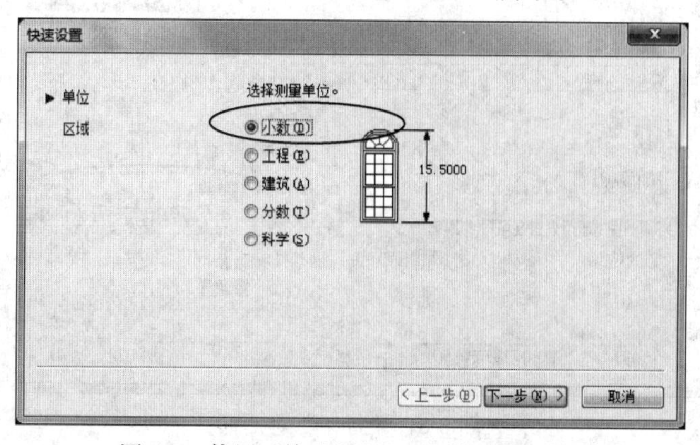

图 3-6　使用“快速设置”对话框设置单位

③ 在“单位”设置对话框内，默认为十进制数（小数），在这里我们假设在 AutoCAD 中一个单位代表一个毫米（mm），单击“下一步”按钮，进入如图 3-7 所示的“区域”设置界面。

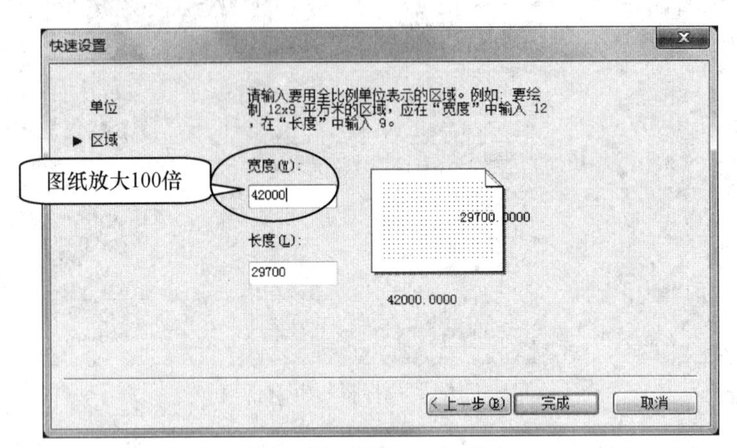

图 3-7　使用“快速设置”对话框设置区域

④ 在“宽度”和“高度”文本框中分别输入工作区的长、宽值，因为 CAD 按 1∶1 绘制图形，因此需按图纸图幅的大小放大 100 倍，即 42000 和 29700（单位为毫米），然后单击“完成”按钮，即建立了一张出图比例为 1∶100 的 3 号图 CAD 图幅大小的工作区（在 CAD 中即是其“图形界限”）。在成图打印时只要在打印对话框中的打印比例处设置比例为 1∶100，即可按实际的图幅打印出图，而无需将 CAD 图缩小，如图 3-8 所示。

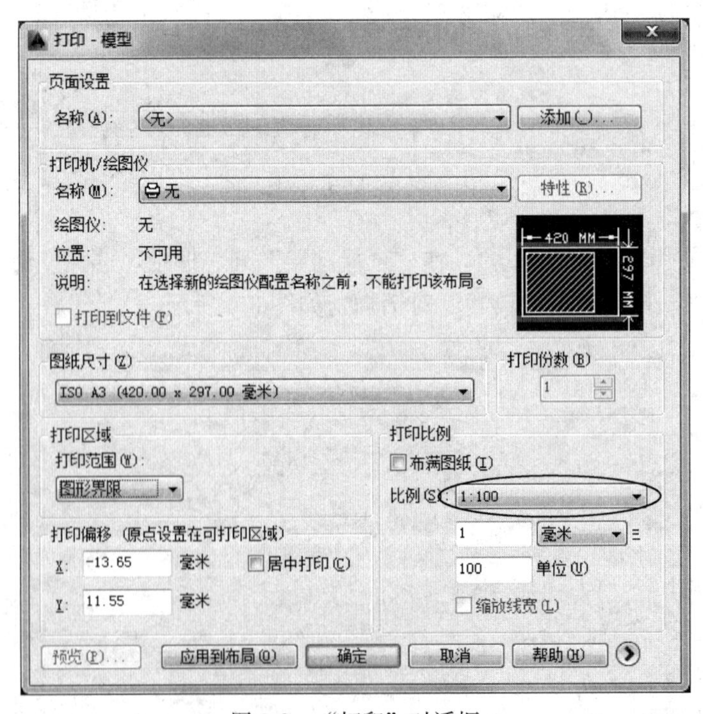

图 3-8　“打印”对话框

（2）方法二，使用命令方式进行设置。步骤如下：

① 设置单位。如果不使用向导和样板，那么进入图形编辑后要做的第一件事就是设置单位。

我们首先假设在 AutoCAD 中一个单位代表一个毫米（mm）。从“格式”下拉菜单中选择“单位”命令项（或在“命令”提示符下输入“Units”命令，并按 Enter 键），打开“图形单位”对话框，如图 3-9 所示。

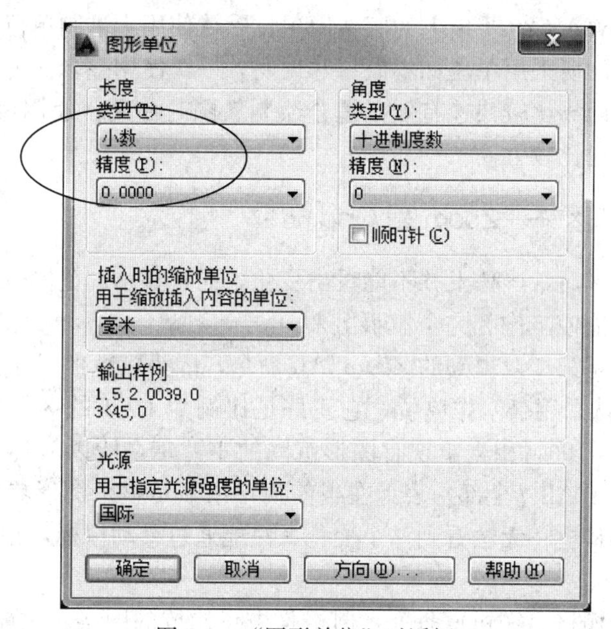

图 3-9　“图形单位”对话框

注意：在 AutoCAD 简体中文版中任务栏显示的坐标表明默认使用十进制单位。因此这一步可以省略。

提示：图 3-9 中的设置均为 AutoCAD 的默认设置。

② 从“格式”菜单中选择“图形界限”命令项（或在“命令”提示符下输入“Limits”命令，并按 Enter 键），在命令行出现如下提示：

```
重新设置模型空间界限：
指定左下角点或[开(ON)关(OFF)]<0.0000,0.0000>：
```

③ 用户可指定左下角点（输入新值）、输入 ON 或 OFF，或按 Enter 键接受其默认值。

命令提示中各选项含义如下：

左下角点：指定图形界限的左下角点。

开（ON）：打开界限检查。当界限检查打开时，AutoCAD 将会拒绝输入图形界限外部的点。因为界限检查只检测输入点，所以对象（例如圆）的某些部分可能会延伸出界限。

关（OFF）：关闭界限检查。但是保持当前的值直到下一次界限检查被打开为止。

④ 按 Enter 键接受其默认值后，在命令行又出现如下提示：

```
指定右上角点<420.0000,297.0000>：
```

⑤ 用户可指定右上角点（输入新值）或按 Enter 键接受其默认值。

这里输入新值（42000，29700）并按 Enter 键，即建立了一个比例为 1∶100 的 3 号图图纸大小的 CAD 工作区（即是 3 号图放大 100 倍）。

小结：

● 由于我们首先假设在 AutoCAD 中一个单位代表一个毫米（mm），当然也可以假设它为任何长度——1cm、1m 等，但这将影响到绘图的比例设置、标注设置等，而在简体中文版 AutoCAD 2014 以上的版本中单位默认使用十进制单位，因此单位设置可以省略。本书中绘图所采用单位如不做特殊说明，一律使用毫米。

● 使用绘图向导比较快速有效，适合绘制新图时使用；使用命令方式灵活方便，在修改工作区设置时比较方便。

3.1.2 显示工作区——Zoom 和 Grid 命令

在设置好工作区后，屏幕上并不能看出变化，而且显示的范围也没有变化，我们必须发布两个命令才能使工作区完全显示出来。

第一个命令就是第 2 章提到的 Zoom/All 命令，因为默认的显示区域为 420 单位×297 单位，我们默认采用毫米作单位，它正好是比例为 1∶1 的 3 号图大小。而我们设定的出图比例是 1∶100，相当于现有图形范围的 1 万倍，所以从屏幕上不能看到整个工作区。命令 Zoom/All（全部）表示在当前视口中显示整个图形界限。如果屏幕上没有图形，我们从屏幕上将无法看到整个变化，只能通过移动鼠标，在坐标显示处发现移动的范围变大了。

第二个命令是栅格（Grid）命令，栅格是由点构成的图案，只能显示在工作区内。因此使用栅格命令可以使我们看到工作区的界限，方便我们布置图形。

当然，栅格（Grid）命令最主要的功能并不在于此，下面我们做详细介绍。

使用栅格就像是在图形下放置一张坐标纸，有助于定位。利用栅格可以对齐对象并直观显示对象之间的间距。可以在运行其他命令的过程中打开和关闭栅格。栅格仅用于视觉参考。它既不能被打印，也不被认为是图形的一部分。

可以通过状态栏上的“栅格”按钮打开或关闭栅格显示。如果放大或缩小图形，可能需要调整栅格间距，使其更适合新的缩放比例。

要想打开或关闭栅格，也可使用 Grid 命令、按 Ctrl+G 或 F7 键。下面简述两种设定栅格的方法：

（1）方法一：使用 Grid 命令打开或关闭栅格和设置栅格间距。步骤如下：

① 在“命令：”提示符下输入 Grid（或'Grid 透明使用）命令，并按 Enter 键，在命令行出现如下提示：

指定栅格间距(X)或[开(ON)关(OFF)捕捉(S)主(M)自适应(D)界限(L)跟随(F)纵横向间距(A)]<10.0000>：

② 用户可指定值或输入选项，直接按 Enter 键，则按当前间距打开栅格。

命令提示中各项含义如下：

栅格间距（X）：设置栅格间距的值。指定一个值然后输入 X 可将栅格间距设置为捕捉间距的指定倍数。

开（ON）：打开栅格。

关（OFF）：关闭栅格。

捕捉（S）：将栅格间距定义为由 Snap 命令设置的当前捕捉间距。

主（M）：设置每个主栅格线的栅格分块数。默认值为 5。

自适应（D）：打开或关闭栅格自适应行为。默认为打开。

界限（L）：是否显示超出界限的栅格。默认为显示。

跟随（F）：是否遵循动态 UCS。默认为否。

纵横向间距（A）：设置栅格的 X 向间距和 Y 向间距。

如果输入 A 选择该选项后，在命令行分别出现如下提示：

指定水平间距(X)＜当前值＞：

指定垂直间距(Y)＜当前值＞：

（2）方法二：使用“草图设置”对话框打开或关闭栅格和设置栅格间距。步骤如下：

① 从“工具”菜单中选择“草图设置”命令项（或在状态栏的“栅格”按钮上单击右键，在快捷菜单中选择“设置”命令项，或在“命令”提示符下输入“DSettings”命令，并按 Enter 键），打开“草图设置”对话框（图 3-10）。

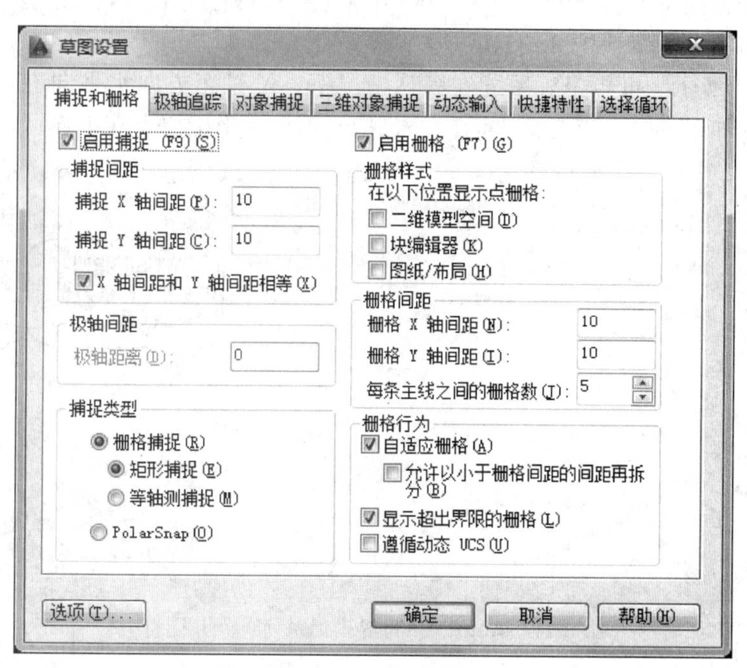

图 3-10　“草图设置”对话框

② 在“草图设置”对话框的“捕捉和栅格”标签中选择“启用栅格”。

③ 在“草图设置”对话框中输入“栅格 X 轴间距”，默认值为 10。

④ 要为垂直栅格间距设置相同的值，可直接按 Enter 键（或用鼠标单击“栅格 Y 轴间距”后的文本框）。否则，输入“栅格 Y 轴间距”。

⑤ 单击“确定”按钮。

3.2 在工作区内绘图——创建图形对象

设置好工作环境，现在我们就开始在工作区内画图。在AutoCAD中，用户可通过两种方法创建图形对象：

- 直接通过绘制命令来创建，例如绘制直线、圆、椭圆等。
- 对已有的图形对象使用编辑命令进行编辑，如移动、复制、镜像、修圆角、修倒角、对象联合、求交、求差等，从而产生一些较复杂的图形对象。

以下分别介绍这两种创建图形对象的方法。

3.2.1 使用绘图命令创建对象

1. 图形绘制的准备知识——点坐标输入方法

（1）点坐标输入的基础——世界坐标系

世界坐标系统（World Coordinate System，WCS）是由三个相互垂直并相交的坐标轴 X、Y 和 Z 组成的。在绘制和编辑图形的过程中，WCS是默认坐标系统，其坐标原点和坐标轴方向都不会改变。在AutoCAD中还可以定义用户自己的坐标系（UCS），这部分内容将在以后章节中介绍。

如图3-11所示，世界坐标系统在默认情况下，X 轴正方向水平向右，Y 轴正方向垂直向上，Z 轴正方向垂直屏幕平面向外，指向用户。坐标原点在工作区左下角。

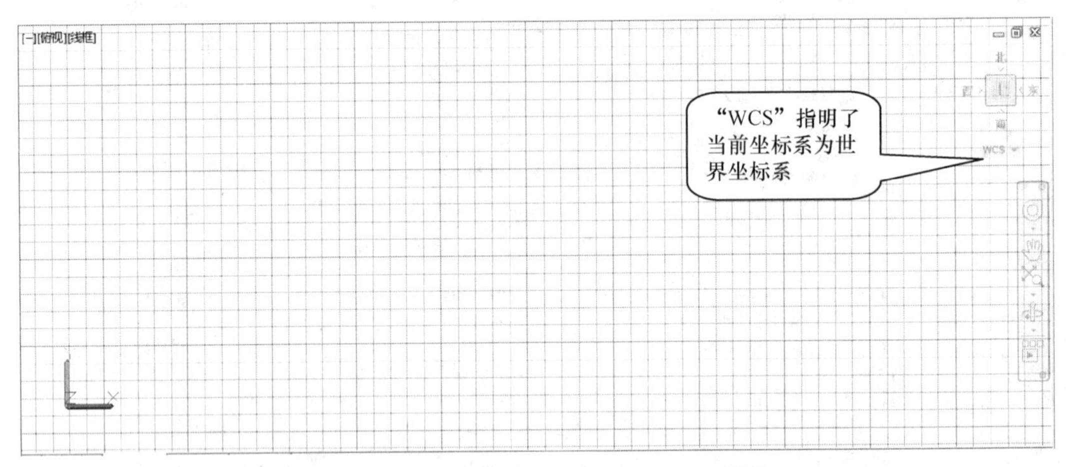

图3-11 AutoCAD世界坐标系（WCS）图符

（2）点坐标输入的表示方法

图纸上任何一点，都可以用从坐标原点的位移来表示。按照常规，点的表示为，先规定点在 X 轴方向的位移，后面跟着点在 Y 轴方向的位移，中间用逗号隔开。原点的坐标为（0，0）。

表示点坐标的方法有绝对坐标和相对坐标两种。

注意：这里我们仅讲述平面上点的坐标的表示。

① 绝对坐标表示法：根据所用的坐标系可分为绝对直角坐标法（以后简称绝对坐标）和绝对极坐标法。

绝对坐标法是以原点（0，0）为基点定位所有的点。表示形式为（X，Y），其在 AutoCAD 中的书写格式为：X，Y。例如 10，10 表示坐标 $X=10$、$Y=10$ 的点。

绝对极坐标法在 AutoCAD 中的书写格式为：$R<\alpha$，其中 R 表示极长，α 表示角度，即新点与上一点的连线与 X 轴的夹角。例如 10<45 表示以相对原点 10 个图形单位为极长、角度为 45°的点。

② 相对坐标表示法：也分为相对直角坐标系法（以后简称相对坐标）和相对极坐标法。

在绝对坐标中，总是要追踪原点（0，0），以便输入正确的坐标值。对于复杂的对象，有时这样做很困难，也很不方便。因此在 AutoCAD 中采用了相对坐标法来表示，即可以将最后一点重置为一个新的原点或（0，0）点，新点坐标相对于前一点来确定，其在 AutoCAD 中的书写格式为：@X，Y。

另一个常用的表示法是相对极坐标法，其书写格式为：@$R<\alpha$，其中@表示相对，R 表示极长，α 表示角度，即新点与上一点连线与 X 轴的夹角。例如@10<45 表示以相对上一操作点 10 个图形单位为极长、角度为 45°的点。

2. 使用绘图命令绘制第一个简单对象——门：绘图对象的建立

下面我们通过绘制一个简单的直线对象——门，来学习 AutoCAD 的点坐标输入方法，从而初步掌握 AutoCAD 图形对象的建立方法。

直线对象可以是一条线段，也可以是一系列相连的线段，但每条线段都是独立的直线对象。如果要绘制单个线段，可以使用绘制直线命令。如果要将一系列线段绘制为一个对象，可使用绘制多段线命令（参见以后章节中有关绘制多段线的内容）。连接一系列线段的起点和端点可使线段闭合，形成一个封闭的环。

直线是各种绘图（尤其是建筑结构制图）中最常用，但也是最简单的一类图形对象，用户只要给定其起点和终点即可绘制出一条直线。在 AutoCAD 中，用户可以通过 Line 命令来绘制直线，该命令也可通过单击“绘图”工具栏中的“直线”工具按钮 或选择“绘图”菜单的“直线”命令项发出。

绘制命令启动后，将要求用户指定起点的坐标输入。在 AutoCAD 中，用户输入点的坐标的基本方法有如下两种：

- 使用键盘，直接进行点坐标输入。
- 使用鼠标，直接在屏幕抓取点坐标。

每种方法又有许多变化，下面通过实例来介绍两种基本的坐标输入方法。

【实例 3-2】 绘制一个由四个直线段对象构成的矩形门示意图（图 3-12）。

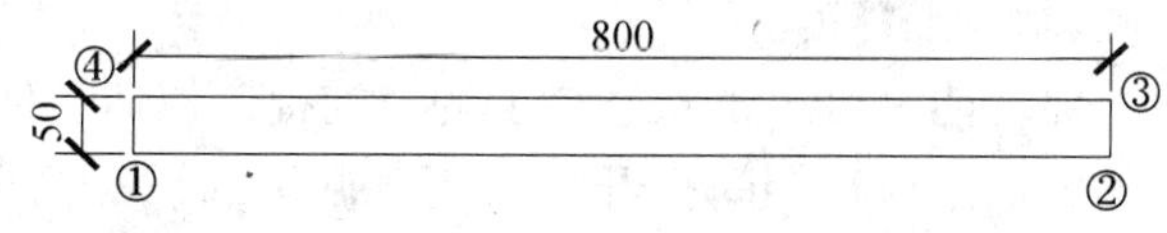

图 3-12　用 Line 命令绘制一个门

（1）方法一：使用键盘，直接进行点坐标输入。

具体绘制步骤如下：

① 用Line命令。这里用命令行输入法启动Line命令。在“命令：”提示符下输入Line，并按Enter键，在命令行出现如下提示：

指定第一个点：

② 用户可输入直线起点的坐标或按Enter键从上一条线或圆弧继续绘制。这里用绝对坐标输入直线起点①（图3-12）的坐标，输入（100，100），并按Enter键，在命令行出现如下提示：

指定下一点或[放弃(U)]：

提示：可选项“放弃（U）”表示可以放弃上次操作，即当输入“U”并按Enter键后，可以放弃上次的输入操作，重新输入点的坐标值。

③ 输入下一点坐标。这里用相对极坐标输入法输入直线终点②（图3-12）的坐标，输入“@800<0”，并按Enter键，在命令行出现如下提示：

指定下一点或[放弃(U)]：

提示：输入直线起点和终点坐标后，AutoCAD即绘制了一条直线段，并且继续提示输入点。用户可以绘制一组连续的线段，其中的每条线段都是一个独立的对象。这里我们要绘制一个由四个直线段对象构成的矩形门，因此要继续绘制另三条直线段。

④ 同上方法，依次输入如图3-12所示的③、④两点的坐标，输入“@50<90”和“@800<180”，即产生第二、第三条直线段。

⑤ 输入第四条直线段的终点坐标。这里用绝对坐标输入第四条直线终点④（图3-12）的坐标，输入（100，100），并按Enter键。

提示：第四条直线段可以用另一种更简单的方法产生。由于我们要绘制一个由四个直线段对象构成的矩形门，它是一个闭合图形，因此我们可以利用命令行提示中的“闭合（C）”可选项，即输入“C”并按Enter键，第四条直线段就自动绘制完成了，并立即结束绘制直线命令。

⑥ 按Enter键结束绘制直线命令。这样就绘制了4条依次连接的直线段，可简单地作为矩形门的平面图。

（2）方法二：使用鼠标，配合栅格和捕捉，直接在屏幕拾取点坐标。

在工程制图中由于准确性的要求，用鼠标拾取点坐标时必须辅以其他工具，否则精度难以保证。使用栅格和捕捉配合鼠标操作，是非常有效的点坐标输入方法。

栅格捕捉模式用于控制十字光标，使其按照用户定义的间距移动。当捕捉模式打开时，光标似乎附着或捕捉了一个不可见的栅格，有助于使用鼠标来精确地定位点。通过设置X和Y的间距可控制捕捉精度。

要想打开或关闭捕捉功能，可单击状态栏上的“捕捉”按钮、使用Snap命令或F9键。捕捉模式可以在其他命令执行期间打开或关闭。栅格的设置已经在前面介绍过了，在此对捕捉的设置方法简单介绍一下。

① 使用“草图设置”对话框打开或关闭捕捉功能和设置捕捉间距。步骤如下：

a. 从“工具”菜单中选择“草图设置”命令项（或在状态栏的“捕捉”上单击右

键，在快捷菜单中选择“设置”命令项)，打开“草图设置”对话框，如图 3-13 所示)。

b. 在“草图设置”对话框的“捕捉和栅格”标签中选择“启用捕捉”。

c. 在“草图设置”对话框中，输入“捕捉 X 轴间距”，默认值为 10。

d. 要为垂直捕捉间距设置相同的值，按 Enter 键。否则，输入“捕捉 Y 轴间距”。

e. 在“捕捉类型”下选择“栅格捕捉”和“矩形捕捉”。(关于等轴测和极轴捕捉选项的详细信息，参见第 7 章中有关与极轴追踪一起使用捕捉模式和将捕捉和栅格设置为等轴测模式的内容。)

f. 单击“确定”按钮。

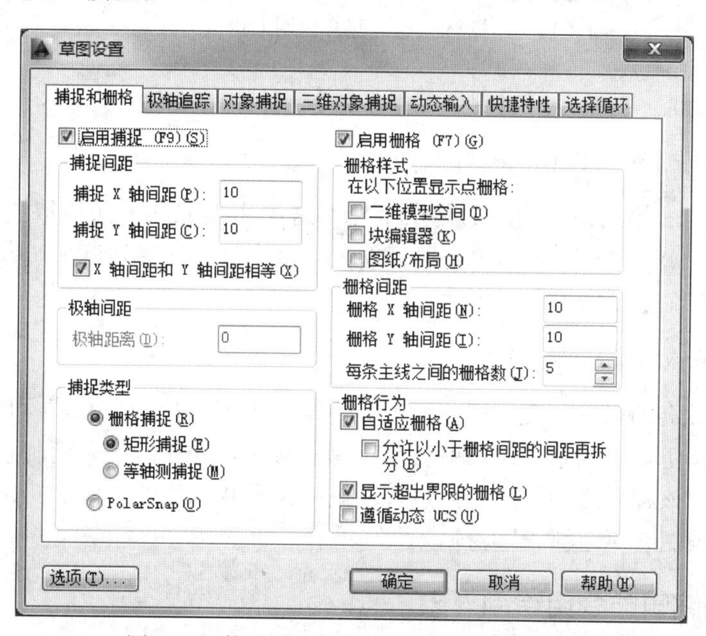

图 3-13　使用“草图设置”对话框设置捕捉

② 用栅格和捕捉配合鼠标来绘制一个简单的由 4 个直线段对象构成的矩形门的平面图。具体绘制步骤如下：

a. 启动 Line 命令。这里用命令行输入法启动 Line 命令。在“命令:”提示符下输入 Line，并按 Enter 键，在命令行出现如下提示：

指定第一点：

b. 指定第一点。用户可输入直线起点的坐标或按 Enter 键从上一条线或圆弧继续绘制。这里通过栅格和捕捉配合鼠标使用来拾取直线起点，分别单击状态栏上的“栅格”和“捕捉”按钮打开栅格和捕捉，并将十字光标移到点 (100，100) 处 (图 3-14)，单击鼠标左键，在命令行出现如下提示：

指定下一点或[放弃(U)]：

提示：当工作区设置较大 (如本例为 42000×29700)，而栅格捕捉间距相对较小 (如本例为 10) 时，需要对视图进行局部放大，以便捕捉到合适的栅格点。

c. 指定下一点。这里用类似的方法拾取直线终点，将十字光标移到点 (900，100)

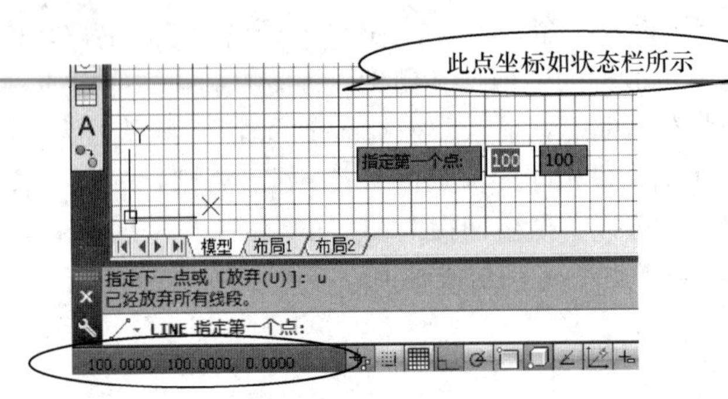

图3-14　用栅格和捕捉配合使用来拾取直线起点

处，单击鼠标左键，在命令行出现如下提示：

指定下一点或[放弃(U)]：

d. 输入第二、第三条直线段的终点坐标。这里用类似的方法拾取直线终点，将十字光标移到点（900，150）处，单击鼠标左键，将十字光标移到点（100，150）处，单击鼠标左键，在命令行出现如下提示：

指定下一点或[闭合(C)放弃(U)]：

e. 绘制第四条直线段。这里利用命令行提示中的“闭合（C）”可选项，即输入“C”并按Enter键，第四条直线段就自动绘制完成了，并立即结束绘制直线命令。

提示：使用该种方法的关键是，边移动鼠标边看状态栏处坐标的变化。在很多种场合下，熟练的绘图者更习惯于键盘输入。

3.2.2　使用编辑命令组绘制对象

创建对象只是创建一张AutoCAD图形过程中的一部分，对于复杂的图形，创建对象花费的时间几乎与手工绘制图纸花费的时间一样多。但在修改图形时，AutoCAD具有非常高效的性能。AutoCAD提供了许多编辑工具用于修改一张图形。在AutoCAD中，可以非常方便地移动、旋转、拉伸对象或修改图形中对象的比例因子。如果要清除一个对象，只需单击几次鼠标即可将该对象删除。另外，还可以将对象进行多重复制。

本节通过使用编辑命令组的两个基本命令Copy和Move，来了解AutoCAD编辑的基本分类以及使用方法，其他编辑命令及高级编辑方法和技巧以后将详细介绍。

AutoCAD提供了两种编辑方法：

● 标准法：即先启动命令，然后选择要编辑的对象。

● 主谓法：即先选择对象，然后执行编辑命令。此种方法对有些AutoCAD编辑命令不适用，如Offset、Trim、Extend、DDedit等。

1. 图形编辑的基础——对象选择方法

在AutoCAD中，正确快捷地选择对象是进行图形编辑的基础。只要进行图形编辑，用户就必须准确无误地通知AutoCAD将要对哪些图形对象进行操作。用户选择对象后，AutoCAD将高亮显示被选择的对象，即组成对象的边界轮廓线由原来的实线变成虚线，与未被选中的对象有明显区别。

当用户希望一次操作一个对象时，只需单击该对象即可。如果用户希望一次操作一组对象，则要建立对象的选择集，即由一组对象构成的集合。AutoCAD 提供了 12 种以上的方法来建立对象选择集，这里只介绍几种常用的方法。

无论用哪一种方法，AutoCAD 都会提示选择对象并用拾取框（一个小正方形框）代替十字光标。可以用定点设备或用本节中介绍的方法选择独立的对象。响应“选择对象”的提示有多种方法。可以选择最近创建的对象、前面的选择集或选择图形中的所有对象，可以向选择集中添加对象或从中删除对象，也可用多种选择方法构造一个选择集。例如，要选择绘图区域中的多数对象，可先选择全部对象，然后再剔除不需要的对象。

在调用了 AutoCAD 命令后，AutoCAD 会提示选择对象，可以用以下任一种方式选择对象：

- 点取：通过使用拾取框或键入坐标，可以直接拾取对象。
- 窗口选择的对象是全部包括在矩形窗口中的对象。
- 窗交选择的对象是包括在矩形窗口中的对象以及与矩形窗口边界相交叉的对象。
- 圈围选择的对象是全部包括在多边形窗口中的对象。
- 圈交选择的对象是包括在多边形窗口中的对象以及与多边形窗口边界交叉的对象。
- 栏选选择的对象穿过一个多线段栅栏线。
- 全部选择图形中的所有对象。
- 上一个：选择上一个添加到图形中的对象。
- 前一个：如果存在前一个选择集，选择包含在前一个选择集中的对象。

除了以上这些模式，还可以通过匹配适当的特性选择对象。例如，可将所有对象绘制在指定的图层上，或以指定的颜色绘制对象。另外，还可以自动地应用一些选择方式而无需首先指定这些方式。例如，可以十分简便地单击对象，或者通过定义矩形选择窗口的对角点，以使用“窗口”选择模式或“窗交”选择模式。

定义矩形窗口角点的方向（从左到右，或者从右到左）决定了所要使用的选择方式的类型，这就是所谓的“隐含窗口”模式。在“隐含窗口”模式处于激活状态时，如果在屏幕上的空白区拾取一点，AutoCAD 自动进入窗口选择模式。如果将光标从第一个指定点处移向右侧，只有全部在选择窗口中的对象才是被选择的对象。如果将光标从第一个指定点处移向左侧，那么在选择窗口中的对象以及与窗口边界相交的对象都是被选择的对象。

AutoCAD 将以矩形表示的选择窗口用实线表示。在使用交叉窗口时，该矩形用虚线表示。隐含窗口既可以通过系统变量 PICKAUTO 进行设置，也可以从“选项”对话框中的“选择集”选项卡设置。有关该对话框的内容随后将会予以介绍。通常情况下，可以通过单击一次鼠标定义第一个角，再次单击鼠标定义对角的方式创建选择集的窗口。但是可以设置 AutoCAD，以便能够使用定点设备的拾取按钮，按住并拖拽光标构造一个选择窗口或交叉窗口，然后松开拾取按钮。这种方式与其他窗口操作十分相似，这就是我们熟悉的拖拽模式。既可以在“选项”对话框的“选择集”选项卡中设置该模式，也可以设置系统变量 PICKDRAG 的值控制此模式。

（1）点选

要选择一个对象，可以简单地点取该对象。将拾取框移动到对象上，然后单击，AutoCAD立即检索通过拾取框的图形中的对象。

在“隐含窗口”处于激活状态时，如果没有单击一个对象，该选择点将变成窗口或交叉窗口的第一个角。但是，也可以让AutoCAD在需要的时候，按住鼠标左键并沿对角方向移动光标，从而创建一个选择窗口或交叉窗口。在这种情况下，简单的单击不能激活窗口模式。拖拽模式的设置，可以在“选项”对话框的“选择”选项卡中设置，也可以修改系统变量PICKDRAG的值。

注意：当“隐含窗口”处于激活状态时，如果没有正确的点击到对象上，将拖出一个窗口，这时可按Esc键取消，重新输入。

对象循环选择：在一个非常拥挤的图形中，选择对象将十分困难，因为对象之间的距离太近，或者其他对象正好位于另一个对象之上。在单独点取对象时，在拾取框中可以循环选择对象，直到AutoCAD将所要选择的对象亮显。可以在AutoCAD提示选择对象时，随时打开循环模式。要想循环选择重叠或靠近的对象，首先确保“选择循环”已启用（需在“草图设置”对话框的“选择循环”选项卡中设置，如图3-15所示），在对象上移动光标时，将看到一个双矩形图标，该图标表示有多个对象可供选择，此时可单击以查看可用对象的列表，然后在列表中单击以选择所需的对象。

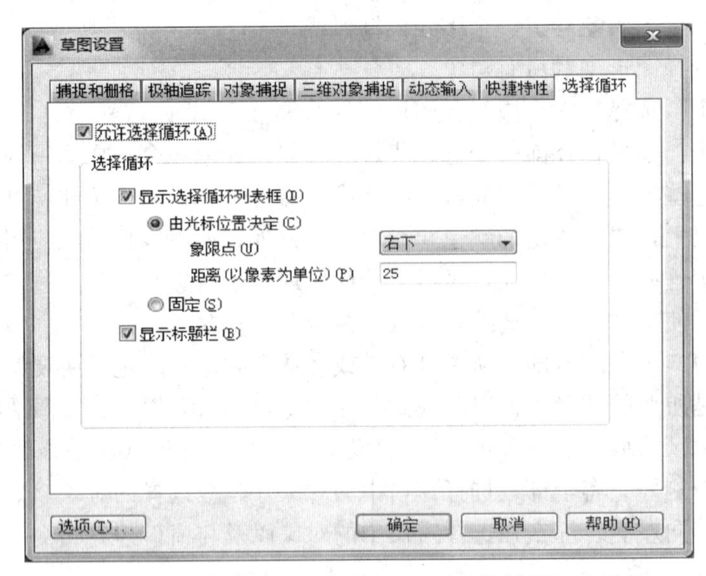

图3-15　“草图设置”对话框——“选择循环”选项卡

提示：当看到双矩形图标时，也可以通过按住Shift键循环浏览对象，以及按空格键来循环浏览可供选择的对象。所需对象亮显后，单击以选择该对象。

注意：在打开对象循环模式后，如图3-15设置允许“选择循环”，设置光标的实际位置将不再有效。打开对象循环时，拾取框的位置决定了哪些东西将被选择。

（2）使用窗口选择

通常情况下，使用窗口选择模式比使用隐含窗口更为方便。例如，在绘制一个非常拥挤的图形时，不必担心在使用隐含窗口模式时，拾取的点会落在图形中的空白区域，而且也不用考虑窗口的第二个角位于第一个角的左侧还是右侧。在提示选择对象时，键入“W”并按 Enter 键。AutoCAD 提示指定第一个角点和另一个角点，显示一个实线橡皮筋矩形（图 3-16），并在移动光标时，扩大或收缩该矩形。在拾取了第二个角点后，AutoCAD 立即检索图形并选择那些全部位于矩形中的对象。AutoCAD 不会选择任何位于矩形以外或者与矩形边框相交叉的对象。

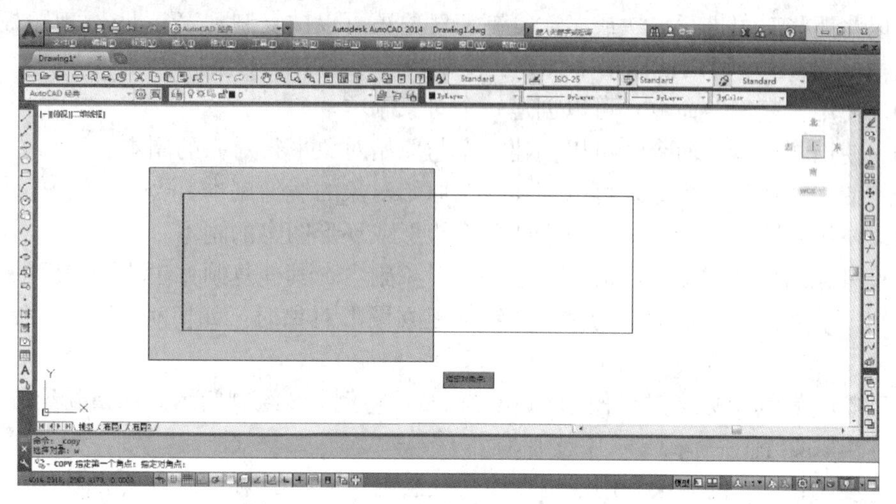

图 3-16　窗口选择方式下的矩形选择框

（3）使用交叉窗口选择

交叉窗口与窗口选择模式十分相似，它也是经常使用的选择模式。由于上面已经讨论过的原因，交叉窗口模式比隐含窗口更为方便。要使用这种选择模式，在提示选择对象时，键入“C”并按 Enter 键。AutoCAD 提示选择第一个角点和另一个角点，并显示一个虚线的橡皮筋矩形（图 3-17）。在拾取了第二个角点后，AutoCAD 立即检索图形并选择那些全部位于矩形中的对象，以及与矩形相交的对象。AutoCAD 不会选择任何位于矩形以外的对象。

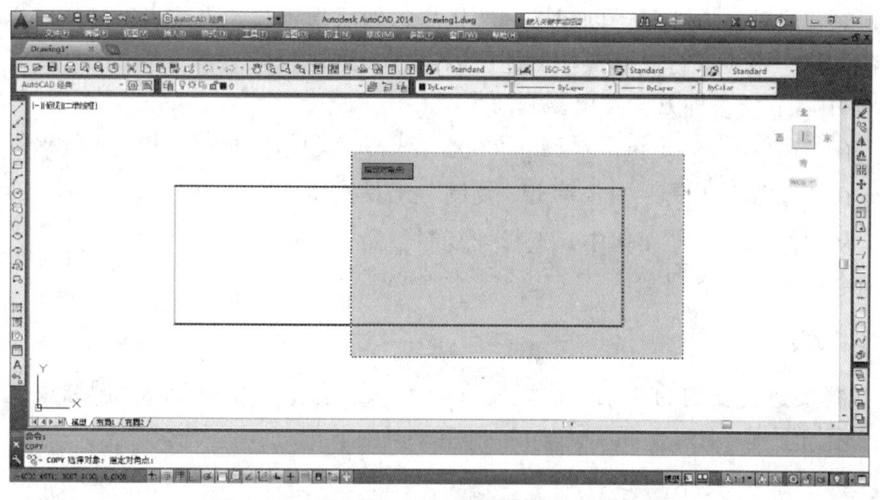

图 3-17　交叉窗口选择方式下的矩形选择框

2. 使用标准法建立图形对象

使用编辑的方法是不可能凭空建立对象的，它必须是对已绘制好的图形使用。因此对于新建图形必须结合上节的方法，先使用绘图命令建立一些对象，再使用编辑命令制作该对象的副本，这样操作比绘制该对象要快速简便得多。可以复制一个或多个对象，并且可以将那些对象进行一次或多次复制。对象还可以被复制到 Windows 剪贴板上。

在 AutoCAD 中可以使用很多种方法复制当前图形中的对象：

- 使用“复制”命令，可以创建一个对象副本。
- 使用“偏移”命令，可以创建一个与原始对象平行对齐的副本。
- 使用“镜像”命令，可以创建一个原始对象的镜像副本。
- 使用“阵列”命令，可以创建几个矩形或环形图案的副本。

这里只介绍使用“复制”命令创建一个对象副本，其他复制方法将在以后的章节中予以介绍。下面以绘制矩形门为例，介绍在建立图形对象时，如何利用 Copy 命令绘制图形。

【实例 3-3】 利用标准法（使用 Copy 命令），将例 3-2 绘制门示意图重新绘制出来。

具体步骤如下：

（1）使用例 3-2 的方法利用绘制直线命令绘制矩形门的第一、第二条边。

① 单击“绘图”工具栏中的“直线”工具按钮╱，发布 Line 命令。

② 用绝对坐标输入第一条直线起点，输入（100，100）。用相对极坐标输入第一、第二条直线的终点。这样就绘制了矩形门的第一条边①、第二条边②，如图 3-18 所示。

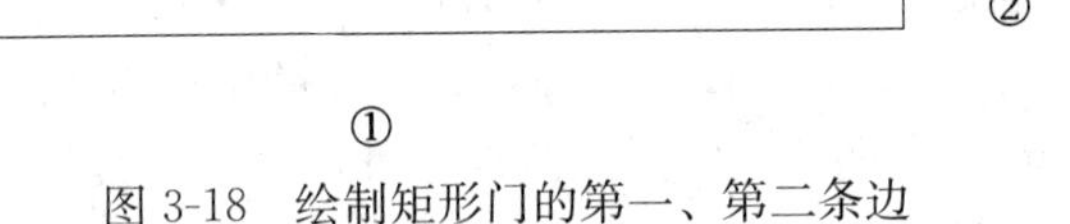

图 3-18　绘制矩形门的第一、第二条边

（2）使用标准法利用复制对象（Copy）命令绘制矩形门的第三、第四条边。

复制对象的默认方式是：创建一个选择集，然后指定起始点或者基准点，以及第二个点或者位移，用于进行复制操作。还可以进行多重复制。

① 使用以下任一种方法发出复制命令：

- 在“命令：”提示符下，输入 Copy（或 Co 或 Cp）命令，并按 Enter 键。
- 在“修改”工具栏中，单击“复制”工具按钮。
- 从“修改”下拉菜单中，选择“复制”命令选项。

在命令行出现如下提示：

选择对象：

② 选择要进行复制的对象。这里先选择第一条边①，并按 Enter 键结束选择。在命令行出现如下提示：

指定基点或[位移(D)模式(O)]<位移>：

③ 指定基点或位移。这里用绝对坐标输入第一点坐标（100，100），并按 Enter

键，在命令行出现如下提示：

指定第二个点或[阵列(A)]<使用第一个点作为位移>：

④ 指定位移的第二点。输入位移的第二点或按 Enter 键，用原点和第一点之间的距离做位移。这里用相对极坐标输入第二点坐标“@50<90”，并按 Enter 键，即完成对象复制操作，绘制了矩形门的第三条边③，如图 3-19 所示。

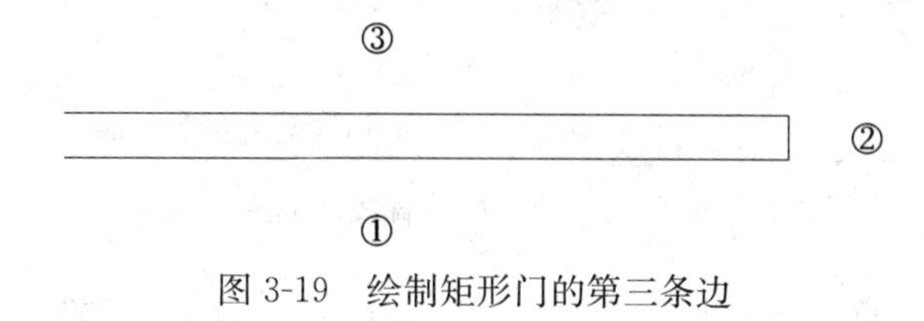

图 3-19　绘制矩形门的第三条边

提示：如果指定两点，AutoCAD 将以两点所确定的位移放置单一副本。如果指定一点，然后按 Enter 键，AutoCAD 将以原点和指定点之间的位移放置一个单一副本。

⑤ 重复上述步骤，绘制矩形门的第四条边，即完成了绘制矩形门的操作，结果如图 3-20 所示。

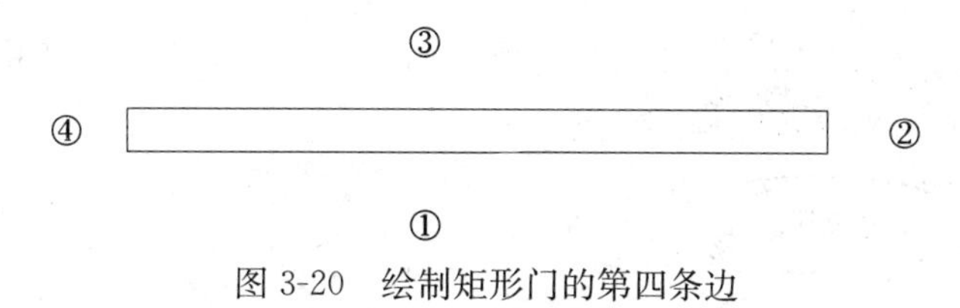

图 3-20　绘制矩形门的第四条边

3. 使用主谓法建立图形对象

所谓主谓法，即先选择对象，然后执行编辑命令。但并不是所有编辑命令都支持。它是 AutoCAD 程序应用面向对象技术的产物，而主谓法中的夹点（有些书本称为界标）操作更是这种技术的真正体现。下面以绘制矩形门为例，来看一下它与标准法的差异。

【实例 3-4】利用主谓法（使用 Copy 命令），将例 3-2 绘制门示意图重新绘制出来。

主谓法也是一种编辑方法，同样不能凭空产生对象，它也必须配合图形绘制命令使用，因此第一步与标准法相同。具体步骤如下：

(1) 使用例 3-2 的方法利用绘制直线命令绘制矩形门的第一、第二条边。

① 单击“绘图”工具栏中的“直线”工具按钮，发布 Line 命令。

② 用绝对坐标输入第一条直线起点，输入（100，100）。用相对极坐标输入直线①和②的终点。这样就绘制了矩形门的第一、第二条边，如图 3-18 所示。

(2) 使用主谓法利用复制对象（Copy）命令绘制矩形门的第三、第四条边。（**注意：**这是与标准法不同的地方。）

① 首先选择要进行复制的对象。这里先选择直线①（图 3-21）。它被选择后出现 3 个夹点，并变成了虚线，表明对象已选择但命令还没有发布。

② 发出复制命令，虚线上的夹点不见了（图 3-22），在命令行出现如下提示：

指定基点[或位移(D)模式(O)或多个(M)]：<位移>

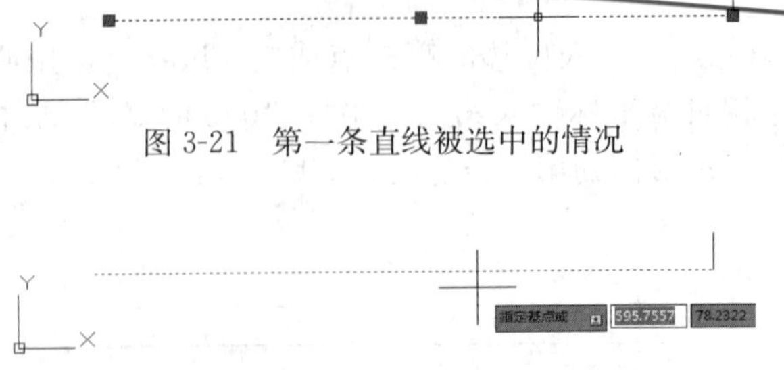

图 3-21 第一条直线被选中的情况

图 3-22 命令发布后，被选直线上的夹点消失了

③ 指定基点或位移。如果指定两点，AutoCAD 将以两点所确定的位移放置单一副本。如果指定一点，然后按 Enter 键，AutoCAD 将以原点和指定点之间的位移放置一个单一副本。这里用绝对坐标输入第一点坐标（100，100），并按 Enter 键，在命令行出现如下提示：

指定第二个点或[阵列(A)]<使用第一个点作为位移>：

注意：在基点坐标输入后，出现可以拖动的橡皮筋线，移动鼠标时直线跟着移动，橡皮筋线可以伸缩，如图 3-23 所示。

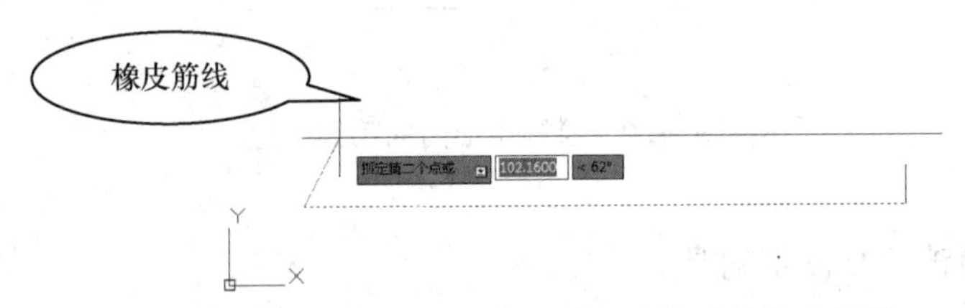

图 3-23 基点坐标输入后，出现的可以拖动的橡皮筋线

④ 指定位移的第二点。输入位移的第二点或按 Enter 键，用原点和第一点之间的距离做位移。这里用相对极坐标输入第二点坐标“@50<90”，并按 Enter 键，即完成直线③的复制操作，如图 3-24 所示。

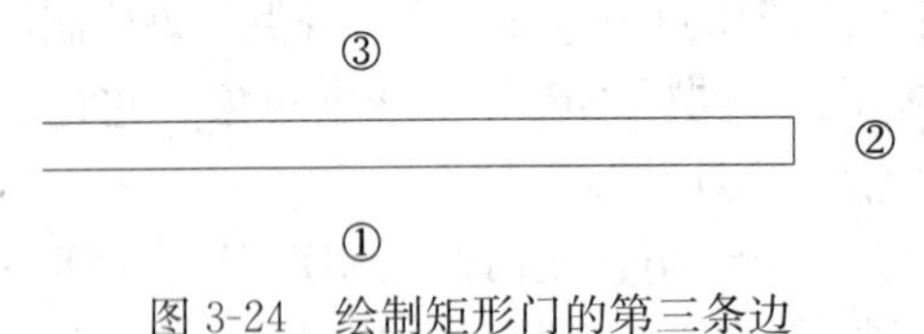

图 3-24 绘制矩形门的第三条边

⑤ 重复①～④各步骤，将第二条线②复制为矩形门的第四条边④，即完成了绘制矩形门的操作，结果如图 3-25 所示。

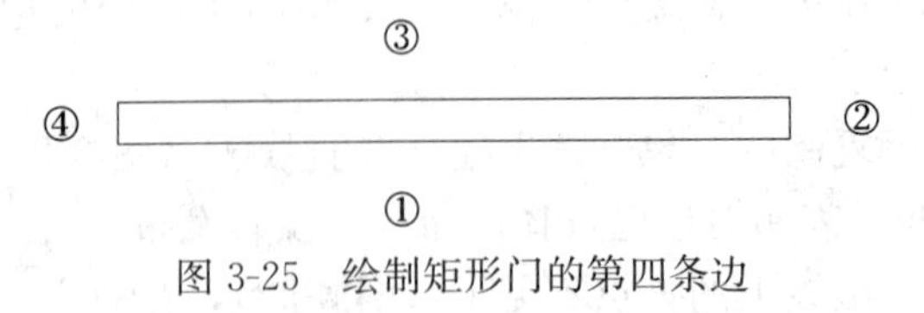

图 3-25 绘制矩形门的第四条边

4. 在建立图形对象中使用夹点操作

【实例 3-5】 利用夹点操作，将例 3-2 绘制门示意图重新绘制出来。

还可以使用夹点移动对象。要用夹点移动对象，首先选择对象显示其夹点，然后单击其中的一个夹点使之成为热点。它成为缺省基准点（也可以使用“基点”选项选择一个其他基准点）。随后转换到移动模式，并指定位移的第二个点。

要用夹点移动一个对象，可按下列步骤进行：

（1）使用例 3-2 的方法利用绘制直线命令绘制矩形门的第一、第二条边。

① 单击“绘图”工具栏中的“直线”工具按钮，发布 Line 命令。

② 用绝对坐标输入第一条直线起点，输入（100，100）。用相对极坐标输入直线①和②的终点。这样就绘制了矩形门的第一、第二条边，如图 3-18 所示。

（2）使用夹点法绘制矩形门的第三、第四条边。

① 选择要移动的对象。用鼠标左键点击直线①，直线变虚线，并出现 3 个夹点（图 3-26）。

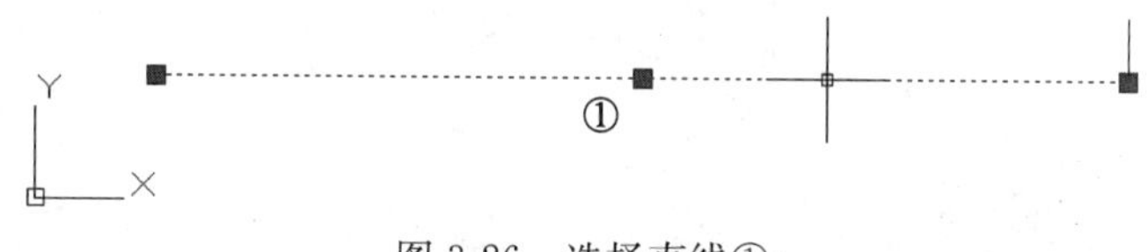

图 3-26　选择直线①

② 再用鼠标左键点击被选对象中的一个夹点作为基点。该夹点变成红色，且命令行出现拉伸命令提示（图 3-27），并且移动鼠标会发现直线①像橡皮筋一样跟着鼠标被扯动。

注意： 此时该命令处于“拉伸”模式，可通过按空格键来切换编辑模式。

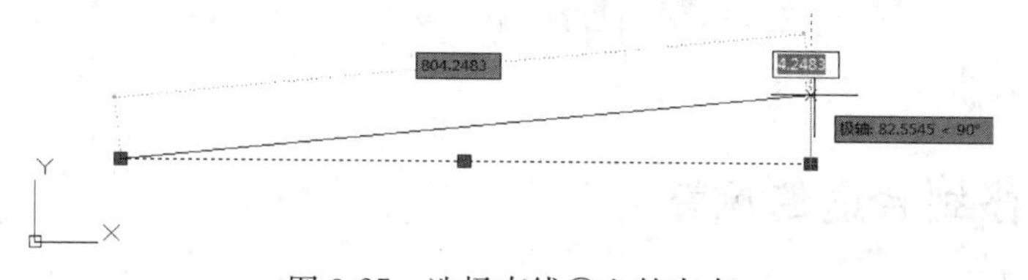

图 3-27　选择直线①上的夹点

③ 敲击空格键，会发现命令行的命令提示被切换成了移动命令，而且移动鼠标发现直线①进入移动模式（图 3-28）。

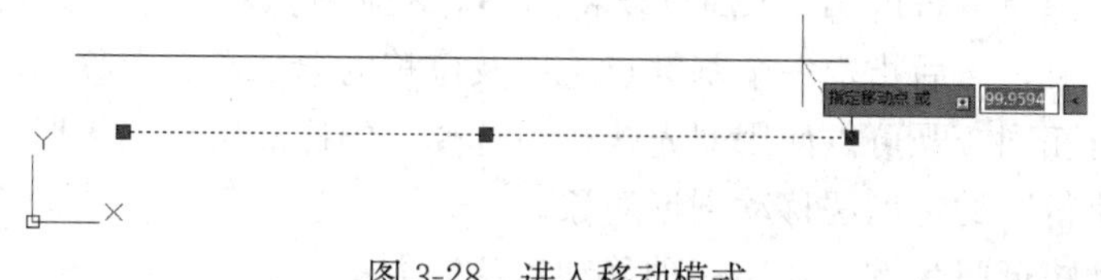

图 3-28　进入移动模式

④ 从键盘输入“C”，发布复制命令，进入多重复制状态。然后输入“@50＜90”，键入 Enter 键，直线③就被建立了，如图 3-29 所示。

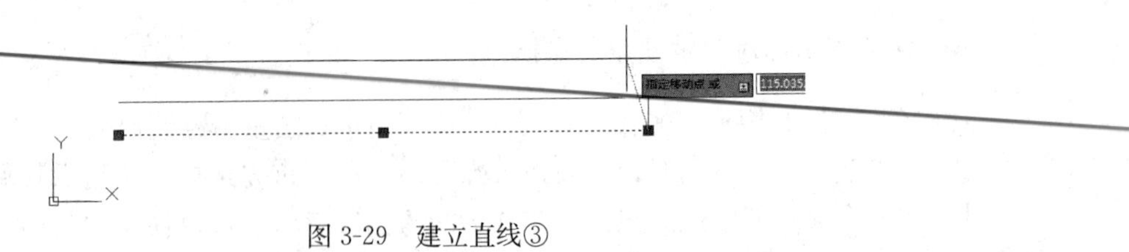

图 3-29　建立直线③

⑤ 再次按 Enter 键，取消多重复制状态，结束复制操作。

⑥ 仿照①～⑤步骤，复制出直线④。这样门的示意图就绘制好了。

夹点法小结：夹点操作中的关键是选取夹点，命令的切换用空格键，也可以点击鼠标右键，用弹出的快捷菜单来选取，如图 3-30 所示。

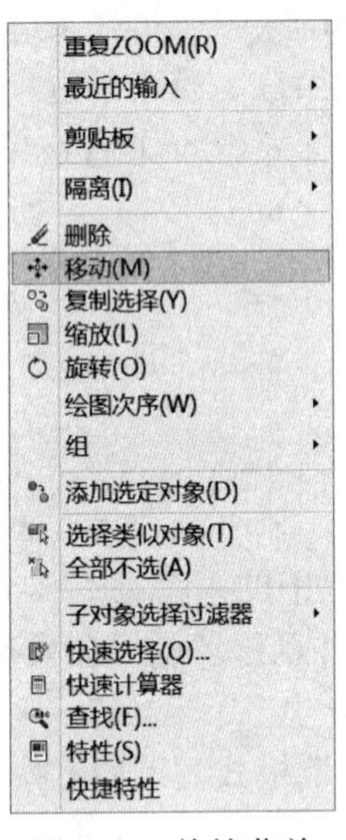

图 3-30　快捷菜单

3.3　把图移到合适的位置

在手工绘图阶段，要移动图形时，必须先把原图形擦掉，然后在新位置重画，十分麻烦。特别对于复杂的工程图纸来说，手工移动图形更是十分困难。

AutoCAD 提供了移动图形功能（用 Move 命令），可以方便用户轻松快捷地在图形中移动对象，用户只需告诉 AutoCAD 要将图形对象从哪点移到哪里即可。其默认方式是创建一个选择集，然后指定一个基准点，以及位移的第二点。在移动对象时，它们的方向和大小保持相同。既可以使用“先执行后选择”的标准法移动图形对象，也可以使用“先选择后执行”的主谓法移动图形对象。

下面以移动矩形门为例，介绍三种移动对象的方法。

1. 使用标准法移动对象

使用移动对象命令（Move）的标准方法移动矩形门对象的步骤如下：

① 使用以下任一种方法发出移动对象命令：

- 在“命令：”提示下，键入 Move（或 M），然后按 Enter 键。
- 在“修改”工具栏中，单击“移动”工具按钮。
- 从“修改”下拉菜单中，选择“移动”命令项。

在命令行出现如下提示：

选择对象：

② 选择要移动的对象。这里用交叉窗口选择前面绘制的矩形门（注意矩形门由 4 个直线对象构成），然后按 Enter 键结束对象选择。在命令行出现如下提示：

指定基点或[(D)]＜位移＞：

③ 指定基准点。这里用绝对坐标指定基准点，输入（100，100），并按 Enter 键。在命令行出现如下提示：

指定第二个点或＜使用第一个点作为位移＞：

提示：也可以使用捕捉模式、鼠标直接拾取或对象捕捉模式指定基准点。

④ 指定位移的第二点。这里用绝对坐标指定位移的第二点，输入（0，100），并按 Enter 键，即完成对象移动操作，矩形门向上平移了 100mm。

提示：指定的两个点定义了一个位移矢量，它指明了被选定对象的移动距离和移动方向。如果在确定第二个点时按 Enter 键，那么第一个点的坐标值就被认为是相对的 X、Y、Z 位移。例如：在确定基点时输入“100，100”而在确定第二个点时按 Enter 键，则选定的对象相对于当前位置往 X 方向移动 100 个单位，往 Y 方向移动 100 个单位。

注意：通过使用位移方式移动对象，在提示指定基准点或位移时，输入一个距离代替指定基准点，并按 Enter 键；在提示指定位移的第二个点时，再次按 Enter 键。

2. 使用主谓法移动对象

使用移动对象命令的主谓法移动矩形门对象的步骤如下：

① 选择要移动的对象。这里用交叉窗口选择前面绘制的矩形门（注意矩形门由 4 个直线对象构成）。

② 使用以下任一种方法发出移动对象命令：

- 在“命令：”提示下，键入 Move（或 M），然后按 Enter 键。
- 在“修改”工具栏中，单击“移动”工具按钮。
- 从“修改”下拉菜单中，选择“移动”命令项。

在命令行出现如下提示：

指定基点或[(D)]＜位移＞：

③ 指定基准点。这里用绝对坐标指定基准点，输入（100，100），并按 Enter 键。在命令行出现如下提示：

指定第二个点或＜使用第一个点作为位移＞：

④ 指定位移的第二点。这里用绝对坐标指定位移的第二点，输入（100，200），并按Enter键，即完成对象移动操作，矩形门向上平移了100mm。

3. 使用夹点操作移动对象

还可以使用夹点移动对象。要用夹点移动对象，首先选择对象显示其夹点，然后单击其中的一个夹点使之成为热点。它成为基准点（尽管可以使用“基点”选项选择一个其他基准点）。随后转换到移动模式，并指定位移的第二个点。

要用夹点移动一个对象，可按下列步骤进行：

① 选择要移动的对象。

② 选择被选对象中的一个基夹点。

③ 按空格键转换到移动模式。

将对象拖动到所需的位置，然后单击，即可完成移动。

3.4　要点回顾

本章介绍了工作区的概念及其设置方法，讲述了在工作区使用绘图命令和编辑命令创建图形对象的过程，介绍了使用对象移动命令编辑图形的方法。

通过本章内容的学习，我们应掌握如下内容：

● 深入理解工作区的概念及绘图前应做的准备工作，熟练掌握工作区设置方法和显示方法，熟练掌握绘图比例和单位的设置方法。工作区设置是许多绘图者容易忽略的问题，绘图比例的设定是后续许多环境设置的基础。

● 熟练掌握显示工作区的方法，熟练掌握两种栅格设定的方法。

● 深入理解世界坐标系的概念以及点坐标输入的两种表示方法，即绝对坐标和相对坐标。点坐标的输入是绘制图形的基础，它分为绝对坐标和相对坐标。

● 熟练掌握绘制图形的两种输入方法——使用键盘直接进行点坐标输入和使用鼠标直接在屏幕拾取点坐标，掌握捕捉的设置方法。

● 熟练掌握通过Line命令来绘制直线的方法和详细操作步骤。

● 理解对象选择的作用及选择集的概念，熟练掌握点选、窗口选择、交叉窗口选择三种对象选择方法，了解其他对象选择方法。

● 理解使用编辑方法绘制图形的前提，了解使用编辑方法产生新图形的方法，熟练掌握用复制命令创建一个对象副本的方法，熟练掌握利用Copy命令复制对象的详细操作步骤。

● 深入理解图形的编辑方法——标准法和主谓法的区别，掌握利用这两种不同方法编辑对象的详细操作步骤。

● 熟练掌握使用移动对象命令移动对象的方法，熟练掌握利用Move命令移动对象的详细操作步骤。

● 理解夹点操作，掌握使用夹点移动对象的方法。

3.5　命令速查

◇　Limits：在绘图区域中设置不可见的图形边界。

◇　Move：，在指定方向上按指定距离移动对象。

◇　Grid：在当前视口中显示栅格图案。

◇　Copy：，在指定方向上按指定距离复制对象。

3.6　复习思考题及上机练习

3.6.1　复习思考题

1. 如何利用设置向导开始一张新图的绘制？
2. 设置工作区有什么优点？
3. 栅格有什么功能？
4. AutoCAD 中点坐标的输入方法有哪些？
5. 在 AutoCAD 中绘制图形有哪些方法？
6. 标准法与主谓法有什么区别？
7. 试归纳 AutoCAD 的编辑方法。

3.6.2　上机练习

1. 设定一个出图比例为 1∶200，图纸图幅为 A3 的 CAD 的工作区。
2. 绘制一个出图比例为 1∶200 的图纸图幅为 3 号的 CAD 图框。
3. 绘制一个基础模板图，详细尺寸见图 3-31 中标注，要求：

（1）绘图单位为毫米（mm）；

（2）出图比例为 1∶10，根据图形大小自行设计图纸的图幅，设置工作区；

（3）CAD 绘图要求按 1∶1 绘制。

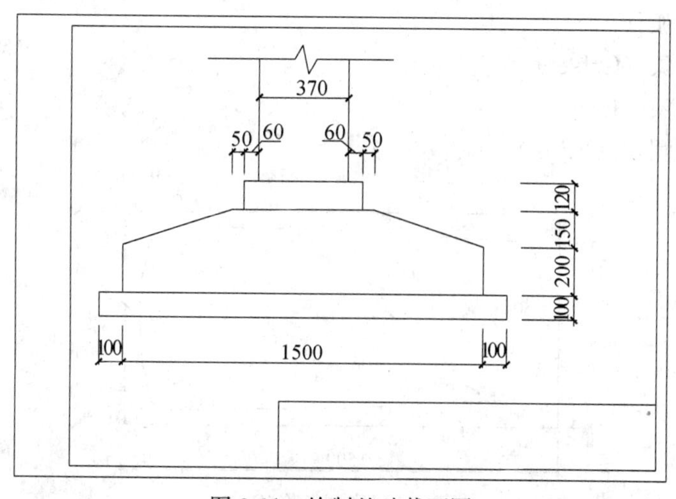

图 3-31　绘制基础截面图

建议学时：2学时

第4章　图形绘制进阶——绘制复杂二维图形

问题提出

每一张 AutoCAD 图形都是由对象组成的，这些对象大多是简单的二维对象。通过第3章的学习，我们了解了如何绘制第一张 AutoCAD 图形，学会了最简单的图形对象——直线的绘制方法以及最基本的编辑命令——对象复制和移动的用法。但是，要想完成一幅复杂图形的绘制，仅有这些是不够的，还需要掌握其他一些绘制及编辑命令。

本章将以具体实例来介绍圆、圆弧、椭圆、椭圆弧、矩形的绘制方法，以及对象偏移、删除、修剪、修圆角四种编辑命令的用法，其他更高级的绘制和编辑命令将在以后章节中介绍。

本章例子包括绘制卫生间中的三个基本设备——浴盆、脸盆和坐便器。我们将把绘制出的浴盆、坐便器和脸盆都保存在同一个名为“设备.DWG”的图形文件中，以备后续章节引用。

4.1　实例4-1　绘制一个浴盆

本实例将通过绘制一个浴盆（图4-1）来学习一些基本的绘图命令和编辑命令。用到的基本绘图命令和编辑命令如下：

- 绘制直线（Line）。
- 绘制圆弧（Arc）。
- 偏移对象（Offset）。
- 删除对象（Erase）。
- 对象修圆角（Fillet）。

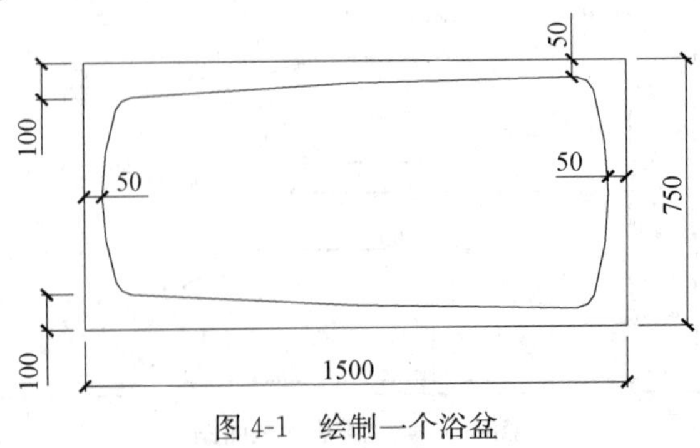

图4-1　绘制一个浴盆

1. 打开 AutoCAD 并建立工作区。步骤如下：

（1）启动 AutoCAD，在“创建新图形”对话框中，单击“使用向导”按钮并选择“快速设置”，单击“确定”按钮。

（2）在“快速设置”对话框中，单击“下一步”按钮。

（3）在“快速设置”对话框中，分别输入宽度（4200）和长度（2970），单击“完成”按钮。

2. 打开栅格和设置栅格间距。步骤如下：

（1）从“工具”菜单中选择“草图设置”命令项（或在状态栏的“栅格”上单击右键，在快捷菜单中选择“设置”命令项）。

（2）在“草图设置”对话框的“捕捉和栅格”标签中选择“启用栅格”。

（3）输入“栅格 X 轴间距”，值为 100。

（4）为垂直栅格间距设置相同的值，按 Enter 键或用鼠标单击“栅格 Y 轴间距”后面的文本框。

（5）单击“确定”按钮。

3. 利用绘制直线命令绘制浴盆外边框。步骤如下：

在“命令:”提示符下输入 Line 命令，并按 Enter 键（或单击“绘图”工具栏中“直线”工具），在命令行出现如下提示：

命令:Line↙　　（发出 Line 命令）

指定第一点:0,0↙　　（用绝对坐标输入如图 4-2 所示①点坐标）

指定下一点或[放弃(U)]:@1500<0↙　　（用相对极坐标指定如图 4-2 所示②点位置）

指定下一点或[放弃(U)]:@750<90↙　　（指定③点位置）

指定下一点或[闭合(C)/放弃(U)]:@1500<180↙　　（指定④点位置）

指定下一点或[闭合(C)/放弃(U)]:C↙

至此，浴盆外边框（一个矩形框）即绘制完成。如图 4-2 所示。

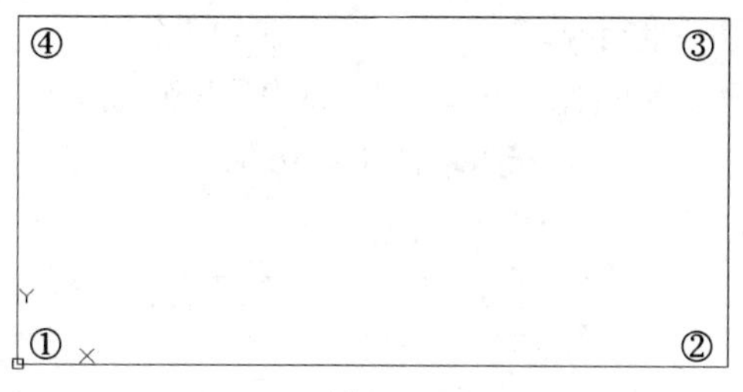

图 4-2　绘制浴盆外边框

4. 利用偏移对象（Offset）命令生成辅助线

通过偏移对象（Offset）命令可实现平行复制。Offset 命令复制一个被选对象，并将该对象与原始对象按在当前坐标系下指定的距离对齐。

Offset 命令可以平行复制一个圆弧、椭圆弧、直线、二维多段线、射线和多线及同心圆和同心椭圆。

注意：对于 Offset 命令，不适用主谓编辑法。

下面通过偏移对象（Offset）命令来生成绘制浴盆所需的辅助线（图 4-4）。步骤如下：

（1）使用以下任一种方法发出偏移对象命令：

- 在“命令：”提示下，键入 Offset（或 O），然后按 Enter 键。
- 在“修改”工具栏中，单击“偏移”工具按钮。
- 从“修改”下拉菜单中，选择“偏移”命令项。

在命令行出现如下提示：

指定偏移距离或[通过(T)删除(E)图层(L)]＜通过＞：

（2）通过选择两个点或键入一个距离值指定偏移距离，这里输入偏移距离为 50。在命令行出现如下提示：

选择要偏移的对象，或[退出(E)放弃(U)]＜退出＞：

（3）选择要进行偏移的对象（即浴盆上边框）。此时上下移动鼠标会在原被选中直线（虚线）上下出现偏移产生的直线副本（图 4-3），并在命令行出现如下提示：

指定要偏移的那一侧上的点，或[退出(E)多个[M]放弃(U)]＜退出＞：

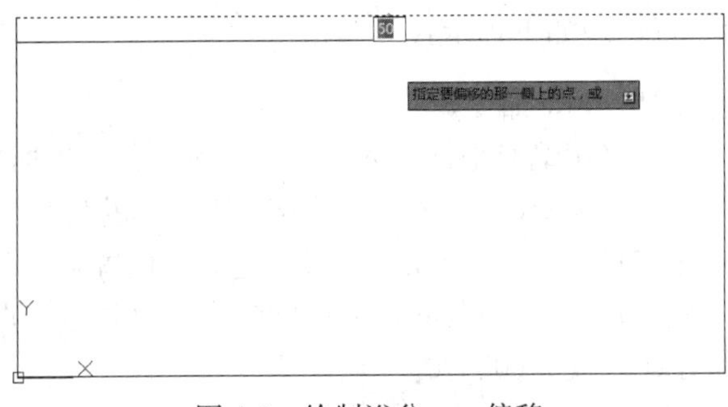

图 4-3　绘制浴盆——偏移

（4）通过点取，指定将平行偏移的副本放置在原始对象的哪一侧。点取浴盆上边框的下侧，则立即确定平行偏移的副本位置。AutoCAD 随后提示选择另一个要偏移的对象。

（5）重复执行（3）和（4），分别对浴盆下边框及左右边框进行偏移操作，生成如图 4-4 所示的辅助线，按 Enter 键结束偏移命令。

图 4-4　绘制浴盆——生成辅助线

提示：如果在指定了偏移距离和偏移对象后选择“多个（M）”选项，可连续产生多个平行偏移的副本。

5. 利用绘制圆弧（Arc）命令绘制浴盆内边缘

圆弧是圆的一部分。创建圆弧的默认方法是指定三个点：起点、第二点、端点，用这种方法创建的圆弧将通过这些点。

AutoCAD 共提供了 11 种不同的方法绘制圆弧。这些方法被分成下面的五组：

● 三点：AutoCAD 绘制的圆弧通过所指定的三个点。用该方法绘制的圆弧，起点为指定的第一点，并通过指定的第二点，最后在指定的第三点结束。可以沿顺时针或逆时针方向绘制圆弧。

● 起点、圆心：指定圆弧的起点和圆心。用此方式绘制圆弧，要完成该圆弧还需指定它的端点或圆弧的包含角，或是圆弧的弦长。指定正的角度，AutoCAD 将会绘制一个逆时针方向的圆弧；指定一个负的角度，AutoCAD 将会绘制一个顺时针方向的圆弧。与之相似，指定一个正的弦长，将绘制一个逆时针方向的圆弧；指定一个负的弦长，将绘制一个顺时针方向的圆弧。

● 起点、端点：指定圆弧的起点和端点。用此方式绘制圆弧，要完成该圆弧还需指定它的圆弧包含角或圆弧在起点处的切线方向，或是圆弧的半径。指定正的角度，AutoCAD 将会绘制一个逆时针方向的圆弧；指定一个负的角度，AutoCAD 将会绘制一个顺时针方向的圆弧。指定圆弧在起点处的切线方向，AutoCAD 将绘制任何从起点开始到端点结束的圆弧，而不考虑是劣弧、优弧，还是顺弧、逆弧。指定半径绘制圆弧时，AutoCAD 总是沿着逆时针方向绘制圆弧。

● 圆心、起点：指定圆弧的圆心和起点。用此方式绘制圆弧，要完成该圆弧还需指定它的端点或圆弧的包含角，或是圆弧的弦长。指定正的角度，AutoCAD 将会绘制一个逆时针方向的圆弧；指定一个负的角度，AutoCAD 将会绘制一个顺时针方向的圆弧。与之相似，指定一个正的弦长，将绘制一个逆时针方向的圆弧；指定一个负的弦长，将绘制一个顺时针方向的圆弧。

● 连续：该选项绘制的圆弧将与最后一个创建的对象相切。

AutoCAD 中可以使用以下任一种方法发出绘制圆弧命令：

● 在“命令:”提示下，键入 Arc（或 A），并按 Enter 键。

● 在“绘图”工具栏中，单击“圆弧”工具按钮。

● 从“绘图”下拉菜单中，选择不同命令项，用任一种方法绘制圆弧。

下面通过绘制圆弧（Arc）命令来绘制浴盆内边缘（图 4-5）。这里用起点、端点和圆弧在起点处的切线方向的方式绘制上下内边缘圆弧，用三点的方式绘制左右内边缘圆弧。步骤如下：

（1）从“绘图”下拉菜单中，选择“圆弧”→“起点、端点、方向”命令项发出绘制圆弧命令。在命令行出现如下提示：

指定圆弧的起点或[圆心(C)]:

（2）指定圆弧的起点。这里用对象捕捉的方法拾取点。

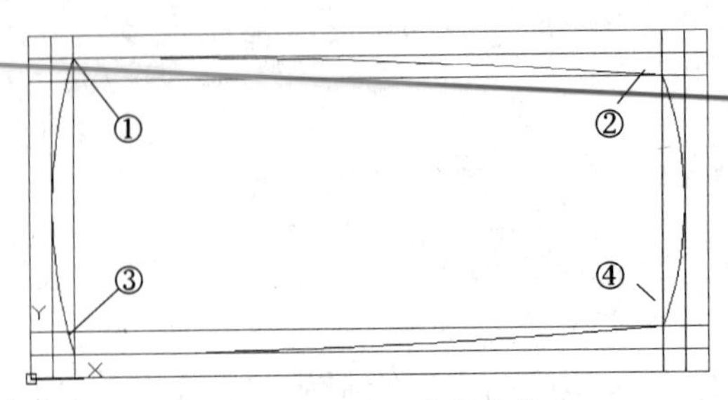

图 4-5　绘制浴盆内边缘

单击“对象捕捉”工具栏中的“捕捉到交点”按钮，并移动到如图 4-6 所示点①的位置，即可看到捕捉到的交点（此时出现一个绿色的“×”，表示捕捉到了一个交点）。单击鼠标左键拾取交点。（注意：此时橡皮筋线将从起点处延伸到光标所在的位置处。）

图 4-6　绘制浴盆——指定圆弧的起点

提示：如果“对象捕捉”工具栏未打开，可从“工具”下拉菜单中选择“工具栏”→“AutoCAD”命令项，在列表中勾选“对象捕捉”项。为了不影响绘图操作，可将打开的“对象捕捉”工具栏移到适当位置。关于对象捕捉的详细内容将在第 7 章介绍，这里只简单地了解它的使用方法。

在命令行出现如下提示：

```
指定圆弧的第二点或[圆心(C)端点(E)]:_e
指定圆弧的端点:
```

（3）指定圆弧的端点。

单击“对象捕捉”工具栏中的“捕捉到交点”按钮，并移动到如图 4-7 所示点②的位置，即可看到捕捉到的交点。单击鼠标左键拾取交点。

图 4-7　绘制浴盆——指定圆弧的端点

在命令行出现如下提示：

指定圆弧的圆心或[角度(A)方向(D)半径(R)]:_d 指定圆弧的起点切向：

（4）指定圆弧在起点处的切线方向。

可以拖动橡皮筋线，在图形中指定一点来确定起点切向。单击“对象捕捉”工具栏中的“捕捉到交点”按钮，并移动到如图 4-8 所示的⑤点位置，即可看到捕捉到的交点。单击鼠标左键拾取捕捉到的交点，即指定了圆弧的起点切向。一旦指定了圆弧的起点切向，AutoCAD 将会绘制圆弧，并结束命令。

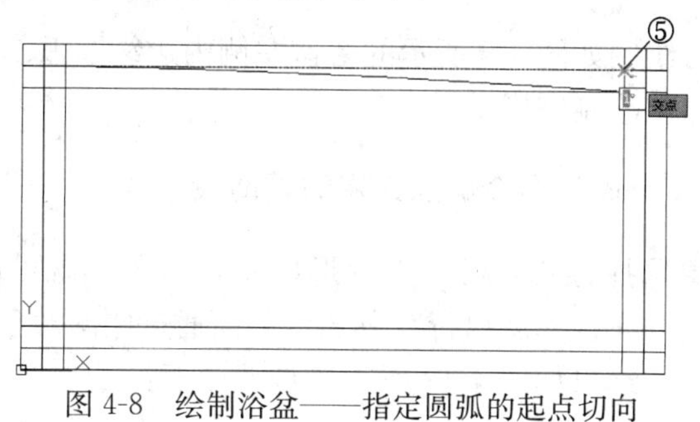

图 4-8　绘制浴盆——指定圆弧的起点切向

（5）利用同样方法绘制如图 4-5 所示的浴盆下侧内边缘圆弧③④。

（6）使用任一种方法再次发出绘制圆弧命令，绘制如图 4-5 所示的浴盆右侧内边缘圆弧②④。在命令行出现如下提示：

指定圆弧的起点或[圆心(C)]:　　（利用对象捕捉拾取如图 4-9 所示的交点②）
指定圆弧的第二点或[圆心(C)端点(E)]:　　（利用对象捕捉拾取如图 4-10 所示的中点⑥）
指定圆弧的端点:　　（利用对象捕捉拾取如图 4-11 所示的交点④）

一旦指定了圆弧的端点，AutoCAD 将会绘制圆弧，并结束命令。

图 4-9　绘制浴盆——指定圆弧②④的起点

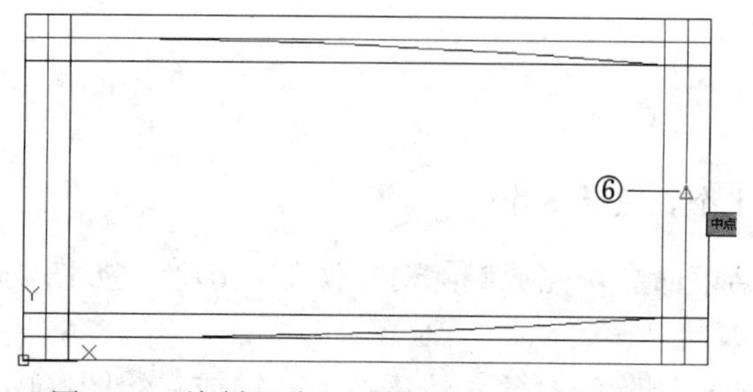

图 4-10　绘制浴盆——指定圆弧②④的第二点

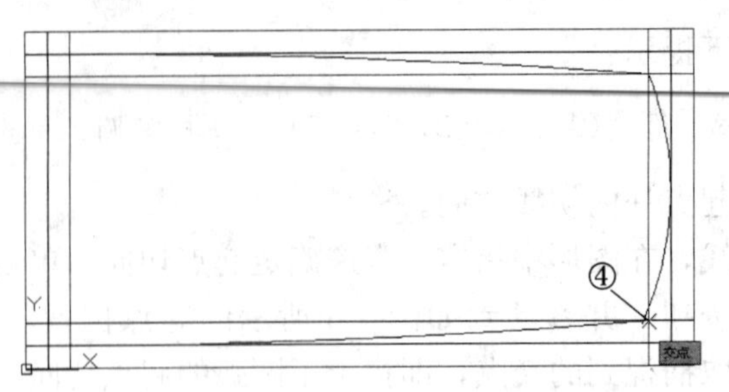

图 4-11　绘制浴盆——指定圆弧②④的端点

（7）利用同样方法绘制如图 4-5 所示的浴盆左侧内边缘圆弧①③。

至此，浴盆内边缘就绘制完毕了。

6. 利用删除对象（Erase）命令删除无用的辅助线

通过任何一种对象选择方式，可以从图形中删除对象。既可以使用“先执行后选择”方式，也可以使用“先选择后执行”方式。下面通过删除对象命令删除已经无用的绘制浴盆所需的辅助线，结果如图 4-12 所示。步骤如下：

（1）使用以下任一种方法发出删除对象命令：

● 在“命令：”提示下，键入 Erase（或 E），然后按 Enter 键。

● 在“修改”工具栏中，单击“删除”工具按钮 。

● 从“修改”下拉菜单中，选择“删除”命令项。

在命令行出现如下提示：

选择对象：

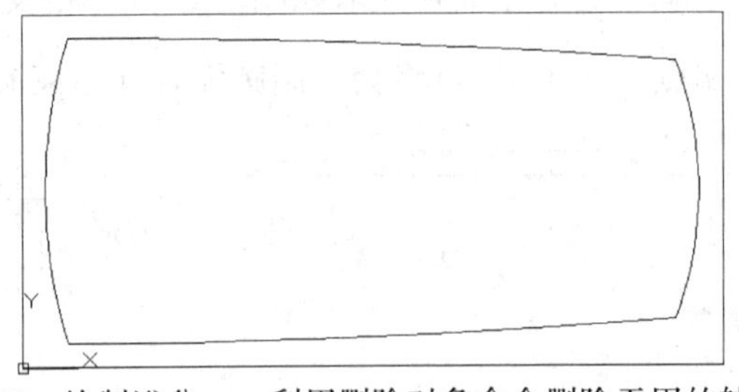

图 4-12　绘制浴盆——利用删除对象命令删除无用的辅助线

（2）选择要删除的对象。

这里要连续选择多个对象，把已经无用的绘制浴盆所需的辅助线全部选中，在命令行分别出现如下提示：

选择对象：找到 1 个

……

选择对象：找到 1 个，总计 8 个

（3）按 Enter 键结束命令，完成删除对象操作，即产生如图 4-12 所示的浴盆。

提示：

● 还可以先选择要删除的对象，然后按 Del 键或在绘图区中单击右键，从快捷菜单中选择“删除”命令项来完成删除对象操作。

● 如果发现删错了对象，可以用 Undo 命令来放弃删除操作。

● Oops 命令也可以恢复最近删除的选择集。如果在删除了一些对象后需要进行其他修改，用 Oops 命令代替 Undo 命令恢复被删除的对象，可以不用倒退其他的修改操作。要执行 Oops 命令，在“命令:”提示下，键入 Oops，并按 Enter 键。

7. 利用对象圆角（Fillet）命令修整浴盆内边缘

以上绘制的浴盆内边缘角部太尖锐（图 4-12），还需要进行圆角修整，这里将利用对象圆角（Fillet）命令修整浴盆内边缘，使其变得比较光滑，如图 4-13 所示。

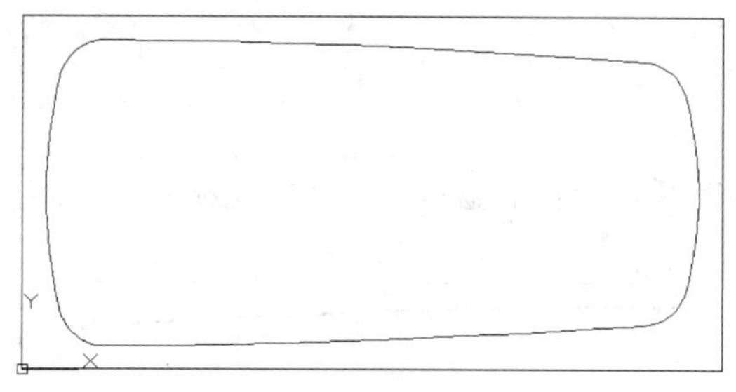

图 4-13　绘制浴盆——利用对象圆角命令修整浴盆内边缘

Fillet 命令使用一个指定半径的圆弧与两个对象相切。可以对成对的直线、多段线的直线段、圆、圆弧、射线或构造线进行圆角，也可以对互相平行的直线、构造线和射线进行圆角。Fillet 命令更擅长处理多段线，它不仅可以处理一条多段线的两个相交片段，还可以处理整条多段线。

利用对象圆角命令修整浴盆内边缘的详细步骤如下：

（1）使用以下任一种方法发出对象圆角命令：

● 在“命令:”提示下，键入 Fillet（或 F），然后按 Enter 键。

● 在“修改”工具栏中，单击“圆角”工具按钮。

● 从“修改”下拉菜单中，选择“圆角”命令项。

在命令行出现如下提示：

```
当前设置:模式 = 修剪,半径 = 0.0000
选择第一个对象或[放弃(U)多段线(P)半径(R)修剪(T)多个(M)]:
```

各选项含义如下：

放弃（U）：放弃命令操作。

多段线（P）：给整个二维多段线圆角，AutoCAD 提示选择二维多段线。

半径（R）：设置圆角半径。AutoCAD 提示指定圆角半径，指定后，需要重新调用 Fillet 命令进行圆角。

修剪（T）：在“修剪”和“不修剪”模式间进行切换。

多个（M）：在不改变圆角半径的情况下，连续进行多次圆角操作。

（2）键入 R，然后按 Enter 键，或单击右键从快捷菜单中选择“半径”命令项。在命令行出现如下提示：

指定圆角半径<0.0000>：100↙　　（指定圆角半径）

选择第一个对象或[放弃(U)多段线(P)半径(R)修剪(T)多个(M)]：　（用拾取框选择如图 4-14 所示圆弧①）

选择第二个对象，或按住 Shift 键选择对象以应用角点或[半径(R)]：　（用拾取框选择如图 4-15 所示圆弧②）

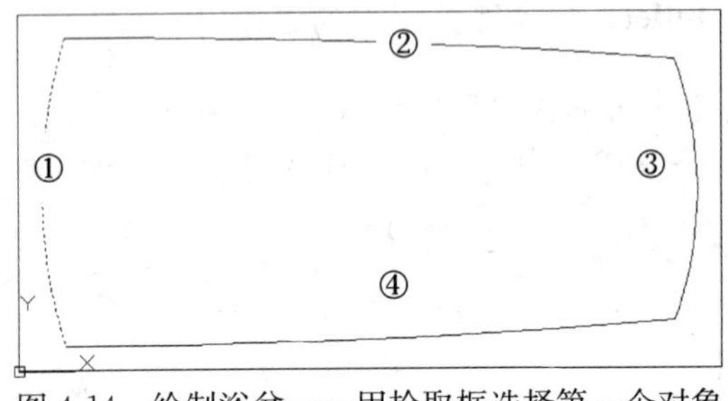

图 4-14　绘制浴盆——用拾取框选择第一个对象

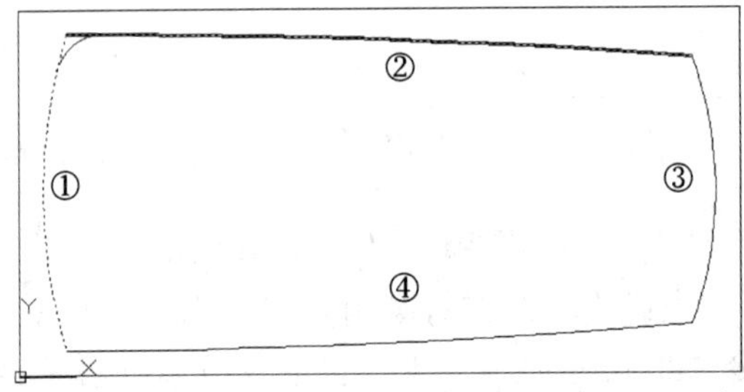

图 4-15　绘制浴盆——用拾取框选择第二个对象

一旦选择了第二个对象，对象圆角操作马上执行完成（图 4-16）。

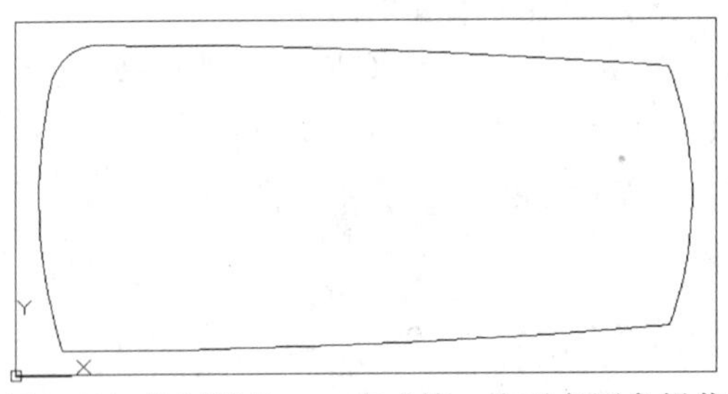

图 4-16　绘制浴盆——完成第一个对象圆角操作

（3）利用同样方法执行对象圆角操作，完成如图 4-13 所示的浴盆内边缘圆角修整。

提示：如果在设置圆角半径后，选择“多个（M）”命令选项，可以在不重新发布命令的情况下一次完成所有圆角操作。

至此，一个完整的浴盆就绘制成功了。从“文件”下拉菜单中，选择“保存”命令项，将绘制的图形保存为名为“设备.DWG”的文件。

4.2　实例 4-2　绘制一个坐便器

本实例将利用一些基本绘图命令和编辑命令，绘制一个坐便器（图 4-17）。坐便器作为卫生间中必不可少的设备，在建筑绘图中也经常用到。绘制坐便器可以用不同的方法，下面介绍一种较常用的画法，并介绍一些用到的基本绘图命令和编辑命令的使用方法。用到的基本绘图命令和编辑命令如下：

- 绘制直线（Line）。
- 绘制矩形（Rectang）。
- 绘制椭圆（Ellipse）。
- 修剪对象（Trim）。

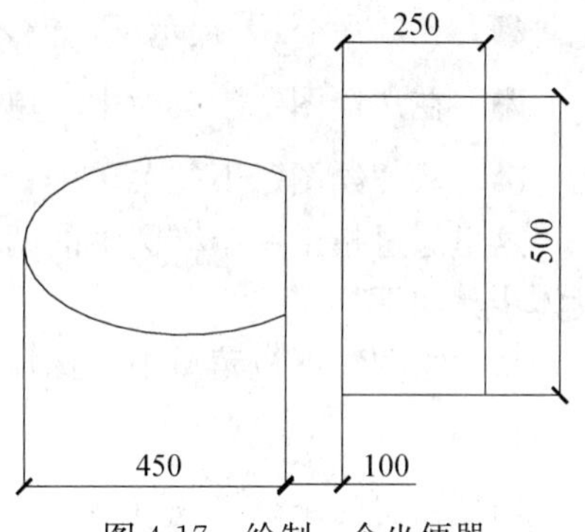

图 4-17　绘制一个坐便器

直线的绘制方法已经在 3.2.1 节中介绍过，这里不再介绍。

绘制坐便器的基本步骤如下。

1. 打开上小节（4.1）保存的“设备 .DWG”图形文件。

打开了上小节（4.1）保存的“设备 .DWG”图形文件，相应的绘图环境也已设置好，不用再重新设置，可在其中直接绘制图形。

2. 利用矩形绘制命令绘制坐便器水箱。步骤如下：

使用下列任一种方法发出绘制矩形命令：

- 在“命令:”提示下，键入 Rectangle（Rectang 或 Rec），并按 Enter 键。
- 在“绘图”工具栏中，单击“矩形”工具按钮。
- 从“绘图”下拉菜单中，选择“矩形”命令项。

在命令行出现如下提示：

指定第一个角点或[倒角(C)标高(E)圆角(F)厚度(T)宽度(W)]:3500,0↙　　(用绝对坐标输入如图 4-18 所示①点)

指定另一个角点或[面积(A)尺寸(D)旋转(R)]:@250,500↙　　(用相对坐标输入如图 4-18所示②点)

这样坐便器水箱就绘制好了，如图 4-18 所示。

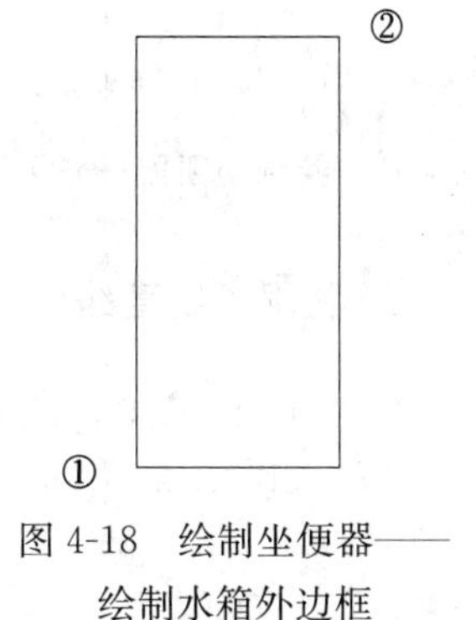

图 4-18　绘制坐便器——绘制水箱外边框

3. 利用绘制椭圆（Ellipse）命令绘制坐便器

在几何学中，一个椭圆是由两个轴定义的。绘制椭圆的默认方式是指定椭圆中一个轴的两端点，然后指定一个距离代表第二个轴长度的一半。椭圆轴的两端点决定了椭圆的方向。椭圆中较长的轴称之为长轴，较短的轴称之为短轴。定义椭圆轴时，其次序并不重要。AutoCAD 根据它们的相对长度确定椭圆的长轴和短轴。

可以使用下列模式绘制椭圆：

- 指定椭圆的中心和两个椭圆轴。
- 指定一个椭圆轴的两端点，然后既可以指定另一个椭圆轴，也可以通过旋转第一个椭圆轴定义椭圆。

可以使用以下任一种方法发出绘制椭圆命令：

- 在“命令:”提示下，键入 Ellipse（或 El），并按 Enter 键。
- 在“绘图”工具栏中，单击“椭圆”工具按钮。
- 从“绘图”下拉菜单中，选择不同命令项，用任一种方法绘制椭圆。

这里通过指定一个椭圆轴的两端点及另一个椭圆轴长度的一半来绘制一个椭圆。其具体步骤如下：

从“绘图”下拉菜单中，选择“椭圆”→“轴、端点”命令项，在命令行出现如下提示：

指定椭圆的轴端点或[圆弧(A)中心点(C)]：　（利用对象捕捉拾取如图 4-19 所示的中点①）

指定轴的另一个端点:@550<180↙　（利用相对极坐标指定椭圆轴的另一个端点）

指定另一条半轴长度或[旋转(R)]:150↙　（输入一个长度来确定另一条椭圆轴长度的一半）

一旦指定了该长度，AutoCAD 将绘制一个椭圆并结束命令。结果如图 4-20 所示。

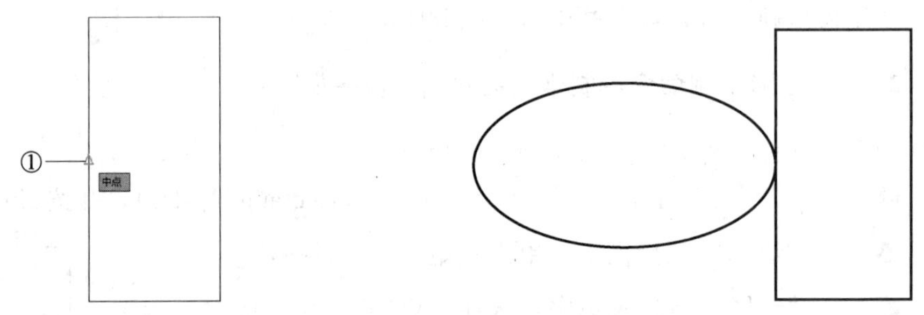

图 4-19　绘制坐便器——指定椭圆轴的第一个端点　　图 4-20　绘制坐便器——绘制一个椭圆

4. 利用绘制直线命令绘制一条用于修剪椭圆的直线。步骤如下：

使用 Line 命令在距坐便器水箱左边框 100 单位的位置绘制一条与左边框平行的直线②③，如图 4-21 所示。

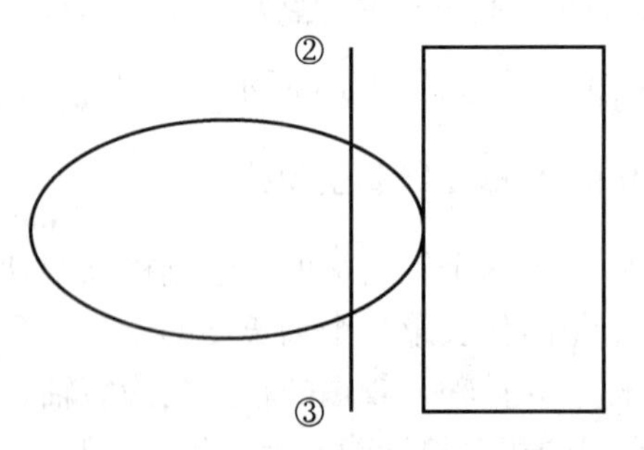

图 4-21　绘制坐便器——绘制一条用于修剪椭圆的直线

5. 利用修剪对象（Trim）命令修剪坐便器

我们可以修剪绘制好的对象，以便对象在用其他对象定义的剪切边处结束，还可以将对象修剪到隐含剪切边处。在使用 Trim 命令时，首先选择剪切边，然后指定要剪切的对象，既可以一次选择一个对象，也可以用栏选方式选择多个对象。不能将“先选择后执行”对象选择方式用于 Trim 命令。

只有圆弧、圆、椭圆、椭圆弧、直线、二维和三维多段线、射线、样条曲线和多线可以被剪切。有效的边界对象包括圆弧、圆、椭圆、椭圆弧、浮动视口边界、直线、二维和三维多段线、射线、面域、样条曲线、文字和多线。

这里我们要利用对象修剪命令修剪如图 4-21 所示的图形，来最后完成绘制坐便器的操作。详细步骤如下：

（1）使用以下任一种方法发出对象修剪命令：

- 在“命令:”提示下，键入 Trim（或 Tr），然后按 Enter 键。
- 在“修改”工具栏中，单击“修剪”工具按钮 -/--。
- 从“修改”下拉菜单中，选择“修剪”命令项。

在命令行出现如下提示：

当前设置:投影 = UCS,边 = 无

选择剪切边...

选择对象或＜全部选择＞：　（选择上面绘制的用于修剪椭圆的直线②③）

选择对象:↙　（直接按 Enter 键结束对象选择）

选择要修剪的对象,或按住 Shift 键选择要延伸的对象,或[栏选(F)窗交(C)投影(P)边(E)删除(R)放弃(U)]：　（选择介于修剪直线和水箱间的椭圆弧,可以看到被选中的椭圆弧马上消失了）

选择要修剪的对象,或按住 Shift 键选择要延伸的对象,或[栏选(F)窗交(C)投影(P)边(E)删除(R)放弃(U)]:↙　（按 Enter 键结束命令,修剪成如图 4-22 所示的图形）

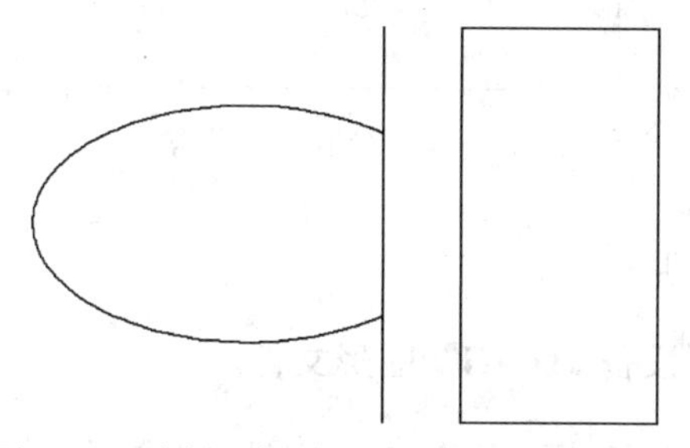

图 4-22　绘制坐便器——利用直线修剪椭圆

（2）再次使用 Trim 命令修剪图 4-22 中多余的直线段（选择椭圆为修剪边，多余的直线段为修剪对象），修剪成如图 4-17 所示的图形。

至此，一个完整的坐便器就绘制成功了。从“文件”下拉菜单中，选择“保存”命令项，将绘制的图形保存起来。

注意：

- 如果选择了多个剪切边界，对象将与它所碰到的第一个剪切边界相交。
- 如果在两个剪切边之间的对象上拾取一点，在两个剪切边之间的对象将被修剪掉。
- 如果所要进行修剪的对象还是一个剪切边，被修剪的部分将在屏幕上消失，并且剪切边界不再亮显。不管怎样，其可见部分仍可作为剪切边界。

● 如果所要进行修剪的对象是独立对象，将不会执行修剪。例如在图4-23中，要想用直线④、⑤作剪切边，修剪②、③两段直线，若先修剪掉②，则③成了独立对象，将不能被修剪掉。正确的方法是先修剪掉③，再修剪②。

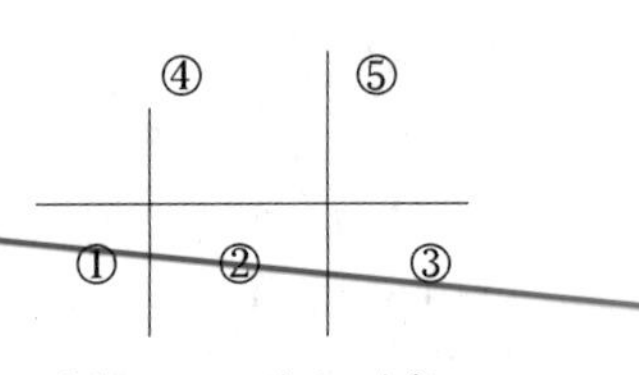

图4-23 独立对象不能被修剪图例

提示：“投影”选项可以确定AutoCAD如何放置边界的边。通常情况下，在三维空间中对象被剪切必须与边界边实际相交。如果选择了位于两条剪切边之间的一个对象上的一点，则只有在两条剪切边之间的部分被删除。如果选择的要被修改的对象同时也是一条剪切边，则删除的部分将从屏幕上消失，并且剪切边不再亮显。但对象可见的部分仍将作为剪切边。

4.3 实例4-3 绘制一个脸盆

本实例将利用前面介绍过的一些基本的绘图命令和编辑命令，绘制一个脸盆（图4-24）。脸盆作为卫生间中必不可少的设备，在建筑绘图中也经常用到。绘制脸盆可以用不同的方法，下面介绍一种较常用的画法。用到的基本绘图命令和编辑命令如下：

- 绘制直线（Line）。
- 绘制椭圆（Ellipse）。

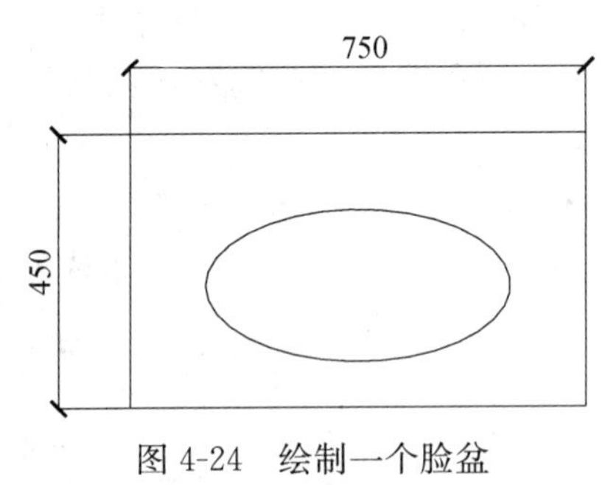

图4-24 绘制一个脸盆

绘制脸盆的基本步骤如下。

1. 打开已经保存的“设备.DWG”图形文件。

打开了已经保存的“设备.DWG”图形文件，相应的绘图环境也已设置好了，不用再重新设置，可在其中直接绘制图形。

2. 利用绘制直线命令绘制脸盆外边框，步骤如下：

命令:Line↙ （发出绘制直线命令）

指定第一点:0,1500↙ （用绝对坐标输入直线起点①,如图4-25所示）

指定下一点或[放弃(U)]:@750<0↙ （用相对极坐标指定下一点②,如图4-25所示）

指定下一点或[放弃(U)]:@450<90↙ （用相对极坐标指定下一点③,如图4-25所示）

指定下一点或[闭合(C)放弃(U)]:@750<180 （用相对极坐标指定下一点④,如图4-25所示）

指定下一点或[闭合(C)放弃(U)]:C↙　　（绘制最后一条直线并结束绘制直线命令）

至此，脸盆外边框（一个矩形框）即绘制完成。如图 4-25 所示。

3. 利用绘制椭圆（Ellipse）命令绘制脸盆内边缘

这里通过指定一个椭圆轴的端点及另一个椭圆轴长度一半的方法来绘制一个椭圆，其中椭圆轴的左侧端点坐标可根据图 4-24 所标尺寸和脸盆外边框左下角点坐标算出为（125，1700），椭圆长轴长度为 500，短轴一半长度为 125。其具体绘制步骤如下：

命令:Ellipse↙　　（发出绘制椭圆命令）

指定椭圆的轴端点或[圆弧(A)中心点(C)]:125,1700↙　　（用绝对坐标输入椭圆轴的第一个端点）

指定轴的另一个端点:@500<0↙　　（用相对极坐标输入椭圆轴的另一个端点）

指定另一条半轴长度或[旋转(R)]:125↙　　（输入另一条椭圆轴长度的一半）

一旦指定了该长度，AutoCAD 将绘制一个椭圆并结束命令。

至此，一个完整的脸盆就绘制完成了，结果如图 4-26 所示。从“文件”下拉菜单中，选择“保存”命令项，将绘制的图形保存起来。

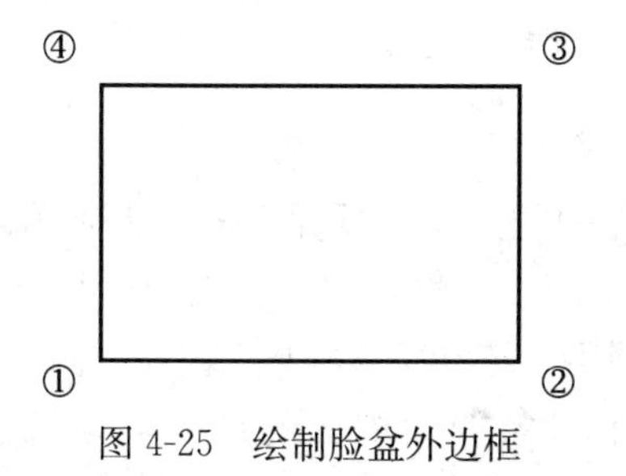

图 4-25　绘制脸盆外边框

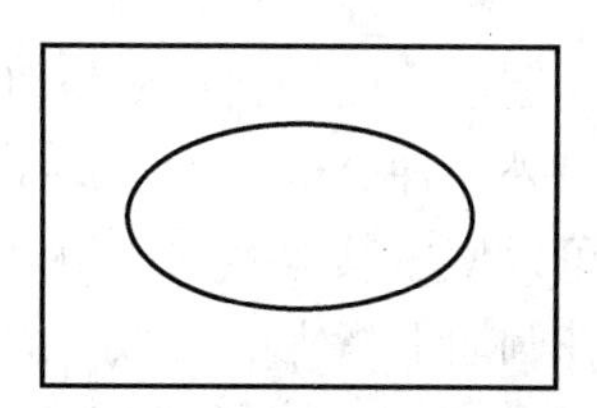
图 4-26　绘制完成的脸盆

4.4　实例 4-4　绘制道路局部示意图形

本实例以绘制一条道路局部示意图为例，如图 4-27 所示，演示前面所学命令的用法。具体绘图步骤如下：

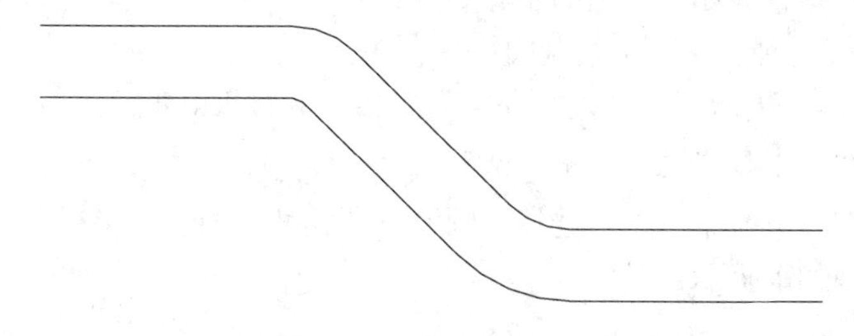
图 4-27　道路局部图形

（1）选择“文件”→“新建”菜单，打开“创建新图形”对话框。

（2）在该对话框选择“缺省设置”按钮，单位选择“公制”，然后单击“确定”按钮。

（3）单击状态栏中的“捕捉”、“栅格”按钮，打开捕捉和栅格控制。

（4）利用工具栏绘制直线，步骤如下：

命令：Line↙　　（发出绘制直线命令）

指定第一点：100，200↙　　（用绝对坐标输入直线起点①，如图 4-28 所示）

指定下一点或[放弃(U)]：@100<0↙　　（用相对极坐标指定下一点②，如图 4-28 所示）

指定下一点或[放弃(U)]：@100<－45↙　　（用相对极坐标指定下一点③，如图 4-28 所示）

指定下一点或[闭合(C)放弃(U)]：@100<0↙　　（用相对极坐标指定下一点④，如图 4-28 所示）

指定下一点或[闭合(C)放弃(U)]：↙　　（按 Enter 键结束绘制直线命令）

这样就绘制出如图 4-28 所示的图形。

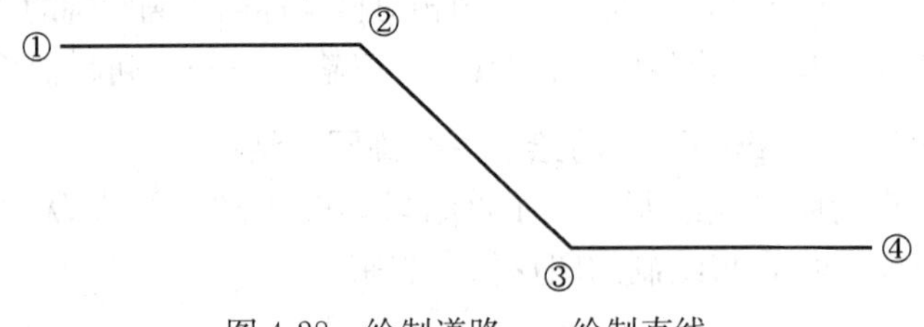

图 4-28　绘制道路——绘制直线

（5）绘制与前面所画直线相切的圆。

圆是另外一种 AutoCAD 常用的对象。创建圆的默认方式是：指定圆心和半径。当然，同样可以使用其他的方式创建圆。例如指定两点，将其定义为圆的直径上的两个端点；或者在圆周上指定三个点。此外，也可以用指定半径并与图形中已经创建的对象相切的条件创建圆，或是指定三个相切于三个对象的圆周上的点来创建圆。在每一种绘制圆的方式中，都可以使用在图形中指定点或输入坐标，或组合使用这两种方法。

根据具体情况，我们可以用不同的方法来绘制圆。本例中需要用指定半径并与图形中已经创建的直线相切的条件来创建圆。有关创建圆的其他方法，这里就不详细介绍了，读者可自行练习。

绘制与前面所画直线相切的圆的步骤如下：

① 使用以下任一种方法发出绘制圆命令：

- 在“命令：”提示下，键入 Circle（或 C），并按 Enter 键。
- 在“绘图”工具栏中，单击“圆”工具按钮⊘。
- 从“绘图”下拉菜单中，选择“圆”→“相切、相切、半径”命令项。

在命令行出现如下提示：

指定圆的圆心或[三点(3P)两点(2P)相切、相切、半径(T)]：

② 单击右键，从快捷菜单中选择“相切、相切、半径”选项，或键入 TTR 并按 Enter 键。在命令行出现如下提示：

指定对象与圆的第一个切点：

提示：如果使用上述菜单方式发出绘制圆命令，则可不进行该步骤，直接进行下一步操作。

③ 选择第一个与圆相切的直线对象（图 4-28 中直线①②）。在命令行出现如下提示：

指定对象与圆的第二个切点：

④ 选择第二个与圆相切的直线对象（图 4-28 中直线②③）。在命令行出现如下提示：

指定圆的半径<缺省>：

⑤ 指定圆的半径。键入 30 作为半径的值，并按 Enter 键，AutoCAD 即绘制了一个与图 4-28 中直线①②和直线②③相切的圆，并结束绘制圆命令。

⑥ 按照同样的方法绘制另一个与图 4-28 中直线②③和直线③④相切的圆，结果如图 4-29 所示。

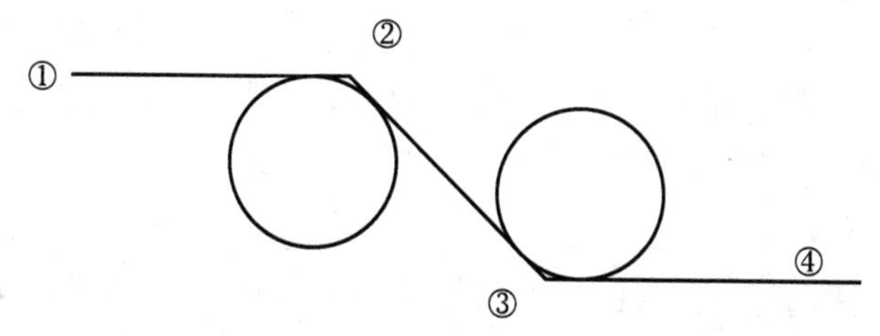

图 4-29　绘制道路——绘制与直线相切的圆

提示：上例中，若从下拉菜单中选择“圆”命令，在开始执行命令之前，可以根据需要，选择绘制圆的方法。这样可以节省击键次数，这种方式将比从工具栏中调用命令或在命令行中键入命令快捷方便得多。在随后的学习中，同样会遇到其他类似的命令，它们均可使用菜单操作来执行命令，以求快捷方便地完成绘图操作。

（6）修剪圆。

由于我们只需要拐角处的圆弧，故需对圆进行修剪，其步骤如下：

命令:Trim↙　　（发出修剪命令）
当前设置:投影 = UCS,边 = 无
选择剪切边…
选择对象：　　（选择图 4-29 中的直线①②作为剪切边界）
选择对象：　　（选择图 4-29 中的直线②③作为另一个剪切边界）
选择对象:↙　　（结束对象选择）

选择要修剪的对象,或按住 Shift 键选择要延伸的对象,或[栏选(F)窗交(C)投影(P)边(E)删除(R)放弃(U)]：　　（选择直线①②下方的圆,可以看到被选中的圆弧马上消失了,只剩下介于直线①②和直线②③间的一小段圆弧）

选择要修剪的对象,或按住 Shift 键选择要延伸的对象,或[栏选(F)窗交(C)投影(P)边(E)删除(R)放弃(U)]:↙　　（按 Enter 键结束修剪命令）

按照同样的方法修剪另一个与直线②③和直线③④相切的圆，结果如图 4-30 所示。

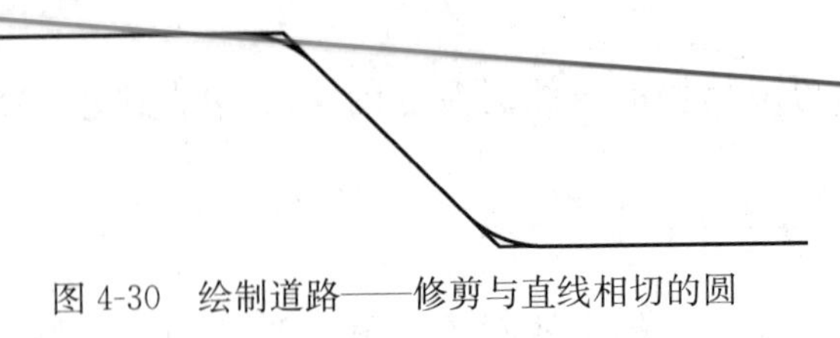

图 4-30　绘制道路——修剪与直线相切的圆

（7）修剪直线。

通过图 4-30 可以看出，此时的图形仍然不能满足我们的要求。为此，可用圆弧作为修剪边，对直线进行修剪，其步骤如下：

① 放大图形。由于以上修剪好的圆弧较小，为了方便选择，可利用缩放工具将图形放大，具体方法如下：

a. 单击“常用”工具栏中的“窗口缩放”工具按钮，发出 Zoom 命令，在命令行出现如下提示：

指定窗口的角点，输入比例因子(nX 或 nXP)，或[全部(A)中心(C)动态(D)范围(E)上一个(P)比例(S)窗口(W)对象(O)]<实时>:_w

指定第一个角点：

b. 用窗口选择法选择有圆弧的图形部分（图 4-31），即选择窗口中包含的部分进行放大。放大后的图形如图 4-32 所示。

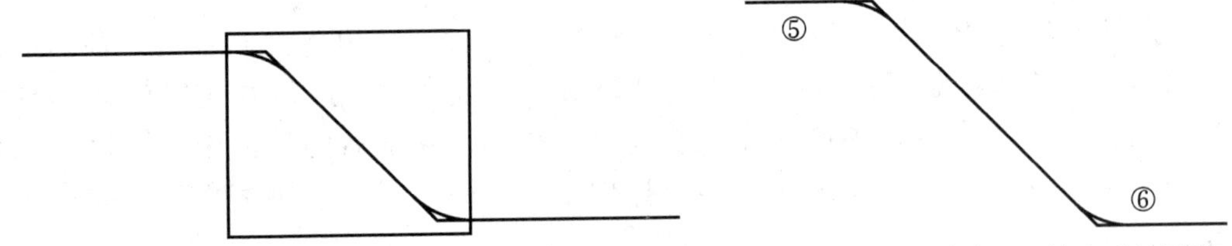

图 4-31　绘制道路——用窗口选择法选择有圆弧的图形部分　图 4-32　绘制道路——放大后的图形

提示：修剪前要通过单击状态栏上的“捕捉”按钮，关闭捕捉模式，以方便选择圆弧。

② 修剪直线

命令:Trim↙　　（发出修剪命令）

当前设置:投影 = UCS 边 = 无

选择剪切边...

选择对象:　　（选择图 4-32 中的圆弧⑤作为剪切边界）

选择对象:↙　　（结束对象选择）

选择要修剪的对象，或按住 Shift 键选择要延伸的对象，或[栏选(F)窗交(C)投影(P)边(E)删除(R)放弃(U)]:　　（选择直线①②与直线②③交点附近的两段直线——即被圆弧⑤隔开的部分，可以看到被选中的两条直线交点附近部分马上消失了）

选择要修剪的对象，或按住 Shift 键选择要延伸的对象，或[栏选(F)窗交(C)投影(P)边(E)删除(R)放弃(U)]:↙　　（按 Enter 键结束修剪命令）

③ 按照同样的方法修剪直线②③与直线③④交点附近的两段直线（即被圆弧⑥隔开的部分），结果如图 4-33 所示。

(8) 将放大的图形恢复到原来的大小，以便进行下一步操作。

具体方法是，从“视图”下拉菜单中选择“缩放”→“上一个”命令项，即将放大的图形恢复到原来的大小，结果如图 4-34 所示。

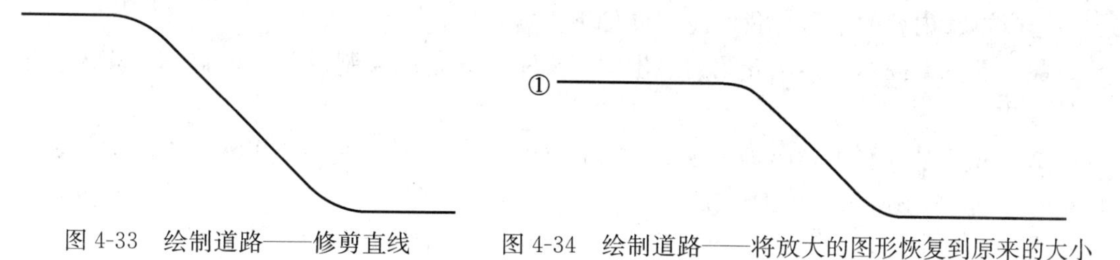

图 4-33　绘制道路——修剪直线　　图 4-34　绘制道路——将放大的图形恢复到原来的大小

(9) 偏移复制曲线。

为了产生图 4-27 中下方的曲线，可使用偏移复制方法复制上方的曲线，其步骤如下：

① 单击“修改”工具栏中“偏移”工具按钮，发出偏移对象命令，在命令行出现如下提示：

命令:Offset↙　　（发出偏移命令）

指定偏移距离或[通过(T)删除(E)图层(L)]<1.0000>:25↙　　（指定偏移距离）

选择要偏移的对象,或[退出(E)放弃(U)]<退出>:　　（选择图 4-34 中直线①）

指定要偏移的那一侧上的,或[退出(E)多个(M)放弃(U)]<退出>:　　（点取直线①的下侧,则立即出现平行偏移的副本）

AutoCAD 随后提示选择另一个要偏移的对象。

② 用同样的方法，选择要偏移的其他对象，即以上绘制曲线中的其他两条直线和两段圆弧，将其偏移复制到曲线的下侧。

③ 偏移复制操作完成后，按 Enter 键结束偏移命令，即生成如图 4-27 所示的图形。

注意：本例中需要用到 Offset 命令复制不同的对象，如果参数设置不正确，将得不到正确的结果，如图 4-35 所示使用不同的间距，第三条线由于复制的间距太大，导致复制的两条直线交叉，使圆弧部分不能被复制。

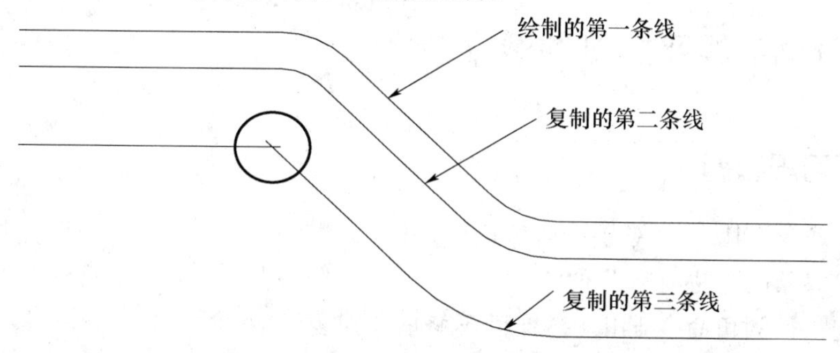

图 4-35　道路的宽度将影响复制的结果

4.5 要点回顾

本章以具体实例介绍了圆、椭圆、椭圆弧、矩形的绘制方法，以及对象偏移、删除、修剪、修圆角四种编辑命令的用法。

通过本章内容的学习，我们应掌握如下内容：

● 熟练掌握本章实例介绍的卫生间三个基本设备的绘制过程，理解 AutoCAD 绘图的方式方法。

● 熟练掌握利用 Arc 命令绘制圆弧的详细操作步骤，掌握 Ellipse、Circle、Rectangle 等基本绘图命令的使用方法。

● 熟练掌握 Offset、Fillet、Trim、Erase 四种编辑命令的使用方法。

● 了解各种绘图及编辑命令的综合使用方法和技巧。

4.6 命令速查

◇ Arc：，创建圆弧。

◇ Line：，创建直线。

◇ Rectangle：，创建矩形。

◇ Circle：，创建圆。

◇ Offset：，创建同心圆、平行线和平行曲线。

◇ Trim：，修剪对象以与其他对象的边相接。

◇ Ellipse：，创建椭圆。

◇ Erase：，从图形中删除对象。

◇ Chamfer：，给对象加倒角。

◇ Fillet：，给对象加圆角。

4.7 复习思考题及上机练习

4.7.1 复习思考题

1. 偏移命令 Offset 能对哪些对象进行操作？
2. 删除对象的方法有哪几种？
3. 如何执行圆角命令 Fillet 操作而不修剪原对象？
4. 如何修剪一条直线到它不相交的隐含边界上？
5. 如何对齐绘制两个物体？

4.7.2　上机练习

1. 绘制柱基平面图，如图 4-36 所示：

（1）绘图单位为毫米（mm），出图比例为 1∶100，根据图形大小自行设计图纸的图幅，设置工作区；

（2）CAD 绘图要求按 1∶1 绘制；

（3）初学本章的不用绘制标注。

2. 绘制总平面图，如图 4-37 所示：

（1）绘图单位为毫米（mm），出图比例为 1∶100，根据图形大小自行设计图纸的图幅，设置工作区；

（2）CAD 绘图要求按 1∶1 绘制；

（3）初学本章的不用绘制标注。

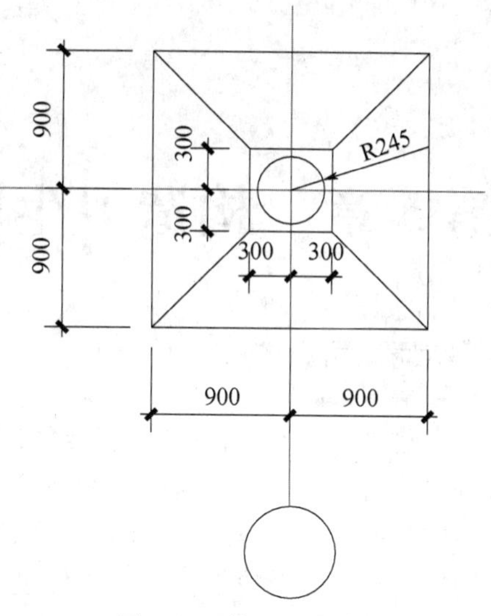

图 4-36　柱基平面图

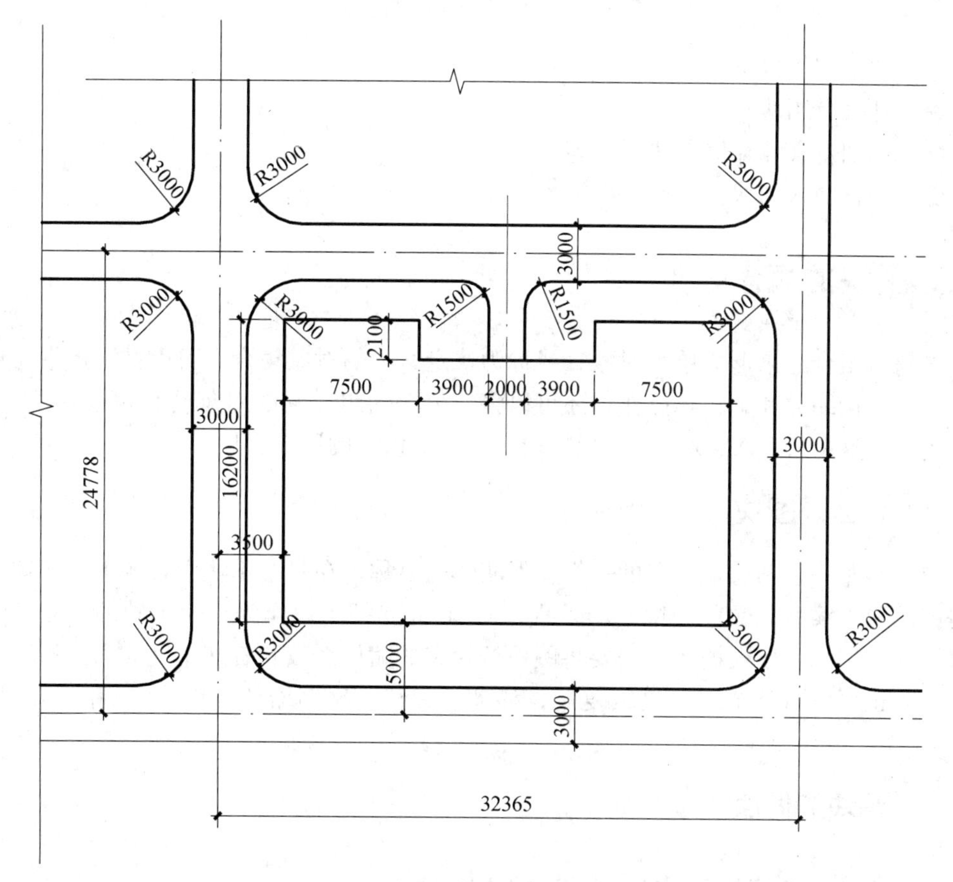

图 4-37　总平面图

建议学时：2学时

第5章　构造卫生间设备库——图块的应用

问题提出

在建筑与土木工程制图中，经常会遇到一些需要反复使用的图形，如卫生间设备、家具、建筑用标高等，这些图例在AutoCAD中都可以由用户自己定义为图块，即以一个缩放图形文件的方式保存起来，以达到重复利用的目的。图块类似于绘图中的样板，使用块可将许多对象作为一个部件进行组织和操作。其优点是能够增加绘图的准确性、提高绘图速度和减小文件尺寸。本章将以构造卫生间设备库为例，介绍图块的概念及其使用方法。

本章主要解决以下问题：

- 什么是图块？
- 如何定义和存储图块？
- 怎样插入图块？

5.1　图块的概念

块是可组合起来形成单个对象（或称为块定义）的对象集合。可以在图形中对块进行插入、比例缩放和旋转等操作，还可以将块分解为组成它的对象并且修改这些对象，然后重定义这个块。AutoCAD会根据块定义更新该块的所有引用。

5.1.1　什么是图块

图块是用一个图块名命名的一组图形实体的总称。在一个图块中，各图形实体均有各自的图层、线型、颜色等特征，但AutoCAD总是把图块作为一个单独的、完整的对象来操作。用户可以根据实际需要将图块按给定的缩放系数和旋转角度插入到指定的任一位置，也可以对整个图块进行复制、移动、旋转、比例缩放、镜像、删除和阵列等操作。

5.1.2　图块的优点

1. 便于建立常用符号、部件、标准件的标准库

如果将绘图过程中经常使用的某些图形定义成图块，并保存在磁盘上，就形成一个图块库。当需要某个图块时，将其插入图中，即把复杂的图形变成几个图块的简单拼凑，避免了大量的重复工作，大大提高了绘图效率和质量。

2. 便于图形修改

修改图形时，使用块作为部件来进行插入、重定位和复制的操作比使用许多单个几何对象具有更高的效率。在工程项目中，特别在讨论方案、产品设计、技术改造等阶段，经常要反复修改图形。如果在当前图形中修改或更新一个早已定义的图块，AutoCAD将会自动更新图中插入的所有该图块。

3. 节省磁盘空间

在图形数据库中，将相同块的所有参照存储为一个块定义，这样就节省了磁盘空间。

图形文件中的每一个实体都有其特征参数，如图层、位置坐标、线型、颜色等。用户保存所绘制的图形，实质上也就是让 AutoCAD 将图中所有实体的特征参数存储在磁盘上。利用插入图块功能既能满足工程图纸的要求，又能减少存储空间。因为图块作为一个整体图形单元，每次插入时，AutoCAD 只需保存该图块的特征参数（如图块名、插入点坐标、缩放比例、旋转角度等），而不需保存该图块中每一个实体的特征参数。特别是在绘制相对比较复杂的图形时，利用图块会节省大量的磁盘空间。

块究竟在多大程度上减小了文件的尺寸呢？举例来说，我们要在图中 12 处插入 100 个圆，如果不使用块，文件中应包括这 1200 个圆对象。如果使用了块，则文件中仅包括 112 个对象，其中包括了 100 个圆对象及 12 个块引用。

4. 便于携带属性

有些常用的图块虽然形状相似，但需要用户根据制造装配的实际要求确定特定的技术参数。如在机械制图中，要求用户确定不同加工表面的粗糙度值。AutoCAD 允许用户为图块携带属性。所谓属性，即从属于图块的文本信息，是图块中不可缺少的组成部分。在每次插入图块时，可根据用户需要而改变图块属性。

5.2　利用图块来建立卫生间

用户可通过块方法制作和使用元件库、标题块等。本节以具体实例来介绍块的生成、存储和使用方法。

用户可以使用 Block 命令和 Bmake 命令定义块，利用 DDinsert 命令和 Insert 命令在图形中引用块，Wblock 命令则可以将块作为一个单独的文件存储在磁盘上，使用 Base 命令可让用户重新设置块的插入基点，使用 Minsert 命令可让用户以方形阵列方式插入块。

5.2.1　将卫生间设备转换成块

1. 块定义方法

要定义一个图块，首先要绘制组成图块的实体，然后用 Block 命令（或 Bmake 命令）来定义图块的插入点，并选择构成图块的实体。

下面以构造卫生间设备库为例，分别介绍在 AutoCAD 中定义图块的两种方式。

（1）用命令行方式定义图块

AutoCAD 允许用户通过命令行方式定义图块，其命令是-Block（或-B）。利用-Block 命令将卫生间设备定义为图块的详细步骤如下：

① 打开第 4 章例中创建的“设备 . DWG”文件，显示卫生间设备图形。如图 5-1 所示。

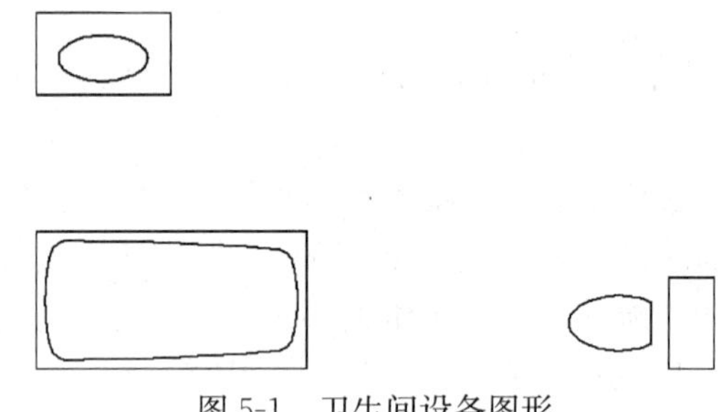

图 5-1　卫生间设备图形

② 在“命令:”提示符下，输入-Block（或-B）并按 Enter 键。在命令行出现如下提示：

输入块名或[?]:

③ 输入图块名。输入要创建图块的名称，或输入“?”符号来查询已经建立的图块。如果用户输入“?”，AutoCAD 将出现“输入要列出的块<＊>:”提示信息，要求输入要查询的图块名或通配符。此时输入图块名或直接按 Enter 键，AutoCAD 将自动从图形窗口切换到文本窗口，显示当前图形文件的图块信息。

这里直接输入图块名“浴盆”，在命令行出现如下提示：

指定插入基点或[注释性(A)]:

④ 确定图块的插入基点。插入基点是一个参考点，当插入一个图块时，AutoCAD 将根据图块插入基点的位置来定位图块。这里用对象捕捉方法来定位插入基点，利用“对象捕捉”工具栏中的“捕捉到交点”工具，选择“浴盆”的左上角点作为参考点。确定了图块的插入点后，在命令行出现如下提示：

选择对象:

⑤ 选择构成图块的实体。这里用交叉窗口选择构成“浴盆”的全部对象。按 Enter 键完成定义“浴盆”图块操作。

⑥ 重复上述步骤，用类似方法定义“坐便器”和“脸盆”块。

⑦ 单击常用工具栏中的“保存”按钮，将定义好的图块存入“设备 . DWG”文件。

注意： 定义图块后，构成图块的实体目标将从绘图区域内消失，用户可用 Oops 命令来恢复该图形。事实上刚才所定义的图块的确已经存在，可用-Block 命令来查询。

提示： 在 AutoCAD 中图块名最多可达 255 个字符，可以包括中文汉字、英文字母（大小写均可）、数字（0～9）、空格或其他未被 Micfosoft Windows 或 AutoCAD 使用的

任何字符。但图块名中不允许含有大于号（>）、小于号（<）、斜杠（/）、反斜杠（\）、引号（“”）、冒号（:）、分号（;）、问号（?）、逗号（,）、竖杠（|）和等于号（=）等符号。用户输入的小写英文字母将被 AutoCAD 自动替换成相应的大写字母，因此图块名中没有大小写字母的区别。

由于 AutoCAD 2000 以前的版本（如 R14、R13）只支持字符数少于 31 的图块名，所以 AutoCAD 2000 或更高版本的图形文件（包括图块）保存为低版本图形文件时，低版本的 AutoCAD 自动将长图块名减少为 31 个字符，并将那些低版本认为是非法的字符用下划线（ _ ）代替。当在 AutoCAD 2000 或更高版本中打开这些低版本图形文件时，AutoCAD 2000 或更高版本又将保存并恢复显示原有的长图块名。但是，如果该长图块名在低版本 AutoCAD 中被修改过，AutoCAD 2000 或更高版本将不再显示其长图块名。

技巧：虽然在理论上可以选择任意点作为图块的插入点，但根据作者的体会，应结合图块的具体结构来确定插入点位置。通常都把插入点定义在图块的特征位置，如对称中心、右下角等。

（2）用对话框方式定义图块

除了-Block 命令之外，AutoCAD 还提供了 Block（或 Bmake）命令用来定义图块。-Block 命令是以命令行的方式定义图块的，而 Block（或 Bmake）命令则以对话框的方式来定义图块。

利用 Block 命令将卫生间设备定义为图块的详细步骤如下：

① 打开第 4 章例中创建的“设备.DWG”文件，显示卫生间设备图形。如图 5-1 所示。

② 使用以下任一种方法发出定义块命令：

- 命令：Block（或 Bmake）。
- 单击“绘图”工具栏中“创建块”工具按钮。
- 下拉菜单“绘图→“块”→“创建”命令项。

AutoCAD 弹出“块定义”对话框，如图 5-2 所示。

图 5-2　“块定义”对话框

③ 在“块定义”对话框中“名称”后输入一个块名。这里输入“浴盆”。

④ 在“对象”选项组中单击“选择对象”按钮，使用定点设备选择包含在块定义中的对象。

此时AutoCAD自动隐藏了“块定义”对话框，返回绘图状态，并显示选择模式。这里用交叉窗口选择构成“浴盆”的全部对象。选择完后按Enter键返回到“块定义”对话框。

提示：如果需要创建选择集，则使用“快速选择”按钮创建或定义选择集过滤器。

⑤ 在“对象”选项组中指定保留对象、将对象转换为块或删除选定对象。

● 保留：在当前图形中保留选定对象及其原始状态。

● 转换为块：用块引用替换选定对象。

● 删除：在定义块后删除选定对象。

本例中选择“删除”选项，即在定义块后删除选定对象。

⑥ 确定图块的插入基点。在“基点”选项组中输入插入基点的坐标值，或选择“拾取点”按钮使用定点设备指定基点。这里单击“拾取点”按钮，用对象捕捉方法来定位插入点，利用“对象捕捉”工具栏中的“捕捉到交点”工具，选择“浴盆”的左上角点作为参考点。

⑦ 在“说明”中输入文字。这样有助于迅速检索块。

⑧ 在“方式”选项组中勾选“允许分解”复选框。

⑨ 在“块单位”后的列表中选择一个单位作为插入单位。本例中保留默认值，即毫米。

⑩ 单击“确定”按钮。“浴盆”块即完成定义了。

⑪ 重复上述步骤，用类似方法定义“坐便器”和“脸盆”块。

⑫ 单击常用工具栏中的“保存”工具按钮，将定义好的图块存入“设备.DWG”文件。

2. 图块的存储

用Block（或Bmake）命令定义的图块，只能在图块所在的当前图形文件中使用。为了使图块成为公共图块，用户可使用Wblock命令（即图块存盘命令）将图块以一个图形文件（*.DWG）的方式存储，这样就可以在所有的图形文件中共同使用该图块。用Wblock存储的图形文件和其他图形文件无任何区别。

下面分别介绍在AutoCAD中存储图块的两种方式。

（1）用命令行方式存储图块

AutoCAD允许用户通过命令行方式存储图块，其命令是-Wblock（或-W）。利用-Wblock命令将前面定义的卫生间设备图块存储的详细步骤如下：

① 打开前面例子中创建的“设备.DWG”文件。

② 在“命令：”提示符下，输入-Wblock（或-W）并按Enter键。

AutoCAD弹出“创建图形文件”对话框，如图5-3所示。在该对话框中用户要确定将要存盘的图形文件所在的驱动器、目录及文件名。

③ 在“创建图形文件”对话框中“文件名”文本框中输入图块文件的文件名。

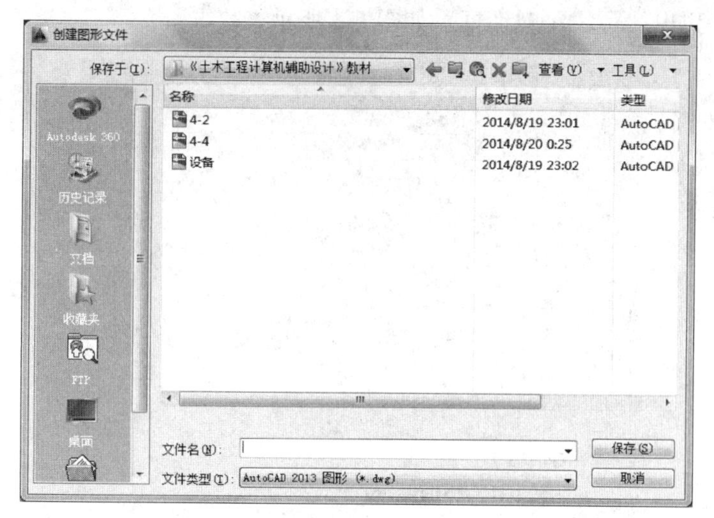

图 5-3　“创建图形文件”对话框

这里输入“浴盆”作为“浴盆”图块文件的文件名，然后单击“保存”按钮关闭“创建图形文件”对话框。在命令行出现如下提示：

输入现有块名或[块 = 输出文件(=)/整个图形(*)]＜定义新图形＞：

在该提示下，用户可以有以下几种不同的选择方式：

● 输入图块名，即输入用 Block 或 Bmake 命令定义的图块名称，AutoCAD 将把该图块按指定的文件名存盘。

● 输入等于号（=），指定现有块和输出文件的名称相同。如果图形中不存在该名称的块，AutoCAD 将重新显示提示。

● 输入星号（*），将除了未引用的符号以外的整个图形存为新输出文件。AutoCAD 将模型空间对象写入到模型空间，图纸空间对象写入到图纸空间。

● 如果直接按 Enter 键，AutoCAD 将定义新块。先提示用户指定块文件的插入基点，然后提示用户选取要写入到块文件的对象，定义一个新图块。

提示：在输入文件名时，用户可以省略扩展名“. DWG”，AutoCAD 将自动加上该扩展名。

④ 选择上述任一种方式，完成存储图块操作。这里输入图块名“浴盆”，然后按 Enter 键，将“浴盆”块存为新输出文件“浴盆 . DWG”。

⑤ 重复上述②～④各步骤，用类似方法保存“坐便器”和“脸盆”块。

(2) 用对话框方式存储图块

除了-Wblock 命令之外，AutoCAD 还提供了 Wblock（或 W）命令用来存储图块。-Wblock 命令是以命令行的方式存储图块的，而 Wblock（或 W）命令则以对话框的方式来存储图块。

利用 Wblock 命令将前面定义的卫生间设备图块存储为图形文件的详细步骤如下：

① 打开前面例子中创建的“设备 . DWG”文件。

② 在“命令:”提示下，键入 Wblock（或 W），然后按 Enter 键。

AutoCAD 弹出“写块”对话框，如图 5-4 所示。

图 5-4　“写块”对话框

③ 在“写块”对话框中，指定要写到文件的块或对象。有三种选择：

- 块：指定要保存为文件的块。
- 整个图形：选择当前图形作为一个块。
- 对象：指定要保存为文件的对象。

这里选择“块”单选按钮。

④ 从“块”下拉列表中选择要保存为文件的块名。这里选择“浴盆”。

⑤ 如果在步骤②中选择“对象”单选按钮，则需在“基点”选项组中，使用“拾取点”按钮定义块的基点。

⑥ 如果在步骤②中选择“对象”单选按钮，则需在“对象”选项组中，使用“选择对象”按钮为块文件选择对象。

⑦ 在“目标”选项组中“文件名和路径”后的文本框中输入新文件的名称。可以单击浏览按钮，打开“浏览图形文件”对话框，从中选择新文件的存盘位置。

如果在步骤②中选择“块”单选按钮，并在步骤③中选择了块名，则 AutoCAD 自动把该块的名称作为新文件名。

⑧ 在“目标”选项组中“插入单位”列表中，选择一个单位作为插入单位。本例中保留默认值，即毫米。

⑨ 单击“确定”按钮。此时，“浴盆”块定义即保存为图形文件。

⑩ 重复上述①～⑨步骤，用类似方法保存“坐便器”和“脸盆”块。

5.2.2　将设备插入到卫生间中

图块的重复使用是通过插入图块的方式实现的。所谓插入图块，就是将已经定义的图块插入到当前的图形文件中。当用户在图形中放置了一个图块后，无论图块的复杂程度如何，AutoCAD 均将该块作为一个对象。

在前面的例子中，我们已经定义并存储了卫生间设备图块，在此我们要将它们插入到卫生间中（图 5-5），同时介绍图块及文件的插入方法。

1. 绘制卫生间内墙

这里先绘制图 5-5 中的卫生间内墙，如图 5-6 所示。

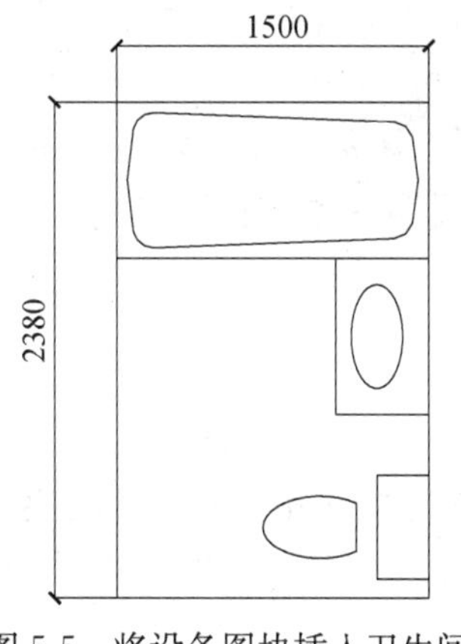

图 5-5　将设备图块插入卫生间

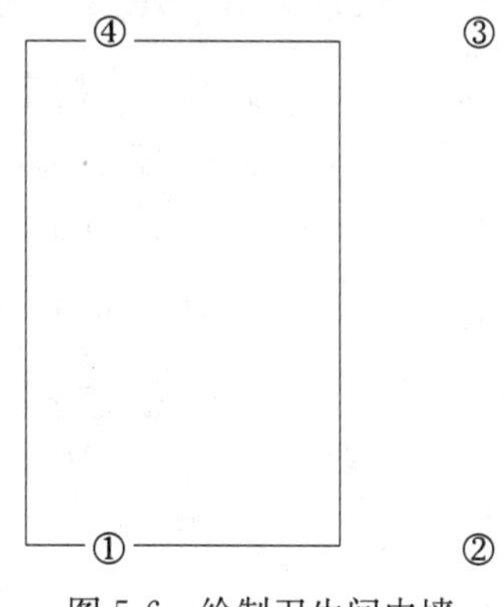

图 5-6　绘制卫生间内墙

首先打开前面例子中创建的“设备 .DWG”文件，然后利用 Line 命令绘制卫生间内墙。具体步骤如下：

命令:Line↙　　（发出绘制直线命令）

指定第一点:0,0↙　　（用绝对坐标输入直线起点①,如图 5-6 所示）

指定下一点或[放弃(U)]:@1500<0↙　　（用相对极坐标输入下一点②,如图 5-6 所示）

指定下一点或[放弃(U)]:@2380<90↙　　（用相对极坐标输入下一点③,如图 5-6 所示）

指定下一点或[闭合(C)放弃(U)]:@1500<180↙　　（用相对极坐标输入下一点④,如图 5-6所示）

指定下一点或[闭合(C)放弃(U)]:C↙　　（输入 C 建立闭合图形,并按 Enter 键结束绘制直线命令）

至此，卫生间内墙就绘制完成了。结果如图 5-6 所示。

提示：由于卫生间内墙是一个矩形框，因此也可以使用绘制矩形命令（Rectang）来绘制。

2. 使用-Insert 命令插入块

AutoCAD 允许用户通过命令行方式插入图块，其命令是-Insert（或-I）。利用-Insert 命令将前面定义的卫生间设备图块插入到卫生间中的详细步骤如下：

① 在“命令:”提示符下，输入-Insert（或-I）并按 Enter 键。在命令行出现如下提示：

输入块名[?]:

提示：如果在当前任务期间已经插入了块，则最后插入的块作为当前块出现在提示里。提示为：

输入块名[?]<当前块>：

② 输入块名。此时可输入图块名称、?、～或按Enter键。输入"?"可列出当前图形中定义的块；输入"～"可显示"选择图形文件"对话框；直接按Enter键则插入当前块。这里输入图块名称"浴盆"。在命令行出现如下提示：

指定插入点或[基点(B)比例(S)XYZ旋转(R)]：

③ 指定插入点。此时可以指定点或输入选项。可以用拾取点指定，也可以用坐标指定插入点。这里用对象捕捉拾取点。打开"对象捕捉"的"捕捉到交点"，拾取卫生间左上角点。在命令行出现如下提示：

输入X比例因子，指定对角点，或[角点(C)XYZ]<1>：

④ 输入*X*比例因子。指定非零值、输入C或按Enter键。如果输入"C"，则指定一个角点，该点和块插入点确定*X*和*Y*比例因子；直接按Enter键，默认比例因子为1，即不缩放。这里直接按Enter键接受默认比例因子1。在命令行出现如下提示：

输入Y比例因子或<使用X比例因子>：

⑤ 输入*Y*比例因子。指定非零值或按Enter键。直接按Enter键，使用*X*比例因子，即与*X*比例因子相同。这里直接按Enter键接受默认比例因子。在命令行出现如下提示：

指定旋转角度<0>：

⑥ 指定旋转角度。设置块插入的旋转角度。默认值为0，即不旋转。直接按Enter键接受默认值，并完成插入块操作。此时即把浴盆插入卫生间中，如图5-7所示。

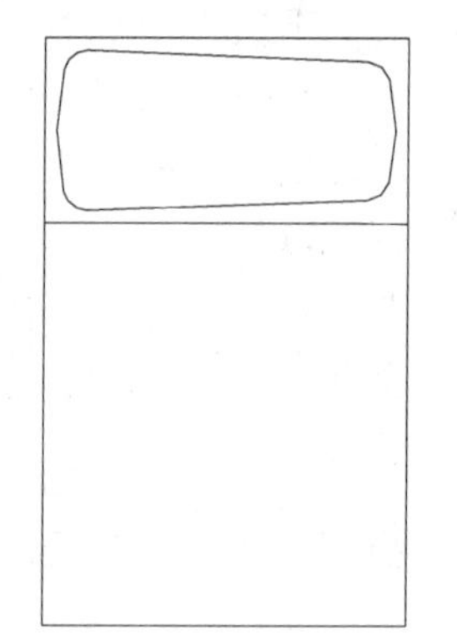

图5-7 在卫生间中插入"浴盆"图块

⑦ 重复上述各步骤，用类似方法插入"坐便器"和"脸盆"图块，如图5-5所示。

⑧ 选择"文件"菜单的"另存为"命令选项，将绘制好的卫生间图形存入"卫生间.DWG"文件。

⑨ 将上面绘制的卫生间图形存为图块。具体步骤如下：

a. 在"命令："提示下，键入Wblock（或W），然后按Enter键。AutoCAD弹出"写块"对话框，如图5-4所示。

b. 在"写块"对话框中，指定要写到文件的块或对象。这里选择"整个图形"单选按钮，将卫生间图形写入块文件。

c. 在"目标"选项组中"文件名"后的文本框中输入新文件的名称。这里输入"卫生间-块.DWG"作为文件的名称。

d. 在"目标"选项组中"位置"后指定新文件的位置。

e. 在"目标"选项组中"插入单位"列表中，选择一个单位作为插入单位。这里保留默认值，即毫米。

f. 单击“确定”按钮。此时即完成了写块操作，将卫生间图形保存为“卫生间-块.DWG”文件。

注意：插入图块时，*X*、*Y* 轴方向的插入比例系数有正负之分，如果比例系数为负数，则 AutoCAD 将插入原图块的镜像图形。

3. 使用 Insert 或 DDinsert 命令插入块

除了-Insert 命令之外，AutoCAD 还提供了 Insert（或 Ddinsert）命令用来插入图块。-Insert 命令是以命令行的方式插入图块的，而 Insert（或 Ddinsert）命令则以对话框的方式来插入图块。

利用对话框的方式将前面定义的卫生间设备图块插入到卫生间中的详细步骤如下：

① 使用以下任一种方法发出插入块命令：

- 在“命令：”提示下，键入 Insert（或 Ddinsert），然后按 Enter 键。
- 在“绘图”工具栏中，单击“插入块”工具按钮。
- 从“插入”下拉菜单中，选择“块”命令项。

AutoCAD 弹出“插入”对话框，如图 5-8 所示。

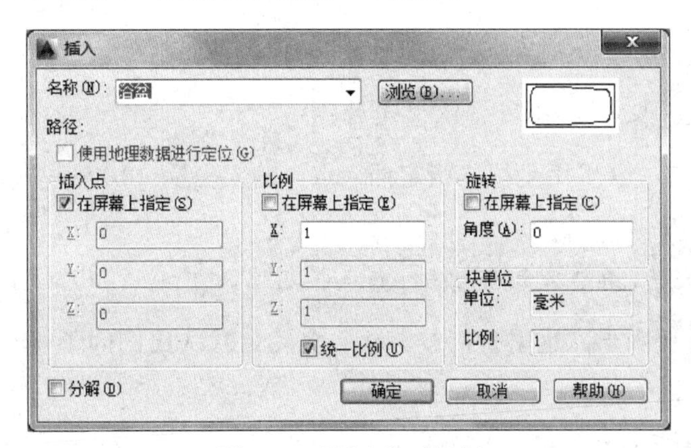

图 5-8　“插入”对话框

② 在“插入”对话框中，从“名称”下拉列表中选择要插入的块名。这里选择“浴盆”。

③ 在“插入”对话框中“比例”项中指定 *X*、*Y* 的缩放比例值。这里保持默认值 1。

④ 在“插入”对话框中“旋转”项中指定旋转角度。这里保持默认值 0。

⑤ 单击“确定”按钮，“插入”对话框关闭。在命令行出现如下提示：

指定插入点或[基点(B)比例(S)XYZ 旋转(R)]：

⑥ 指定插入点。这里用对象捕捉拾取点。打开“对象捕捉”的“捕捉到交点”，拾取卫生间左上角点。此时即把浴盆插入了卫生间中，如图 5-7 所示。

⑦ 重复上述各步骤，用类似方法插入“坐便器”和“脸盆”图块，如图 5-5 所示。

⑧ 选择“文件”菜单的“另存为”命令选项，将绘制好的卫生间图形存入“卫生间.DWG”文件。

注意：

● 如果已经修改了块的原图形文件，那么可以选择“浏览”定位块文件来重定义当前图形中的块。

● 用户在图形中放置了一个图块后，无论块的复杂程度如何，AutoCAD 均将该块作为一个对象。如果用户需编辑一个块中的单个对象，用户必须首先分解这个块，分解操作既可在使用 DDInsert 或 Insert 命令中执行，也可使用 Explode 或 Xplode 命令。

4. 使用 Minsert 命令插入多个图块

Minsert 命令实际上是将阵列命令（Array）和块插入命令合而为一的命令，可以进行多个图块的阵列插入操作。运用 Minsert 命令不仅可以大大节省时间，提高绘图效率，而且可以减少图形文件所占用的磁盘空间。阵列命令（Array）将在以后介绍。

使用 Minsert 命令插入多个图块的操作步骤如下：

① 在“命令：”提示下，键入 Minsert，然后按 Enter 键。在命令行出现如下提示：

输入块名[?]：

② 输入块名。这里输入图块名称“脸盆”。在命令行出现如下提示：

指定插入点或[基点(B)比例(S)XYZ 旋转(R)]：

③ 指定插入点。这里用坐标法指定插入点。输入坐标（1000，1000），在命令行出现如下提示：

输入 X 比例因子，指定对角点，或者[角点(C)XYZ]<1>：

④ 输入 X 比例因子。这里直接按 Enter 键接受默认比例因子 1。在命令行出现如下提示：

输入 Y 比例因子或<使用 X 比例因子>：

⑤ 输入 Y 比例因子。这里直接按 Enter 键接受默认比例因子，即使用 X 比例因子。在命令行出现如下提示：

指定旋转角度<0>：

⑥ 指定旋转角度。这里直接按 Enter 键接受默认值 0，即不旋转。在命令行出现如下提示：

输入行数(- - -)<1>：

⑦ 输入行数。输入非零整数或直接按 Enter 键接受默认值 1，即插入一行。这里输入 3，即插入 3 行。在命令行出现如下提示：

输入列数(|||)<1>：

⑧ 输入列数。输入非零整数或直接按 Enter 键接受默认值 1，即插入一列。这里输入 3，即插入 3 列。在命令行出现如下提示：

输入行间距或指定单位单元(---)：

⑨ 输入行间距。输入非零整数（可以为负值）。如果指定矩形的两个对角点，AutoCAD会跳过下一提示。

注意：

● 指定的行间距，包含要排列对象的相应长度。

● 如果要向下加行，可以将行间距指定为负值。

这里输入 800。在命令行又出现如下提示：

指定列间距(|||)：

⑩ 指定列间距。输入非零整数（可以为负值）。如果要向左加列，可以将列间距指定为负值。这里输入 1000。按 Enter 键完成插入块操作。此时即在图形中插入了 3 行 3 列的脸盆块阵列，如图 5-9 所示。

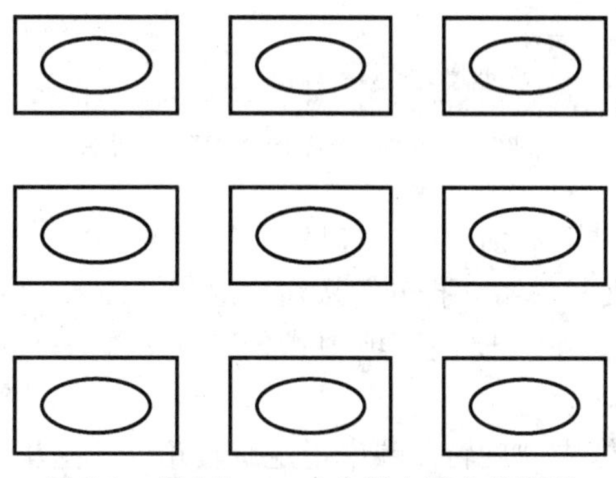

图 5-9　用 Minsert 命令插入脸盆块阵列

5. 使用块插入方法插入图形文件

当用户需要将一幅图形置于另一幅图形中时，AutoCAD 提供了两种方法来完成此任务：一是利用类似插入块的方法，此时图形文件的原点被作为块的插入基点；另一种方法是利用外部引用法来将一幅图形放入另一幅图形中，在这种情况下，被放入的图形并不作为当前图形的一部分进行存储，关于这种方法，后面要做详细介绍。

使用块插入方法插入图形文件，可用-Insert 命令、Insert 命令或 Ddinsert 命令。-Insert命令是命令行方式，Insert 或 Ddinsert 命令是对话框方式。

利用对话框的方式将前面绘制的“卫生间 .DWG”图形文件插入到另一幅图形中的详细步骤如下：

① 新建一个图形文件。

② 使用以下任一种方法发出插入块命令：

● 在“命令：”提示下，键入 Insert（或 Ddinsert），然后按 Enter 键。

● 在“绘图”工具栏中，单击“插入块”工具按钮。

● 从“插入”下拉菜单中，选择“块”命令项。

AutoCAD 弹出“插入”对话框。

③ 在“插入”对话框中，单击“浏览”按钮，打开“选择图形文件”对话框。如图 5-10 所示。

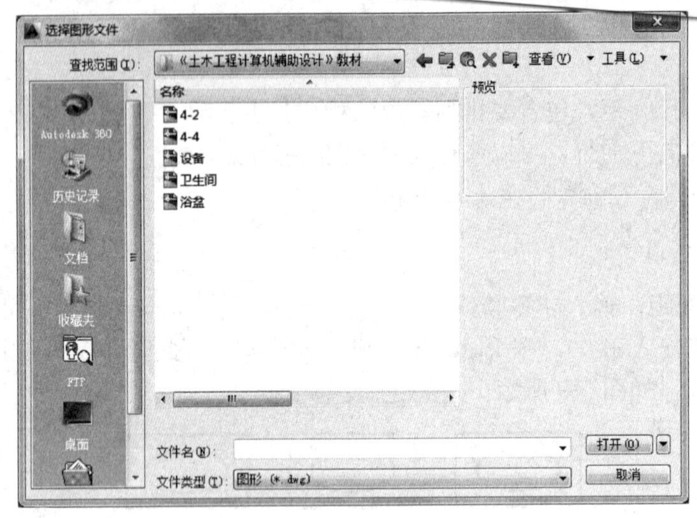

图 5-10　“选择图形文件”对话框

④ 在“选择图形文件”对话框中，选择“卫生间.DWG”文件。注意在“查找范围”中选择适当的文件夹。单击“打开”按钮，返回“插入”对话框。

⑤ 在“插入”对话框中“比例”项中指定 X、Y 的缩放比例值。这里保持默认值 1。

⑥ 在“插入”对话框中“旋转”项中指定旋转角度。这里保持默认值 0。

⑦ 单击“确定”按钮，“插入”对话框关闭。在命令行出现如下提示：

指定插入点或[基点(B)比例(S)旋转(R)]：

⑧ 指定插入点。这里用坐标法指定插入点，输入坐标（0，0）。此时即把“卫生间.DWG”图形文件插入到了另一幅图形中。

6. 使用 Base 命令设置插入图形文件的基点

当利用 Insert、Ddinsert 命令将某个图形文件插入到当前图形文件中时，AutoCAD 将该图形文件的坐标原点（0，0）默认为插入基点。但这样常常给绘图带来不便和麻烦。AutoCAD 提供了基点（Base）命令，允许为图形文件设置新的插入基点。

可以通过以下两种方法启动 Base 命令：

● 从“绘图”下拉菜单中，选择“块”→“基点”命令项。

● 在“命令:”提示下，键入 Base，然后按 Enter 键。

为图形文件确定新插入基点的操作步骤如下：

① 启动“打开”命令，打开某一图形文件，使其成为当前图形文件。

② 启动 Base 命令，在命令行出现如下提示：

输入基点<0,0,0>：

③ 确定新的插入基点。用户可以输入插入点的坐标值，也可用鼠标拾取点。

④ 按 Enter 键结束 Base 命令，即完成了为图形文件设置新的插入基点的操作。

5.3　教例

本节以一个实例，向读者演示前面所学命令的用法。

如图 5-11 所示为一个长 20m、宽 10m 的教室，有 4 个宽 1.5m 的窗、2 个宽 1.5m 的门，并且配置有 20 个长 1.2m、宽 0.2m 的日光灯组。下面利用图块来完成该教室的绘制。

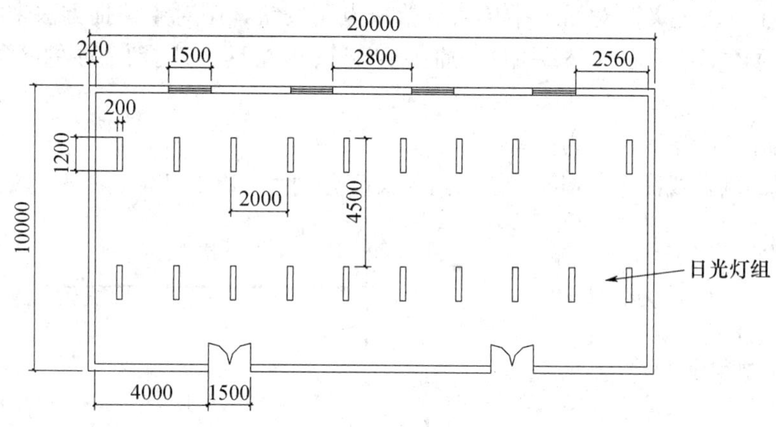

图 5-11　教室平面图

具体绘图步骤如下。

1. 准备绘图环境

(1) 打开 AutoCAD 并建立工作区。步骤如下：

① 启动 AutoCAD，在“创建新图形”对话框中，单击“使用向导”按钮并选择“快速设置”，单击“确定”按钮。

② 在“快速设置”对话框中，单击“下一步”按钮。

③ 在“快速设置”对话框中，分别输入宽度（42000）和长度（29700），单击“完成”按钮。

(2) 打开栅格和设置栅格间距。步骤如下：

① 从“工具”菜单中选择“草图设置”命令项（或在状态栏的“栅格”上单击右键，在快捷菜单中选择“设置”命令项）。

② 在“草图设置”对话框的“捕捉和栅格”标签中选择“启用栅格”。

③ 输入“栅格 X 轴间距”，值为 1000。

④ 为垂直栅格间距设置相同的值，按 Enter 键或用鼠标单击“栅格 Y 轴间距”后面的文本框。单击“确定”按钮。

2. 创建门、窗及日光灯组图块

(1) 绘制门并将其定义为图块。

① 利用绘制直线命令（Line）绘制一条长 750mm 的直线段。

② 利用绘制圆弧命令（Arc）绘制一段以直线段一端为起点，另一端为圆心，角度为 90°的圆弧（按图 5-12 所示位置，门的右半部分）。

③ 再次利用绘制直线命令和绘制圆弧命令用类似方法绘制另一半门（左半部分）。结果如图 5-12 所示。

注意： 绘制左半部分门时圆弧的角度为－90°。

提示： 也可以用镜像命令（Mirror）快速绘制另一半门。镜像命令将在以后介绍。

④ 选中上面绘制好的门，利用创建块命令（Block）将其定义为名为“门”的图块。

提示： 在“块定义”对话框中单击“拾取点”按钮，用对象捕捉方法来定位块插入点，利用“对象捕捉”工具栏中的“捕捉到交点”工具，选择门的左下角点作为参考点。

（2）绘制窗并将其定义为图块。

① 利用绘制直线命令（Line）绘制两条长度分别为 240 和 1500 的直线段。如图 5-13 所示。

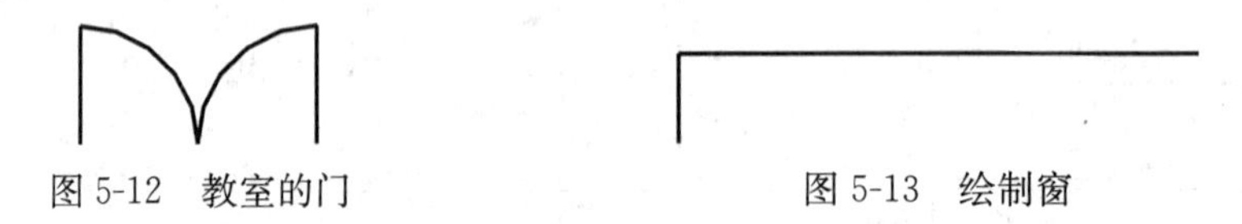

图 5-12　教室的门　　　　图 5-13　绘制窗

② 利用偏移命令（Offset）分别将图 5-13 中的两条直线段进行向下和向右侧偏移（偏移距离分别为 80 和 1500），生成构成窗的其余直线。结果如图 5-14 所示。

③ 选中上面绘制好的窗，利用创建块命令（Block）将其定义为名为“窗”的图块。

提示： 在“块定义”对话框中单击“拾取点”按钮，用对象捕捉方法来定位块插入点，利用“对象捕捉”工具栏中的“捕捉到交点”工具按钮，选择窗的左下角点作为参考点。

（3）绘制日光灯组并将其定义为图块。

① 利用绘制直线命令绘制长、宽分别为 1200 和 20 的矩形。如图 5-15 所示。

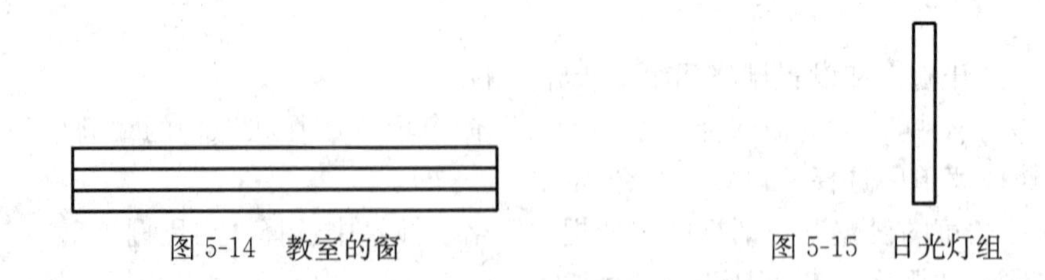

图 5-14　教室的窗　　　　图 5-15　日光灯组

② 选中上面绘制好的日光灯组，利用创建块命令（Block）将其定义为“日光灯组”的图块。

提示： 在“块定义”对话框中单击“拾取点”按钮，用对象捕捉方法来定位块插入点，利用“对象捕捉”工具栏中的“捕捉到交点”工具，选择日光灯组的左下角点作为参考点。

3. 绘制教室平面图

（1）绘制墙线

① 利用绘制直线命令（Line）绘制一个 20000×10000 的矩形框，作为教室的外墙。

② 利用偏移命令（Offset）分别将上一步绘制的矩形框各边向内偏移 240，生成教室的内墙。

③ 利用修剪命令（Trim）修剪上面绘制出的墙线，将墙线间的多余部分修剪掉。结果如图 5-16 所示。

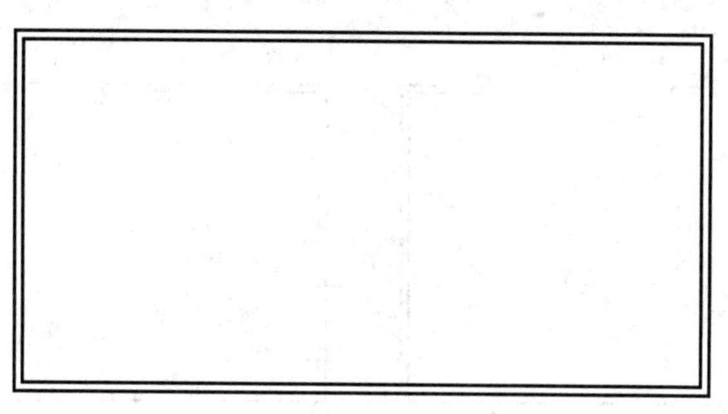

图 5-16　教室平面图——墙线

（2）利用修剪命令（Trim）在墙上为窗开洞

① 首先在图 5-16 中墙的左上角处绘制一条辅助直线段（可利用对象捕捉定位点）。如图 5-17 所示。

② 然后利用偏移命令在辅助直线段的右侧产生一条直线段（偏移距离为 2560）。

③ 再次利用偏移命令在上一步产生的直线段的右侧产生一条直线段（偏移距离为 1500）。

④ 再次利用偏移命令在上一步产生的直线段的右侧产生一条直线段（偏移距离为 2800）。

⑤ 重复步骤③和④三次，产生如图 5-17 所示的图形。

⑥ 将图 5-17 中的辅助直线段删除，并利用修剪命令（Trim）对墙线进行修剪，挖出如图 5-18 所示的窗洞。

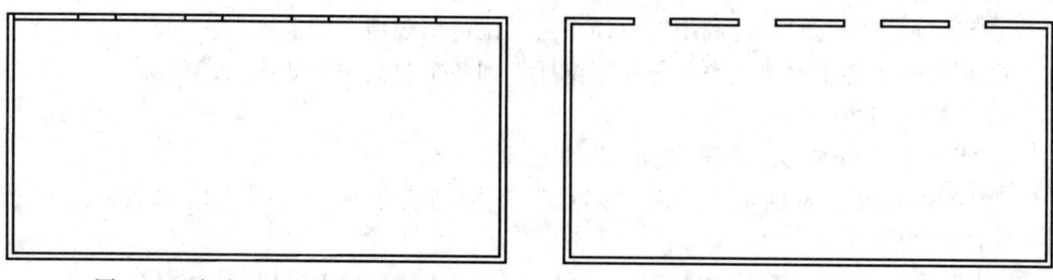

图 5-17　在墙上为窗开洞（一）　　图 5-18　在墙上为窗开洞（二）

（3）利用修剪命令（Trim）在墙上为门开洞

① 首先在图 5-18 中墙的左下角处绘制一条辅助直线段（可利用对象捕捉定位点）。如图 5-19 所示。

② 然后利用偏移命令在辅助直线段的右侧产生一条直线段（偏移距离为 4000）。

③ 再次利用偏移命令在上一步产生的直线段的右侧产生一条直线段（偏移距离为 1500）。

④ 在图 5-18 中墙的右下角处绘制一条辅助直线段。如图 5-19 所示。

⑤ 然后利用偏移命令在辅助直线段的左侧产生一条直线段（偏移距离为 4000）。

⑥ 再次利用偏移命令在上一步产生的直线段的左侧产生一条直线段（偏移距离为 1500）。如图 5-19 所示。

⑦ 将图 5-19 中的辅助直线段删除，并利用修剪命令（Trim）对墙线进行修剪，挖出如图 5-20 所示的门洞。

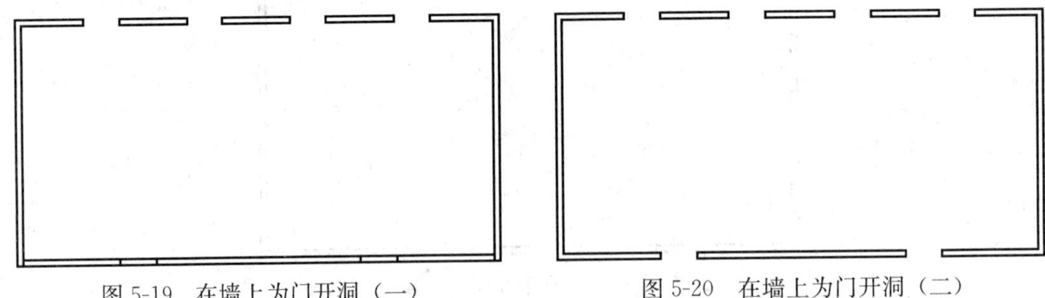

图 5-19　在墙上为门开洞（一）　　图 5-20　在墙上为门开洞（二）

4. 插入门、窗图块

利用图块插入命令（Insert）分别将门、窗图块插入墙中相应位置。

（1）插入窗块

① 发出插入块命令，打开“插入”对话框。

② 在“插入”对话框中，从“名称”下拉列表中选择要插入的块名。这里选择“窗”。

③ 单击“确定”按钮，“插入”对话框关闭。在命令行出现如下提示：

指定插入点或[基点(B)比例(S)XYZ 旋转(R)]：

④ 指定插入点。这里用对象捕捉拾取点。打开“对象捕捉”的“捕捉到交点”，拾取第一个窗洞的左下角。此时即把窗插入了窗洞中。

提示：插入图块时，可利用对象捕捉工具快速精确地指定插入点。

⑤重复上述各步骤，用类似方法把窗插入到各个窗洞中，如图 5-21 所示。

（2）插入门块

① 发出插入块命令，打开“插入”对话框。

② 在“插入”对话框中，从“名称”下拉列表中选择要插入的块名。这里选择“门”。

③ 单击“确定”按钮，“插入”对话框关闭。在命令行出现如下提示：

指定插入点或[基点(B)比例(S)XYZ 旋转(R)]：

④ 指定插入点。这里用对象捕捉拾取点。打开“对象捕捉”的“捕捉到交点”，拾取第一个门洞的右上角。此时即把门插入了门洞中。

⑤ 重复上述各步骤，用类似方法把门插入到第二个门洞中，如图 5-21 所示。

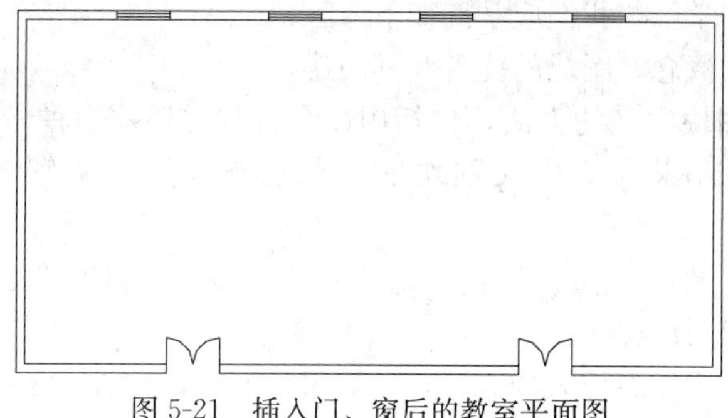

图 5-21　插入门、窗后的教室平面图

5. 插入日光灯组图块

利用多图块插入命令（Minsert）将日光灯组图块插入教室平面图中。操作步骤如下：

① 在“命令:”提示下，键入 Minsert，然后按 Enter 键。

② 输入块名“日光灯组”。

③ 指定插入点。输入坐标（11000，12500）。

④ 输入 X 比例因子。这里直接按 Enter 键接受默认比例因子 1。

⑤ 输入 Y 比例因。这里直接按 Enter 键接受默认比例因子，即使用 X 比例因子。

⑥ 指定旋转角度。这里直接按 Enter 键接受默认值 0，即不旋转。

⑦ 输入行数。这里输入 2，即插入 2 行。

⑧ 输入列数。这里输入 10，即插入 10 列。

⑨ 输入行间距。这里输入 4500。

⑩ 指定列间距。这里输入 2000。

按 Enter 键完成插入块操作。此时即在教室平面图中插入了 2 行 10 列的日光灯组阵列。结果如图 5-22 所示。

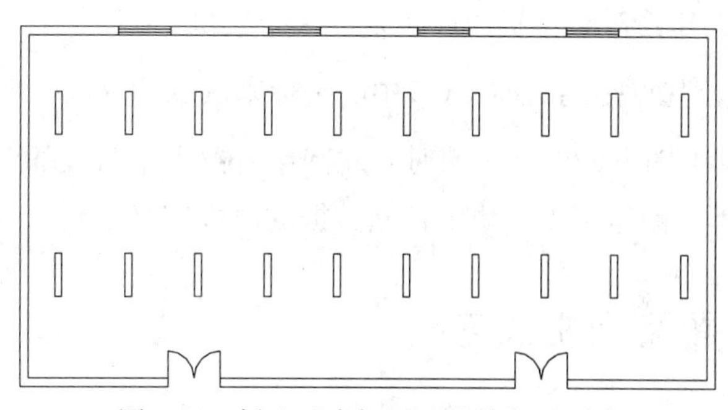

图 5-22　插入日光灯组后的教室平面图

5.4　要点回顾

本章介绍了图块的概念及其优点，并以利用图块来建立卫生间的实例讲述了块的生成、存储和使用方法。

通过本章内容的学习，我们应掌握如下内容：

● 理解图块的概念、图块的优点及其用途。

● 熟练掌握图块定义的方法，包括用命令行和对话框两种方式定义图块。熟练掌握利用-Block 和 Block 命令定义图块的详细操作步骤，了解 Bmake 命令的使用方法。

● 掌握图块存储的方法，包括用命令行和对话框两种方式存储图块。掌握利用-Wblock和 Wblock 命令存储图块的基本操作步骤。

● 熟练掌握单个图块插入的方法，包括用命令行和对话框两种方式插入图块。熟练掌握利用-Insert 和 Insert 命令插入图块的详细操作步骤，了解 DDinsert 命令的使用方法。

● 掌握同时插入多个图块的方法，掌握利用 Minsert 命令同时插入多个图块的基本操作步骤。

● 掌握使用块插入方法插入图形文件的方法和基本操作步骤。

● 了解使用 Base 命令设置插入图形文件的基点的方法和基本操作步骤。

● 掌握常用门、窗及日光灯组图形的绘制方法，房屋墙的绘制方法，以及在房屋墙壁上开门窗洞的方法和加入门、窗的方法。

5.5 命令速查

◇ Block：，从选定的对象中创建一个块定义。

◇ Wblock：，将选定对象保存到指定的图形文件或将块转换为指定的图形文件。

◇ Insert：，将块或图形插入当前图形中。

◇ Minsert：在矩形阵列中插入一个块的多个实例。

◇ Base：，基点是用当前 UCS 中的坐标来表示的。向其他图形插入当前图形或将当前图形作为其他图形的外部参照时，此基点将被用作插入基点。

◇ Attdef：，创建用于在块中存储数据的属性定义。

5.6 复习思考题及上机练习

5.6.1 复习思考题

1. 什么是块？使用块有什么好处？

2. 在 AutoCAD 中，块是如何定义的？怎样将图块以一个图形文件（*.DWG）的方式保存起来？

3. 定义块时指定插入基点有何作用？通常插入基点应在什么位置？

4. 插入图块的方法有哪几种？

5. 插入图块时如何插入原图块的镜像图形？

6. 如何将一幅图形置于另一幅图形中？插入图形文件时 AutoCAD 的默认插入基点是什么？其插入基点可以改变吗？如何改变？

5.6.2　上机练习

1. 绘制如图 5-23 所示的基础平面图。

（1）绘图单位为毫米（mm）；

（2）出图比例为 1：100，根据图形大小自行设计图纸的图幅，设置工作区；

（3）CAD 绘图要求按 1：1 绘制；

（4）图中基础梁宽均为 250；

（5）将第 4 章上机练习第 1 题独立基础平面图定义成一个块，插入到基础平面图（图 5-23）中。

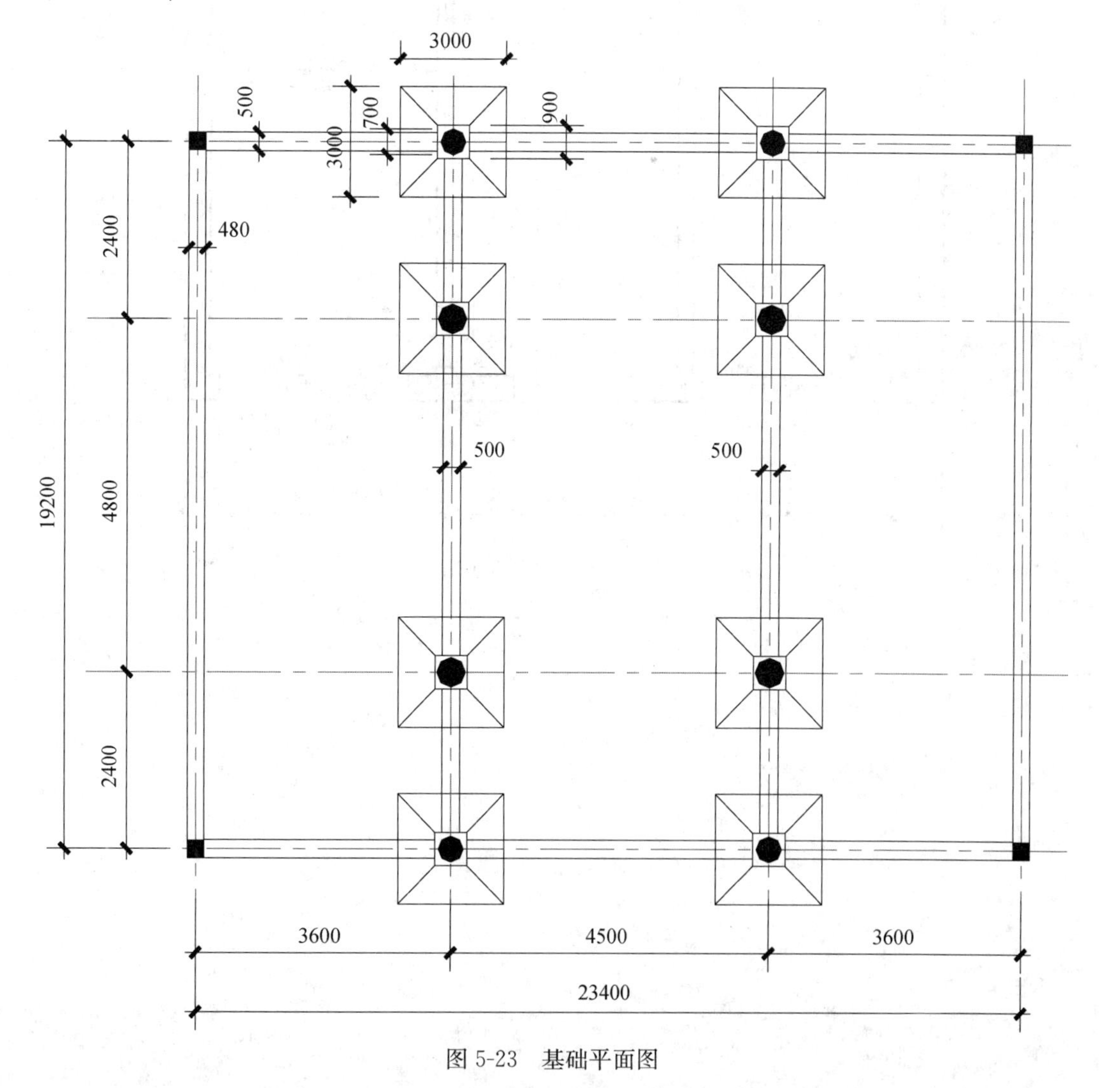

图 5-23　基础平面图

2. 绘制房屋平面图，如图 5-24 所示。

（1）绘图单位为毫米（mm）；

（2）出图比例为 1∶100，图纸的图幅为 3 号，设置工作区；

（3）绘制图框，并设置成块；

（4）CAD 绘图要求按 1∶1 绘制。

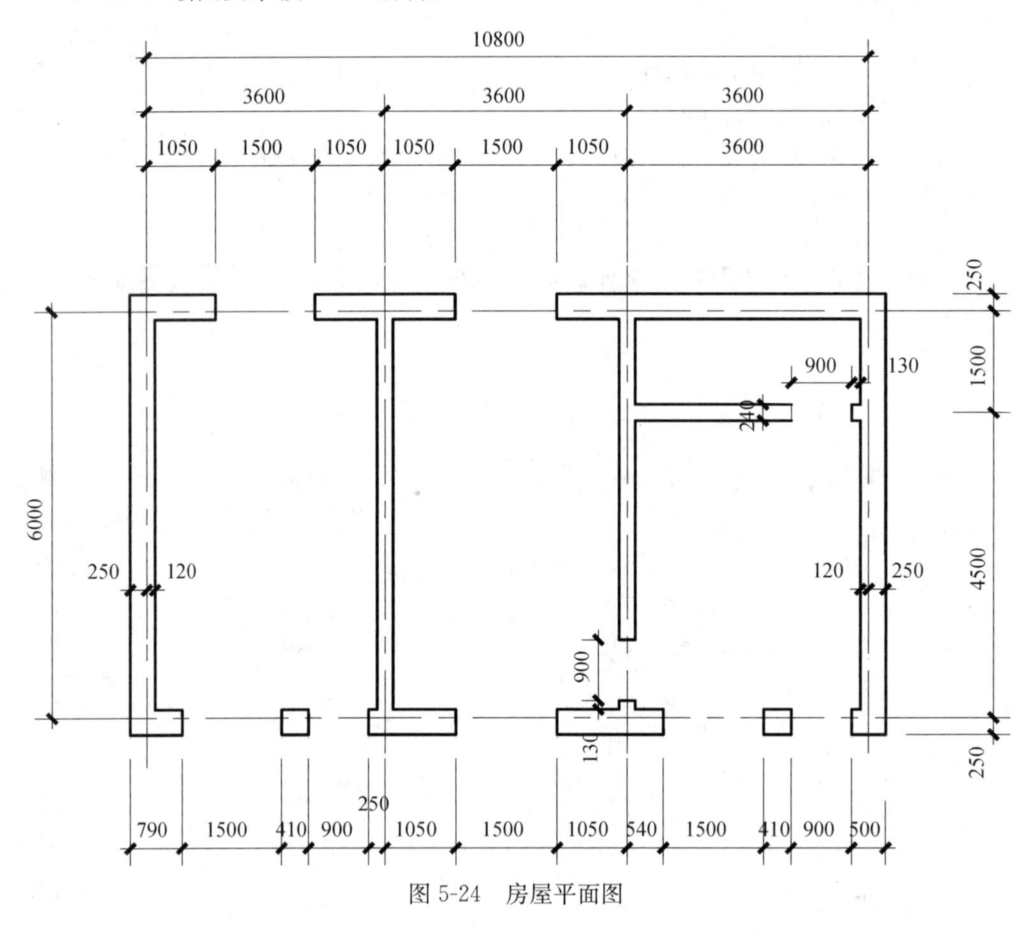

图 5-24　房屋平面图

建议学时：1学时

第6章 图形组织——利用图层工具绘制一个标准间

问题提出

图层和图块是最基本的两种图形组织方式。第5章已经介绍了图块的概念和使用方法，本章将以绘制一个简单的标准间为例，介绍图层的概念以及利用图层组织图形的方法。

AutoCAD使用图层来管理和控制复杂的图形。在绘图中，可以将不同种类和用途的图形分别置于不同的图层下，从而实现对相同种类图形的统一管理。形象地说，一个图层就像一张透明图纸，可以在上面分别绘制不同的实体，最后再将这些透明纸叠加起来，从而得到最终的复杂图形。在AutoCAD绘图中，使用图层是一种最基本的操作，也是最有利的工具之一，它对于图形文件中各类实体的分类管理和综合控制具有重要意义。

本章主要解决以下问题：

- 什么是图层？图层有什么优点？
- 如何创建、删除及重命名图层？
- 如何设置图层的属性？
- 如何在图层上绘图？
- 什么是图层的状态？如何设置图层的状态？
- 怎样合理组织图层？图层组织有何技巧及意义？

6.1 图层概述

6.1.1 什么是图层

在AutoCAD中，图层是组织复杂图形的主要工具。图层可以想像为一张没有厚度的透明纸，上面画着属于该层的图形实体，所有的层叠放在一起就组成一幅完整的AutoCAD图。

每张图至少有一个默认的图层——“0”层。可以增加包括该默认图层在内的任意多的其他图层。只能选择一个图层作为当前层，或是激活状态。在创建一个对象时，该对象将被创建在当前图层上。

每个图层都有一个名字，其中名为“0”层的图层是由AutoCAD自动定义的，不可删除。其余图层由用户根据需要自定义图层名字。

用户可以对图层进行打开（ON）/关闭（OFF）、冻结（Freeze）/解冻（Thaw）、锁定（Lock）/解锁（Unlock）等操作。

6.1.2 图层的优点

与实际透明物相比，AutoCAD 中的图层特性提供了更多的优点。具体表现在以下几个方面。

1. 表现在绘图和图形编辑方面

在手工绘制草图的过程中，组合使用透明纸的数量受到了很大的限制。在 AutoCAD 中就不存在这个限制。在 AutoCAD 中可以不受限制地定义多个图层，可随时控制这些图层的可见性。可以给每个图层命名，并将每个图层赋予各自的颜色、线型、线宽和打印样式，同一图层上的实体拥有相同的线型、颜色等性质，处于同一种状态；也可以锁住图层以确保在该图层上的信息不会被意外地修改。各个图层具有相同的坐标系、图限及显示时的缩放倍数。各层之间精确地互相对齐，用户可对位于不同图层上的对象同时进行编辑操作。

2. 表现在图形组织方面

在一张图纸上，一般都存在着直线、圆、圆弧等图形实体，确定这些图形实体的位置和大小，要依靠它们的几何信息，即直线的端点坐标、圆的圆心坐标和半径、圆弧的圆心和半径以及起始点坐标和终止点坐标。这些图形实体又根据不同的需要以不同的形式（线型、颜色等）表现出来。线型、颜色等非几何信息称为实体的属性信息，存放属性信息要占用一些存储空间，而在一张图上，具有相同属性的实体是很多的，因此引入图层概念。于是凡是具有相同线型、颜色和状态的图形实体放在同一层上，这样，在确定图形实体时，只需要确定它的几何数据和所在图层就可以了，从而节省了绘图工作量及存储空间。

3. 表现在出图方面

在传统草图绘制过程中，经常将各图形元素分开，像墙壁、尺寸标注、型钢和电路平面图等分开放置在透明纸上。AutoCAD 图形中的图层就像手工绘图时所用的透明纸。在需要打印图形时，通过选择打印不同的图层，可以创建几种不同的图形。

在 AutoCAD 中，还可以将任意图层设置为在屏幕上可见但不打印该图层。

6.2 给图加上图层——图层的创建及设置

在 AutoCAD 中，图层的操作包括诸如创建和命名图层、使图层成为当前图层、给图层排序、控制图层的可见性、锁定和解锁图层、指定图层颜色、指定图层线型、指定图层线宽、指定图层打印样式、过滤图层、重命名图层、删除图层等。

利用“图层特性管理器”对话框（图 6-1）可方便地完成图层操作（执行“-Layer”命令可以在命令行上完成图层操作）。

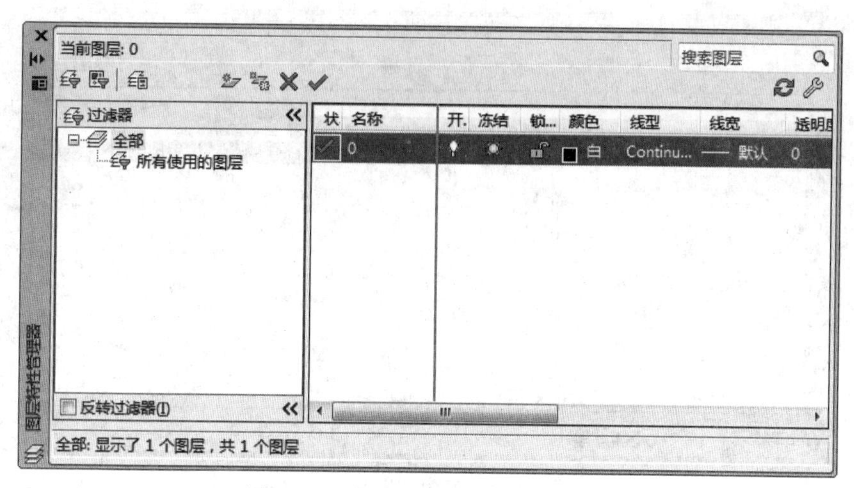

图 6-1　“图层特性管理器”对话框

我们在绘图前首先应准备绘图环境。工作区及栅格捕捉的设置已在前面介绍过了，这里将讲述另一个重要的绘图准备工作——设置图层。

首先打开 AutoCAD 并建立一个 3 号图工作区，比例为 1：100，然后打开栅格并设置栅格间距为 1000。

6.2.1　图层的创建、删除及重命名

1. 图层的创建

在每个图形中可以创建任意数量的图层，并使用这些图层来组织信息。在创建了一个新图层后，这个图层最初设置成白色（或者黑色，取决于当前图形背景的颜色），线型是连续线，线宽是默认值，打印样式是普通。在默认状态下，新图层是可见的。在创建和命名了一个图层后，可以修改它的颜色、线型、线宽、可见性和其他特性。

这里将建立 4 个图层，分别是墙层、设备层、轴线层、门窗层。其操作步骤如下：

（1）使用以下任一种方法打开“图层特性管理器”对话框：

- 在“命令:”提示下，键入 Layer（或 LA），并按 Enter 键。
- 在“图层”工具栏中，单击“图层特性管理器”工具按钮。
- 从“格式”下拉菜单中，选择“图层”命令项。

（2）在“图层特性管理器”对话框中，单击“新建图层”按钮（也可以在“图层特性管理器”的图层列表中单击右键，然后在快捷菜单中选择“新建图层”命令项），AutoCAD 自动创建一个名为“图层 1”的新图层。结果如图 6-2 所示。

（3）在亮显的默认名称上输入新图层的名字“墙”，然后按 Enter 键。

提示：图层名最多可包含 255 个字符并且可以包含字母、数字和空格（也可以是汉字）。同时要注意虽然图层名对大小写不敏感，但 AutoCAD 2000 及以上版本保持图层名中的大写。建议图层名要“见名知意”，这样便于图层的查找修改及使用。

（4）重复步骤（2）和（3），分别创建另外 3 个新图层，即设备层、轴线层和门窗层。结果如图 6-3 所示。

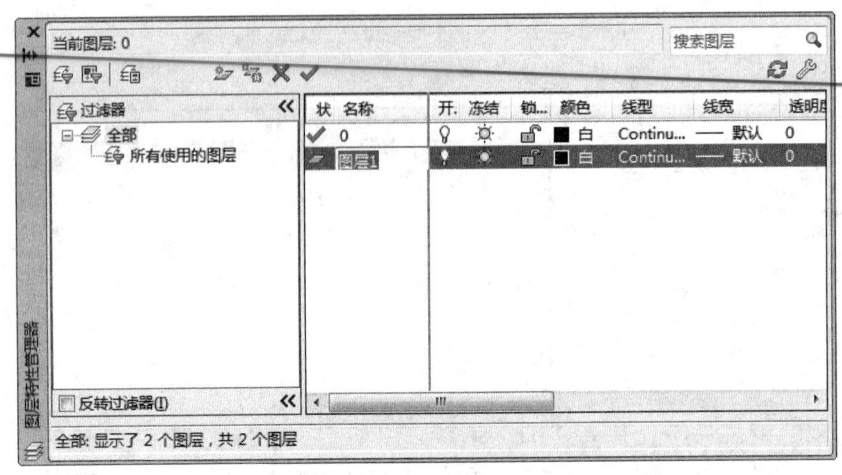

图 6-2　创建一个名为“图层 1”的新图层

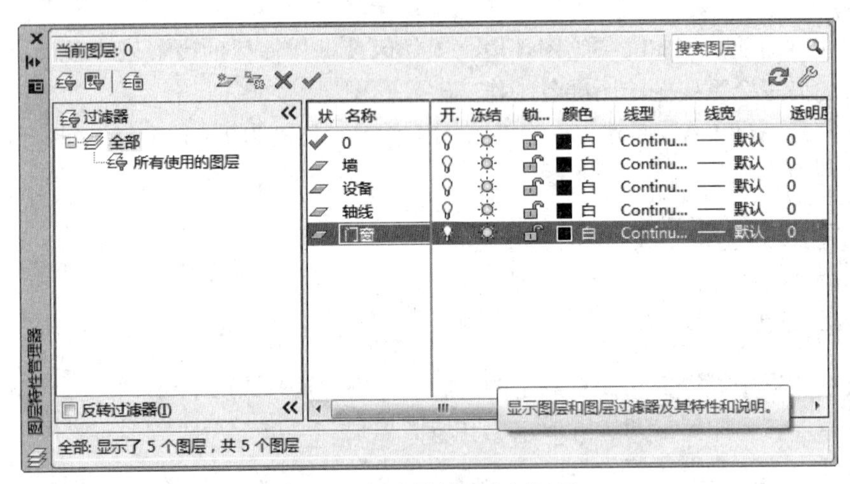

图 6-3　创建另外 3 个新图层

（5）单击“关闭”按钮结束命令并返回图形中。

注意：如果在使用“新建”按钮创建新图层之前选择了一个图层，则新图层将继承所选图层的所有特性。为了创建具有默认特性的图层，确保在按“新建”按钮前没有选择任何图层。可以在图层列表中单击右键从快捷菜单中选择“全部清除”以清除所有选择的图层。

2. 删除图层

在绘图过程中，用户可以随时删除一些不用的图层。如果要删除图层，在“图层特性管理器”对话框中，选中该图层后，单击“删除”按钮即可。要求被删除的图层必须没有任何对象。

注意：不可以删除 0 图层、定义点、当前图层和外部参照的相关图层。

3. 更改图层名

在绘图过程中，如果用户觉得图层名不太合适，可以随时更改图层名。操作步骤如下：

（1）在“图层特性管理器”对话框中，单击选中要修改名称的图层。

（2）再次单击该图层名，此时在图层名四周将显示一个矩形。

（3）输入图层的新名称，然后按 Enter 键。

提示：也可以选择一个图层后单击右键，从快捷菜单中选择“重命名图层”以更改所选择的图层名。

4. 设置当前图层

在创建新对象时，对象绘制在当前图层上。为了将新对象绘制在不同的图层上，必须将要绘制新对象的图层设置为当前图层。因为这是要经常执行的操作，因此 AutoCAD 提供了三种方法来设置当前图层：

（1）使用“图层特性管理器”对话框设置当前图层：

① 单击“图层特性管理器”工具按钮，打开“图层特性管理器”对话框。

② 在图层列表中，选择要设置为当前图层的图层。

③ 单击“置为当前”按钮；或双击图层名；或者在图层名上单击右键，然后从快捷菜单中选择“置为当前”。

④ 单击“关闭”按钮，关闭对话框并返回到图形中。

提示：虽然“图层特性管理器”对话框在创建新图层或者同时改变几个图层设置的时候很有用处，但设置当前图层的时候需要太多的步骤。由于这个原因，AutoCAD 提供一个“图层控制”下拉列表，如图 6-4 所示。这个列表位于“图层”工具栏中。使用这个列表来设置当前图层只需两步。

图 6-4　“图层”工具栏——“图层控制”下拉列表

（2）使用“图层控制”下拉列表来设置当前图层：

① 在“图层”工具栏中，单击“图层控制”下拉列表。

② 在列表中，单击要设置为当前图层的图层名。

注意：为了确认，当这个下拉列表关闭的时候，在“图层控制”框中显示的是当前图层。

提示：虽然这个下拉列表的宽度可能不足以完全显示非常长的图层名，但如果将光标在一个图层名上停留片刻，则将显示一个工具提示以显示完整的图层名。

另一个特别有效的设置当前图层的方法是通过选择一个已有图形对象来设置当前图层。AutoCAD 立即将所选对象所在的图层设置为当前图层。虽然这个方法也需要两步，但比使用“图层控制”下拉列表要更方便，因为根本不需要考虑图层名。

（3）将所选对象所在的图层设置为当前图层：

① 在“图层”工具栏中，选择“把对象的图层置为当前”工具按钮，如图 6-5 所示。AutoCAD 提示：

选择将使其图层成为当前图层的对象：

② 选择一个对象。

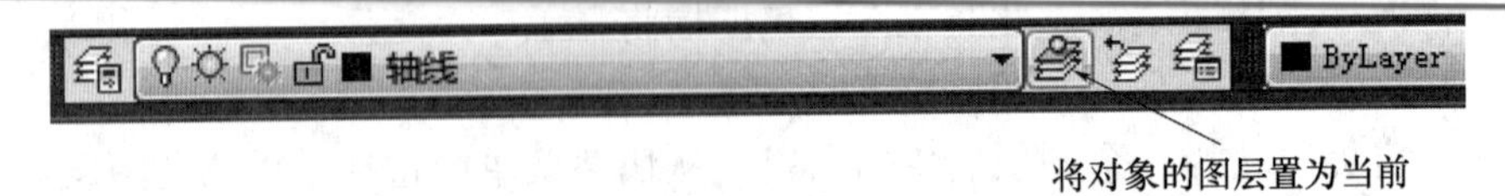

图 6-5　“图层”工具栏——把对象的图层置为当前

5. 重复使用图层名

大多数 AutoCAD 的使用者会发现，它们在许多图形中经常重复使用相同的标准图层名称以及相关的颜色、线型和线宽设置。这些标准的图层名已经成为办公室标准的一部分。例如，建筑师经常使用标准的图层名和设置来创建和组织特定类型的图形对象，例如墙、轴线、门窗等。

在 AutoCAD 中，可以使用几种不同的方法合理地重复使用标准的图层名。最简单的方法是创建一个包含所有预定义图层名的样板文件。然后，在开始一个新图形的时候，可以将新图基于这个标准样板。有关样板的内容及使用方法参阅本书第 13 章。

6.2.2　图层的设置

1. 设置图层的颜色

为了区分不同的图层，用户可以为不同的图层设置不同的颜色。

图形中每个图层都被赋予颜色。如果当前 AutoCAD 的颜色（在“特性”工具栏的“颜色控制”下拉列表中显示）为“随层”，如图 6-6 所示，则所有新对象都显示为它所在图层的颜色。例如，如果绘制了一个圆同时当前图层的颜色为红色，则这个圆将显示为红色。如果以后将图层的颜色改为绿色，则这个圆以及其他在这个图层上绘制的对象也都改为绿色。

图 6-6　“特性”工具栏——“颜色控制”下拉列表

前面已经提到，在创建一个新图层时，新图层的颜色最初设置为黑色或者白色，这取决于背景的颜色。可以使用“图层特性管理器”对话框在任何时候修改任何图层的颜色。

改变图层颜色的步骤如下：

(1) 在“图层特性管理器”对话框中，单击要改变颜色图层旁边的颜色图标。AutoCAD将显示“选择颜色”对话框，如图 6-7 所示。

(2) 在“选择颜色”对话框中，单击要使用的颜色，或者在“颜色”框中输入颜色号或一个标准颜色名，然后单击“确定”按钮完成颜色设置。

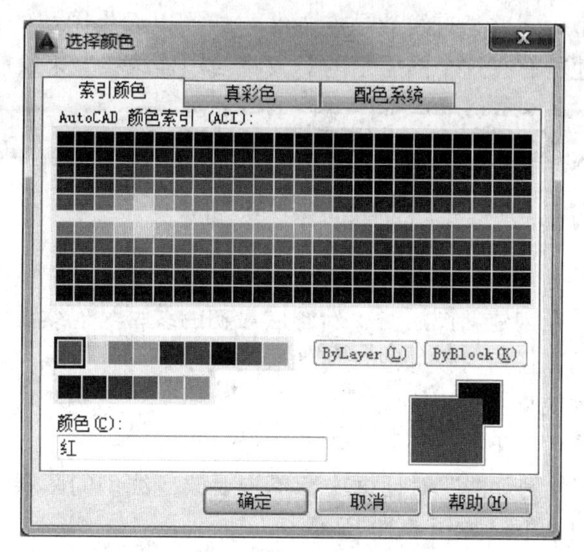

图 6-7　“选择颜色”对话框

利用上述方法，分别将墙层、设备层、轴线层、门窗层的颜色设置为蓝色、洋红色、红色和绿色。如图 6-8 所示。

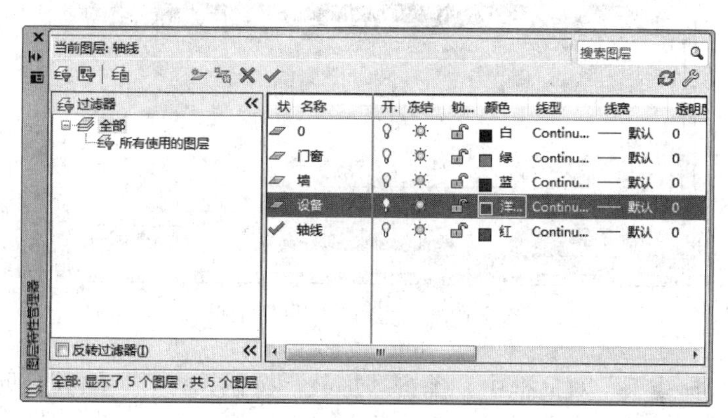

图 6-8　设置图层的颜色

提示：可以同时选择几个图层然后单击所选图层中任何一个图层的颜色图标，从而将所选图层的颜色改为新颜色。在 AutoCAD 中对图层的颜色没有明确的要求，只要对不同的层可进行颜色区别即可。

警告：如果将当前颜色设置为一个特定的颜色而不是“随层”或“随块”，则新对象将使用当前的颜色而不使用当前图层的颜色。

2. 设置图层的线型

除了带有颜色之外，每个图层还有一种相关的线型（由短线、点、空格和符号组成的重复图案）。线型决定了在屏幕上显示和打印时对象的外观。如果当前 AutoCAD 的线型（在“特性”工具栏中“线型控制”下拉列表中显示）为“随层”，如图 6-9 所示，则所有新对象使用对象所在图层的线型来绘制。例如，如果绘制了一条直线并且当前图层的线型是点画线型，则这条直线就是点画线。如果以后将图层的线型改变为连续线，则这条直线以及其他所有在这个图层上的对象将使用连续线型来绘制。

图 6-9　“特性”工具栏—“线型控制”下拉列表

前面我们提到，在创建新图层时，新图层最初的线型是连续线型。可以使用“图层特性管理器”对话框在任何时候修改任何图层的线型。

以下将轴线层的线型由默认的“Continuous”改变为“ACAD _ ISO04W100”。改变图层线型的具体步骤如下：

（1）在“图层特性管理器”对话框中，单击要改变线型的图层的线型名。AutoCAD 显示“选择线型”对话框，如图 6-10 所示。

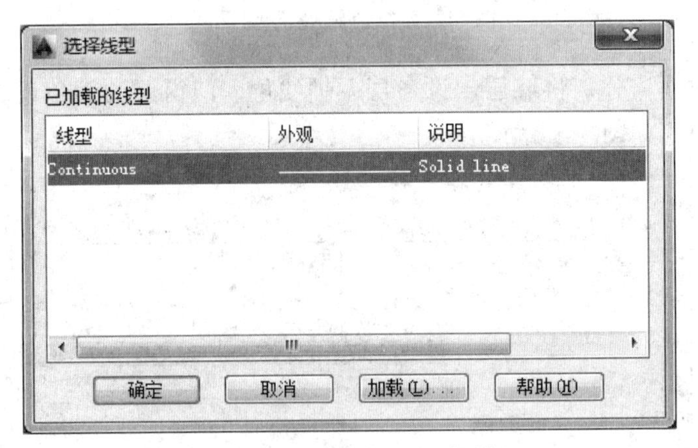

图 6-10　“选择线型”对话框

（2）在“选择线型”对话框中，单击“加载”按钮，打开“加载或重载线型”对话框，如图 6-11 所示。

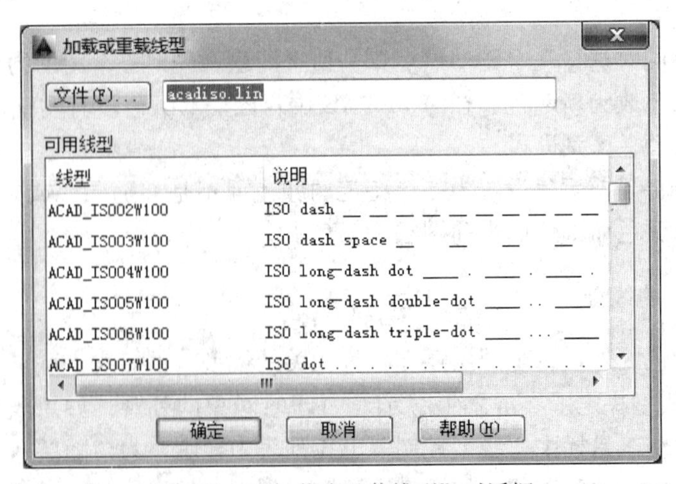

图 6-11　“加载或重载线型”对话框

（3）在“加载或重载线型”对话框中，从“可用线型”列表中选择“ACAD _ ISO04W100”线型，然后单击“确定”按钮，返回到“选择线型”对话框。

（4）在“选择线型”对话框中，从“已加载的线型”列表中选择“ACAD _ ISO04W100”线型，然后单击“确定”按钮完成线型设置。

注意：只有已经加载到当前图形中的线型才显示在“选择线型”对话框中。若要使用没有在对话框中显示的线型，则必须先选择“加载”按钮以加载这个线型。一旦加载了线型，就可以将线型赋予给图层了。

提示：在使用“选择线型”对话框时，可以同时选择多个图层然后单击所选图层中任一个图层的线型名，从而将所有选择图层的线型改变为新线型。

3. 设置图层的线宽

在 AutoCAD 中，用户可以将线宽赋予图形中的对象。如同线型一样，使用不同的线宽可以帮助表达图形中对象的含义。例如，可以使用粗线宽来显示剖面图的轮廓，剖面图中的剖面线使用细线宽。

图形中的每个图层都被赋予线宽。如果当前 AutoCAD 的线宽（在“特性”工具栏中“线宽控制”下拉列表中显示）为“随层”，如图 6-12 所示，则所有新对象使用对象所在图层的线宽来绘制。例如，如果绘制了一条直线并且当前图层的线宽是 0.8mm，这条直线将具有这个线宽。如果以后将图层的线宽改变为 0.25mm，则这条直线以及其他所有在这个图层上的对象的线宽将变为 0.25mm。

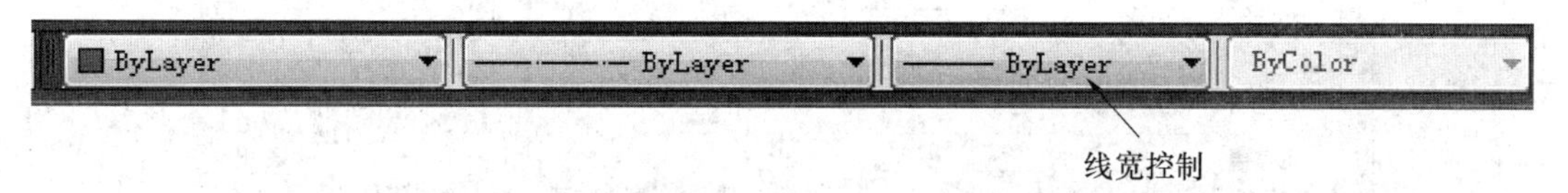

图 6-12　“特性”工具栏——“线宽控制”下拉列表

注意：在图形中可能看不到实际的线宽。因为在默认状态下，AutoCAD 配置为不显示线宽，原因是使用多个像素显示线条将降低 AutoCAD 的执行速度。为了看到实际上不同的线宽，必须明确地打开线宽显示。

前面已经提到，在创建一个新图层的时候，新图层最初被赋予“默认”线宽（一般是 0.01 英寸或者 0.25mm）。可以使用“图层特性管理器”对话框在以后的任何时候改变任何图层的线宽。

以下将墙层的线宽由默认的 0.25mm 改变为 0.30mm。改变图层线宽的具体步骤如下：

（1）在“图层特性管理器”对话框中，单击要改变线宽的图层的线宽。AutoCAD 将显示“线宽”对话框，如图 6-13 所示。

（2）在“线宽”对话框中，单击要赋予图层的线宽，这里选择 0.30mm，然后单击“确定”按钮完成线宽设置。

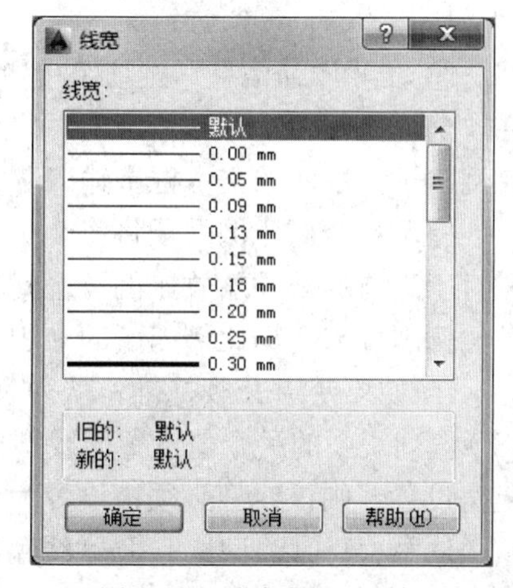

图 6-13　“线宽”对话框

4. 线型比例

AutoCAD线型由一系列的短线和空格组成。用户可以用Ltscale命令来更改线型的短线和空格的相对比例。可以为所创建的对象设置全局线型缩放比例。该值越小，每个绘图单位中画出的重复图案越多。

在缺省情况下，AutoCAD的全局线型缩放比例为1.0，该比例等于一个绘图单位。通常，线型比例应和绘图比例相协调。如果绘图比例是1∶10，则线型比例应设为10。用户可以采用下列任何一种方法来设置线型比例。

（1）采用“线型管理器”对话框设置线型比例。步骤如下：

① 从“格式”下拉菜单中选择“线型”命令项，打开“线型管理器”对话框。

② 在“线型管理器”对话框中，单击“显示细节”按钮，打开细节选项组。如图6-14所示。

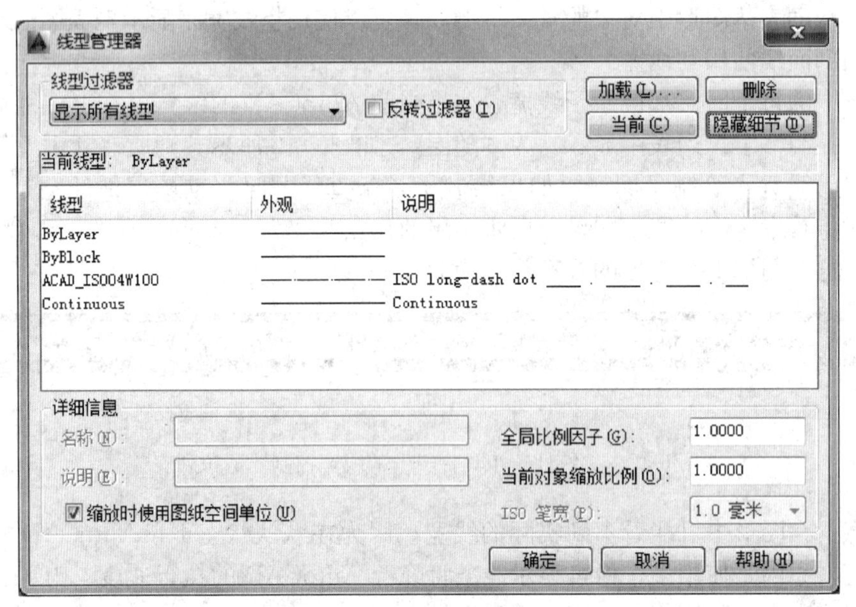

图6-14 “线型管理器”对话框

③ 在“详细信息”选项组中，输入全局比例因子和当前对象缩放比例。用户可以在“全局比例因子”和“当前对象缩放比例”文本框中输入线型比例值。这里在“全局比例因子”后面的文本框中输入“100”作为线型比例。

提示：全局比例因子将修改所有新的和现有的线型比例因子。当前对象缩放比例将相对于当前的全局缩放比例设置修改随后所画的对象的线型比例。最终的缩放比例是对象比例因子与全局比例因子的乘积。

④ 如果使用ISO标准，从列表中选择一个宽度来指定ISO笔宽。ISO笔宽将标准ISO值列表中的一个值设置为线型比例。ISO笔宽列表只对ISO线型有效。要激活ISO笔宽设置，则该线型必须被设置为当前线型。

注意：ISO线型比非ISO线型的缩放比例要大。ISO线型在具有适当的ISO笔宽设置的公制图形中使用。

⑤ 选择“缩放时使用图纸空间单位”以激活图纸空间线型缩放比例，然后单击“确定”按钮完成线型缩放比例设置。

（2）采用 Ltscale 命令设置全局线型比例。步骤如下：

① 在“命令:”提示符下输入 Ltscale 并按 Enter 键，在命令行出现如下提示：

输入新线型比例因子＜1.0000＞：　　（其中 1.0000 表示原先的线型比例）

② 输入新的线型比例，并按 Enter 键即可。这里输入 100 作为线型比例。

注意：全局线型比例因子不能等于零。更改线型比例后，AutoCAD 自动重新生成图形。

（3）采用 Celtscale 命令设置当前对象的线型比例缩放因子。步骤如下：

① 在“命令:”提示符下输入 Celtscale 并按 Enter 键，在命令行出现如下提示：

输入 CELTSCALE 的新值＜1.0000＞：　　（其中 1.0000 表示原先的线型比例）

② 输入新的线型比例，并按 Enter 键即可。

注意：更改线型比例后，AutoCAD 自动重新生成图形。

提示：还可以用 Celtscale 命令设定新对象的线型缩放比例（相对 Ltscale 命令设置）。在 Celtscale＝2 的图形中绘制的直线，如果将 Ltscale 设为 0.5，其效果与在 Celtscale＝1 的图形中绘制的直线 Ltscale＝1 时的效果相同。

5. 设置图层的打印样式

打印样式是 AutoCAD 2000 以上版本中另一个新的对象特性，通过打印样式，可以改变被打印图形的外观。只有在使用命名打印样式的图形中，图层的打印样式才有效（对应的是图形使用颜色相关的打印样式模式，这是在以前版本中唯一有效的模式）。使用命名打印样式可以控制被打印图形的外观，例如颜色、淡显、线型、线宽和直线的端点样式、连接样式和填充图案等。打印图形的外观不依赖于图形在 AutoCAD 中的显示，这个特性在以不同方式打印同一个图形的时候特别有用。例如，可以在一个楼层平面图中分别创建建筑平面图和电路平面图的布局，在每个布局中赋予图层不同的打印样式来使它们在每个布局中按不同方式打印，例如在电路平面图中用 50％淡显来打印墙。

打印样式在打印样式表中定义。一旦创建了打印样式表后，就可以将打印样式赋予独立的对象或图层。在使用命名打印样式的图形中，图形中的每个图层都被赋予了某个打印样式。如果当前的打印样式（在“对象特性”工具栏中“打印样式控制”下拉列表中显示）为“随层”，则所有新对象使用对象所在图层的打印样式。如果以后改变了图层的打印样式，则所有在这个图层上的对象以新的打印样式来打印。在以后我们将详细学习打印样式。

6.3　在图层上绘图

创建并设置好了图层后，就可以在相应图层上绘图了。下面将利用图层完成标准间的绘制。如图 6-15 所示。

6.3.1 在轴线层绘制轴线

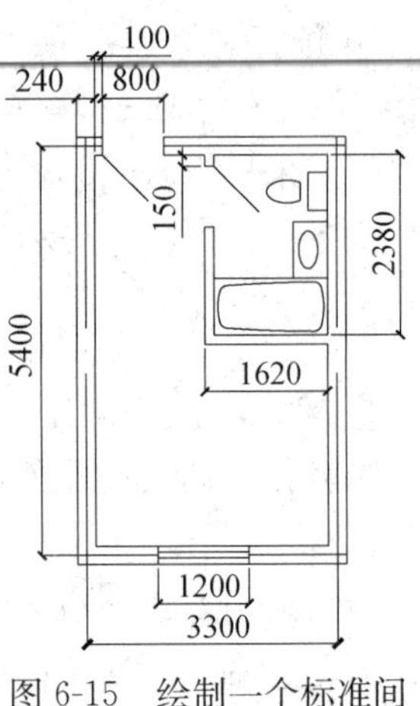

图 6-15 绘制一个标准间

具体步骤如下。

1. 将轴线层设置为当前图层

在“图层”工具栏中，单击“图层控制”下拉列表。在列表中，单击图层名为“轴线”的图层将其设置为当前图层。

2. 使用绘制直线命令在工作区绘制两条互相垂直的直线①和②，如图 6-16 所示，其长度要比标准间的长、宽略长一些

绘制步骤如下：

```
命令:Line↙        (发出绘制直线命令)
指定第一点:1000,17000↙        (用绝对坐标输入直线①起点)
指定下一点或[放弃(U)]:@7300<0↙        (用相对极坐标输入直线①终点)
指定下一点或[放弃(U)]:↙        (按 Enter 键结束绘制直线命令)
命令:Line↙        (再次发出绘制直线命令)
指定第一点:3000,15000↙        (用绝对坐标输入直线②起点)
指定下一点或[放弃(U)]:@9400<90↙        (用相对极坐标输入直线②终点)
指定下一点或[放弃(U)]:↙        (按 Enter 键结束绘制直线命令)
```

3. 利用对象偏移命令生成与前两条轴线①、②平行的另两条轴线③、④（图 6-17）

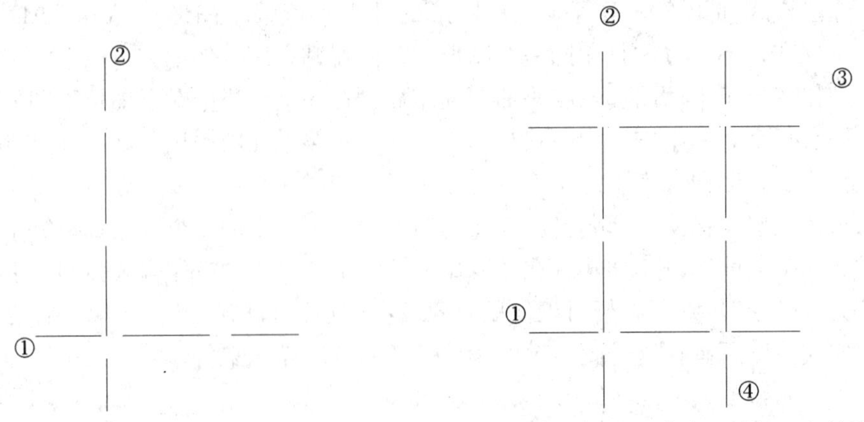

图 6-16 绘制两条互相垂直的直线①和② 图 6-17 利用对象偏移命令生成另两条轴线③、④

具体方法如下：

```
命令:Offset↙        (发出偏移对象命令)
指定偏移距离或[通过(T)删除(E)图层(L)]<通过>:5400↙        (输入偏移距离)
```

选择要偏移的对象,或[退出(E)放弃(U)]<退出>:　　(选择轴线①)

指定要偏移的那一侧上的点,或[退出(E)多个(M)放弃(U)]<退出>:　　(点取轴线①的上侧,则立即出现平行偏移的副本③)

选择要偏移的对象,或[退出(E)放弃(U)]<退出>:↙　　(按 Enter 键结束偏移命令)

命令:↙　　(直接按 Enter 键再次发出偏移对象命令)

指定偏移距离或[通过(T)删除(E)图层(L)]<5400.0000>:3300　　(输入新的偏移距离)

选择要偏移的对象,或[退出(E)放弃(U)]<退出>:　　(选择轴线②)

指定要偏移的那一侧上的点,或[退出(E)多个(M)放弃(U)]<退出>:　　(点取轴线②的右侧,则立即出现平行偏移的副本④)

选择要偏移的对象,或[退出(E)放弃(U)]<退出>:↙　　(按 Enter 键结束偏移命令)

至此，轴线即绘制完成。

4. 为了便于操作，利用缩放功能将图形放大到适当大小（选择“视图”菜单→“缩放”→“范围”），如图 6-18 所示

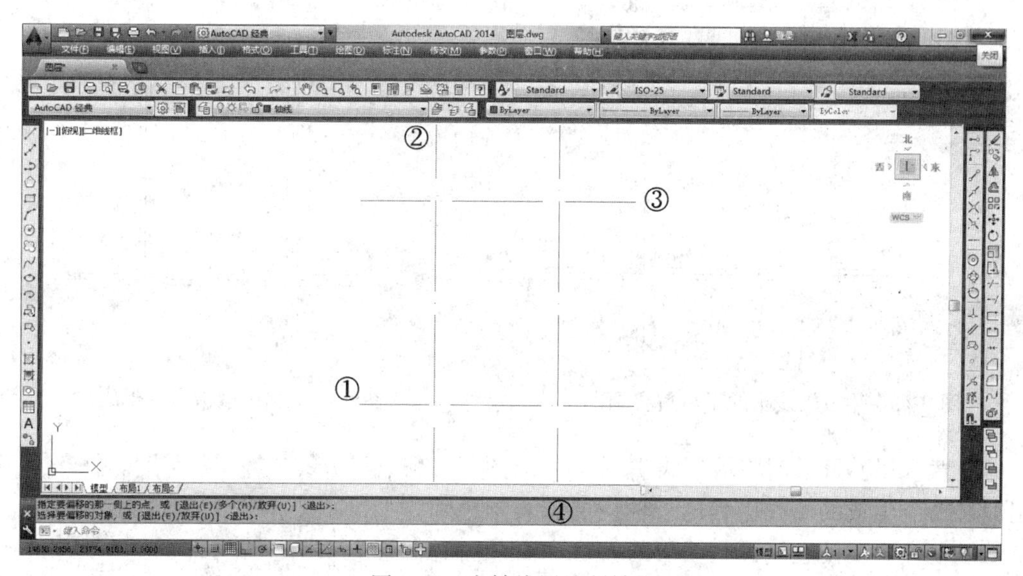

图 6-18　在轴线层绘制轴线

6.3.2　在墙层绘制墙

具体步骤如下。

1. 将墙层设置为当前图层

2. 利用偏移命令生成墙线

（1）单击“修改”工具栏中“偏移”工具按钮发出偏移命令。在命令行出现如下提示:

指定偏移距离或[通过(T)删除(E)图层(L)]<通过>:

（2）指定偏移距离。这里输入偏移距离为 120 并按 Enter 键。在命令行出现如下提示:

选择要偏移的对象，或[退出(E)放弃(U)]<退出>：

（3）选择要进行偏移的对象（即图 6-18 中轴线①）。在命令行出现如下提示：

指定要偏移的那一侧上的点，或[退出(E)多个(M)放弃(U)]<退出>：

（4）通过点取，指定将平行偏移的副本放置在原始对象的哪一侧。点取刚才选择的轴线①的上侧，则立即出现平行偏移的副本。AutoCAD 随后提示选择另一个要偏移的对象。

（5）再次选择图 6-18 中的轴线①，并点取其下侧，产生另一平行偏移的副本（图 6-19）。AutoCAD 继续提示选择另一个要偏移的对象。

（6）重复上述步骤（5），分别生成其他 3 条轴线的平行偏移副本，作为将来的墙线。按 Enter 键结束偏移命令。结果如图 6-20 所示。

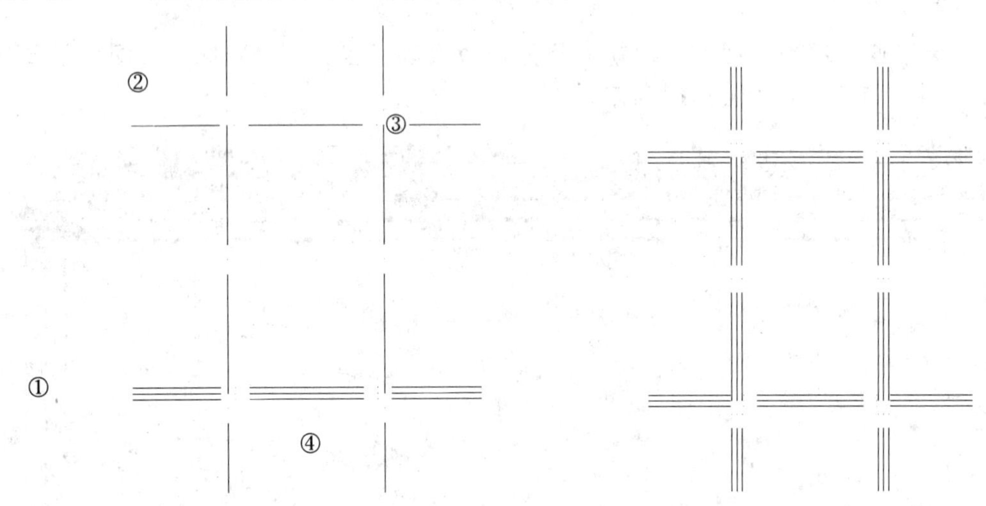

图 6-19　生成轴线①的平行偏移副本　　　　图 6-20　利用偏移命令生成墙线

注意：虽然开始时将墙层设置成了当前图层，但利用偏移命令生成的墙线仍然位于轴线层，其颜色和线型同轴线一样。要使它们具有墙层的特性，必须将它们移到墙层。

3. 将上一步生成的墙线移到墙层

（1）选择上一步生成的所有墙线。使用交叉窗口选择图 6-20 中的全部对象，然后按下 Shift 键不放，使用鼠标选取其中的 4 条中心轴线，结果 4 条中心轴线被排除在选择集之外了。

（2）从“工具”下拉菜单中选择“选项板”→“特性”命令项（或单击“标准”工具栏的“特性”工具按钮，或按 Ctrl+1 组合键，或单击右键，在弹出的快捷菜单中选择“特性”命令项，或在“命令”提示符下输入 Properties 命令），打开“特性”对话框，如图 6-21 所示。

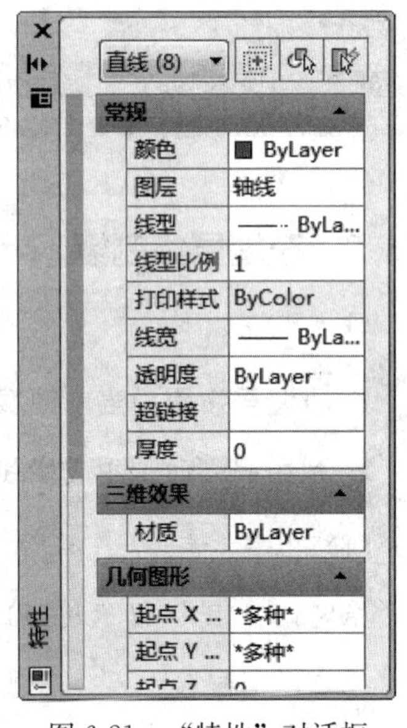

图 6-21　“特性”对话框

（3）在“特性”对话框中选择“常规”类下的“图层”项，单击下拉列表按钮，从图层列表中选择“墙”层。则选择的墙线全部移到了墙层，具有了墙层的特性（颜色和线型马上发生了变化）。

（4）关闭“特性”对话框。结果如图 6-22 所示。

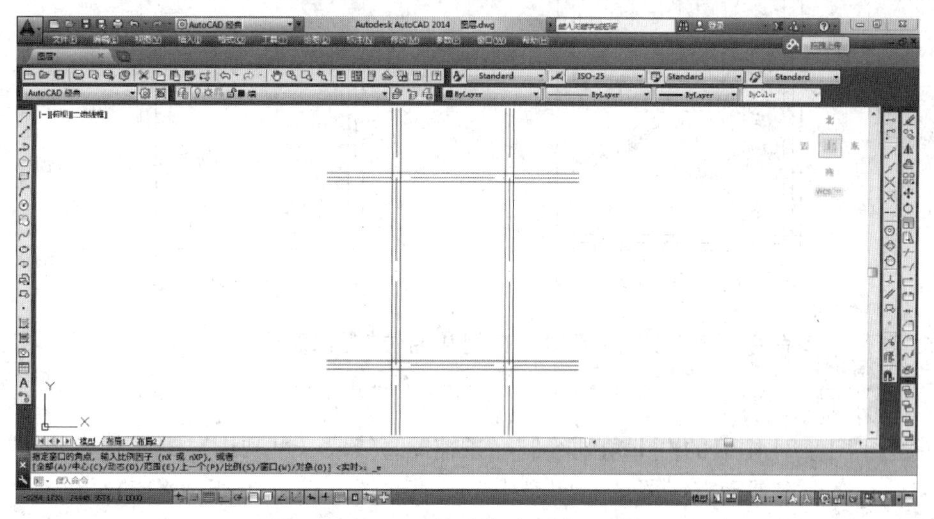

图 6-22　将墙线移到墙层

提示：转换对象所在图层的方法还有以下三种：

● 先选择对象，然后通过“图层”工具栏选择一个图层来切换（最简单）。

● 从“格式”下拉菜单中选择“图层工具”→“更改为当前图层”命令项来转换对象所在的图层。

● 利用 Change 命令转换。方法如下：

命令：Change↙　　（发出 Change 命令）

选择对象：　（选择待转换图层对象）

选择对象：↙　　（结束选择）

指定修改点或[特性(P)]：P↙　　（键入 P 选择特性选项）

输入要修改的特性[颜色(C)标高(E)图层(LA)线型(LT)线型比例(S)线宽(LW)厚度(T)透明度(TR)材质(M)注释性(A)]：LA↙　　（输入要修改的特性，这里输入 LA 表示要修改图层）

输入新图层名<轴线>：墙↙　　（输入新图层名）

输入要修改的特性[颜色(C)标高(E)图层(LA)线型(LT)线型比例(S)线宽(LW)厚度(T)透明度(TR)材质(M)注释性(A)]：↙

4. 修剪墙线

（1）利用修剪命令（Trim）修剪图 6-22 中的墙线，将超出房间的墙线部分修剪掉。结果如图 6-23 所示。

（2）利用修剪命令（Trim）修剪图 6-23 中的墙线，将墙线间的多余部分修剪掉。

结果如图 6-24 所示。

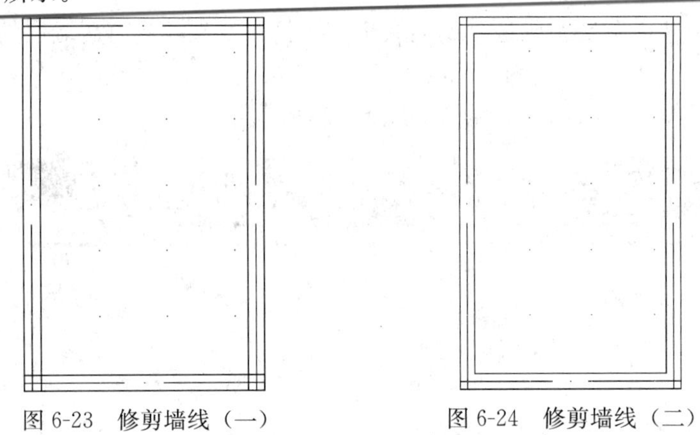

图 6-23　修剪墙线（一）　　图 6-24　修剪墙线（二）

5. 利用修剪命令（Trim）挖墙洞，在门和窗位置开口

（1）挖窗洞。

首先在图 6-24 中墙的左下角处绘制一条辅助直线段（可利用对象捕捉定位点）；然后利用偏移命令在辅助直线段的右侧产生一条直线段（偏移距离为 810）；再次利用偏移命令在上一步产生的直线段的右侧产生一条直线段（偏移距离为 1200）。结果如图 6-25所示。

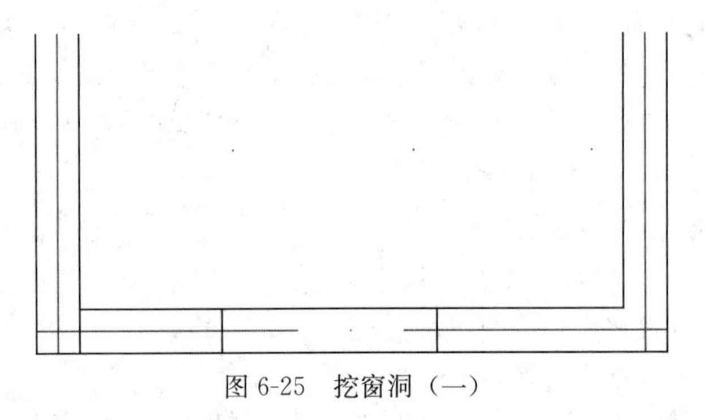

图 6-25　挖窗洞（一）

将图 6-25 中的辅助直线段删除，并利用修剪命令（Trim）对墙线进行修剪，挖出如图 6-26 所示的窗洞。

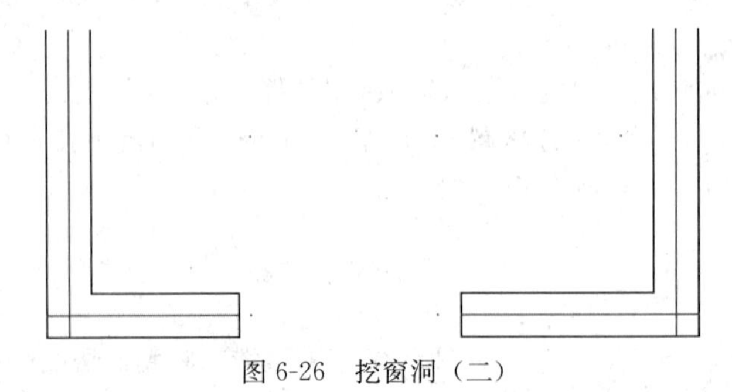

图 6-26　挖窗洞（二）

注意：为了操作方便，图 6-25 和图 6-26 为经过局部放大的图。

（2）挖门洞。

首先在图 6-24 中墙的左上角处绘制一条辅助直线段（可利用对象捕捉定位点）；然后利用偏移命令在辅助直线段的右侧产生一条直线段（偏移距离为 100）；再次利用偏移命令在上一步产生的直线段的右侧产生一条直线段（偏移距离为 800）。结果如图 6-27 所示。

将图 6-27 中的辅助直线段删除，并利用修剪命令（Trim）对墙线进行修剪，挖出如图 6-28 所示的门洞。

恢复图形大小，挖好墙洞的结果如图 6-29 所示。

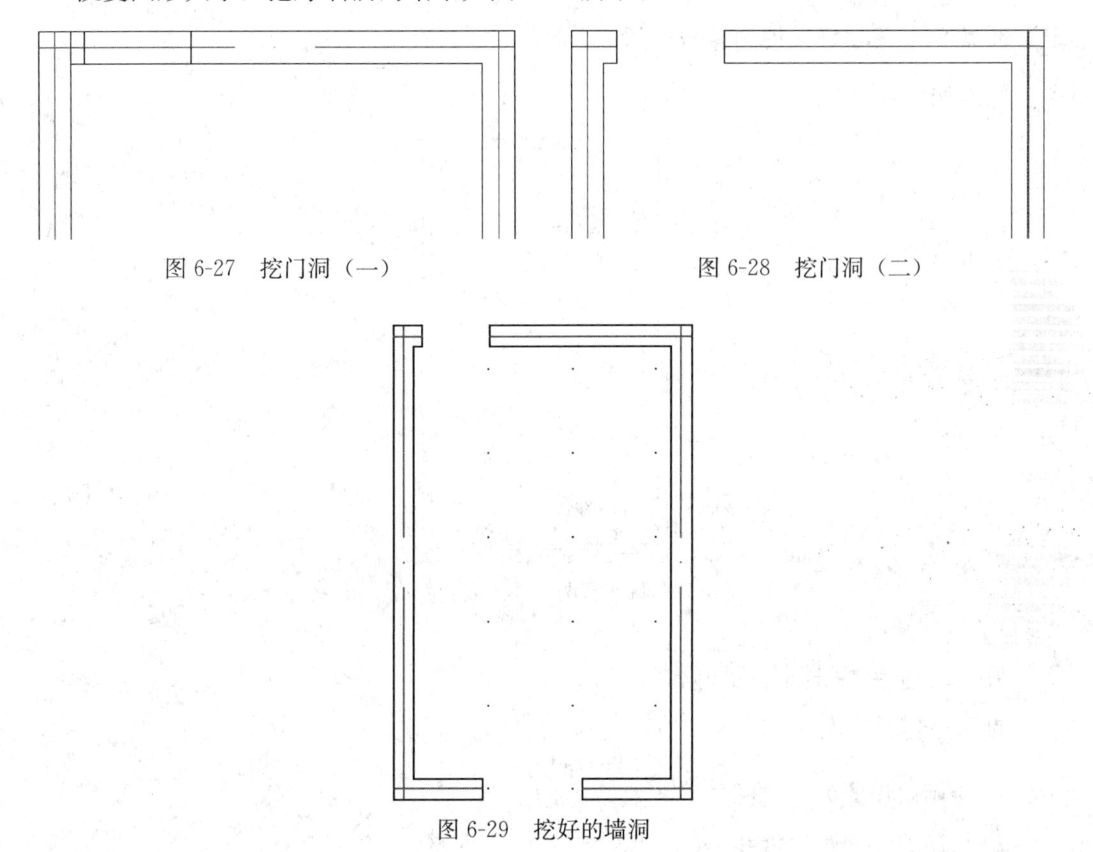

图 6-27　挖门洞（一）

图 6-28　挖门洞（二）

图 6-29　挖好的墙洞

6.3.3　在门窗层绘制门窗

具体步骤如下：

1. 将门窗层设置为当前图层

2. 绘制门窗，并分别将其设置为图块

（1）绘制门并创建门块。首先利用绘制直线命令绘制如图 6-30（b）所示的直线（长度为 800，倾斜角为 135°）；然后利用创建块命令将直线定义为名为“门”的图块。

（2）绘制窗并创建窗块。首先利用绘制直线命令和偏移命令绘制如图 6-30（a）所示的窗（长度为 1200，宽度为 240，）；然后利用创建块命令将窗定义为名为“窗”的图块。

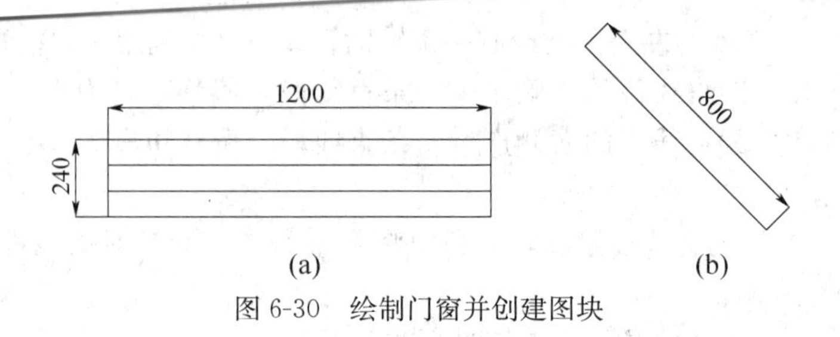

图 6-30　绘制门窗并创建图块

3. 将门窗图块插入墙中相应位置

结果如图 6-31 所示。

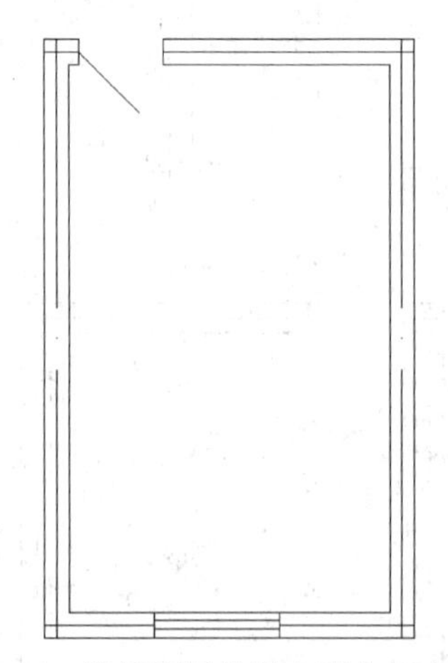

图 6-31　将门窗图块插入墙中相应位置

6.3.4　在墙层绘制卫生间隔墙

具体步骤如下：

1. 将墙层设置为当前图层

2. 绘制卫生间隔墙墙线

首先利用绘制直线命令和偏移命令绘制如图 6-32 所示的卫生间隔墙墙线（外墙长度为 2500，宽度为 1620，外墙分别向内偏移 120 即绘制出内墙）；然后利用修剪命令（Trim）修剪卫生间隔墙墙线，将卫生间隔墙墙线间的多余部分修剪掉。

提示：绘制卫生间隔墙外墙直线时需利用对象捕捉方法定位点（From）。

3. 为卫生间隔墙开门洞

首先在图 6-32 中卫生间隔墙的左上角处绘制一条辅助直线段（可利用对象捕捉定位点）；然后利用偏移命令在辅助直线段的下侧产生一条直线段（偏移距离为 150）；再次利用偏移命令在上一步产生的直线段的下侧产生一条直线段（偏移距离为 800）。结果如图 6-33 所示。

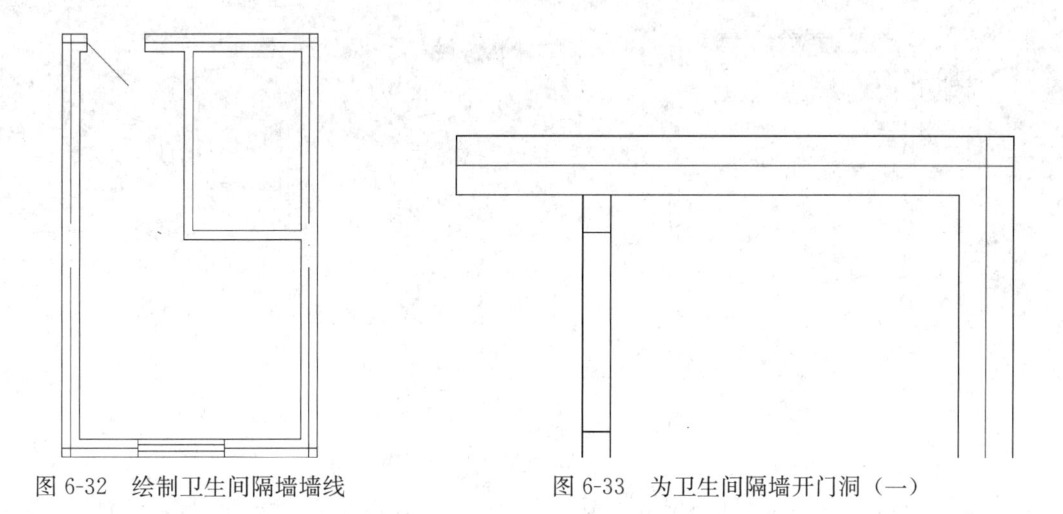

图 6-32　绘制卫生间隔墙墙线　　　　图 6-33　为卫生间隔墙开门洞（一）

将图 6-33 中的辅助直线段删除，并利用修剪命令（Trim）对墙线进行修剪，挖出如图 6-34 所示的门洞。

注意：为了操作方便，图 6-33 和图 6-34 为经过局部放大的图。

恢复图形大小，挖好门洞的结果如图 6-35 所示。

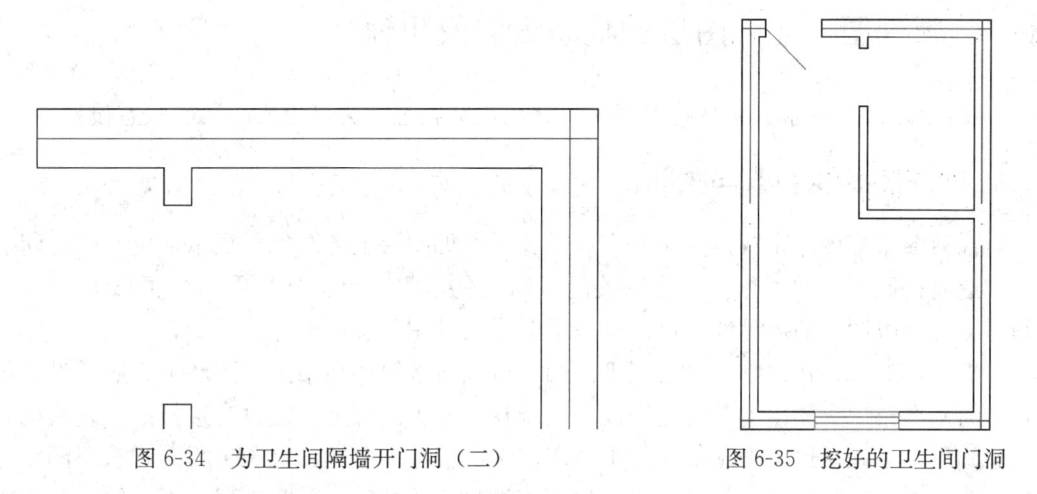

图 6-34　为卫生间隔墙开门洞（二）　　　　图 6-35　挖好的卫生间门洞

4. 将门块插入卫生间隔墙中相应位置

结果如图 6-36 所示。

6.3.5　在部件层绘制卫生间部件

具体步骤如下：

1. 将部件层设置为当前图层

2. 利用图块插入命令添加卫生间部件

将第 5 章创建的卫生间部件（包括浴盆、脸盆和坐便器）分别插入卫生间中相应位置。至此，一个完整的标准间就绘制完成了。结果如图 6-37 所示。

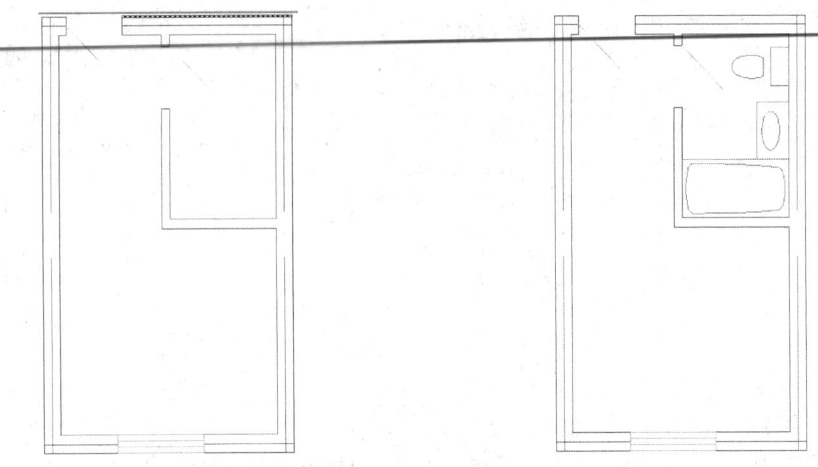

图 6-36　将门块插入卫生间隔墙中相应位置　　图 6-37　完整的标准间

6.3.6　保存图形

将绘制好的标准间保存为名为“标准间.DWG”的图形文件，以备后面使用。

6.4　管理图层——图层的状态设置及用途

AutoCAD 提供了一系列状态开关，利用这些状态开关可完成图层的状态设置。

6.4.1　指定图层打开与关闭

任何图层都可以设置为可见或不可见。不可见图层上的对象不显示，也不能打印输出。通过控制图层的可见性，可以关闭不需要的信息，例如构造线（参照线）或者注释。通过修改图层的可见性，可以将一个图形文件用于多个地方。

例如，如果正在绘制一张楼层平面图，可以将墙绘制在第一个图层上，照明设备的布置绘制在第二个图层上，管道等设备绘制在第三个图层上。通过有选择地关闭或打开这些图层，可以从这一个图形文件中打印基本的楼层平面图、电子工程图和管路图。

关闭的图层与图形一起重生成，但不能被显示或打印。关闭图层而不冻结，可以避免每次解冻图层时重生成图形。打开已关闭的图层时，AutoCAD 将重画该图层上的对象。

因为控制图层的可见性是经常性的操作，因此 AutoCAD 提供了几种不同的方法来打开和关闭图层。下面介绍一下其中两种方法。

1. 使用“图层特性管理器”对话框来关闭或打开图层

具体操作步骤如下：

（1）使用前面已经学习过的任一种方法打开“图层特性管理器”对话框。

（2）在图层列表中，选择一个或多个图层。

（3）单击所选图层中一个图层的“开/关图层”图标，打开或关闭所有选择的图层。

（4）单击“关闭”按钮，关闭“图层特性管理器”对话框并返回到图形中。

提示：在选择图层时，可以使用标准的 Windows 鼠标操作来选择几个图层，即通过使用 Shift＋单击、Ctrl＋单击和 Ctrl＋A 分别选择几个相邻图层、几个单独的图层或者所有的图层。也可以在图层列表中单击右键，从快捷菜单中选择选定所有的图层、选择清除选定的图层、选择除当前图层外的所有图层或反向选择（选择当前所选图层外的所有图层）。

2. 使用“图层控制”下拉列表打开或关闭图层

具体操作步骤如下：

（1）在“图层”工具栏中选择“图层控制”下拉列表。

（2）在列表中，单击要打开或关闭的图层名旁的“开/关图层”图标，打开或关闭它。如图 6-38 所示。

“开/关图层”图标

图 6-38　使用“图层控制”下拉列表打开或关闭图层

（3）在下拉列表外的任何地方单击以关闭列表并返回到图形中。

提示：因为在“图层控制”列表中必须单独地打开或关闭图层，所以仅在改变一个或两个图层的可见性的时候使用“图层控制”列表是方便的。当要改变多个图层可见性的时候，应该使用“图层特性管理器”对话框。

6.4.2　指定图层的冻结与解冻

冻结图层可以加速 Zoom、Pan 和 Vpoint 命令的执行，提高对象选择的性能，减少复杂图形的重生成时间。AutoCAD 不能在被冻结的图层上显示、打印或重生成对象。可以将长期不需要显示的图层冻结，但不能冻结当前图层。解冻已冻结的图层时，AutoCAD将重生成图形并显示该图层上的对象。下面介绍两种冻结或解冻图层的方法。

1. 使用“图层特性管理器”对话框来冻结或解冻图层

使用任一种方法打开“图层特性管理器”对话框，在图层列表中选择一个或多个图层，单击所选图层中一个图层的“在所有视口中冻结/解冻”图标冻结或解冻所有选择的图层。单击“关闭”按钮，关闭“图层特性管理器”对话框并返回到图形中。

2. 使用“图层控制”下拉列表冻结或解冻图层

在“图层”工具栏中选择“图层控制”下拉列表，在列表中单击要冻结或解冻的图层名旁的“在所有视口中冻结/解冻”图标来冻结或解冻它。如图 6-39 所示。在下拉列表外的任何地方单击以关闭列表并返回到图形中。

"在所有视口中冻结/解冻"图标

图6-39 使用"图层控制"下拉列表冻结或解冻图层

6.4.3 指定图层的锁定与解锁

如果要编辑与特殊图层相关联的对象，同时又想查看但不编辑其他图层对象，那么可以锁定图层，锁定图层上的对象不能被编辑或选择。锁定一个图层后，可以很容易地参考该图层中包含的信息，并且可以避免因意外而修改在该图层上绘制的对象。当一个图层被锁定后，如果图层没有关闭或者冻结，图层上的对象仍然可见。虽然不能编辑锁定图层上的对象，但仍然可以将这个图层设置为当前图层并且在该图层上添加对象。另外，还可以改变图层的颜色和线型。解锁图层将恢复所有的编辑能力。下面介绍两种锁定或解锁图层的方法。

1. 使用"图层特性管理器"对话框来锁定或解锁图层

使用任一种方法打开"图层特性管理器"对话框，在图层列表中选择一个或多个图层，单击所选图层中一个图层的"锁定/解锁图层"图标锁定或解锁所有选择的图层。单击"关闭"按钮，关闭"图层特性管理器"对话框并返回到图形中。

2. 使用"图层控制"下拉列表锁定或解锁图层

在"图层"工具栏中选择"图层控制"下拉列表，在列表中单击要锁定或解锁的名旁的"锁定/解锁图层"图标来锁定或解锁它。如图6-40所示。在下拉列表外的任何地方单击以关闭列表并返回到图形中。

"锁定/解锁图层"图标

图6-40 使用"图层控制"下拉列表锁定或解锁图层

6.4.4 打开或关闭图层打印

可以打开或关闭可见图层的打印。如果图层仅包含参照信息，可以指定不打印该图层。如果关闭了图层的打印，则该图层能显示但不能打印。例如，专为构造线创建一个图层并指定不打印，打印时，就无须在打印图形前关闭该图层。在新版AutoCAD中打开或关闭图层打印只能通过"图层特性管理器"对话框设置，不能利用"图层控制"下拉列表设置。

使用"图层特性管理器"对话框来打开或关闭图层打印的方法如下：

使用任一种方法打开"图层特性管理器"对话框，在图层列表中选择一个或多个图层，单击所选图层中一个图层的"使图层可打印/不可打印"图标打开或关闭图层打印。

单击“关闭”按钮，关闭“图层特性管理器”对话框并返回到图形中。

6.4.5　各种图层状态对比

● 关闭图层，该图层上的对象不显示，也不能打印输出。关闭的图层与图形一起重生成，可在关闭的图层上创建新对象，但不能被显示或打印。关闭图层而不冻结，可以避免每次解冻图层时重生成图形。打开已关闭的图层时，AutoCAD 将重画该图层上的对象。

● 冻结图层，AutoCAD 不能在被冻结的图层上显示、打印或重生成对象。被冻结的图层不会重生成，也不可在被冻结的图层上创建新对象。解冻已冻结的图层时，AutoCAD 将重生成图形并显示该图层上的对象。

● 锁定图层，该层上的对象可见，但不能被编辑或选择。虽然不能编辑锁定图层上的对象，但仍然可以将这个图层设置为当前图层并且在该图层上添加对象。

6.5　图层组织技巧及意义

● 图层就像是透明的覆盖图，运用它可以很好地组织不同类型的图形信息。我们创建的对象都具有颜色、线型和线宽等特性，对象可以直接使用其所在图层定义的特性，也可以专门给各个对象指定特性，最好将对象的颜色、线型和线宽等特性设置为“随层”。颜色有助于区分图形中相似的元素；线型则可以轻易地区分不同的绘图元素（例如中心线或隐藏线）；线宽用宽度表现对象的大小或类，提高了图形的表达能力和可读性。组织图层和图层上的对象，使得处理图形中的信息更加容易。

● 经过缜密的计划，可将不同的图形对象归类到各自的项目中，使这些对象代表不同的图形元素，例如外形、填充图案、尺寸标注、中心线和注释等，并将它们绘制在各自的图层上。

● 建议图层名要“见名知意”，这样便于图层的查找修改及使用。

● AutoCAD 按字母顺序给图层名称排序。因此在管理不连续的图层名称，命名图层时，在图层名称前加上一个共同的前缀，以便 AutoCAD 将它们排序。详细的管理可以更容易地过滤指定的图层。例如，要创建一栋多层建筑的楼层平面图，使用前缀代表相应单独楼层（像 02 可以代表为第二层），它可以非常容易地显示那些图层所表示的唯一的指定楼层。

6.6　教例

本节以设置建筑工程图图层为例，向读者演示前面所学命令的用法。具体设置步骤如下：

（1）选择“文件”／“新建”菜单，打开“创建新图形”对话框。

（2）在该对话框选择“缺省设置”按钮，单位选择“公制”，然后单击“确定”按钮。

（3）建立新图层。

① 在“图层”工具栏中，单击“图层特性管理器”工具按钮，打开“图层特性管理器”对话框。

② 在“图层特性管理器”对话框中，单击“新建”按钮，AutoCAD 自动创建一个名为“图层 1”的新图层，在亮显的默认名称上输入新图层的名字“窗”，然后按 Enter 键。

③ 重复步骤②，分别创建另外 8 个新图层，即楼梯、门、轴线、墙体、文本、柱、标注和视口。结果如图 6-41 所示。

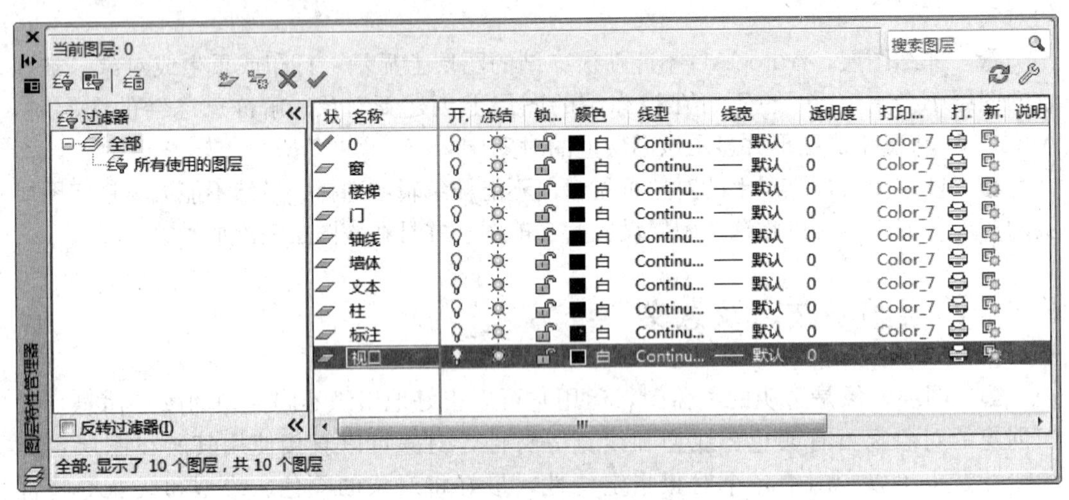

图 6-41　建筑工程图图层——建立新图层

（4）设置图层的颜色。

① 在“图层特性管理器”对话框中，选取“轴线”图层，单击其状态行的颜色项。AutoCAD 将显示“选择颜色”对话框。

② 在“选择颜色”对话框中选取红色，然后单击“确定”按钮完成颜色设置。

③ 利用上述方法，分别设置楼梯层为青色、门层为黄色、窗层为蓝色、墙体层为白色、文本层为 40 号色、柱层为洋红色、标注层为绿色、视口层为白色。设置后结果如图 6-42 所示。

（5）设置图层的线型。以下将轴线层的线型由默认的“Continuous”改变为“ACAD _ ISO04W100”。改变图层线型的具体步骤如下：

① 在“图层特性管理器”对话框中，选取“轴线”图层，单击其状态行的线型项。AutoCAD 显示“选择线型”对话框。

② 在“选择线型”对话框中，单击“加载”按钮，打开“加载或重载线型”对话框。

③ 在“加载或重载线型”对话框中，从“可用线型”列表中选择“ACAD _ ISO04W100”线型，然后单击“确定”按钮，返回到“选择线型”对话框。

④ 在“选择线型”对话框中，从“已加载的线型”列表中选择“ACAD _ ISO04W100”线型，然后单击“确定”按钮完成线型设置。

（6）设置图层的线宽。

① 在“图层特性管理器”对话框中，选取“轴线”图层，单击其状态行的线宽项。AutoCAD 将显示“线宽”对话框。

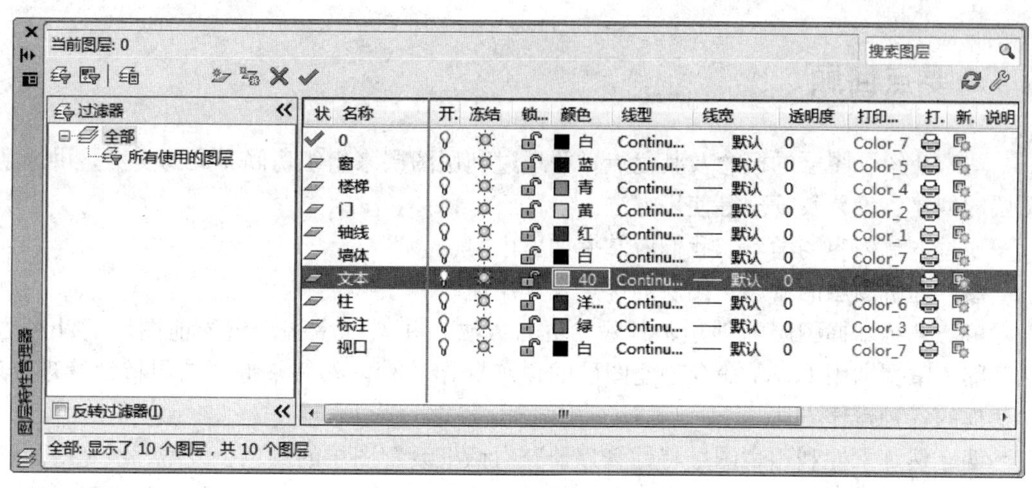

图 6-42　设置图层的颜色

② 在“线宽”对话框中，单击要赋予图层的线宽，这里选择 0.20mm，然后单击“确定”按钮完成线宽设置。

③ 利用上述方法，分别设置楼梯层线宽为 0.30mm、门层线宽为 0.30mm、窗层线宽为 0.30mm、墙体层线宽为 0.80mm、文本层线宽为 0.30mm、柱层线宽为 0.80mm、标注层线宽为 0.20mm、视口层线宽为 0.20mm。设置后结果如图 6-43 所示。

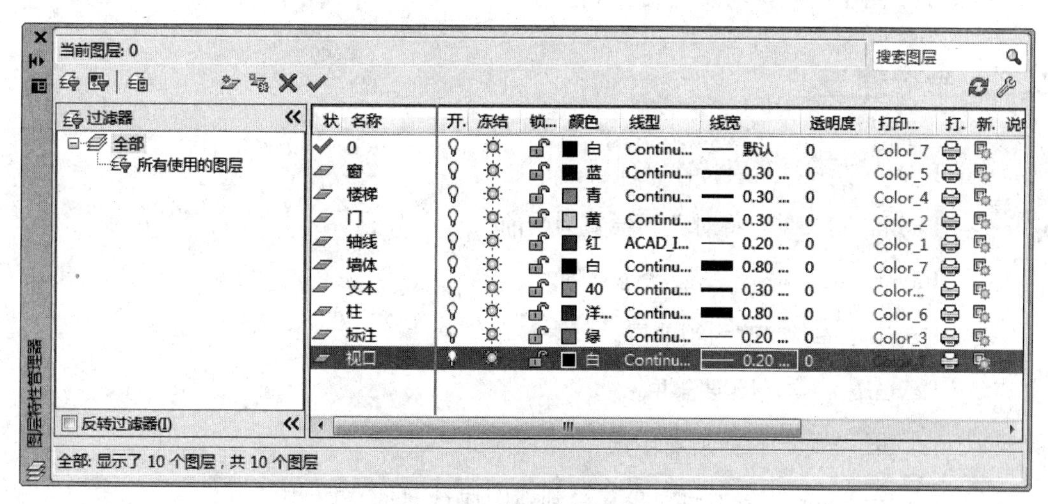

图 6-43　设置图层的线宽

(7) 设置图层的线型比例。这里采用“线型管理器”对话框设置，步骤如下：

① 从“格式”下拉菜单中选择“线型”命令项，打开“线型管理器”对话框。

② 在“线型管理器”对话框中，单击“显示细节”按钮，打开细节选项组。

③ 在“详细信息”选项组中，输入全局比例因子 10。

④ 选择“缩放时使用图纸空间单位”以激活图纸空间线型缩放比例。

⑤ 单击“确定”按钮完成线型缩放比例设置。

⑥ 保存图形。将设置好的图层保存为“标准建筑工程图 .DWG”的图形文件，以备后面使用。

6.7 要点回顾

本章介绍了图层的概念及其优点，并通过利用图层来组织房间布局的实例，讲述了图层的创建、设置及管理等使用方法。

通过本章内容的学习，我们应掌握如下内容：

● 理解图层的概念、图层的优点及其用途。

● 熟练掌握图层的创建、删除、更名方法，并熟练掌握设置当前图层的几种方法，熟练掌握利用 Layer 命令创建图层的详细操作步骤，熟练掌握“图层特性管理器”对话框的各种操作方法。

● 熟练掌握利用“图层特性管理器”对话框设置图层的颜色、线型、线宽等属性的方法，掌握利用“线型管理器”对话框、Ltscale 命令、Celtscale 命令设置图层线型比例的方法，了解设置图层的打印样式的用途和方法。

● 熟练掌握在不同图层上绘图的方法，掌握标准间的绘制方法和详细操作步骤。

● 掌握图层的状态设置方法，掌握利用“图层特性管理器”对话框设置图层的打开与关闭、冻结与解冻、锁定与解锁状态的基本操作步骤，了解使用“图层特性管理器”对话框打开或关闭可见图层的打印状态的方法。

● 了解图层组织技巧及意义。

6.8 命令速查

◇ Layer：，图层特性管理器。

◇ Laymcur：，将对象图层置为当前。

◇ Layerstate：，图层状态管理器。

◇ Laycur：，改为当前层。

◇ Laymrg：，图层合并。

◇ Layon：，打开所有图层。

◇ Copytolayer：，将对象复制到新图层。

◇ Properties：，控制现有对象的特性。

◇ Matchprop：，将选定对象的特性应用于其他对象。

6.9 复习思考题及上机练习

6.9.1 复习思考题

1. 什么是图层？图层的优点表现在哪些方面？

2. 如何创建图层？一般在绘制一张建筑施工图时应建立哪些图层？

3. 图层有哪些属性和状态？
4. 在 AutoCAD 中哪些图层是不可以删除的？
5. 设置当前图层的方法有哪几种？
6. 线型和线型比例有何异同？如何设置线型和线型比例？
7. 为何通常将图层的颜色、线型、线宽等属性设置为“随层”或“随块”？
8. 图层的状态设置有何用途？各种状态有何异同？

6.9.2 上机练习

1. 绘制图 6-44，要求：

（1）绘图单位为毫米（mm），出图比例为 1∶100，根据图形大小自行设计图纸的图幅；

（2）CAD 绘图要求按 1∶1 绘制；

（3）按下表设置图层，并设置合适的线型比例：

名称	颜色	线型
0	白	Continue
轴线层	红	Center
墙线层	蓝	Continue
门、窗层	绿	Continue
储油罐（设备层）	紫	Dash2X
楼梯	青	Continue

（4）所有对象的线型及颜色属性均设置为随层（Bylayer）；

（5）图中的栏杆扶手宽度为示意图，自行设置合适宽度；

（6）初学本章者，尺寸不用标注。

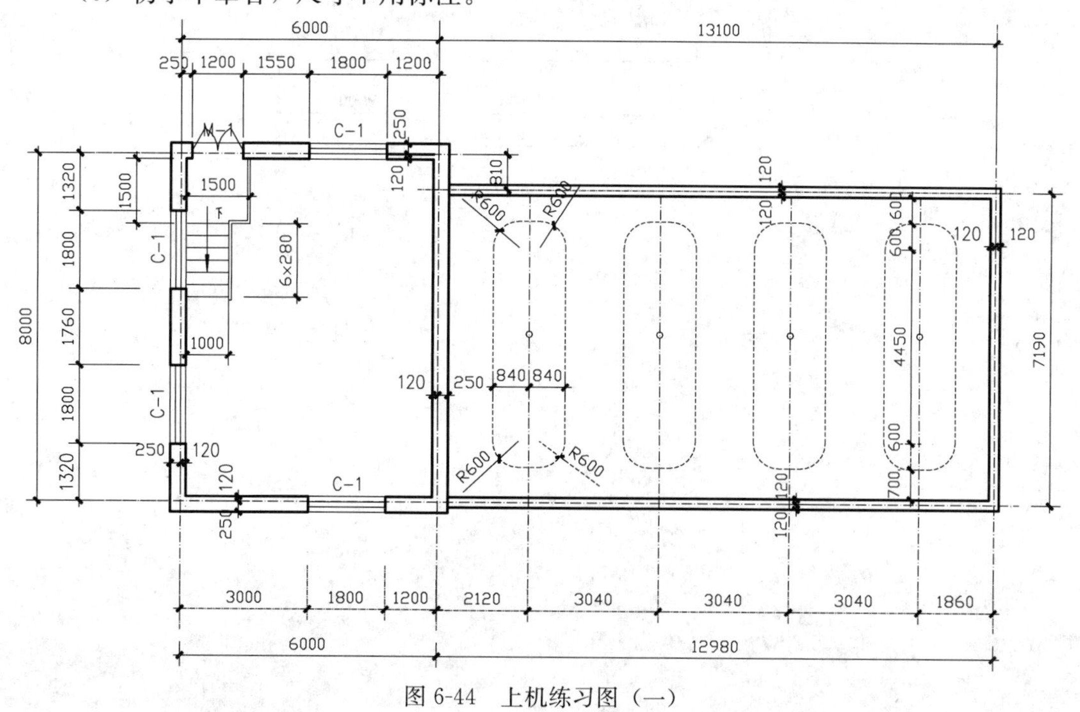

图 6-44　上机练习图（一）

2. 分层绘制以下平面图（图6-45）：

（1）绘图单位为毫米（mm），出图比例为1：100，根据图形大小自行设计图纸的图幅；

（2）CAD绘图要求按1：1绘制；

（3）不同的图形对象应在不同的图层绘制，至少应有轴线层、墙层、门窗层、散水层；

（4）所有对象的线型及颜色属性均设置为随层（Bylayer）；

（5）初学本章者，尺寸不用标注。

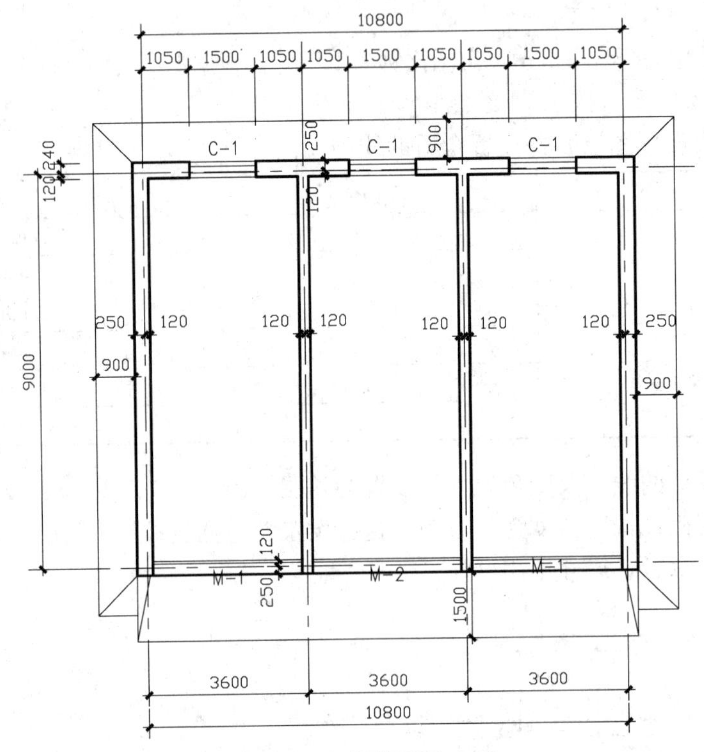

图6-45　上机练习图（二）

建议学时：2学时

第7章　AutoCAD进阶——高效绘制CAD图

问题提出

CAD中如何精确定位点？

为了在AutoCAD中创建精确的图形，在绘制或修改对象时，需要精确定位点。可以输入点在图形中的坐标值以确定点的位置，也可以使用对象捕捉、极轴捕捉等捕捉功能。除此而外，本章还将介绍更多的方法。

如何在不同坐标系中精确定位点？

在绘制二维图形时，输入的是二维坐标；在绘制三维对象时，输入的是三维坐标。此外，在指定坐标时，还可以相对于图形中其他已知的位置或对象，创建一个或多个相对坐标系，叫作一个用户坐标系（User Coordinate System，UCS）。

本章将介绍如何使用坐标系以及如何在不同坐标系中精确定位点，主要内容如下：

● 使用二维坐标系。

● 指定点的绝对坐标和相对坐标、直角坐标和极坐标。

● 使用栅格捕捉、极轴捕捉和对象捕捉。

● 使用对象追踪和极轴追踪。

● 使用高效编辑命令快速绘图（涉及的命令有：Break、Stretch、Extend、Offset、Trim、Fillet、Mirror和Array等）。

7.1　深入了解AutoCAD坐标系统

我们在第3章中简单介绍了世界坐标系、坐标系的输入法及其简单应用，本章将详细介绍AutoCAD的坐标系统和精确定位点的方法。

在AutoCAD中绘制或修改对象时，许多命令需要指定点。在指定点时，既可以用鼠标选择点，也可以在命令行上键入坐标值。AutoCAD通过使用直角坐标系或极坐标系（三维绘图还可用柱坐标和球坐标系）来确定这些点的位置。这个坐标系是创建每一个图形的基础。

1. 了解坐标系是如何工作的

直角坐标系使用三个互相垂直的坐标轴，X轴、Y轴和Z轴，从而在三维空间中指定点的位置。图形中的每一个点可以用一个相对于（0，0，0）坐标的点来表示，（0，0，0）坐标点指的是坐标原点。在创建二维对象时，需要指定沿X轴方向的水平坐标和沿Y轴方向的竖直坐标。因此，平面上的每一个点可以用一对坐标值来表示（如

图 7-1中的 A、B 两点），这一对坐标值由 X 坐标和 Y 坐标组成。正值表示点位于原点的上方或右方，负值表示点位于原点的下方或左方。图 7-1 所示为一个典型的二维坐标系统。

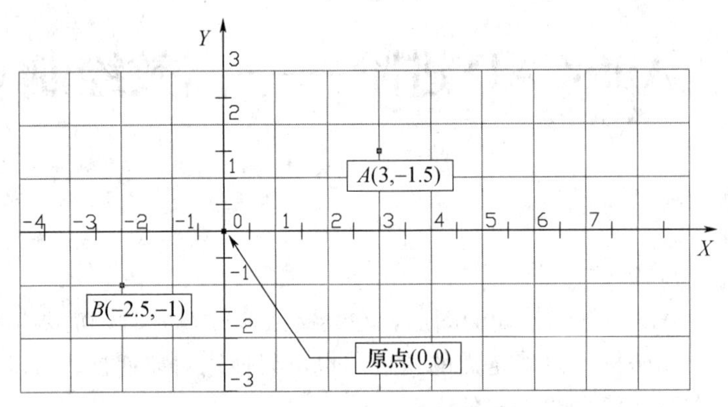

图 7-1　二维坐标系统，每一个点用它的 X、Y 坐标表示

注意：图 7-1 中，为了醒目起见，A、B 两点的坐标带有圆括号，但 AutoCAD 输入坐标时不输入圆括号，直接输入由“,”或“<”隔开的数值或角度值，这与数学上有所不同，请读者多留意。关于如何输入坐标，在前面章节及其实例中已经做了一些讲解，下面将对其进行深入研究。

在二维环境下工作时，只能输入 X 和 Y 坐标，AutoCAD 总是把当前的标高作为 Z 坐标值，在默认情况下，该值为 0。但在三维环境工作时，需要指定 Z 坐标值。在观察图形的平面视图（从上向下观察的视图）时，Z 轴与 XOY 平面成 90°夹角并指向屏幕外。正坐标表示点位于 XOY 平面之上，负坐标表示点位于平面以下。图 7-2 所示为三维坐标系统。

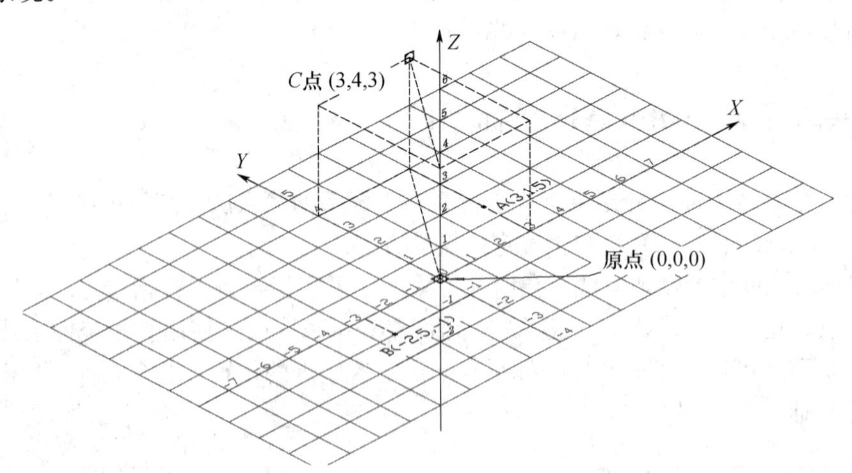

图 7-2　三维坐标系统，每一个点用 X、Y、Z 坐标表示

每一个 AutoCAD 图形有一个缺省坐标系统，这个坐标系指的是世界坐标系（WCS），图形中的任一点对应于世界坐标系中的一个 X、Y 和 Z 坐标。此外，还可以在三维空间的任意位置、沿任意方向定义坐标系，这种类型的坐标系指的就是用户坐标

系（UCS）。在 AutoCAD 中，可以创建任意数量的用户坐标系，保存或移动这些坐标系，从而帮助构造三维对象。通过在世界坐标系中定义用户坐标系，可以将多数的三维对象的创建简化为二维对象的组合，从而降低绘图难度，提高绘图效率。

2. 了解坐标是如何显示的

在移动十字光标时，当前光标的位置在状态栏中显示为 X、Y 和 Z 坐标。默认状态下，坐标值的显示随着光标的移动自动更新，如图 7-3 所示。另一种模式称为静态模式，静态模式下状态栏中显示的 X、Y 和 Z 坐标变为灰色，且不随光标移动而自动更新，当单击鼠标或确定了某点坐标时才更新。通过以下几种方法，可以将坐标的显示切换到静态模式：

- 单击状态栏上的坐标显示区。
- 按 F6 键。
- 按 Ctrl+D 键。

当激活一个命令，或 AutoCAD 提示输入距离值或位移值时，坐标的显示将改为一个与前不同的模式，称为动态模式，在该模式下显示的是相对于上一点的距离和角度，而不是 X、Y、Z 坐标，如图 7-4 所示。

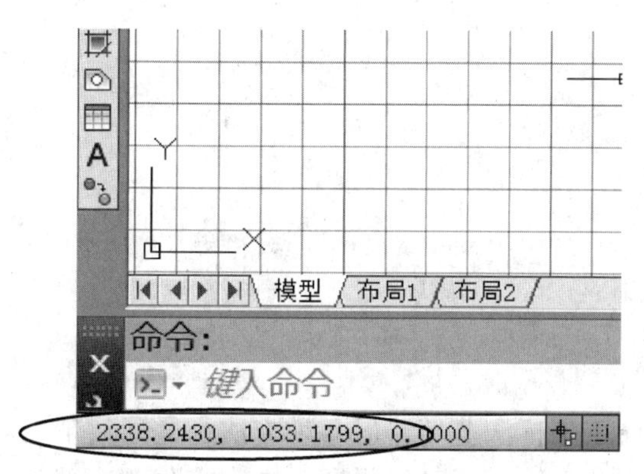

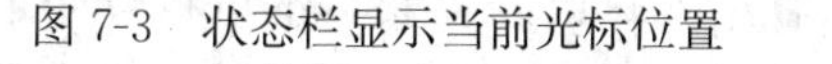

图 7-3　状态栏显示当前光标位置

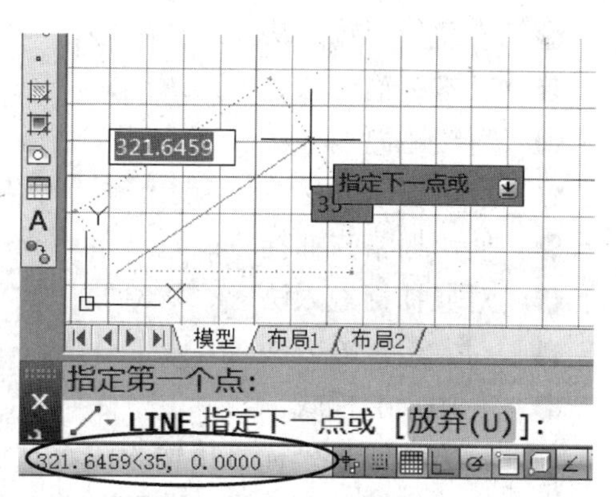

图 7-4　动态模式——相对于上一点的距离和角度

注意：当 AutoCAD 将坐标值显示为距离和角度时，可以在以下三种方式中切换坐标的显示：动态的距离和角度，动态的 X、Y、Z 坐标和静态坐标。

3. 查看点的坐标

在 AutoCAD 中，可以使用 ID 命令查看任一点的坐标。在确定对象上的一点的位置时，应使用相应的对象捕捉方式以确保选择了所需的点。例如，要查看一条直线端点的坐标：

（1）使用以下任一种方法：

- 命令：ID。
- 工具栏："查询" → "点坐标"。
- 下拉菜单："工具" → "查询" → "点坐标"。

注意：通常情况下 "查询" 工具栏关闭，要打开它可在已有工具栏上的任意位置单击鼠标右键，在弹出的菜单中选择“查询”即可。以后在执行某一工具命令时均可使用该方法找到相应的工具栏。

（2）激活端点对象捕捉方式（如果还没有激活）运行对象捕捉设置。

提示：键入 End 然后按 Enter 键，或按 Shift 及鼠标右键并从快捷菜单中选择“端点”。

（3）在端点处单击直线。

AutoCAD 将在命令行上显示该点的坐标。

提示：此外，通过使用夹点，也可以选择对象。夹点是显示在对象上特定位置处的小矩形框，如显示在直线的端点和中点的小矩形框。在单击一个夹点时，状态栏中的坐标区将显示夹点的坐标。坐标按照 Units 的精度设置进行调整，但在 AutoCAD 中是作为浮点数保存的。

7.2 精确定位点的方法总汇

在前面章节的学习中，我们通过例题已经学习了许多种精确定位点的方法，如坐标法、栅格捕捉法等，那么在 AutoCAD 中究竟提供了哪些精确定位点的方法呢？

总结一下，大约有如下 8 种：

- 直角坐标输入法。
- 极坐标输入法。
- 直接距离输入法。
- 点过滤输入法。
- 使用栅格与捕捉。
- 对象捕捉输入法。
- 对象追踪输入法。
- 利用正交模式。

前 3 种方法属于坐标直接输入法，它们属于坐标法范畴；后 5 种方法都是通过辅助工具定位点，属于辅助工具的范畴。前 3 种方法在第 3 章已经提及，本章将分 4 个部分系统地阐述其他几种方法。除了以上 8 种输入方法外，还有“辅助线法”，它是通过做辅助线，找到辅助线间或辅助线与其他图形单位间的交点，通过捕捉这些点而精确定位点，因此，此方法可以归并于“捕捉方法”。另外，我们也可以几种方法综合使用，这样会使点输入更方便、更快捷。读者在今后练习中要多加留意。

值得一提的是，AutoCAD 2006 以上版本提供了一种动态输入功能，它允许用户在动态输入提示区直接输入坐标来精确定位点，故也属于坐标输入范畴。除此而外，它还允许用户输入命令或以标注形式输入坐标。其操作方法与命令行输入命令或坐标的方法相同，即它有三种动态输入形式，分别是指针输入、标注输入和动态提示。这三种形式可以在“草图设置”对话框中的动态输入标签页设置，如图 7-5 所示。

指针输入：它允许用户输入点坐标，用于精确定位点，如图 7-5“指针输入”预览窗所示效果。

标注输入：它允许用户以标注形式输入点，同样用于精确定位点，如图 7-5“标注输入”预览窗所示效果。

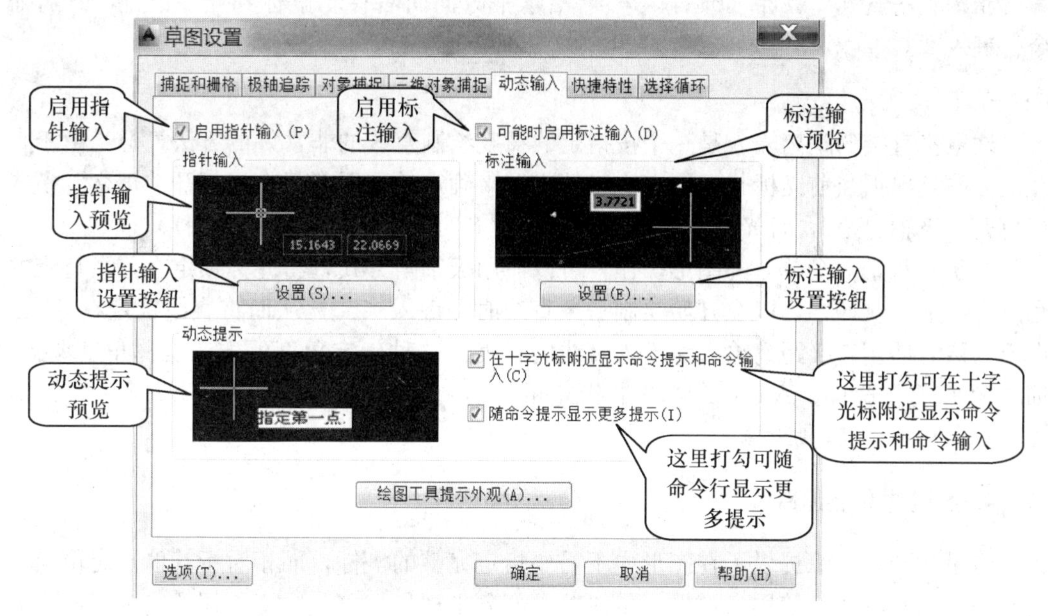

图 7-5　“草图设置”对话框中的动态输入标签页

动态提示：它允许用户以命令行形式输入命令或点坐标，功能类似于命令行，如图 7-5“动态提示”预览窗所示效果。

单击“指针输入”设置按钮用于设置指针输入显示效果，包括：坐标输入的格式和可见性。

单击“标注输入”设置按钮用于设置标注输入显示效果，包括：坐标输入的可见性。

7.2.1　点坐标输入法

属于坐标法的前 3 种方法在第 3 章已经做了详细阐述，这里叙述从简。

1. 直角坐标输入法（略）

2. 极坐标输入法（略）

3. 直接距离输入法

直接距离输入除了不需要指定角度外，其他与使用相对坐标相同。要使用直接距离输入法确定点，应从上一点沿某一方向移动光标，然后输入距离值。因此实际上是由鼠标定位方向，然后输入距离值的方法。本质上是极坐标方法。

例如，在使用 Line 命令向右侧绘制一条长度为 200 个单位的直线时，水平应向右侧移动光标，键入 200，然后按 Enter 键。

其步骤如下：

命令：Line↙
指定第一点：100，50↙

指定下一点或［放弃（U）］：　　（沿水平方向向右移动鼠标到任一位置，然后命令行键入 200）

命令：

注意：直接的距离输入是一个按指定的长度绘制直线的非常好的方法，但是由于直线的方向是根据当前光标与上一点连线的方向来确定的，因此只有当打开“正交”模式或打开“极轴追踪”，且光标与任一个增量角对齐时，才能绘制精确的图形。

提示：对于一个单一的图形操作，可以使用极轴角方式，将光标锁定在一个特定的角度方向上。例如，可以在开始绘制一条直线时，键入<55，从而将直线锁定在 55°方向上，然后使用直接距离输入法键入直线的长度。这种确定角度的方法也称角度覆盖，简称角覆盖。这样，AutoCAD 将沿指定的方向按指定的长度绘制一条直线（针对 AutoCAD 2000 以上版本）。

4. 点过滤和点追踪

点过滤和点追踪提供了在图形中不需要指定完整的坐标，而相对于其他点定位某一点的另外两种方法。使用点过滤，可以输入部分坐标，如 X、Y 和 Z 任意一个或两个的组合，然后让 AutoCAD 提示输入其余的坐标信息。无论何时，只要 AutoCAD 提示输入一个坐标，都可以通过以下的方式用 X、Y、Z 点过滤响应命令的提示：

·坐标

其中“坐标”表示 X、Y、Z 字母中的一个或两个。然后 AutoCAD 提示使用一个过滤器过滤出所需的坐标值。例如，如果键入·XY，则 AutoCAD 首先保存指定的下一点的 X 和 Y 坐标，然后提示输入 Z 坐标。过滤器、·X、·Y、·Z、·XY、·XZ、·YZ 都是有效的过滤条件。

点追踪本质上是对象追踪的一种方法，它与点过滤类似的是，除了点过滤需要指定过滤条件外，通过点追踪可以相对于图形中其他点可见地确定点的位置。具体方法在后面进一步讲解。

（1）在二维环境下使用点过滤

在二维环境下，要相对于已存在的对象确定点的位置时，可以使用点过滤器。例如，要将一个已有的倾斜（角度未知）矩形摆正，如图 7-6 虚线所示。点过滤的使用方法及 Rotate 命令的执行步骤如下：

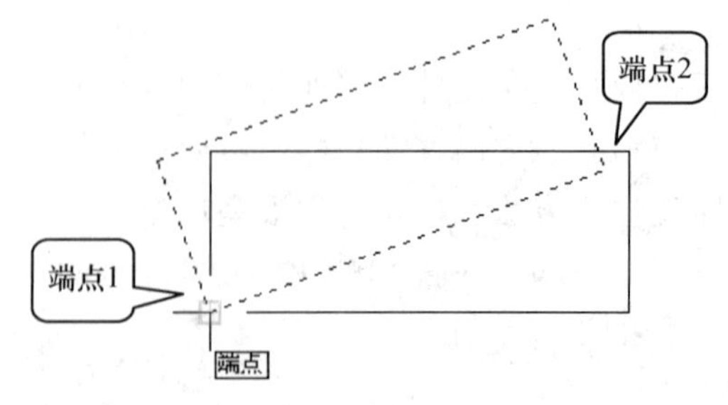

图 7-6　使用点过滤器将倾斜的矩形摆正

可以使用下列三种方法之一执行 Rotate 命令：

- 命令：Rotate（或R）。
- 工具栏："修改"→"旋转"按钮。
- 下拉菜单："修改"→"旋转"。

命令:Rotate↙

UCS当前的正角方向:ANGDIR=逆时针　ANGBASE=0

选择对象:选择倾斜的矩形

找到1个

选择对象:↙　（确认只选择矩形对象）

指定基点:　（鼠标捕捉如图7-6所示的"端点1",以"端点1"位置作为旋转基点）

指定旋转角度或[参照(R)]:R↙　（选择参考选项）

指定参考角<0>:　（鼠标再次捕捉如图7-6所示的"端点1",以"端点1"位置作为参考线第一点）

指定第二点:　（此时用鼠标捕捉如图7-6所示的"端点2",指定参考线第二点）

指定新角度:.x↙　（此时再次捕捉如图7-6所示的"端点2",指定下一点与"端点2"有相同X坐标）

于(需要YZ):.yz↙

于:　（此时再次捕捉如图7-6所示的"端点1",指定下一点与"端点1"有相同YZ坐标,或直接输入0回车）

命令:

至此，倾斜的矩形被摆正。如图7-6实线所示。

（2）在三维环境下使用点过滤

在三维空间中，要确定点的位置，可以使用点过滤。先在二维环境下确定点的位置，然后再指定Z坐标作为XOY平面上的标高。例如，要从一个圆的圆心正上方100个单位处开始绘制一条直线，假设已绘制出了圆，其半径为80个图形单位，如图7-7所示。

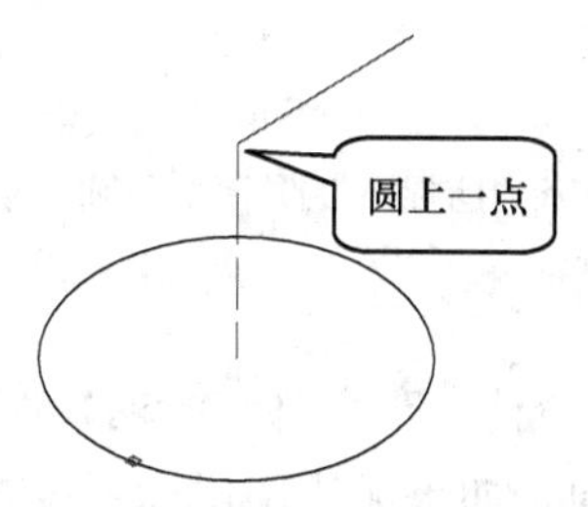

图7-7　三维环境下，使用点过滤从圆心正上方开始绘制一条直线

命令:LINE↙

指定第一点:.XY↙

于Center……　（此处Center用于指定圆心捕捉模式,若此模式打开可省略此步骤）

于(选择圆上的一点):↙

于(需要Z):100↙

指定下一点或[放弃(U)]:@100,0↙

指定下一点或[放弃(U)]:↙

命令:

（3）使用点追踪

本小节我们主要讲解“临时追踪点”和“追踪自”工具的使用方法。“临时追踪点”是指对象捕捉所使用的临时点，它是指从对象的某一捕捉点开始找到与之有一定关系的另一点，然后，从这一点开始追踪找到另一点。“追踪自”是指从临时参照点偏移一定距离，执行它，命令行提示输入距离值。

在建筑制图中，我们常常需要在轴线的一端给出轴线号，而轴线号往往是用一个圆中带数字号码的图形表示，下面就以此为例讲解“临时追踪点”和“追踪自”工具的用法。

使用“临时追踪点”和“追踪自”工具绘制建筑平面图的轴线号图块，假设轴线号圆的直径是 800，并带一个 800 个图形单位长的线段，如图 7-8 所示。使用“追踪自”工具的方法之一是在点输入提示下输入：from 回车。绘图步骤如下：

① 启用 Line 命令，绘制一条长 800 的线段，结束绘制直线的命令。

② 启用 Circle 命令，绘制表示轴线号的圆。步骤如下：

命令:_Circle↙　　执行“追踪自”工具

指定圆的圆心或[三点(3P)/两点(2P)/切点、切点、半径(T)]:from↙

基点:　（使用对象捕捉工具捕捉直线的“端点 2”）

<偏移>:400↙

指定圆的半径或[直径(D)]<50.0000>:400↙

命令:

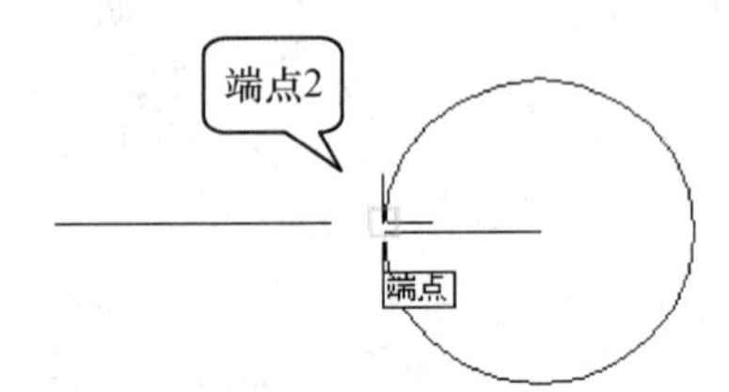

图 7-8　使用“捕捉自”工具找到圆心绘制轴号圆

注意：

● 在执行“追踪自”时，当提示“<偏移>:”时需要指定一个距离值，同时还需要用鼠标定位一个追踪的方向，如果无法用鼠标定位方向，也可以直接输入一个相对坐标值。

● 在使用“临时追踪点”工具追踪一点时，可以在命令行直接输入“TT”再按 Enter 键，“临时追踪点”追踪的点只能追踪一次，移动一次鼠标找到某一点后，追踪线自动消失，不能再次追踪。

● 在使用追踪时还可以在命令行直接输入“TK”来实现多次追踪，这一般在需要一个接一个追踪指定点时使用。其方法是：在需要追踪点时，输入“TK”来启用多次追踪。

7.2.2 使用栅格捕捉与极轴捕捉

1. 栅格捕捉的设置与使用

（1）栅格及捕捉的设置

① 栅格间距的设置：Grid。AutoCAD的参照栅格简称为栅格，它由有规则的点图组成。使用栅格与在坐标纸上绘图是十分相似的。虽然栅格在屏幕上是可见的，但它不会被打印成图形中的一部分，也不会影响在何处绘图。栅格仅在图形界限内显示，以帮助看清图形的边界、对齐对象和看清两对象之间的距离。可以根据需要打开或关闭栅格显示，还可以随时修改栅格的间距。

可以通过单击状态栏上的“栅格”按钮，控制栅格显示的开与关。另外，还可以按Ctrl+G或F7键，或是键入Grid命令控制栅格的显示。将栅格X和Y两个方向间距都设置为0后，栅格间距将自动适应捕捉间距。（注意：它的自适应是指栅格间距自动与捕捉的间距相同，因此在比例较大而捕捉间距较小时将不能正常显示栅格，如放大10倍的3号图幅范围，捕捉间距为10，在执行了Zoom/All后，不能显示栅格，但把捕捉间距设置为1000后，栅格就显示出来了。）

② 设置栅格捕捉间距。另一条确保精确绘图的途径是使用AutoCAD的捕捉特性。打开捕捉时，十字光标将捕捉预定义的捕捉间距。虽然栅格间距和捕捉间距的相互适应是十分有益的，但是不必将它们设置为必须相互适应。

提示：可以通过单击状态栏上的“捕捉”按钮控制捕捉的开与关，也可以按Ctrl+B或F9键，或是键入Snap命令控制捕捉的开与关。

（2）栅格捕捉的使用

可以使用等轴测捕捉和栅格选项创建二维等轴测图形。对于等轴测捕捉选项，可以在二维平面中绘制一个三维轴测图。

要启用等轴测捕捉和栅格选项，可按下列步骤进行：

a. 调用“草图设置”对话框中的“捕捉和栅格”选项卡。

b. 选择“启用栅格”复选框。

c. 在“捕捉类型”选项区，选择“等轴测捕捉”单选按钮。

d. 单击“确定”。

注意：如果还打开了AutoCAD的“正交”模式，AutoCAD会将绘制的图形对象限制在当前的等轴测平面内。

2. 使用极轴捕捉

AutoCAD 2000以上版本提供了另一个新功能——极轴捕捉。极轴捕捉将使光标沿着极轴对齐角进行捕捉。在“草图设置”对话框“捕捉和栅格”选项卡中，可以设置光标增量，在“极轴追踪”选项卡中，可以设置极轴对齐角增量。在本章后续部分将会学习有关极轴追踪的详细内容。

提示：捕捉增量相对于开始点的极轴追踪比捕捉间距具有更大的优势。我们将在本章的后续部分学习有关极轴捕捉的内容。

要设置极轴捕捉间距并启用极轴捕捉，可以按下列步骤进行：

（1）在“草图设置”对话框中，选择“捕捉和栅格”选项卡。

（2）在“捕捉类型”选项区，选择“极轴捕捉”单选按钮。

（3）在“极轴间距”选项区，“极轴距离”文本框中指定极轴捕捉的间距。

（4）单击“确定”。

提示：要使用极轴捕捉，必须打开捕捉模式和极轴追踪，并至少在“草图设置”对话框“对象捕捉”选项卡中选择一种对象捕捉模式。在打开极轴追踪并移动光标时，AutoCAD 显示一个对齐的路径和表明距离与角度的工具栏提示，以使光标通过一个极轴对齐角度，甚至在关闭当前的捕捉模式时，也可以显示工具栏提示和对齐路径。在捕捉模式和极轴追踪同时打开时，光标按极轴对齐角度的增量和极轴距离的增量进行捕捉。

3. 使用正交模式

有时，正交模式可以限制光标在当前的水平轴向和竖直轴向的移动，以便按正确的角度或垂直地绘制图形。例如，对于默认的 0°方向（0°为“三点钟整”或正东方），如果正交模式处于打开状态，那么直线将会被限制在 0°、90°、180°或 270°方向上。在绘制直线时，橡皮筋生成线将沿水平轴向或竖直轴向移动，并根据光标距离轴线的远近，决定移动的方向。在启用了等轴测捕捉和栅格后，光标按相互垂直的方向移动并被限制在等轴测平面内。

要打开或关闭正交模式，可以使用以下任一种方法：

- 键入 Ortho 命令。
- 单击状态栏中的“正交”按钮。
- 按 Ctrl+L 键或 F8 键。

提示：在命令行中键入坐标值或使用对象捕捉模式，AutoCAD 将忽略正交设置。

7.2.3 使用对象捕捉

对象捕捉（Object Snap）可以快速地选择在已经绘制的对象上的确切几何点，而无需知道这些几何点的确切坐标。对于对象捕捉，可以选择直线或圆弧的端点、圆的圆心、两个对象之间的交点或其他几何特征位置点，也可以应用对象捕捉模式绘制与已经绘制完成的对象相切或垂直的对象。在 AutoCAD 提示指定一点时，可以随时使用对象捕捉模式，例如，在绘制一条直线或其他对象时。可以使用下列任一种方法，调用对象捕捉模式：

● 全局状态设置方式：启用一个对象捕捉模式并保持其一直起作用，直到关闭该对象捕捉模式。

● 透明命令方式：在另外一个命令处于激活状态时，通过选择一个对象捕捉模式，调用该对象捕捉模式一次。

调用一次对象捕捉模式也可以用于忽略正在运行的对象捕捉模式。使用对象捕捉，AutoCAD 仅认可可见的对象或对象的可见部分，不能捕捉到已经关闭的图层上的对象或虚线中的空白处。

可以使用几种不同的方法设置对象捕捉模式。这些方法取决于是否设置成启用对象捕捉模式，还是仅使用一次对象捕捉模式。例如，AutoCAD 2000～2010版可以通过从“标准”工具栏“对象捕捉”弹出按钮中选择一个对象捕捉模式，而AutoCAD 2000以上版本均可在“对象捕捉”工具栏中选择一个对象捕捉模式快速设置一次对象捕捉模式。如图7-9所示。

图7-9　“对象捕捉”工具栏

在指定一个或多个对象捕捉模式并选择了一个对象后，AutoCAD的十字光标的交点将捕捉到该对象的对象捕捉点上。在激活了一个对象捕捉模式时，可以显示靶框（称之为自动捕捉标记）并把它添加到十字光标中。AutoCAD可以捕捉到任何对象中的捕捉点并将该点捕捉到自动捕捉标记中。如果已经激活对象捕捉功能，AutoCAD将在光标移动到对象的几何捕捉点时，显示当前激活的对象捕捉模式的自动捕捉标记。在“选项”对话框“草图”选项卡中，可以设置自动捕捉标记及靶框的大小，并且可以控制它们的显示状态。

1. 对象捕捉模式

（1）端点（END）

“端点”模式搜索另一个对象的端点。可以捕捉圆弧、椭圆弧、多线、直线、多段线线段或射线最近的端点，或者捕捉宽线、实体或与三维面域的最近角点。如果是一个有厚度的对象，端点对象捕捉模式可以捕捉到对象边缘的端点、三维实体和面域边缘的端点。如图7-10所示，要捕捉一个对象的端点，在该对象的端点附近，在对象上的任意位置单击鼠标。

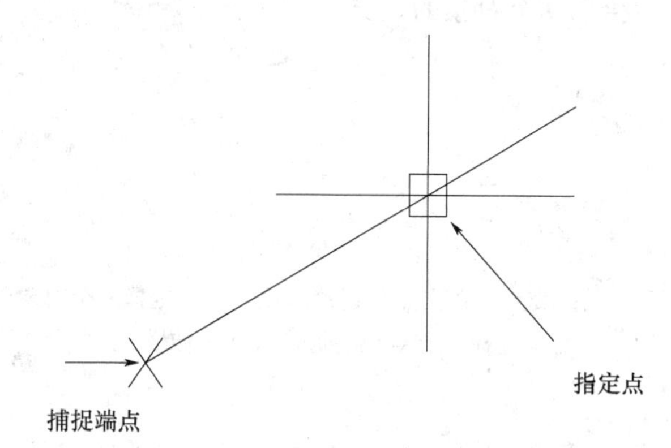

图7-10　捕捉端点，在对象上靠近端点的任意位置单击鼠标

（2）中点（MID）

“中点”模式搜索一个对象的中点。可以捕捉圆弧、椭圆弧、多线、直线、多段线线段、实体、样条曲线或参照线的中点。对于参照线，中点模式捕捉第一个定义点。对于样条曲线和椭圆弧，中点模式将捕捉这些对象上位于起点和终点之间的中点。如果一个对象具有厚度，中点模式可以捕捉到对象边缘的中点，以及三维实体和面域边缘的中

点。如图 7-11 所示，要捕捉一个对象的中点，在该对象上的任意位置单击鼠标。

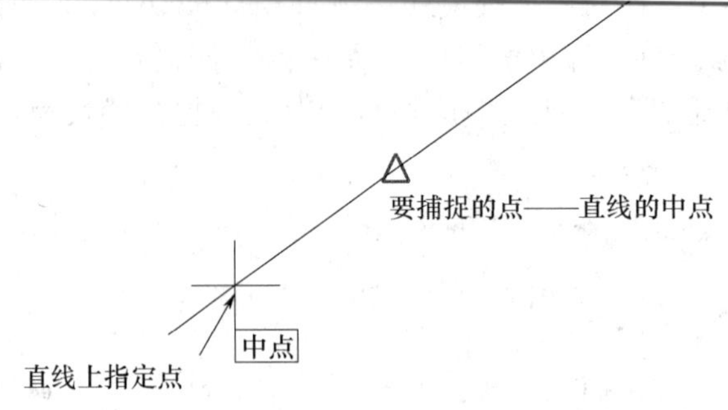

图 7-11 捕捉中点，在对象上的任意位置单击鼠标

（3）交点（INT）

“交点”模式搜索一些组合对象的交点。可以捕捉圆弧、圆、椭圆、椭圆弧、多线、直线、多段线、射线、样条曲线、参照线以及任何由这些对象组成的对象的交点。交点捕捉模式还可以捕捉面域和曲线的交点，但是，该模式不能捕捉三维实体的边缘和角点。如果两个具有厚度的对象沿着相同的方向延伸并有相交的基点，那么可以捕捉到边的交点。如果两个对象的厚度不同，较薄的对象决定交点捕捉点。如果块的比例一致，可以捕捉块中圆或圆弧的交点。如果两个对象沿着自身的路径能够相交，那么延伸交点模式可以捕捉到这两个对象的虚交点。要使用延伸交点模式，必须同时选择交点捕捉模式和延伸捕捉模式，然后将鼠标移动到其中的一个对象接近虚交点处暂停，再将鼠标移至第二个对象靠近虚交点的位置暂停，此时屏幕显示临时延伸路径（图 7-12 右图虚线）。拾取一点，系统将沿着这些对象的延伸路径捕捉虚交点。如图 7-12 所示，要捕捉两个对象的交点，既可以在靠近两对象交点处拾取该交点，也可以明确地选择交点对象捕捉模式和延伸模式，拾取两个对象的虚交点。

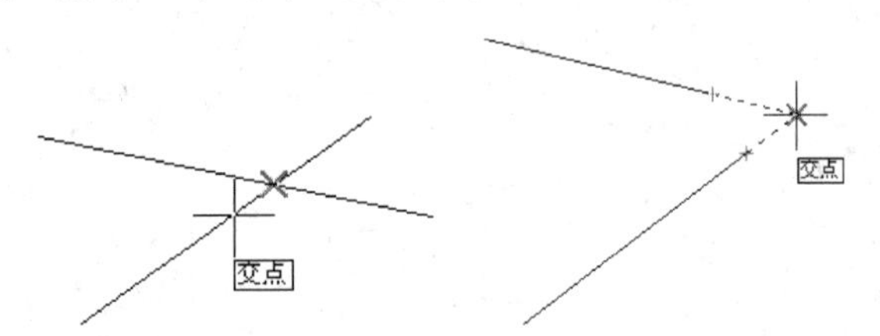

图 7-12 要捕捉两对象的交点，在交点附近拾取该点；要选择两个对象延伸后的交点，必须选择交点对象捕捉模式和延伸模式

（4）外观交点（APP）

“外观交点”模式可以搜索在三维空间中实际并不相交，但在屏幕上相交的任意两个对象外观上相交的点。可以捕捉到由圆弧、圆、椭圆、椭圆弧、多线、直线、多段线、射线、样条曲线或参照线中的两个对象组成的外观交点。如果两个对象沿着自身的路径具有外观交点，那么延伸外观交点模式，可以捕捉到这两个对象的虚外观交点。要使用延伸外观交点模式，必须同时选择外观交点捕捉模式和延伸模式，然后移动鼠标到一个对象可与另一对象延伸相交的一条棱上，沿着其延长方向移动鼠标，屏幕显示临时延伸路径（图 7-13 右图中的虚线）后暂停，再在另一对象可与之延伸相交的棱上完成

同样的工作，系统将沿着这些对象的延伸路径捕捉虚外观交点。如图 7-13 所示，要捕捉两个对象的外观交点，既可以在靠近两对象外观交点处拾取该交点，也可以同时选择外观交点对象捕捉模式和延伸模式，先将鼠标移动到一个对象，然后再移动到另一个对象，来捕捉虚外观交点。

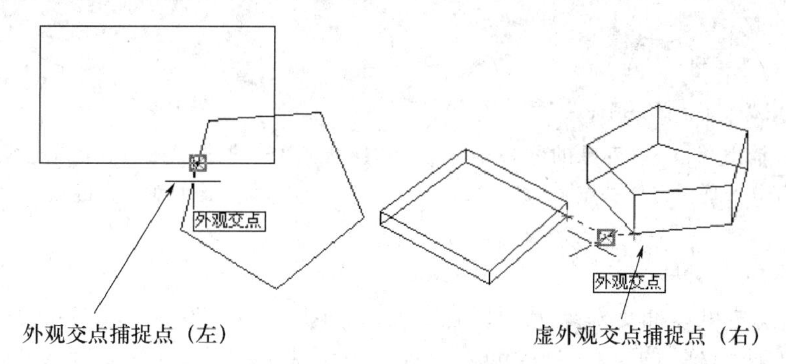

图 7-13　要捕捉两对象的外观交点，在外观交点附近拾取该点；要选择两个对象延伸后的外观交点，先将鼠标移动到一个对象，然后再移动到另一个对象，来捕捉虚外观交点

（5）延伸（EXT）

“延伸”模式可以用于搜索沿着直线或圆弧自身路径延伸的点。要使用延伸对象捕捉模式，应在直线或圆弧的端点上暂停。随后，AutoCAD 将显示小的加号（+），表示直线或圆弧已经选定，可以用于延伸。一旦沿着直线或圆弧的延伸路径移动光标，AutoCAD 将显示一个临时延伸路径。这将涉及对象捕捉追踪，这是自动追踪的特定形式，该特性是 AutoCAD 2000 新增加的特性，将在本章的后续部分学习有关自动追踪和对象捕捉追踪的内容。使用延伸对象捕捉，可以与其他对象捕捉模式，如交点或外观交点模式一起使用，用于搜索直线或圆弧与其他对象的交点，或者是选择多个直线或圆弧用于延伸，标明两对象的延伸交点，如图 7-14 所示。

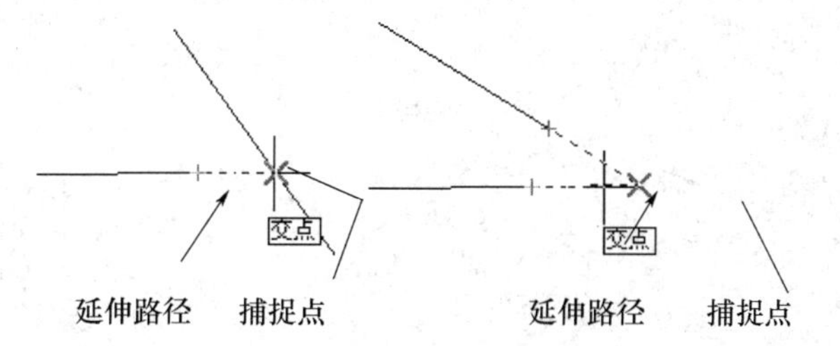

图 7-14　要使用延伸对象捕捉模式，应在直线或圆弧的端点上暂停，然后沿着临时延伸路径移动光标

（6）圆心（CEN）

“圆心”模式用于搜索曲线对象的中心点。可以捕捉圆弧、圆、椭圆、椭圆弧或多段线圆弧的圆心。要捕捉圆心，必须在对象的可见部分上选择一点，如图 7-15 所示。

（7）象限点（QUA）

“象限点”模式用于搜索曲线对象的象限点。可以捕捉圆弧、圆、椭圆、椭圆弧或多段线圆弧的最近的象限点（即 0°、90°、180°和 270°点）。如图 7-16 所示，要捕捉象限点，在靠近所需的象限点处，拾取对象上的点。

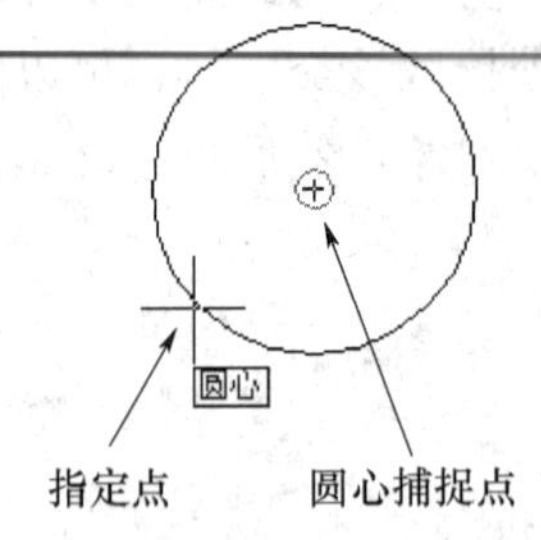

图7-15　捕捉圆心，在对象的可见部分上任意选择一点

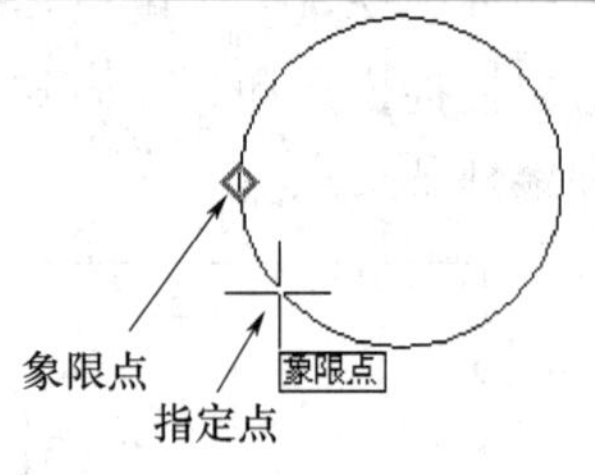

图7-16　捕捉象限点，在靠近象限点处拾取对象上的点

（8）切点（TAN）

“切点”模式可以捕捉对象上的切点。切点捕捉可以在圆弧、圆、椭圆、椭圆弧或多段线圆弧上捕捉到与上一点相连的点，这两点形成的直线与这些对象相切。在选择一个圆弧、圆或多段线圆弧作为相切直线的起点时，延伸对象捕捉模式将被自动激活。如果自动捕捉已被激活，在光标通过延伸对象捕捉点时，将会显示捕捉提示和标记。将在本章后续部分学习有关自动捕捉和捕捉提示的内容。延伸对象捕捉功能不能处理椭圆或样条曲线。如图7-17所示，要捕捉切点，应在切点附近拾取对象。

（9）垂足（PER）

“垂足”模式用于搜索与另一个对象相垂直的点。可以捕捉到与圆弧、圆、椭圆、椭圆弧、多线、直线、多段线、射线、实体、样条曲线或参照线相垂直的点，或捕捉到对象的外观延伸垂足。在选择一个圆弧、圆、多线、直线、多段线、参照线或三维实体边作为正交直线的起点时，延伸对象捕捉模式将被自动激活。如果自动捕捉已被激活，在光标通过延伸垂足对象捕捉点时，将会显示捕捉提示和标记。如图7-18所示，要捕捉一个对象的垂足，可在该对象的任意处拾取该点。

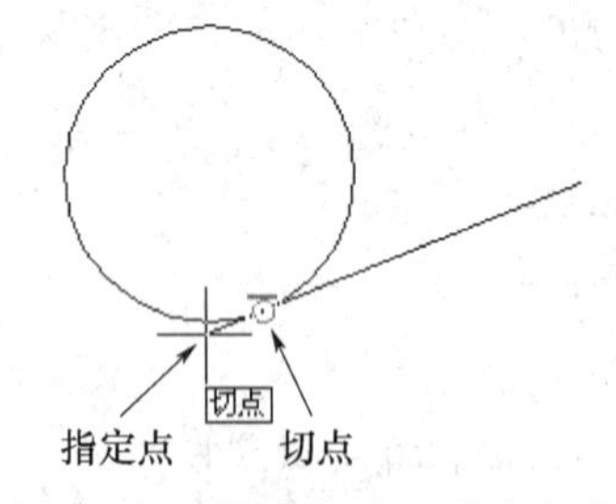

图7-17　要捕捉切点，应在切点附近拾取对象

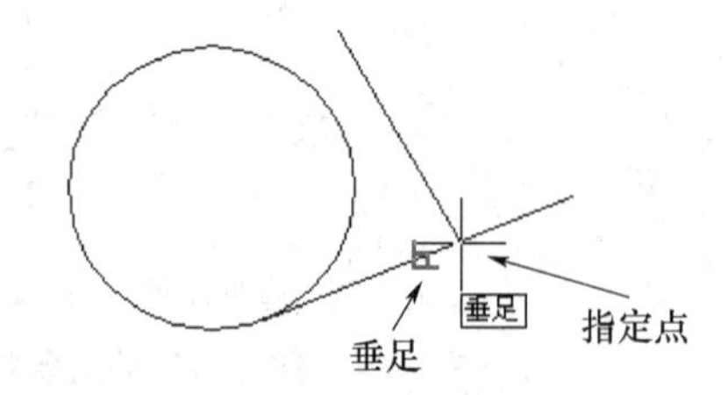

图7-18　要捕捉一个对象的垂足，可在该对象的任意处拾取该点

（10）平行（PAR）

“平行”模式用于创建一个直线段（如直线或多段线）平行于一个已经绘制的直线段。要使用平行对象捕捉模式，先指定直线的起点，然后将光标暂停在已经绘制的直线段上。移动光标以便橡皮筋线从前一点延伸并接近平行已知直线段，AutoCAD在已知直线段上添加一个平行线符号并显示临时平行路径；然后，沿着该临时路径，在任意处指定所需直线的端点。使用平行对象捕捉，可以与其他对象捕捉模式，如交点、外观交

点或延伸模式一起使用，用于搜索平行直线与其他对象的交点，或是与其他对象延伸部分的交点，如图 7-19 所示。

（11）插入点（INS）

“插入点”模式用于搜索属性、属性定义、块、形或文本对象的插入点。如图 7-20 所示，在一个对象上的任意位置，可以捕捉该对象上的插入点。

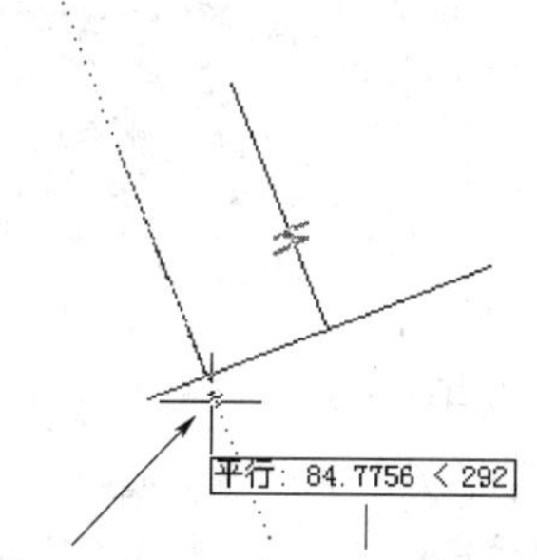

指定点　提示直线的长度和角度

图 7-19　要使用平行对象捕捉，先指定直线的起点，移动光标到想要与之平行的对象上，然后沿临时平行路径移动光标

插入点　指定点

图 7-20　要捕捉插入点，在对象的任意处拾取该点

注意：“插入点”模式有时出现在光标菜单中。

（12）节点（NOD）

“节点”模式用于搜索并捕捉点对象。

注意：使用 Divide 命令和 Measure 命令时，调用“节点”模式捕捉对象上的插入点是特别有用的。在本章后面将会列出有关这些命令。

（13）最近点（NEA）

“最近点”模式用于搜索另一个对象在外观上与光标最近的点。该模式可以捕捉圆弧、圆、椭圆、椭圆弧、多线、直线、点、多段线、射线、样条曲线或参照线的最近点。

（14）无捕捉（NON）

“无捕捉”模式指示 AutoCAD 不使用任何对象捕捉模式。

提示：使用无捕捉模式作为单点对象捕捉模式，可以临时关闭正在运行的单一对象捕捉模式。在选择对象捕捉选项后，该对象捕捉将会再次激活。不要将无捕捉模式与“对象捕捉设置”对话框中的“全部清除”按钮相混淆，“全部清除”按钮将关闭所有运行的对象捕捉模式。

2. 设置单点对象捕捉模式（透明命令方式）

在另一个命令处于激活状态时，可以通过单点对象捕捉模式，仅选择一个对象捕捉模式。例如，在绘制直线时，如果想要捕捉一条已经绘制的直线的中点，可以激活中点对象捕捉模式。单点对象捕捉仅仅是当前的选项处于激活状态。一旦在图形中选择了一个点，该对象捕捉模式将会关闭。

注意：如果激活单点对象捕捉模式，并且 AutoCAD 不能找到适合该对象捕捉条件的几何点，AutoCAD 将会出现一个提示信息，指出 AutoCAD 没有发现符合该条件的点。一旦单点对象捕捉模式不再处于激活状态，就需要重新选择对象捕捉模式。

要设置单点对象捕捉模式，可以使用以下任一种方法：

- 在“对象捕捉”工具栏中，单击其中的一个对象捕捉按钮，如图 7-9 所示。
- 在命令行中，当提示选择一个点或一个对象时，键入对象捕捉的名称并按 Enter 键。如 Int 表示交叉点。
- 按住 Shift 键，并单击鼠标右键显示对象捕捉快捷菜单，然后选择所需的对象捕捉模式，如图 7-21 所示。

图 7-21　对象捕捉快捷菜单

提示：在命令行中键入对象捕捉模式时，可以组合输入两个或多个对象捕捉模式，并用逗号将它们分开。例如，要查找两个对象的端点和交点，应键入“End, Int”。因此，AutoCAD 在靶框中扫描实体，并根据距十字光标最近的符合条件的点将两个实体的端点或交点锁定。在命令行中键入对象捕捉模式的名称时，只需键入该模式名称的前三个或前四个字母。

3. 设置对象捕捉全局状态

执行一个对象捕捉模式后，所选择的对象捕捉模式将一直生效直到关闭该模式。可以打开执行对象捕捉模式，并且可在“草图设置”对话框（图 7-22）“对象捕捉”选项卡中修改对象捕捉靶框的大小。

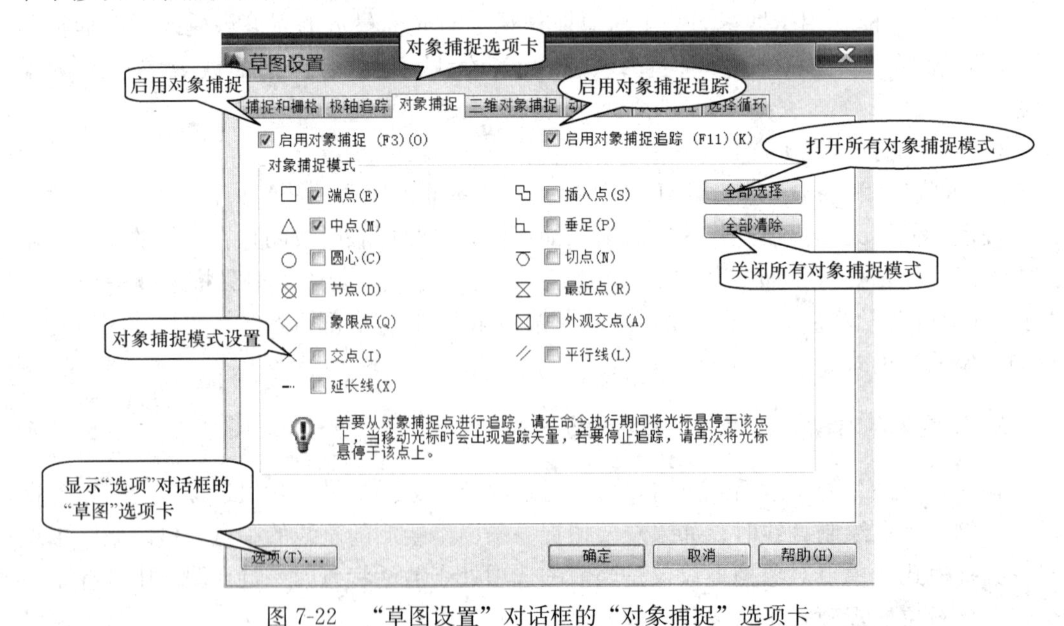

图 7-22　“草图设置”对话框的“对象捕捉”选项卡

使用以下任一种方法，可以调用“草图设置”对话框：

● 在“命令：”提示下，键入 Osnap 并按 Enter 键。
● 工具栏：“对象捕捉”→“对象捕捉设置”。
● 下拉菜单：“工具”→“草图设置”→“对象捕捉”。
● 在状态栏中的“对象捕捉”按钮处单击右键。
● Shift+右键→“对象捕捉”→“对象捕捉设置”。

提示：设置了一个或多个对象捕捉模式后，通过单击状态栏中的“对象捕捉”按钮或按 Ctrl+F 键或 F3 键，可以快速打开或关闭所有设置的对象捕捉模式。如果没有对象捕捉模式处于当前的激活状态，可以单击状态栏中的对象捕捉按钮，显示“绘图设置”对话框“对象捕捉”选项卡。在一个对象捕捉模式处于激活状态时进行上述操作，将使该执行对象捕捉模式失效。

4. 设置自动捕捉

自动捕捉功能可在实际选择对象捕捉点时，首先在外观上预览可能的捕捉点。“磁吸”选项可将光标吸引到符合磁吸条件的对象捕捉点上。

在“选项”对话框“绘图”选项卡中，设置自动捕捉各选项，如图 7-23 所示。

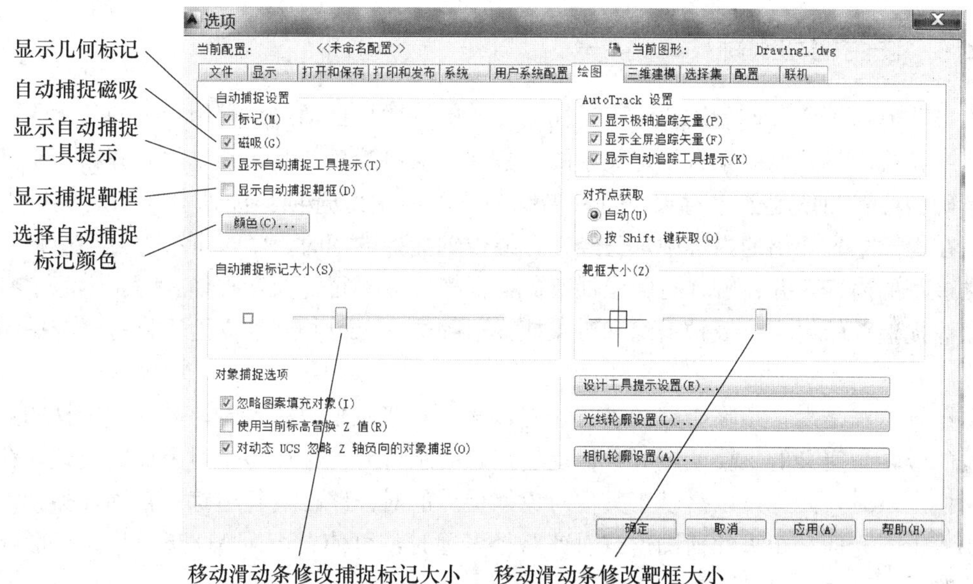

图 7-23　“选项”对话框中的“绘图”选项卡

可以通过下列几种方法调用该对话框：

● 命令：Options。
● 下拉菜单：“工具”→“选项”。
● 在命令窗口中单击右键，或在没有执行任何命令时，在绘图区单击右键，从快捷菜单中选择“选项”。

对话框中的自动捕捉选项区由六个元素组成：

● 标记：在光标移动到一个对象的捕捉点时，在指定位置上，AutoCAD 显示一个几何符号，表示一种对象捕捉模式。

● 磁吸：移动光标并充分靠近一个对象时，将使光标自动地锁定在对象捕捉点上。

● 显示自动捕捉工具提示：当光标移动到对象捕捉点上时，将会显示一个由对象捕捉名称组成的小文本框。

● 显示自动捕捉靶框：在激活一种对象捕捉模式后，十字光标的中心将会出现一个靶框。

● 自动捕捉标记颜色：在下拉列表颜色中，可以选择前七种标准颜色中的一种，作为自动捕捉标记的颜色。

● 自动捕捉标记大小：调整自动捕捉标记的大小。移动滑块时，在相邻的区域内将会显示新的标记尺寸的大小。

提示：在绘制比较复杂的图形时，可以使用自动捕捉功能循环显示满足当前激活对象捕捉模式的可能的捕捉点，代替使用缩放命令来确保选择正确的捕捉点。要使用此循环特性，激活一个或多个对象捕捉模式，调用一个 AutoCAD 命令，在该命令要求指定一个点时（例如 Line 命令），将光标移动到该对象上；然后，按 Tab 键循环显示可能的对象捕捉位置点。

7.2.4 使用自动追踪

自动追踪是 AutoCAD 2000 中功能很强的新特性。自动追踪可用指定的角度绘制对象，或者绘制与其他对象有特定关系的对象。自动追踪打开时，临时的对齐路径有助于以精确的位置和角度创建对象。自动追踪包含两种追踪选项：极轴追踪和对象捕捉追踪。在本章早先介绍的内容中，已经在介绍极轴捕捉的同时，学习了有关自动追踪中的极轴追踪的内容，并在解释有关延伸对象捕捉模式和平行对象捕捉模式时，学习了有关对象捕捉追踪的内容。极轴追踪和对象捕捉追踪选项可以相互独立地进行打开与关闭的操作。

极轴追踪是沿一条临时路径进行追踪，该对齐路径是由相对于在命令中选择的点和设置的极轴角定义的。要使用对象捕捉追踪，必须打开一个或多个对象捕捉模式。在命令中指定点时，光标可以沿基于其他对象捕捉点的对齐路径进行追踪。自动捕捉靶框的大小决定了光标在距离几何图形或对齐路径多远时，可使 AutoCAD 获得几何图形或显示临时对齐路径。

1. 使用极轴追踪

在绘制或编辑对象时，极轴追踪可以根据相对于上一点的指定距离和角度确定光标的位置。在“草图设置”对话框“极轴追踪”选项卡中，可以设置极轴角增量，如图 7-24 所示，并可在该对话框中的“捕捉和栅格”选项卡中设置极轴距离。在使用极轴追踪时，AutoCAD 显示临时对齐路径和标有距上一点的距离及角度的工具栏提示。例如，如果极轴角增量设置为 45°，在开始绘制一条直线并指定其起点后，在光标经过 45°极轴角增量时，AutoCAD 显示一临时对齐路径，如图 7-25 所示。

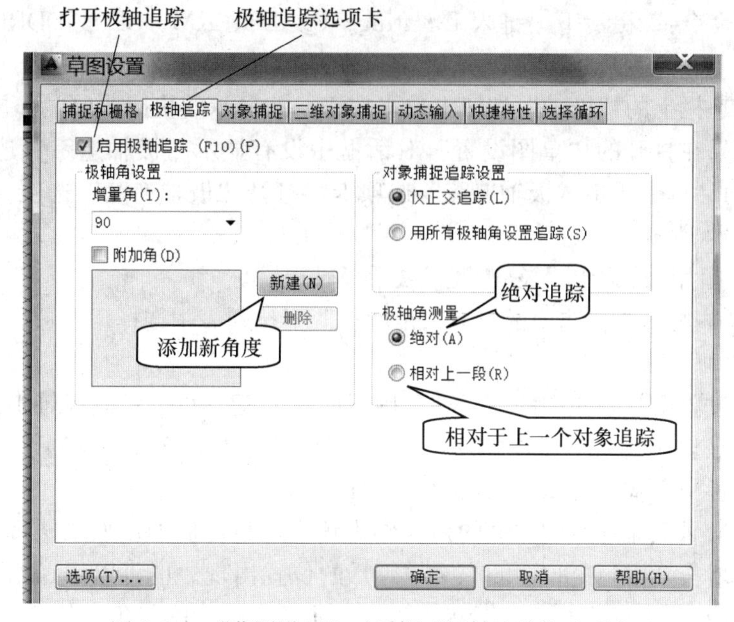

图 7-24　“草图设置”对话框“极轴追踪”选项卡

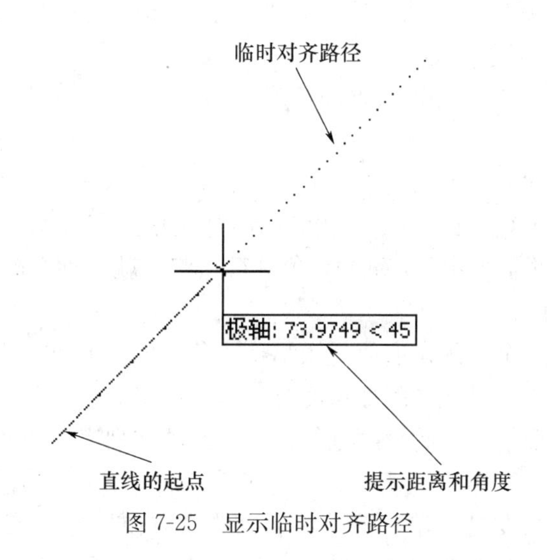

图 7-25　显示临时对齐路径

另外，如果极轴距离增量设置为 1 个图形单位并打开捕捉，沿临时路径移动光标时，光标将会沿该路径捕捉到 1 个单位的增量。可以使用极轴追踪沿着 90°、45°、30°、22.5°、18°、15°、10°和 5°的极轴角增量进行追踪，也可以指定其他角度以及设置是否让 AutoCAD 测量基于当前用户坐标系或相对于已绘制的直线的极轴角度。

例如，如果最后绘制的直线的方向是 66°，在相对于该直线进行追踪时，如果极轴角增量设置为 45°，那么在该直线上可以捕捉到 45°角增量。在前几节我们已学习了有关坐标和坐标系的内容。

（1）要打开极轴追踪和设置极轴追踪角增量，可按下列步骤进行：

① 使用以下任一种方法：

● 从“工具”下拉菜单中，选择“草图设置”选项。

● 在“命令:”提示下，键入 DSettings（或 DS、RM、SE 或 DDRmodes）并按 Enter 键。

● 在状态栏上的“极轴”按钮上单击右键，从显示的快捷菜单中选择“设置”。

注意：如果在打开的“草图设置”对话框中没有显示“极轴追踪”选项卡，可在“草图设置”对话框中单击“极轴追踪”选项卡，打开“极轴追踪”选项卡，然后进行设置。如图 7-24 所示。

② 选择“启用极轴追踪”复选框，激活极轴追踪。

③ 在“极轴角设置”选项区，在“角增量”下拉列表中选择角增量。

④ 单击“确定”。

提示：通过单击状态栏中的“极轴”按钮或 F10 键，可以控制极轴追踪的开与关。不能同时使用极轴追踪和正交方式。如果打开极轴追踪，AutoCAD 将会关闭正交方式；如果打开正交方式，AutoCAD 将会关闭极轴追踪。

（2）从角增量下拉列表中选择的角度作为角度增量。例如，如果选择 30°，临时对齐路径将在每增长 30°（如 30°、60°、90°等）的位置出现。也可以添加指定的附加角。例如，如果要沿 55°方向进行追踪，可以添加一个角度作为附加角，其步骤如下：

① 显示“草图设置”对话框中的“极轴追踪”选项卡。

② 选择“附加角”复选框。

③ 单击“新建”按钮，并键入附加角度。

④ 单击“确定”。

可以根据需要添加多个附加角度。值得注意的是，不管怎样，这些角度都是明确的角度。另一方面，AutoCAD 将仅沿着指定的附加角度进行追踪，而不按附加角度增量进行追踪。例如，如果需要沿 55°和 110°角进行追踪，就必须在附加角度列表中列出所有指定的角度。

注意：如果输入一个负的角度值，系统将该角度值加上 360°使其转化为 0 到 360°范围的正的角度值。无论何时选择附加角度复选框，可将添加的角度保存在列表中并且是可见的。如果不再需要沿特定的角度进行追踪，必须在列表中选择该角度，并单击“删除”按钮。

如果仅需沿特定角度进行单次追踪，可以非常方便地指定该角度作为极轴角度覆盖。可在命令行中键入带有左尖角括号“<”的前缀，就可以实现单次追踪。例如，要沿 55°角绘制一直线，可在命令提示下执行如下步骤：

```
命令:line↙
指定第一点:
指定下一点或[放弃(U)]:<55↙
角度覆盖:55
指定下一点或[放弃(U)]100↙
命令:
```

一旦指定角度覆盖，将会注意到光标被锁定在 55°的方向上。然后，沿该角度指定一个距离作为直线的另一个指定点。在指定了下一点后，角度覆盖将会消失，光标将可以自由地移动。

2. 使用对象捕捉追踪

在绘制或编辑对象时，对象捕捉追踪可以帮助选择沿着基于对象捕捉点的对齐路径上的位置。例如，可以沿一个圆的中心和一条直线的中点的对齐路径确定一个点，如图 7-26 所示。

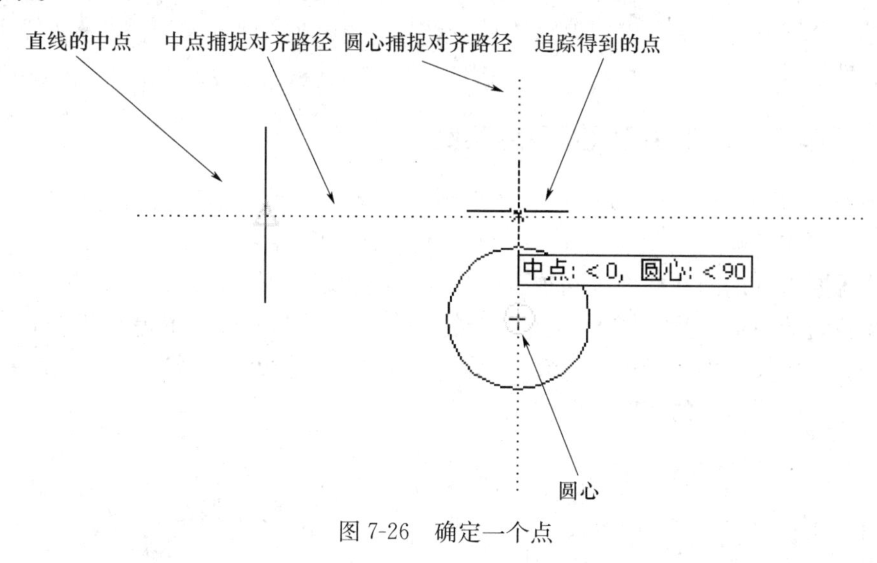

图 7-26　确定一个点

要使用对象捕捉追踪，必须先打开对象捕捉追踪并设置一个或多个执行对象捕捉。可以在“草图设置”对话框“对象捕捉”选项卡中打开对象捕捉，或单击状态栏中的“对象追踪”按钮，或按功能键 F11。

一旦激活对象捕捉追踪，并且设置了一个或多个对象捕捉模式，在命令提示指定一个点时，将光标移动到所要追踪的对象点上，并在该点短暂停留。不要单击该点。AutoCAD 获得该点后，将在该点附近出现一个小加号“+”。如果激活自动捕捉标记，在所需点处还将显示对象捕捉标记。然后，将光标移出该点，AutoCAD 将会出现临时对齐路径。

可以获得多个这样的点，并用这些点指定下一点。例如，在上一个实例中，AutoCAD 将该点放置在圆的中心点和一条直线的中点的连线上。

如果所得到的点并不是想要使用的点，那么可以非常简单地将光标从该点处移开以清除获得的标记。AutoCAD 也可以用新的命令提示以及每次开关对象捕捉清除已获得的点。

在默认状态下，当光标位于某一满足捕捉模式的点时，AutoCAD 将自动获得对象捕捉追踪点。在“选项”对话框（图 7-23）“绘图”选项卡中修改“对齐点获取”选项，可以修改该特性。如果选择了“按 Shift 键获取”按钮，则在光标经过对象的捕捉点时必须按 Shift 键得到该点。

提示：可以在“自动追踪设置”中设置自动追踪特性的其他方面内容。例如，当清除了“显示极轴追踪矢量”的选择后，将不显示极轴追踪路径。如果选择了“显示全屏追踪矢量”，则对齐路径将从前一点延伸到光标所在位置点，并且直到图形窗口的边界以下。如果清除了这个选项，则对齐路径将中止到光标位置。“显示自动追踪工具提示”选项将决定 AutoCAD 是否显示包含对齐角和距离信息的工具提示。

此外，还可以决定是否将对象捕捉追踪与极轴角设置联系起来。在默认状态下，使用对象捕捉追踪时，AutoCAD 只在正交角（0°、90°、180°和 270°）显示对齐路径。如果在“草图设置”对话框（图 7-24）的“极轴追踪”选项卡的“对象捕捉追踪设置”区中选择了“用所有极轴角设置追踪”单选按钮，AutoCAD 将在当前所有设置的极轴角方向上显示对齐路径。

7.2.5 实例 7-1 自动追踪的应用实例

图 7-27（a）所示的图形是一个三角形图形实体，它是一个截面为三角形的构造柱截面图形。要在其斜边上绘制一个矩形加固柱截面，其相对位置如图 7-27（f）所示。加固柱位置要求：加固柱截面最高顶点（*E* 点）应和三角形最高顶点（*B* 点）平齐，最低点应在斜边的中点，且要求与斜边重合的一条边（线段 *DG*）不得小于斜边的 1/4。三角形截面图形尺寸为：底边长（*AC*）为 150mm，垂直边长（*AB*）为 200mm。其他尺寸都由这两图形对象的相对位置要求确定。

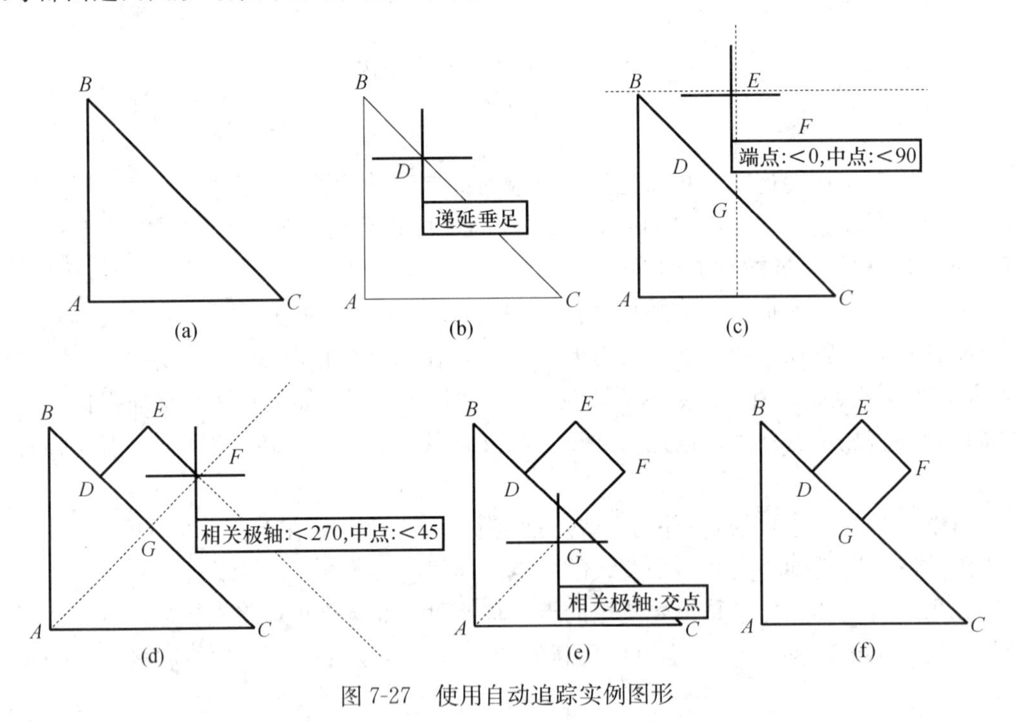

图 7-27 使用自动追踪实例图形

如图 7-27（a）已绘制出三角形截面，要绘制加固柱截面，应使用下列步骤及指令：

（1）显示“草图设置”对话框。

（2）在“对象捕捉”选项卡中的“对象捕捉模式”区，选择“端点”、“中点”和“交点”捕捉模式。通过选择“启用对象捕捉”和“启用对象捕捉追踪”复选框，打开对象捕捉和对象捕捉追踪功能。

(3) 在“极轴追踪”选项卡中，选择 45°作为角增量。在“对象捕捉追踪设置”区，选择“用所有极轴角设置追踪”。在“极轴角测量单位”区，选择“相对上一段”。打开极轴追踪。

(4) 单击“确定”，关闭“草图设置”对话框。

(5) 调用 Line 命令，可以从“绘图”工具栏中选择“直线”命令；或是在“命令:”提示下，键入 Line 并按 Enter 键，实现调用 Line 命令。

(6) 当 AutoCAD 提示指定第一点时，选择单点垂足对象捕捉模式，将光标移动到三角形的斜边上（以便 AutoCAD 显示递延垂足工具栏提示），然后单击三角形的斜边，可以得到点 D。

(7) 当 AutoCAD 提示指定下一点时，可以追踪端点 B 和中点 G。然后，移动光标直到 AutoCAD 显示两个由这些点连接而成的正交对齐路径的交点，如图 7-27 (c) 所示。单击鼠标选择该点，得到 E 点。

(8) AutoCAD 绘制第一条直线，然后提示指定下一点。沿 270°相关极轴对齐路径移动光标，如图 7-27 (d) 所示，直到该路径的延长线与中点 G 的延长路径相交。单击鼠标选择该点，得到 F 点。

(9) 沿着垂直于三角形斜边的方向，向下移动光标，直到 AutoCAD 显示“相关极轴：交点”工具栏提示。单击鼠标选择该点，得到直线与斜边相交于 G 点，然后按 Enter 键结束命令。

7.3　缩短绘图时间，重画房间平面图

上一节，我们探讨了点坐标的输入法、对象捕捉、对象追踪、极轴追踪等有关 AutoCAD 精确定位的工具。有了以上的基础，这一节我们将以一个绘图实例来讲述如何使用 AutoCAD 的编辑工具和定位工具来有效地缩短绘图时间。

在 AutoCAD 中提供了大量的编辑工具，我们可以用不同的编辑工具编辑对象，并得到同样的结果，这给我们的绘图设计带来了极大的灵活性。具体哪一种方法最好，要视图形设计的已知条件和设计人员个人喜好而定。下面我们使用几种新工具重画第 5 章已经绘制好的房间平面图，并给房间加入阳台。

1. 设置工作区

设置单位为公制十进制小数，精度为 4 位小数，比例为 1∶100 的 3 号图，工作区范围设置为：左下角点（0.0000，0.0000），右上角点（42000.0000，29700.0000）。

注意：图形范围的设置要以 1∶1 实体对象完全能画在图形范围之内为原则，同时要考虑到尺寸标注和说明文本的占用空间。图形范围不宜过大也不宜过小，应设置合理。

2. 创建必要的图层及其颜色、线型属性

利用图层特性工具打开“图层特性管理器”对话框，新建若干将要用到的图层，如：轴线层、窗体层、墙体层等图层，并设置其颜色和线型。不同图层尽量使用不同的颜色，以便简单地通过颜色来区分图层。轴线层设置“点画线”线型（如：ACAD_

ISO04W100），并使用 Ltscale 命令设置其线型比例为 30，以便能良好显示该线型，其他图层均使用连续线型即可。具体设置如图 7-28 所示。下面我们将首先使用轴线层绘制必要的轴线，将其置为当前层以待后面使用。

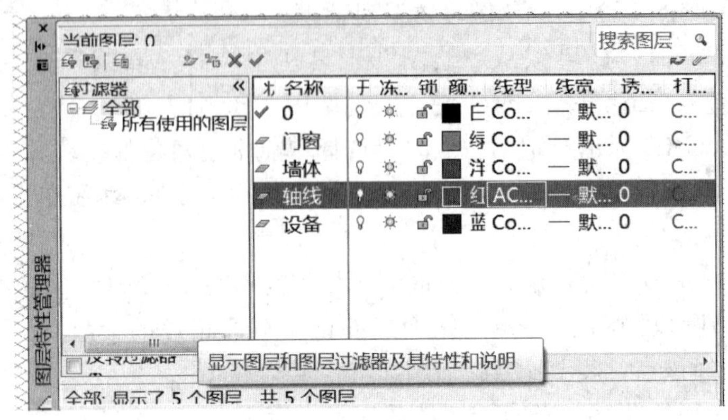

图 7-28　图层设置

3. 在轴线层上绘制必要的轴线

（1）使用直线工具（或 line 命令）在适当位置绘制垂直线段①和水平线段②各一条。如图 7-29（b）所示。

（2）设定端点捕捉，并激活；在状态栏中单击鼠标右键弹出菜单，如图 7-29（a）所示，在菜单中选择“设置”打开“草图设置”对话框的“对象捕捉”选项卡，并设置端点捕捉模式有效。

（3）使用 Copy 命令配合端点捕捉法绘制出垂直线段③。

（4）使用 Copy 命令配合端点捕捉、正交模式及直接距离输入法绘制出水平线段④，绘制结果如图 7-29（c）所示。

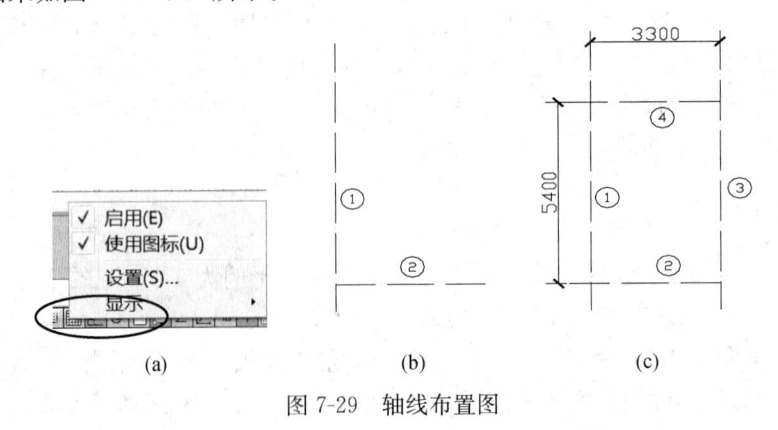

图 7-29　轴线布置图

4. 在墙体图层上绘制墙线

（1）将墙体图层置为当前图层。

（2）使用偏移命令在第一和第二条横向及纵向轴线的两侧各偏移一条直线，偏移距离120mm，并在特性管理器中将其特性修改为当前图层，此时刚偏移得到的直线变为蓝色直线。

（3）再绘制卫生间隔墙线，卫生间内部尺寸为2380mm×1500mm，墙厚为120mm，位置在房间的右上角，卫生间隔墙不能直接定位，我们使用刚学的临时追踪点法绘出。

① 首先绘制竖线。如图7-30（a）所示。

命令:Line
指定第一点:FRO　　（使用命令行方式激活临时参考点捕捉方式）
基点：　（选取房间内墙的右上角点作基点）<偏移>:@－1500,0
指定下一点或[放弃(U)]：　（在垂直线上任取一点如图7-29a所示）
指定下一点或[放弃(U)]：　（按Enter键结束命令）
命令：

② 绘制水平墙线。如图7-30（b）所示。

命令:Line
指定第一点:FRO
基点：　（仍然选取房间内墙的右上角点作基点）<偏移>:@0，－2380
指定下一点或[放弃(U)]：　（在水平线上任取一点如图7-30b所示）
指定下一点或[放弃(U)]：　（按Enter键结束命令）
命令：

③ 使用Offset命令绘出卫生间的墙。如图7-30（c）所示。

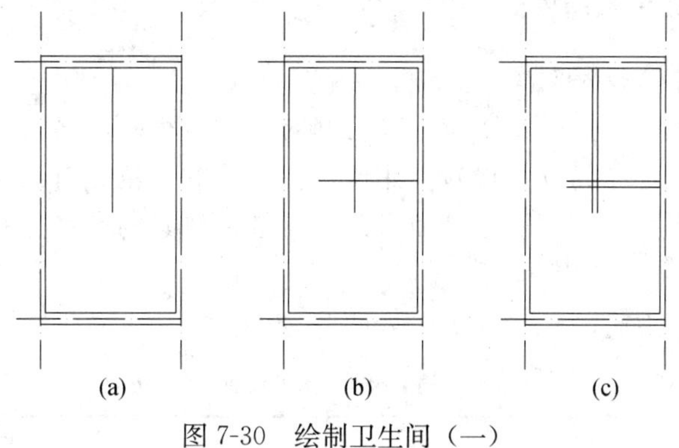
(a)　(b)　(c)

图7-30　绘制卫生间（一）

④ 使用夹点操作的Stretch命令配合垂足捕捉将卫生间墙脚修好。如图7-31所示。

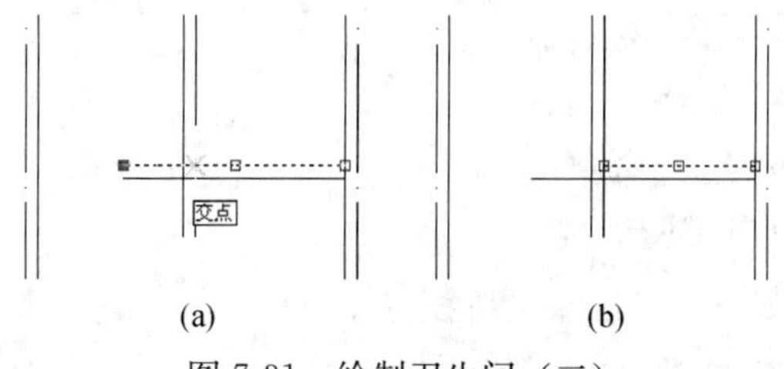

(a)　(b)

图7-31　绘制卫生间（二）

⑤ 使用 Break 命令将不用的线删除，形成如图 7-32（a）所示的墙线。

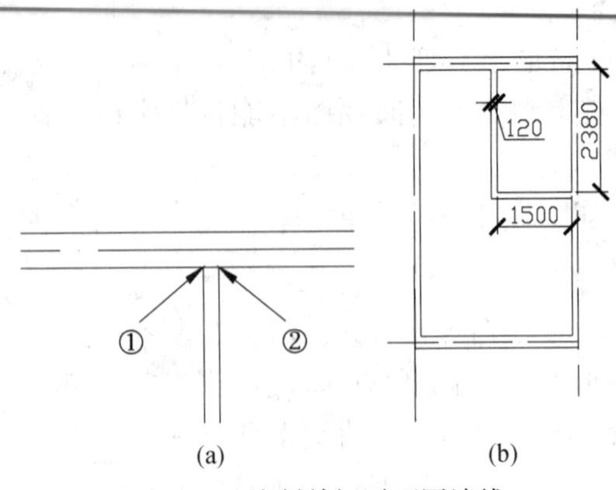

图 7-32　绘制单间平面图墙线

```
命令:Break
选择对象:
指定第二个打断点或[第一点(F)]:F
指定第一个打断点:    (选①点)
指定第二个打断点:    (选②点)
命令:
```

对于操作步骤⑤来说，如果用 Trim 命令可能更简捷。此处提供另一种解决方法是为了抛砖引玉，拓宽思路。具体哪一种方法更好，还要绘图者自己体会。

5. 使用 Break 命令给门窗开口

(1) 用 Break 命令打断对象

可以将一个对象打断为两个部分，在打断对象的过程中，将一部分对象清除。通过指定两个点打断对象。作为默认设置，用于选择对象的点也是打断对象的第一个点，但是不管怎样，可以用“第一点”选项将打断点与选择对象的点区分开。不能将主谓法用于 Break 命令。

使用指定的两个点打断一个对象，如图 7-33 所示。

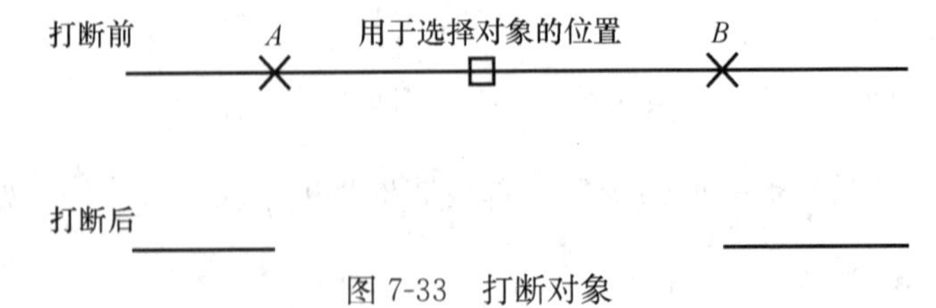

图 7-33　打断对象

使用以下任一种方法运行命令：

- 命令：Break（或 BR）。
- 工具栏：“修改”→“打断”按钮。
- 下拉菜单：“修改”→“打断”。

命令步骤提示如下：

```
命令:Break
选择对象:      (选择要打断的对象,如图 7-33 中的直线对象)
指定第二个打断点或[第一点(F)]:F↙        (对应于"第一点"选项)
指定第一个打断点:      (重新指定第一个打断点,如图 7-33 中的 A 点)
指定第二个打断点:      (指定第二个打断点)
命令:
```

(2) 用 Break 命令给卫生间和房间的指定位置开门和窗，并用 Line 命令给开口处封口，结果如图 7-34 所示。

注意：Break 命令提示选择对象时，AutoCAD 自动以对象上的拾取点作为对象上要打断的第一点，要重新指定第一点，需使用此命令的 F 选项。

Break 命令一次只能打断一条线段，而墙线至少有两条，在打断第一条后，再打断其他各条线，要使用对象追踪来找到其他线条上的对齐点。

6. 引用第 5 章创建门、窗及浴室设施等块，并将它们插入到指定位置

用 Block 命令或 Bmake 命令创建门、窗及浴室设施的块，用 Insert 命令将定义的块逐个插入到指定位置。结果如图 7-35 所示。

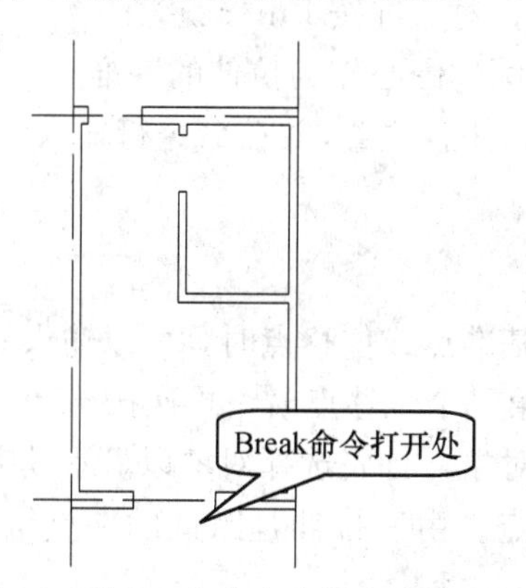

图 7-34　用 Break 命令在门和窗位置开口

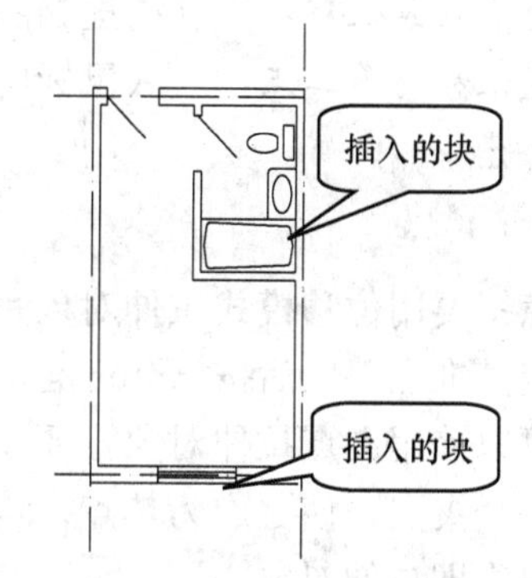

图 7-35　创建并插入门、窗及浴室设施

若要更改房间的进深和开间，可使用 Stretch 命令。下面就 Stretch 命令的应用做详细讲解。

7. 使用 Stretch 命令修改房间的进深

(1) 用 Streth 命令拉伸对象

可以通过拉伸对象修改对象的大小。在拉伸对象时，必须通过使用交叉窗口或交叉多边形的对象选择方式选择对象。然后既可以指定位移距离，也可以指定一个基准点和位移点。穿过交叉窗口或交叉多边形窗口边界的对象将被拉伸，那些位于窗口之内的对象仅被移动，如图 7-36 所示。既可以使用“先执行后选择”对象选择方式，也可以使用“先选择后执行”对象选择方式。

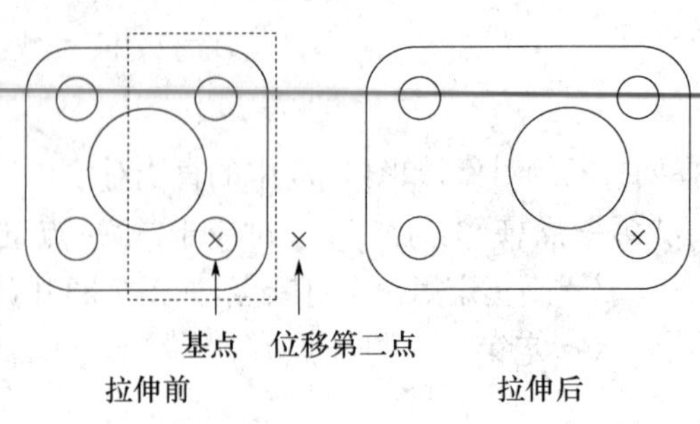

图7-36　拉伸对象

要拉伸一个对象，可按下列步骤进行。

可以使用以下任一种方法：

● “命令：Stretch（或S）。

● 工具栏：“修改”→“拉伸”按钮。

● 下拉菜单：“修改”中，选择“拉伸”。

命令步骤提示如下：

命令:Stretch↙

以交叉窗口或交叉多边形选择要拉伸的对象...

选择对象：　（用如图7-36所示的虚线框选择对象并按Enter键）

指定基点或位移：　（捕捉如图7-36右下角圆的圆心作为拉伸的基准点）

指定位移的第二点：　（鼠标向左水平移动到任意位置，并在命令行输入100，然后按Enter键）

命令：

注意：要用位移模式拉伸对象，在提示指定基准点或位移点时，可以输入一个距离代替指定基准点，然后按Enter键。在提示指定第二个位移点时，再次按Enter键。

还可以使用夹点拉伸对象。要使用夹点拉伸对象，首先选择对象以显示其夹点，然后单击一个夹点，使之成为热点。该点成为基准点。由于拉伸是默认的夹点编辑模式，因此可以立即拉伸对象。

提示：经常需要在同一时刻拉伸一个以上的对象（或者一个以上的夹点）。例如，可能需要拉伸一个矩形。通过在选择夹点时按住Shift键可以选择一个以上的热点。一些夹点，例如直线的中点以及圆和圆弧的圆心，是移动对象而不是拉伸对象。

提示：通过允许在一个拉伸操作中选择多个交叉窗口或交叉多边形，MStretch快捷工具可以拉伸多个对象。要执行该命令，可使用以下任一种方法：

● 命令：MStretch。

● 工具栏：“快捷工具的标准工具栏”→“多重图元拉伸”。

● 下拉菜单：“快捷工具”→“修改”→“多重图元拉伸”。

（2）使用Stretch命令更改房间的进深的操作步骤

① 执行Stretch命令，选择靠近窗户的位置框选。如图7-37（a）所示。

② 打开交点捕捉，选取基点。如图7-37（b）所示。

③ 打开正交模式，向下移动鼠标，输入 1500，房间进深改变完毕。如图 7-37（c）所示。

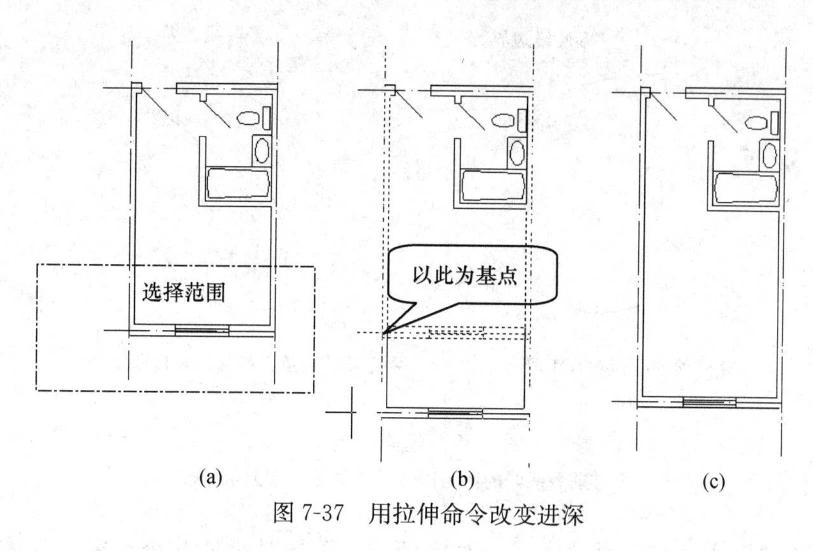

图 7-37　用拉伸命令改变进深

8. 用 Trim、Extend 及 Fillet 命令修改出一个阳台

以上面绘制的图形为例，将刚刚重画好的（图 7-35）的房间平面图进行局部修改——添加一个阳台，完善我们的图形。

（1）用 Extend 命令延长对象

在 AutoCAD 中，可以延伸对象，以便使对象在由其他对象定义的边界处结束。此外，还可以将对象延伸到与一个隐含的边界（如果延伸则可能相交的一条边界对象）相交。在使用 Extend 命令时，首先选择边界的边，然后指定要延伸的对象，选择对象可以一次选择一个对象，也可以使用框选方式选择对象。不能将主谓法应用于 Extend 命令。

只有圆弧、椭圆弧、直线、不闭合的二维和三维多段线以及射线可以被延伸。有效的边界对象包括圆弧、圆、椭圆、椭圆弧、浮动视口边界、直线、二维和三维多段线、射线、面域、样条曲线、文字和多线。

使用以下任一种方法运行命令：

- 命令：Extend（或 EX）。
- 工具栏："修改"→"延伸"按钮 --/。
- 下拉菜单："修改"→"延伸"。

如果选择了多个边界边，一个对象仅被拉长到距离它最近的边界边。通过再次选择该对象，可以将该对象继续延伸到下一个边界边。如果一个对象与选定的边界既不实际相交也不延伸相交（图 7-38 中的圆弧），则此对象不能被延伸。此时，命令行提示："选择的对象与边界不相交，不能被延伸"。

如果一个对象实际不与边界相交，但延伸后可以和边界相交（图 7-38 中的直线和椭圆弧下半段），要延伸此类对象需要使用"边"选项，"边"选项可以确定是否将对象延伸到一个实际边界（实际相交的边界）或者一个隐含边界（延伸相交的边界）。

如果一个对象可以沿多个方向延伸（图 7-38 中的椭圆弧），AutoCAD 将沿着最接近选择对象的点的方向延伸对象（此处椭圆弧需延伸两次，分别选择它的两端延伸，其下端要求“边”选项的“延伸边”选项）。

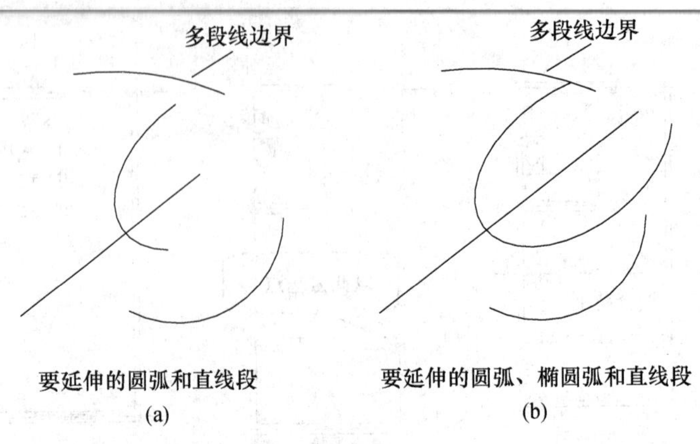

图 7-38　延伸对象

（a）延伸前各线段的情况；（b）延伸后各线段的情况

使用栏选对象选择方式同时将几个对象延伸。要同时延伸几个对象，如图 7-39 所示。命令步骤提示如下：

命令：Extend↙
当前设置：投影 = UCS 边 = 延伸
选择边界的边...
选择对象：　（选择边界）
选择对象：　（按 Enter 键）↙
选择要延伸的对象或[投影(P)/边(E)/放弃(U)]：F↙
第一栏选点：　（选择点 A）
指定直线的端点或[放弃(U)]：　（选择点 B）
指定直线的端点或[放弃(U)]：　（选择点 C）
指定直线的端点或[放弃(U)]：　（按 Enter 键）↙
选择要延伸的对象或[投影(P)/边(E)/放弃(U)]：　（按 Enter 键）↙
命令：

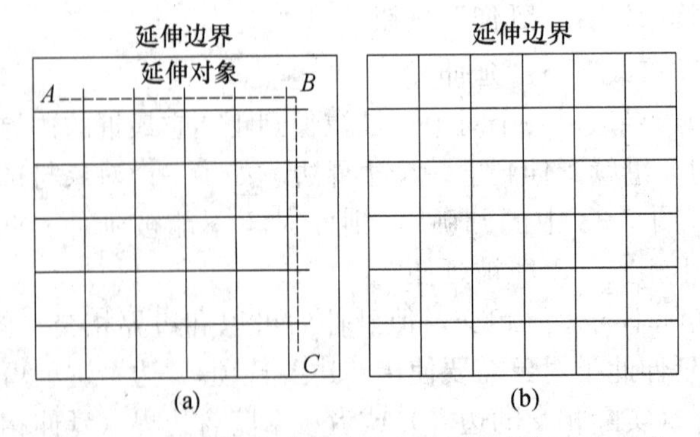

图 7-39　使用栏选对象选择方式同时延伸几个对象

（a）延伸前；（b）延伸后

注意：在延伸带宽度的多段线时，它的中心线与边界边相交。由于多段线的端点总是沿 90°角切断，因此，一部分多段线可能被延伸出边界。一个带锥度的多段线在与边界相交时保持其锥度。如果延伸后的结果可能导致多段线的宽度为负，则其端点宽度将修改为 0，如图 7-40 所示。

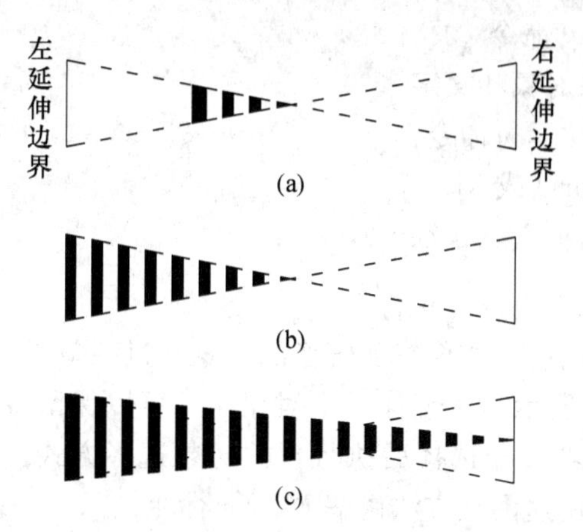

图 7-40　一个带锥度的多段线在与边界相交时保持其锥度

（a）延伸前；（b）以左延伸边界为边界的延伸结果；（c）以右延伸边界为边界的延伸结果

提示：Extend 命令不能用块或者外部参照作为边界对象。如果要用这些对象类型之一作为边界对象，可以使用 Extend 快捷工具。要执行这个命令，使用以下任一种方法：

- 工具栏："块快捷工具"→"延伸至块图元"。
- 下拉菜单："快捷工具"→"块"→"延伸至块图元"。

（2）用 Trim、Extend 及 Fillet 命令等命令对阳台部分细化处理

① 绘制一条阳台延伸界限：使用 Offset 命令，设置距离 1500，向下复制一条轴线。如图 7-41（a）所示。

② 使用 Extend 命令延伸出墙线。如图 7-41（b）所示。

③ 再绘制阳台墙线，挖门洞，修理多余轴线等。

④ 使用 Fillet 命令的圆角半径等于零（$R=0$）选项，将阳台墙线一次性修剪好。

⑤ 用 Trim 命令修剪余下多余线段。最终结果图形如图 7-41（c）所示。

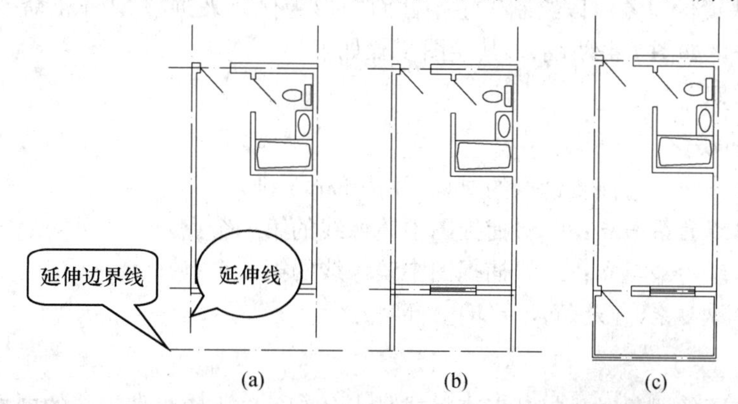

图 7-41　使用 Trim、Extend 和 Fillet 等命令将（c）图所示房间的内外墙修改完善

9. 利用 Mirror、Array 命令为图添加设备

在使用 Mirror 和 Array 命令之前，我们先来了解一下这两个命令的使用方法，然后再利用它们来添加设备。

（1）Mirror 和 Array 命令

① Mirror 命令镜像对象和文字

使用以下任一种方法运行命令：

- “命令：Mirror（或 MI）。
- 工具栏：“修改”→“镜像”按钮。
- 下拉菜单：“修改”→“镜像”。

可以创建一个对象的镜像图像。所镜像的对象穿过一条通过在图形中指定的两点定义的镜像线，如图 7-42 所示。在镜像一个对象时，可以保留或删除原始对象。可以使用“先执行后选择”或者“先选择后执行“的对象选择方式，分别称为“标准法”和“主谓法”。下面分别使用这两种方法讲解 Mirror 命令。

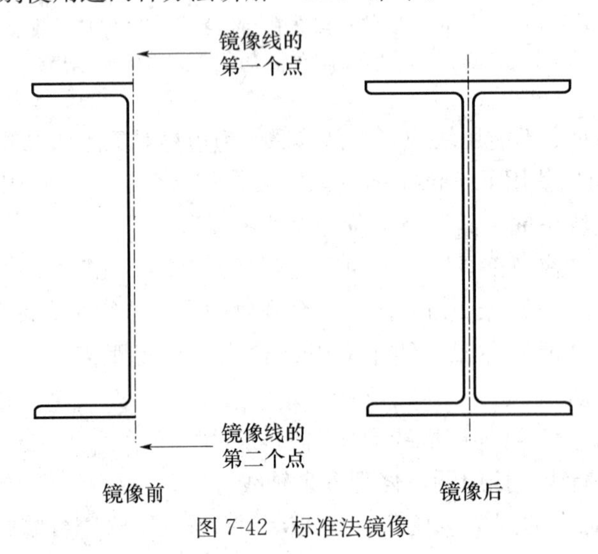

图 7-42　标准法镜像

a. 标准法镜像对象。以绘制工字钢截面图形为例，来讲解 Mirror 命令的标准法镜像对象的方法。如图 7-42 所示。其绘图步骤如下。

命令提示如下：

命令:Mirror↙

选择对象：　　（选择要镜像的对象,并按 Enter 键）

指定镜像线的第一点：　　（捕捉图中镜像线的第一个点）

指定镜像线的第二点：　　（捕捉图中镜像线的第二个点）

是否删除源对象？[是(Y)/否(N)]<N>:↙

命令:

提示：在镜像对象时，打开正交模式是十分有益的，它可使镜像的副本呈垂直或水平状态。

b. 使用主谓法的夹点方式镜像对象。步骤如下：

（a）选择要镜像的对象。

（b）选择一个所选对象的基础夹点。

（c）键入 MI 转换到“镜像”模式。

（d）按住 Shift 键，并指定镜像线的第二个点。

（e）按 Enter 键结束命令。

提示：使用夹点镜像时，源对象将被删除，除非还使用“复制”选项。

注意：在镜像文字时，AutoCAD 合乎规则地创建一个文字镜像。通过修改系统变量 MIRRTEXT 可以防止文字反转或倒置。在 MIRRTEXT 设置为 0 时，文字保持原始方向；设置为 1 时，镜像显示文字。如图 7-43 所示。

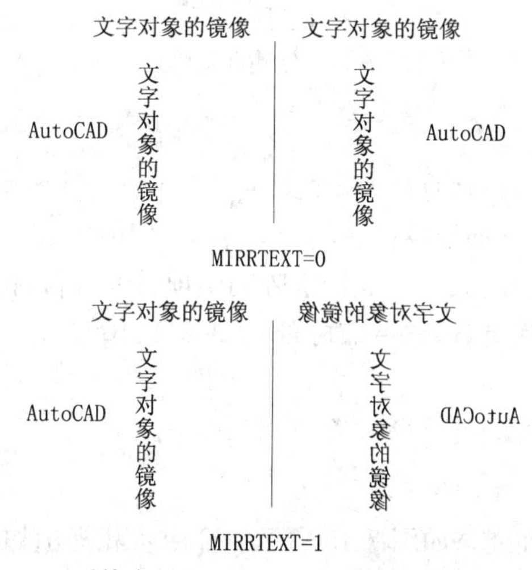

图 7-43　系统变量 MIRRTEXT 控制文字对象的镜像

其中：系统变量 MIRRTEXT 影响单行和多行文字、属性和属性定义，但不影响在块中的文字或固定的属性。

MIRRTEXT=1，表示文字行镜像，文字本身也镜像。

MIRRTEXT=0，表示文字行镜像，但文字本身不镜像。

② 使用 Array 命令阵列对象

可以按矩形或环形图案复制对象，创建一个阵列。在创建矩形阵列时，通过指定行、列的数量以及它们之间的距离，可以控制阵列中副本的数量。在创建一个环形阵列时，可以控制阵列中副本的数量以及是否旋转副本。可以使用“先执行后选择”或者“先选择后执行”对象选择方式。

a. 要创建一个环形阵列，如图 7-44 所示，可按下列步骤进行。

使用以下任一种方法执行 Array（AR）命令：

● 命令：Array（或 AR）。

● 工具栏：“修改”→“阵列”按钮。

● 下拉菜单：“修改”→“阵列”。

AutoCAD 命令步骤提示如下：

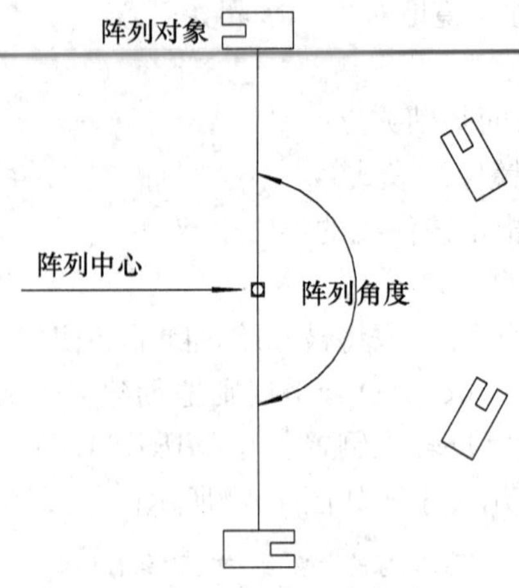

图 7-44　创建环形阵列

命令：Array↙

输入阵列类型[矩形(R)/环形(P)]<R>：P↙

指定阵列中心点：　（捕捉纵向直线段的中点作为阵列的中心点）

输入阵列中项目的数目：4↙　　（指定阵列中项目的数目，包括源对象）

指定填充角度(+ = 逆时针，- = 顺时针)<360>：180↙　　（指定阵列的填充角度，从 0°到 180°）

是否旋转阵列中的对象？[是(Y)/否(N)]<Y>：↙

命令：

b. 要创建一个矩形阵列，如图 7-45 所示。命令步骤提示如下：

命令：Array↙

输入阵列类型[矩形(R)/环形(P)]<R>：R↙

输入行数(- - -)<1>：3↙

输入列数(|||)<1>：4↙

输入行间距或指定单位单元(- - -)：10↙

指定列间距(|||)：20↙

命令：

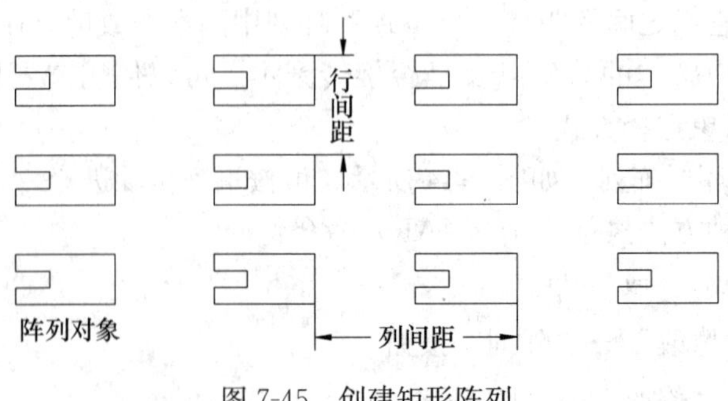

图 7-45　创建矩形阵列

注意：通过指定两个点可以只用一步操作确定行和列之间的间距。这就是所谓的单位单元。两点间的垂直距离确定了行间距，两点间的水平距离确定了列间距。

（2）利用 Mirror 和 Array 命令为图添加设备

仍以前面的绘图实例讲解。并请读者留意 Mirror 和 Array 命令给绘图工作带来了哪些方便以及使用过程中应注意哪些问题。

以图 7-46 为例，我们把阳台作为厨房，给厨房添加水池和灶眼。

① 先绘制厨房台面。将设备图层置为当前，沿阳台内墙线有窗户的一面和右侧面各绘制一条直线，用偏移命令在其下方和左侧各偏移出一条直线，作为厨房操作台。

② 绘制水池。在厨房前方稍靠左的地方绘制一长 495mm、宽 350mm 的矩形，水平方向位置距操作台外边缘 75mm，垂直方向位置与操作台垂直边缘对齐。使用偏移命令将刚绘制矩形的左边线向右偏移一条直线，偏移距离 12.5mm，再将矩形的其他三边向内各偏移一条直线，偏移距离 25mm，给所绘的内矩形倒圆角，倒角半径为 40mm。对外边的矩形只对右边两个角进行倒角操作，倒角半径为 20mm，绘制出的两个矩形作为水池的内外边缘。

③ 绘制两灶眼对称线。启用对象捕捉和对象追踪，用 Line 命令捕捉操作台边缘的右拐角点，向下追踪到 410mm 的位置拾取一点，作为 Line 命令的起点，再水平向右移动鼠标并捕捉垂足，再拾取第二点确认，得到右侧灶台绘制中线。

④ 定位灶眼位置。将轴线图层置为当前，在距离右侧灶台中心线向上 184mm 的位置绘制一条水平轴线，在距离右侧灶台外边缘 250mm 的位置处绘制垂直轴线。

⑤ 绘制灶眼及火眼。将设备图层置为当前，以灶眼轴线交点为圆心绘制 3 个圆，半径分别为 100mm、55mm 和 22.5mm，作为灶眼及火眼定位圆。在大圆的左边四分点处绘制一长 40mm、宽 10mm 的圆角矩形，在半径为 55mm 圆的左侧四分点处绘制一半径为 7mm 的圆，在半径为 22.5mm 圆的左侧四分点处绘制一半径为 5mm 的圆，作为火眼。

⑥ 使用环形阵列命令，在 3 个定位圆上绘制出其他火眼。如图 7-46 所示。

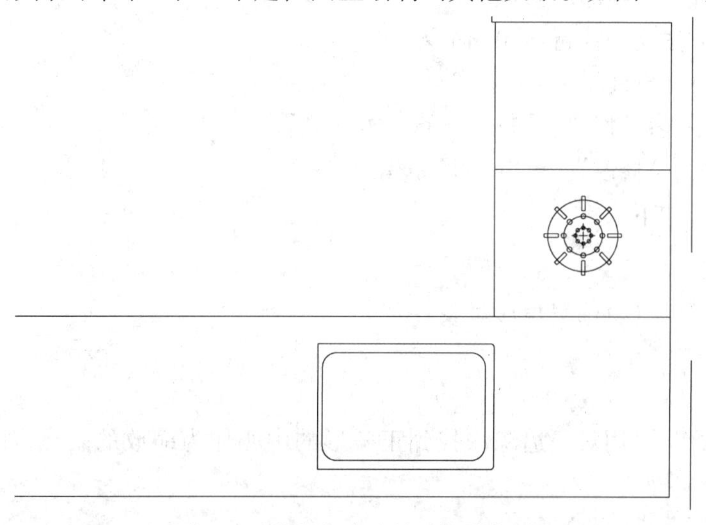

图 7-46　灶眼与水池的局部放大图

⑦ 使用镜像命令将水池和灶眼各镜像一个。如图 7-47 所示。

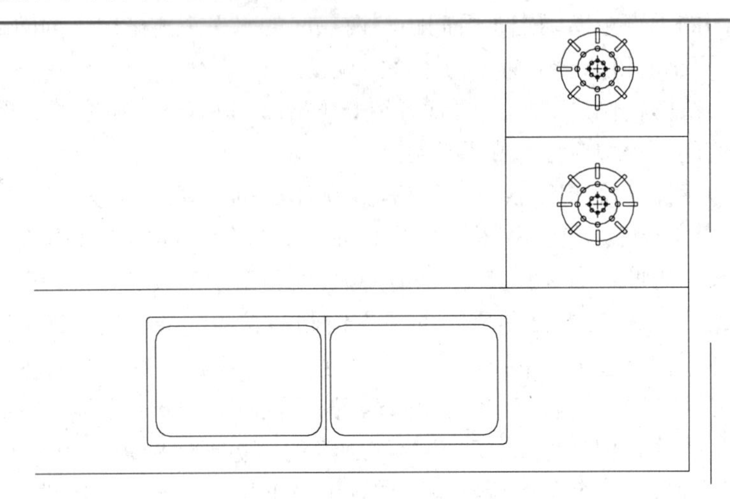

图 7-47　镜像出另一水池和另一灶眼

10. 使用 Scale 命令缩放房间

（1）使用 Scale 命令比例缩放对象

如果要绘制的图形对象是已有对象的若干倍，在配合使用复制（Copy）命令的情况下，使用该命令可以快速绘制新图形。另外，如果一个对象嵌套在另一个对象之内时，内部的对象如果绘制的大小不合适可能无法放置在外部对象中，这时也需要使用 Scale 命令使内部对象恰好嵌套在外部对象中。

使用 Scale 命令绘制一构造柱截面图，此截面图恰好是圆柱形截面柱和三角形截面柱的交面，形成如图 7-48（b）所示的界面图形。已知圆柱半径为 200mm，三角形原始边长为 100mm。对图 7-48（a）中的三角形进行比例缩放，使图中三角形柱截面放大到恰好内接于圆柱。其绘图步骤如下：

使用下列方法之一执行 Scale 命令：

● 命令行：Scale。

● 下拉菜单："修改（M）"→"比例（L）"。

● 工具栏："修改"→"比例"按钮。

命令行提示如下：

命令：Scale

选择对象：　（窗选三角形对象）

找到 3 个

选择对象：↙

指定基点：　（用对象追踪法找到正三形的中心作为缩放的基点，如图 7-48a 中位置①处）

指定比例因子或[参照(R)]：R↙

指定参考长度<1>：　（指定三角形中心作为第一点）

指定第二点：　（捕捉三角形的某一顶点作为第二点）

指定新长度：　（指定第二点，沿着三角形的某一顶点的角平分线，向顶点外延伸找到与圆的交点，拾取此点）

此时三角形内接于圆，完成了绘图。

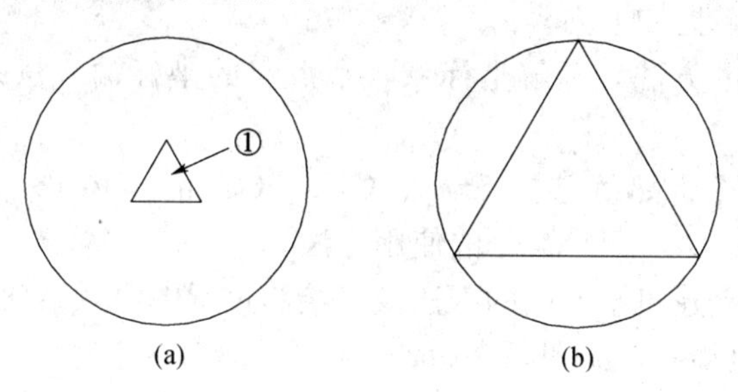

图 7-48　使用 Scale 命令比例缩放对象
（a）比例缩放前；（b）比例缩放后

（2）使用 Scale 命令将单个房屋平面图放大为原来的 2 倍

以图 7-41（c）为例将单个房屋平面图放大为原来的 2 倍。结果图形如图 7-49（b）所示。其操作步骤如下：

命令：Scale↙

选择对象：　（指定对角点）

找到 3 个　（选择了组成房屋平面图的所有对象）

选择对象：↙

指定基点：　（捕捉房屋平面图的左下角点作为缩放基点）

指定比例因子或[参照(R)]：2↙

完成任务。

此时我们已经将绘制好的房屋平面图放大了 2 倍。如图 7-49（b）所示。

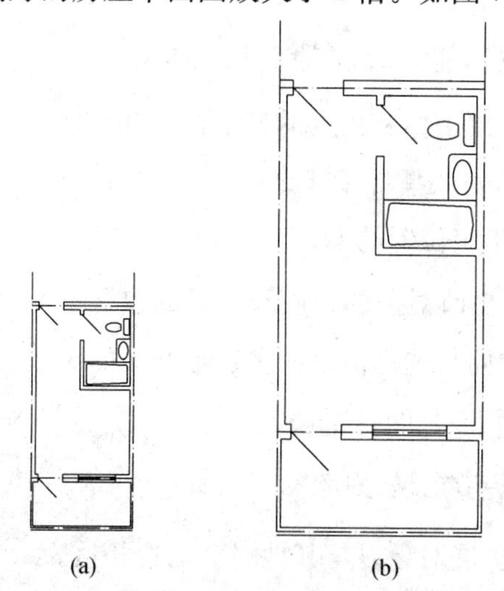

图 7-49　用 Scale 命令将房屋平面图放大 2 倍
（a）缩放前；（b）缩放后

7.4 要点回顾

本章主要介绍了Break、Stretch、Extend、Mirror和Array等绘图工具。

学习本章应重点掌握如下内容：

● 精确定位点的方法，理解坐标系，掌握点的坐标输入法、捕捉法、追踪法等方法。

● 掌握几条命令：熟练掌握Snap、Grid、Osnap、Break、Stretch、Trim、Extend、Filete、Mirror、Array等命令的使用方法。

● 掌握高效绘制建筑平面图的方法及其绘制过程中注意事项。

按照1∶1的比例绘图，绘图顺序为：

设置单位和图幅（Units、Limits命令）；

放大到图幅范围（Zoom/All命令）；

新建必要的图层并置为当前；

在指定图层上绘图。

注意平面图的对称性和相似性，充分利用复制、镜像、偏移和阵列等命令高效绘图。

● 通过剖析各种精确定位工具，我们可以看出，使用键盘直接输入点坐标，需掌握的绘制命令最少，对于一些简单图形快速有效。而在绘制复杂图时，如果配合相应的编辑工具，及其他辅助工具如对象捕捉、栅格捕捉等，我们可以大大地减轻工作量，这要求使用者必须熟练掌握编辑工具的要领，否则事倍功半。

● 编辑工具的使用切不可贪多求全，不能为了用工具而用工具，反而误工。要灵活使用编辑工具并使用精确定位方法与之相配合，这是一个长期实践的过程。

7.5 命令速查

◇ UCS：，设置当前UCS的原点和方向。

◇ Units：0.0，控制坐标和角度的显示格式和精度。

◇ Osnap：设置执行对象捕捉模式。

◇ ID：，显示指定位置的UCS坐标值。

◇ Lengthen：，更改对象的长度和圆弧的包含角。

◇ Stretch：，拉伸与选择窗口或多边形交叉的对象。

◇ Break：，在两点之间打断选定对象。

◇ Rotate：，绕基点旋转对象。

◇ Extend：，扩展对象以与其他对象的边相接。

◇ Fillet：，给对象加圆角。

◇　Mirror：，创建选定对象的镜像副本。

◇　Array：，创建按指定方式排列的对象副本。

◇　Arrayrect：，将对象副本分布到行、列和标高的任意组合。

◇　Arraypath：，沿路径或部分路径均匀分布对象副本。

◇　Arraypolar：，围绕中心点或旋转轴在环形阵列中均匀分布对象副本。

◇　Scale：，放大或缩小选定对象，使缩放后对象的比例保持不变。

7.6　复习思考题及上机练习

7.6.1　复习思考题

1. 在 AutoCAD 中有哪些精确定位点的方法？
2. “临时追踪点”、“追踪自”怎样使用？它们与自动追踪有何区别？
3. 试举例说明极轴追踪与极轴捕捉有何异同。
4. 试举例说明如何使用附加角追踪。
5. 如何重新利用前一点的坐标？（提示：使用@）
6. 如何使用夹点法编辑对象？
7. 对象捕捉有哪些关键步骤？

7.6.2　上机练习

1. 绘制如图 7-50 所示的房屋平面图。注意以下几点：

（1）单位设置应为公制的毫米（mm），比例 1∶50，图幅 3 号；

（2）CAD 绘图要求按 1∶1 绘制；

（3）不同的图形对象应在不同的图层绘制，至少应有“轴线层”、“门窗层”、“墙体层”；

（4）注意使用图形的对称性，多使用复制、偏移、镜像等工具快速绘图；

（5）主墙厚度 400，梁宽 250；

（6）截面部分为示意厚度，根据现实自行设置；

（7）初学者学习本章时，标注可以不画。

2. 绘制如图 7-51 所示的独立基础布置图。注意以下几点：

（1）单位设置应为公制的毫米（mm），出图比例 1∶50；

（2）按图形尺寸 1∶1 绘图；

（3）根据图形大小设计图幅大小，自行设置工作区；

（4）不同的图形对象应在不同的图层绘制；

（5）注意使用图形的对称性，多使用复制、偏移、镜像等工具快速绘图；

（6）初学者学习本章时，标注可以不画。

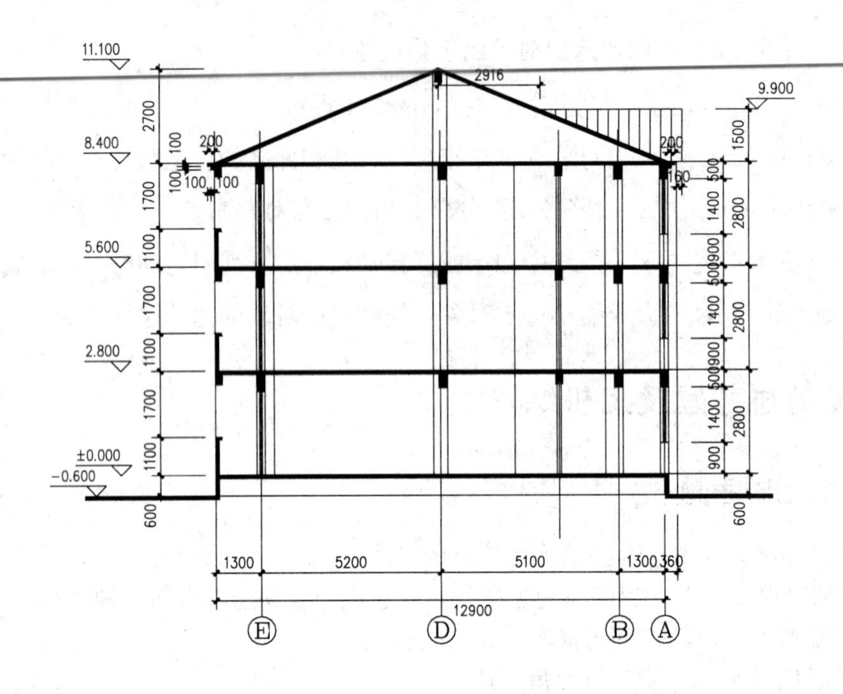

剖面图 1:100

图 7-50　上机练习图（一）

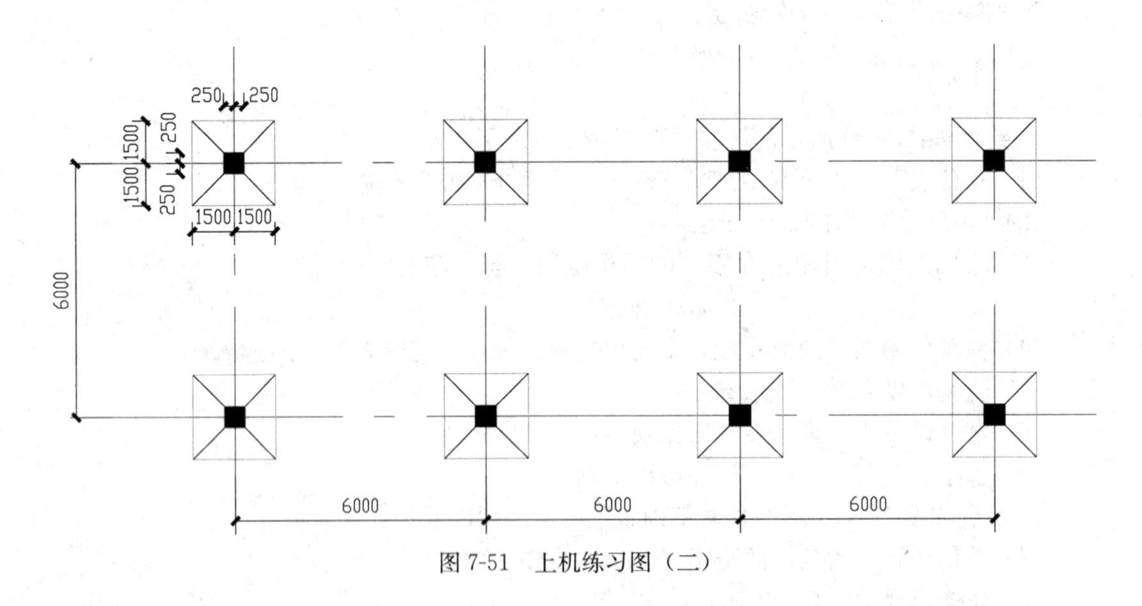

图 7-51　上机练习图（二）

建议学时：1学时

第8章　大幅图形组织——将图拼装成形

问题提出

如何进行局部图的装配？

当我们把一幅建筑平面图的某些部分画好后，对相同或相似的其他部分，不必再重新画出，我们可以使用AutoCAD的复制、偏移、镜像、阵列以及块插入等命令，快速高效地绘制出图形的其他部分，并把它们拼装起来，构成一张完整图形。这就是所谓局部图的装配。

本章主要内容如下：

- 块的重定义和更新。
- 用镜像和阵列命令组织图形。
- 新建、保存和恢复视图显示。
- 图形快速缩放、平移显示。

8.1　局部图的装配

8.1.1　将局部图装配成整体图

使用Mirror及Array拼装图形。在第7章我们已经讲了Mirror和Array的使用方法，并利用它们给图形添加了设备，本节我们将再次利用这两个命令装配我们的图形。仍以前一章的图形为例。

(1) 执行Mirror命令将图7-41 (c) 所绘房间沿右边纵向轴线镜像一次，如图8-1所示。

(2) 使用Array命令阵列出10个开间的房屋，如图8-2所示。

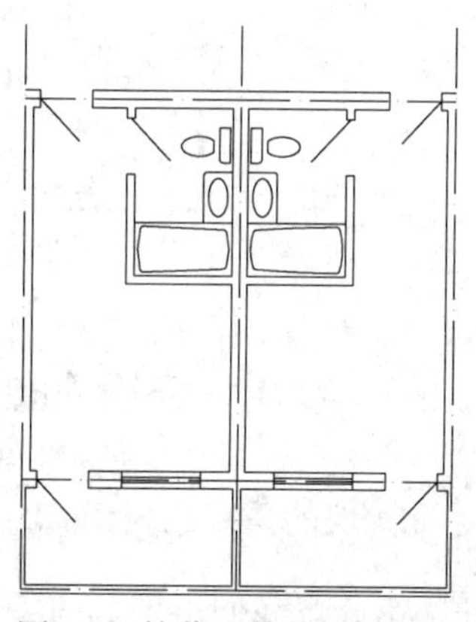

图8-1　镜像出其他4个房间

```
命令:Array↙
选择对象:All↙
找到80个
选择对象:  输入阵列类型[矩形(R)/环形(P)]<R>:↙
输入行数(---)<1>:↙
输入列数(|||)<1> 5↙
指定列间距(|||):  指定第二点:
```

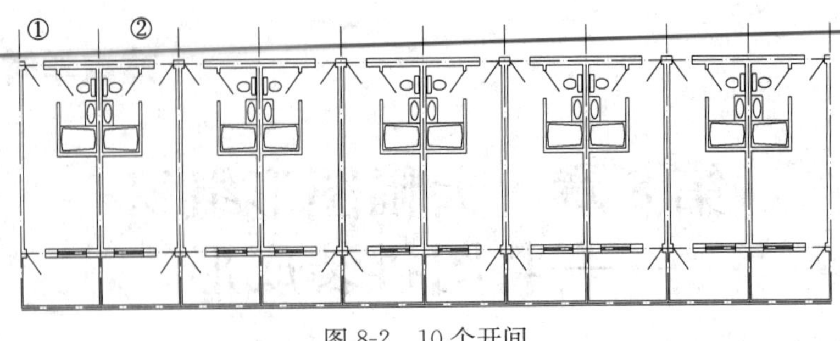

图 8-2　10个开间

（3）再次使用 Mirror 命令将图 8-2 所示的图形镜像为有 20 个房间的平面图，如图 8-3所示。

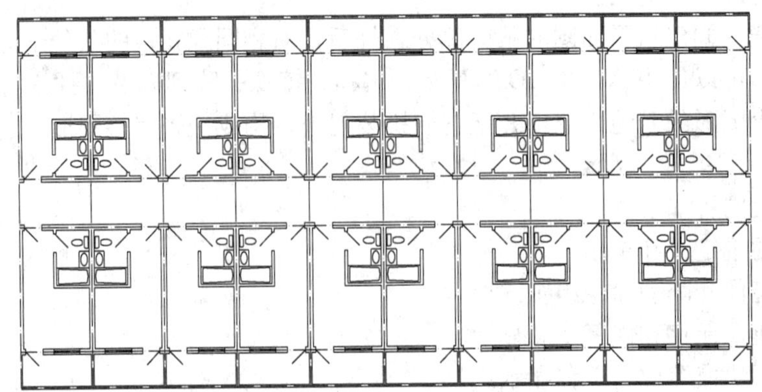

图 8-3　用 Mirror 命令镜像出 20 个房间的平面图

（4）修理外墙；加上两个楼梯，如图 8-4 所示。

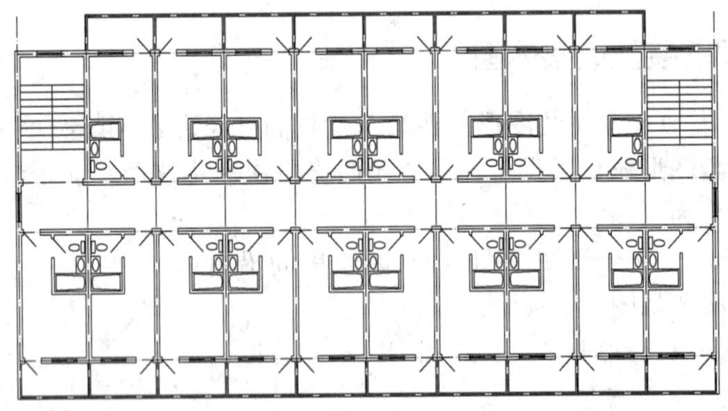

图 8-4　用 Mirror 命令镜像出 18 个房间的平面图

8.1.2　使用块来组织图形

1. 块的重定义（Block）

第 5 章我们讲了如何编辑单个块引用，如果在图形中有很多相同块的引用，又该如何做呢？我们可以依次去修改它，但工作量很大，十分费时费力，又很烦琐。我们如果在图形中多处设置了相同元件，比如，在房间的多处添加了相同大小和形状的门窗，但后又发现这些门窗的大小或形状不满足要求，如果逐个对它们进行修改将十分烦琐，我们想统一地一次性对它们进行修改。AutoCAD 提供的一种叫块重定义的技术可以实现这一目的，它允许我们一次编辑整个图形中相同块的所有引用。

AutoCAD 提供的块重新定义技术，可使我们在图中同时改变一个符号的所有引用。其命令行命令是用 Block 命令完成的。以如图 8-5（a）所示的房屋平面图为例，将如图 8-5（b)所示的门块一次全部更新为如图 8-5（c）所示的门块形式。

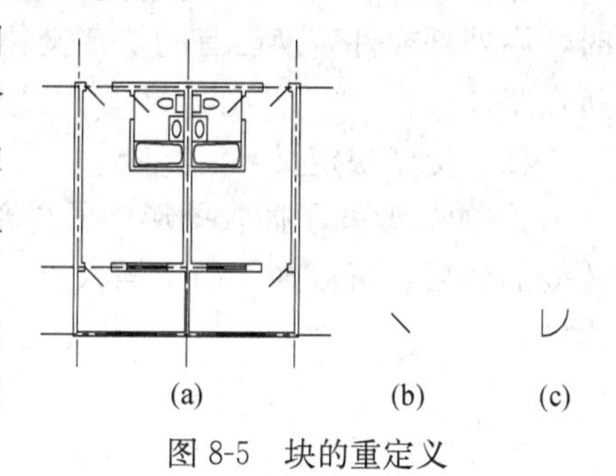

图 8-5　块的重定义

我们已定义了一个名为“门 1”的块，如图 8-5（b）所示，可以使用块的重定义命令来完成，其步骤如下：

（1）工具栏：“绘图”→“创建块”按钮。

（2）执行此命令打开“块定义”对话框，在此对话框的名称编辑框中指定块名为“门 1”，在下面“对象”栏中的单选框中选择“保留”，并单击“选择对象”按钮，在绘图平面选择图 8-5（c）中全部对象，按 Enter 键确认，再次打开此对话框。

（3）在对话框的“基点”栏中单击“拾取点”按钮，在绘图平面捕捉刚才选定对象的某一点，此点作为块的基点，按 Enter 键确认。再次打开此对话框，单击“确定”按钮，此时将弹出一信息框提示：“‘门 1’块已存在，是否重定义?”，单击“是（Y)”按钮关闭信息框，单击“确定”按钮关闭此对话框，完成块重新定义操作。此时图 8-5（a)中的门全部变为图 8-6（a）所示的形式，图 8-6（b）是组成新块的对象。

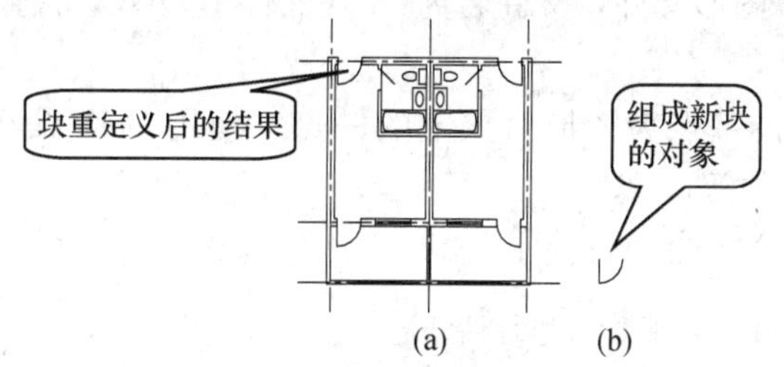

图 8-6　块重新定义的结果

2. 块更新（Insert)

除了用块重新定义方法进行所有块引用的编辑以外，AutoCAD 还给我们提供了另一种块引用的全局编辑方法，称为块替换或块更新，其命令行命令是“Insert”命令，它是用一个单独的文件简单地替换所有块引用。执行“Insert”命令，命令行提示：

输入块名[?]＜当前值＞：

（1）更新块路径。在命令行提示：“输入块名［?］＜当前值＞：”下，可能出现以下两种情形，在插入块时同时更新块的路径：

① 如果输入不带路径名的块名，AutoCAD 根据名称首先搜索当前图形中的块定义，如果当前图形中没有这样的块定义，AutoCAD 将在库搜索路径中搜索同名文件。

如果AutoCAD找到这样的文件，则AutoCAD把该文件作为块插入到当前文件中，文件名将被用于块名称。于是更新了块的路径（等于作为块的文件所在路径，在这种情况下，块的路径也就是库搜索路径）。

② 如果在“输入块名”提示下输入：块名＝文件名，随后AutoCAD在插入该块时，用外部文件替换已有的块定义，同时也更新了块的路径（此时，块的路径就是文件所在路径）。

（2）更新块定义：

① 如果改变了插入图形中的外部文件，并要在不重新插入的情况下在图形中体现改变的效果，可以在“指定插入点”提示（紧跟在“输入块名”提示之后）下输入以下内容：

块名＝

② 如果在块名后，输入等于号（＝），AutoCAD显示以下提示：

块“当前值”已存在。是否重定义？[是(Y)/否(N)]<N>：　　（输入Y、N或按Enter键）

③ 如果选择重新定义块，AutoCAD用新的块定义替换已有的块定义。AutoCAD重新生成图形，并把新的块定义应用到全部已插入的块上。如果不想插入新块，请在AutoCAD提示输入插入点时按Esc键。

（3）下面就图8-6（a）定义的名为“门1”的门块，用上述方法重更新为图8-5（a）所示门形式。其步骤如下：

① 新建AutoCAD图形文件，文件名为：“块文件1.DWG”，绘制出一个如图8-5（b）所示图形。

② 修改图形文件的基点为图形对象上的一点（使用Base命令），将此文件保存到AutoCAD所在目录，关闭此文件。

③ 执行Insert命令，命令行提示：

输入块名[?]<门1>:门1＝块文件1↙
块门1已存在。是否重定义？[是(Y)/否(N)]<N>:y↙　　（输入Y按Enter键）
块“门1”已重定义
正在重生成模型…
指定插入点或[比例(S)/X/Y/Z/旋转(R)/预览比例(PS)/PX/PY/PZ/预览旋转(PR)]:
（按Esc键退出此命令）

3. 块内对象的编辑

当块被插入到图形中时，AutoCAD将它作为单个对象对待，但我们有时需要编辑其内部对象，此时我们必须将块还原成原来生成块时的单个对象。AutoCAD给我们提供了两种方法：

（1）使用Explode命令

Explode命令是一个简单易用的命令，它没有选项，只简单地提示我们选择要分解的对象。但分解的结果，随着块内对象特性的不同而不同。具体如下：

① 块内对象从 Bylayer 对象生成时，分解后对象将返回其原始层及其特性设置。

② 块内对象从 Byblock 对象生成时，分解后对象将返回原始层，且保持其 Byblock 颜色和线型。

③ 块内 0 层对象，分解后仍为 0 层，且用原始的颜色和线型。

注意：块内具有嵌套块时，分解后嵌套块仍为块对象，而并非其原始对象。当分解一带属性的块时，任何分配的属性值都将被丢失，且重新显示属性定义。

④ 块内对象以显式特性（除了 Byblock 和 Bylayer 以外的属性）生成时保持其原有特性不变。

（2）使用 Xplode 命令

使用 Xplode 命令可以分解块，并可使我们确定组成块的对象的层、颜色和线型，因此 Xplode 命令比 Explode 命令具有更大的灵活性，但同时增加块分解任务的复杂性。

下面举例说明 Xplode 命令的使用方法。如图 8-7（a）是一个地基加固桩平面位置布置图，图中的所有圆形加固桩都是以虚线属性显示的块。假设我们想将如图 8-7（a）所示的所有块引用分解并使分解后的对象变为“图层 1”，其颜色为蓝色，线型变为连续线型。

首先新建图层，并命名为“图层 1”。设置其颜色为蓝色，线型为连续线型，并将其置为当前图层。Xplode 命令步骤如下：

命令：Xplode↙

选择对象：　　（选择图 8-7（a）所示的所有块引用，按 Enter 键确认）

输入选项[单个(I)/全局(G)]<全局>:↙　　（按 Enter 键确认修改全局特性）

输入选项[全部(A)/颜色(C)/图层(LA)/线型(LT)/从父块继承(I)/分解(E)]<分解>:la

输入分解对象的新图层名<图层 1>:↙　　（直接按 Enter 键确认转到“图层 1”）

此时所有的块均转换到“图层 1”，对象变成单个对象，且线型变为连续线型。如图 8-7（b）所示。若选定图 8-7（b）中分解后的加固桩块，我们会发现文字“桩”和圆对象已经成为单个对象。

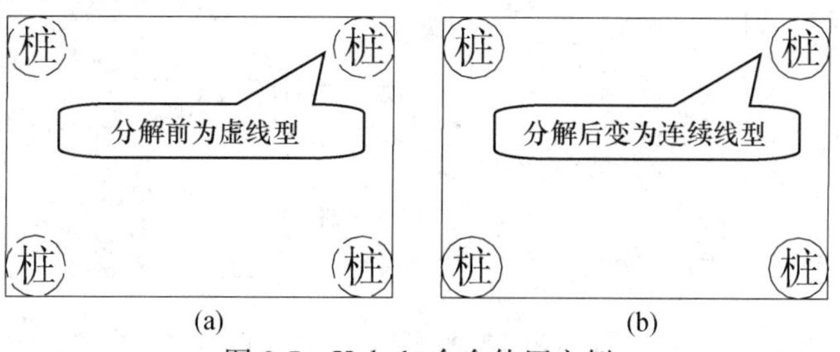

图 8-7　Xplode 命令使用实例

对图层的颜色设置也应按照图层中对象的特性来确定，比如：“轴线层”应使用点画间隔的虚线类型，而其他图层则不应使用此线型。而图层的颜色可随自己的喜好设计。

4. 在插入的同时进行分解

在插入块时，选择“插入”对话框中的“分解”复选框，如图 8-8 所示。然后按

“确定”按钮，将分解后的对象插入到图形中。

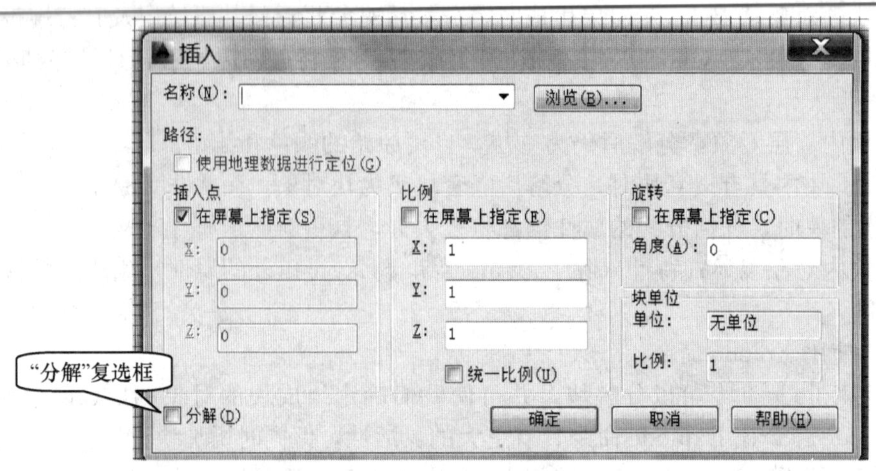

图 8-8　“插入”对话框中的“分解”复选框

我们还可以在执行 Insert 命令后，并当提示“输入块名 [?]:”时，将块分解为单个对象后插入。我们仍以图 8-7（a）为例来讲解如何在块插入时分解它。其步骤如下：

命令:Insert↙　　（执行块插入命令）
输入块名[?]<加固桩>: * 加固桩↙　　（按 Enter 键确认）
指定块的插入点:　　（指定块的插入点后，按 Enter 键）
指定 XYZ 轴比例因子:↙　　（按 Enter 键确认）
指定旋转角度<0>:↙　　（按 Enter 键确认）

将插入一个分解后的块，块中各对象均为单个对象。如图 8-9（b）所示。此时若选定这些对象，发现它们已成单个对象，且圆对象的线型也变成了连续线型。

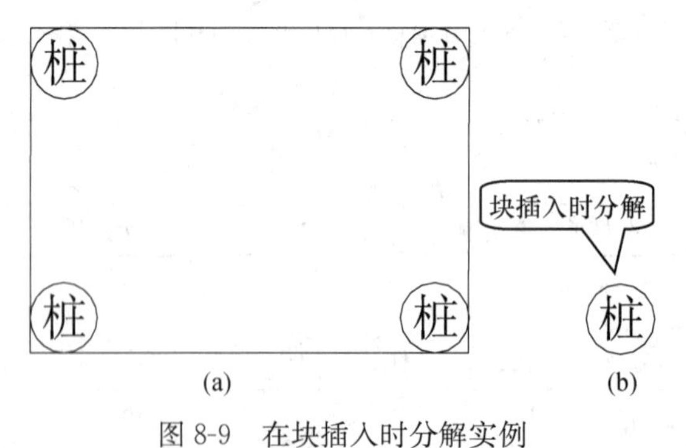

图 8-9　在块插入时分解实例

5. 利用块的重定义给卫生间铺上地板砖

我们仍以前面图 8-4 的图形为例来讲解。我们的目的是给图中每个房间的卫生间添加地砖图案，请读者留意块的重定义命令和块更新命令的使用方法以及它给绘图工作带来的方便之处。图 8-10 是添加地板砖图案后的情况。

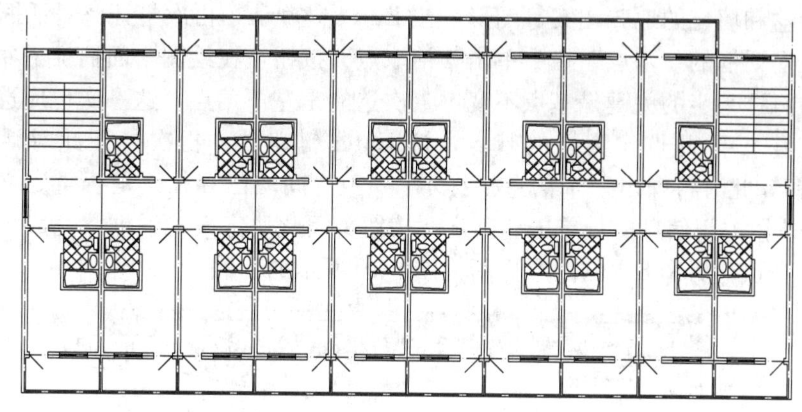

图 8-10　使用块更新后的情况

其操作步骤如下：

（1）首先找到卫生间块，如图 8-11（a）中被椭圆包围的部分。要保证是没有编辑过的源块（指以默认属性，按比例为 1∶1 插入后没有进行镜像、比例缩放等操作），否则更新之后后果未知。

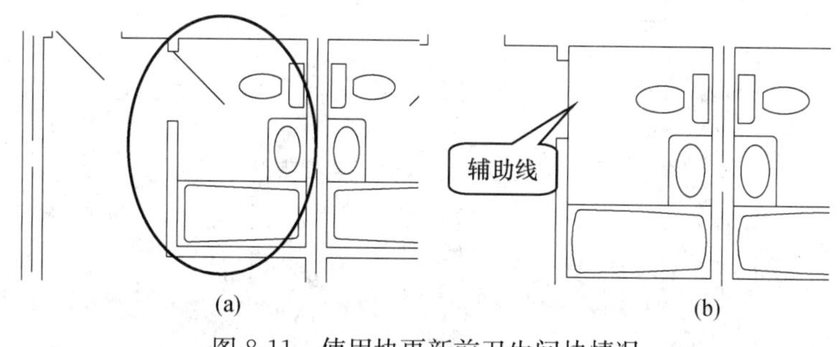

图 8-11　使用块更新前卫生间块情况

（2）关掉门窗层；做辅助线；炸开这个卫生间块。如图 8-11（b）所示。

（3）我们使用 Bhatch 命令，用图案填充卫生间以达到铺地砖效果，用以下方式打开填充命令，将出现如图 8-12 所示对话框：

● 命令行：Bhatch。

● “绘制”工具栏：“填充”按钮▨。

● “绘图”菜单：“图案填充”。

（4）选取图案 ANSI37，比例为 100；用鼠标单击“拾取点”按钮后，CAD 将提示“选取内部点：”，在卫生间内选取一点如图 8-13，CAD 将自动计算出封闭区域（这就是为什么刚才要绘制辅助线的原因）。如图 8-13 中的虚线所示。按下 Enter 键后，返回图 8-12 所示的对话框，这时“确定”按钮变实，用鼠标按下“确定”按钮，填充完毕，出现如图 8-14 所示的图形。

（5）命令行输入：Block 或 Bmade↙。

（6）执行此命令打开“块定义”对话框，在此对话框的名称编辑框中指定块名为已定义过，并希望更新的块，这里我们指定“卫生间”，在下面“对象”栏中的单选框中选择“保留”，并单击“选择对象”按钮，选择组成卫生间的所有图形，包括：浴盆、坐便器、脸盆和填充的地砖图案等图形，按Enter键确认，再次打开此对话框。

（7）在对话框的“基点”栏中单击“拾取点”按钮，在绘图平面捕捉浴盆对象的左下角点（注意这一步的关键是基点不变，上次选的是左下角点，这一次也应选取左下角点，否则就乱了），此点作为块的基点，按Enter键确认。再次打开此对话框，单击“确定”按钮，此时将弹出一个信息框提示：“卫生间块已存在，是否重定义?”，单击“是（Y）”按钮关闭信息框，单击“确定”按钮关闭此块定义对话框，完成块重新定义操作。此命令执行后图8-4的图形更新为图8-10所示的形式。

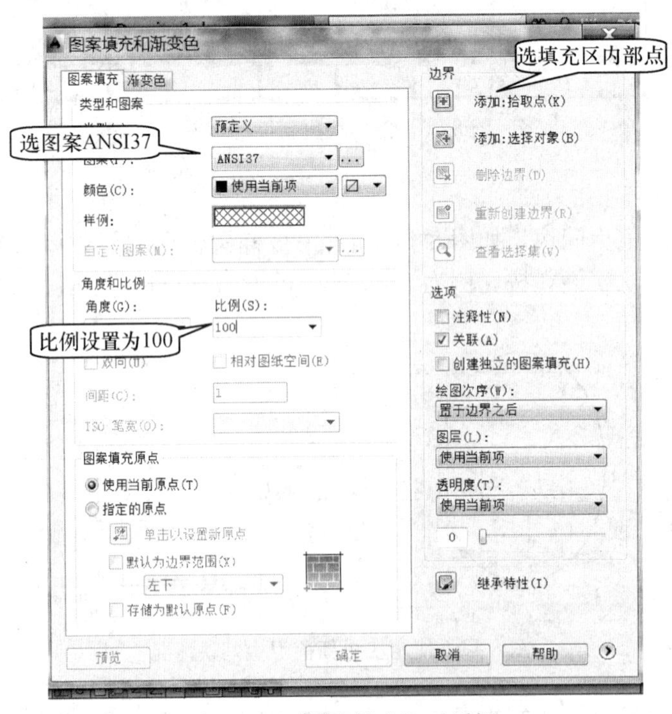

图8-12 “图案填充”对话框

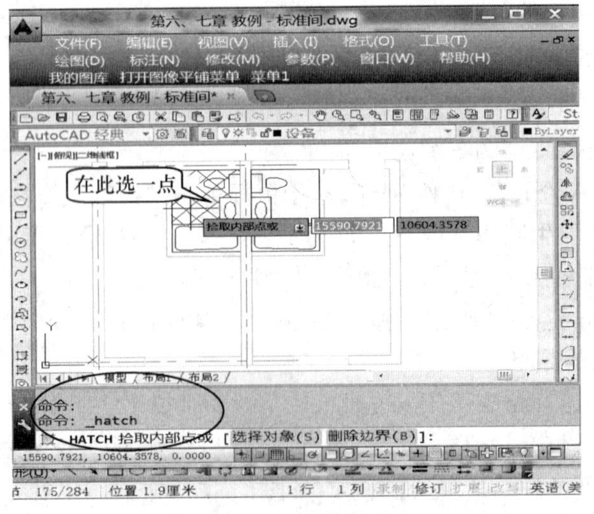

图8-13 图案填充选点

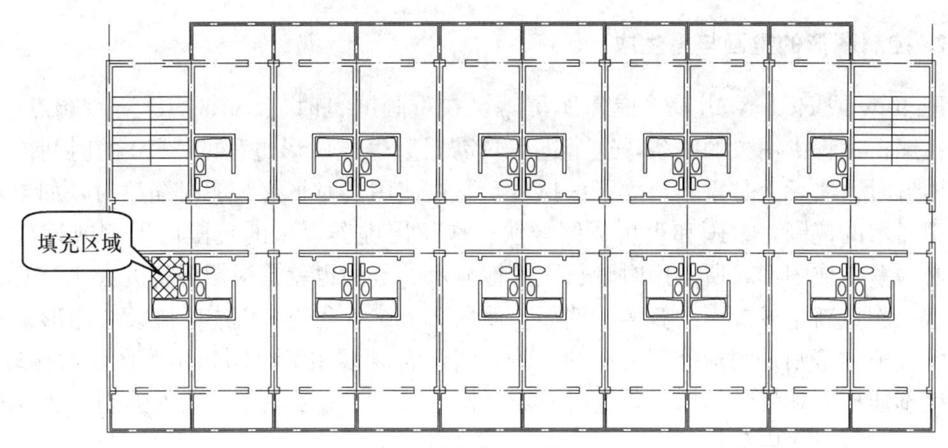

图 8-14　图案填充后的卫生间

8.2　虚拟屏幕的概念及应用

8.2.1　虚拟屏幕的概念

AutoCAD 在存储和再显示图形时，使用两种数据类型：浮点数和整型数。图形数据库以浮点数的形式存储，而在显示时采用整型数。在 AutoCAD 做图形重生成的操作时，把图形数据库中的浮点数转化为整型数，再形成屏幕上的坐标点，并将它们显示出来。这种整型数显示的形式称为虚拟屏幕显示，简称为虚屏显示。虚屏显示的范围称为虚拟屏幕。因此，虚屏显示实际上是一种图形的计算模型。AutoCAD 可以对整型数重新计算，所以当做 Zoom 和 Pan 操作时，屏幕显示比浮点数坐标要快得多。

8.2.2　虚拟屏幕的应用

虚拟屏幕的主要作用是控制虚拟显示，主要指图形的重生成和图形的重画。用户可以使用三种不同的方法控制图形的重画和重生成：使用虚拟屏幕加速缩放和平移；保存画面以不缩放返回；冻结不需观察和编辑的层。控制重画的另一种方法是尽量缩小图形的边界。如果不必要把图形区域设大就不要设大。如果图形区域设得太大，AutoCAD 的图形显示速度就会明显满下来。另外，必须保证图形原点要落在图形界限内。

1. 加速缩放和平移

虚屏显示可以加快缩放和平移的速度。当我们在虚拟显示的范围内使用实时平移和实时缩放时，由于 AutoCAD 使用现有的虚屏显示数据重新组织图形显示，以显示平移或缩放过的图形，由于在虚屏显示范围内，数据按整型进行计算，因此平移和缩放的速度加快。但在实时平移和实时缩放时不能超出虚屏显示的范围，否则，图形将重新生成。实时平移和缩放命令将在下面的内容中讲到。

2. 控制图形的重画与重生成

Redraw 或 Redrawall 命令是重画屏幕。在重画屏幕时，AutoCAD 清除端点标记，恢复在编辑过程中消失的线条，这个过程只需要重生成图形过程的 1/10 的时间。在重生成图形时，实际上是重新建立了虚拟显示。在使用实时平移和实时缩放时，如果不超出虚拟显示的范围，重画和重生成同样快。在超出虚屏显示的范围内平移或缩放图形时，必须重生成图形，所以用时较长。虚拟显示的范围也就是虚拟屏幕的大小，它大致是最近一次重新生成画面的 3 倍。例如，使用 Zoom 命令的 All 选项使整个图形重新生成时，虚拟屏幕则是图形范围大小的 3 倍。因此有时候图形绘制超出了图形界限较多，会发生不能放大和移动的情况，这时候需要使用 Zoom 命令的 All 选项强制扩大虚拟屏幕大小，即可以自由移动了。

视口图形对象可以设置快速缩放，用 Viewres 命令将其设为 ON。这个命令还控制在放大状态下直线、弧线、圆线的平滑度。在虚屏显示状态下，有时点画线和虚线看上去没有间断，而且弧线看上去也由折线段组成。更改 Viewrs 的值就可以控制它们的显示。但无论显示如何，都不会影响打印输出的结果，即打印输出结果始终是平滑的。那么如何更改 Viewrs 的值才能使显示图形平滑呢？Viewrs 的值越小这线段就越少，当然图形越不平滑，而重画和重新生成的速度就越快。但是 Viewrs 的值太小，会使虚线看上去不虚，因此，Viewrs 的值既不能太大也不宜太小。一般地，取 Viewrs 的值为 1000 比较合适。在这种设置下，各线型都能正常地显示，弧线也比较平滑，而且重画的速度也不受显著的影响。

3. 重画与重生成的作用

（1）重画的作用

在绘制一张图形时，完成一个命令后，可见的元素可能会保留在屏幕上。例如，在屏幕上指定一个点时，AutoCAD 在任意位置放置一个小标记称之为“点标记（Blip）”，并保留在屏幕上。可以通过刷新或重画显示删除这些元素。

（2）重生成的作用

和重画一样，重生成也可以删除“点标记（Blip）”元素，但前面讲过，重生成与重画的本质不同在于数据形式的不同。在重生成时，图形对象的有关信息以浮点值的形式保存在数据库中，并具有很高的数据精度。有时，一个图形必须在浮点数据库中重新计算或重新生成，并将浮点值转换成相应的屏幕坐标。有些命令可以自动地重新生成整个图形并重新计算屏幕坐标。此外，也可以手工调用重生成操作。图形重生成后，它也被重画。重生成花费的时间要比重画的时间长，但有时必须要重生成图形。例如，在打开或关闭“填充”模式后，必须重生成图形，才能看到改变的结果。

注意：在以前版本的 AutoCAD 中，若生成了一个阴影图像后，当再次选择对象前，必须重生成图形。这一限制在 AutoCAD 2000 中将不再存在。

4. 图形重画命令

（1）要重画当前视口中激活的图形，可以使用以下任一种方法执行重画命令：

● 下拉菜单：“视图（V）”→“重画（R）”。

- 命令行：Redraw（或 R）。

（2）要重画所有视口中激活的图形。可以使用以下任一种方法：

- 在“标准”工具栏中，单击“全部重画”。
- 命令行：RedrawAll（或 RA）。

5. 图形重生成命令

（1）与重画相同，可以重生成刚才的当前视口或所有视口中激活的图形。要重生成当前视口中激活的图形，可以使用以下任一种方法执行重生成命令：

- 下拉菜单：“视图（V）”→“重生成”。
- 命令行：REgen（或 RE）。

（2）要重生成所有视口中的激活图形，可以使用以下任一种方法：

- 下拉菜单：“视图（V）”→“全部重生成”。
- 命令行：RedrawAll（或 RA）。

注意：有些命令在某些条件下自动强迫 AutoCAD 重生成图形，由于重生成一个较大的图形需要非常长的时间。

8.3　视图与视口

8.3.1　视图与视口的概念

1. 视图

视图是指在当前绘图区域内某一幅显示画面的状态，包括画面宽度、高度、坐标系设置以及 3D 视图中的一些设置等。我们给某个视图赋以名字，并保存起来，就是所谓的命名视图。

2. 视口

我们在绘图时，还可能经常要将图形的不同部分放置在不同的窗口中，从而使操作更容易、更快捷。例如，我们可以在第一个窗口中编辑某一图形区域，而在第二个窗口中观测整幅图形等，每个窗口即被称为一个视口。

8.3.2　使用视图

1. 使用命名视图

在绘制一个图形时，会发现需要经常在图形的不同部分中进行转换。例如，如果绘制一间房屋的平面图，有时需要将房屋中的特定房间进行放大，然后缩小图形以显示整个房屋。尽管可以使用平移和缩放命令或是鸟瞰视图做到这些，但是将图形的不同视图保存成命名视图，将会使上述操作更容易一些。可以在这些命名视图中快速转换。在“视图管理器”对话框中（图 8-15），可以保存、恢复和删除（如果不再需要）命名视图。

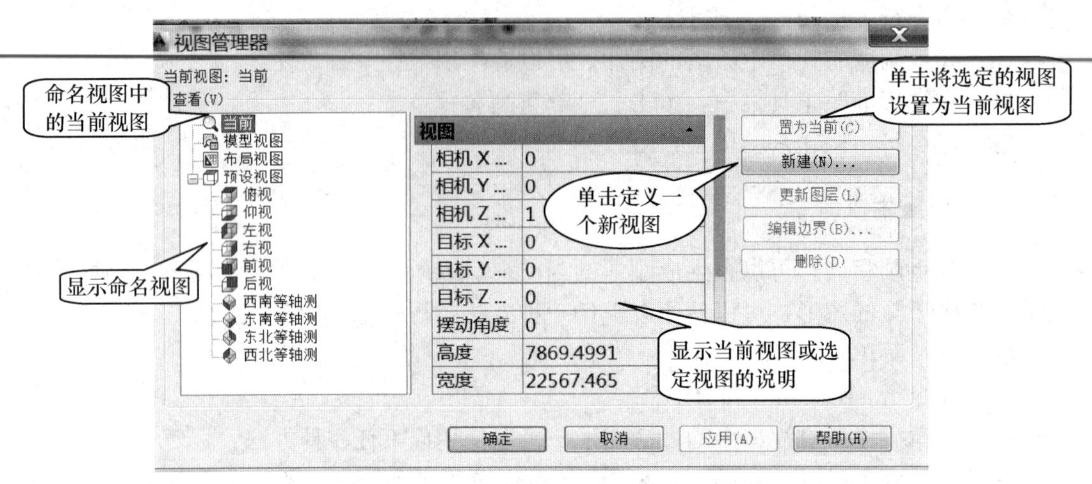

图 8-15 “视图管理器”对话框可以保存、恢复和删除命名视图

在保存一个视图时，AutoCAD 保存该视图的中点、查看方向、缩放比例、透视设置以及视图是否创建在模型空间或是布局中。还可以将当前的 UCS 保存在视图中，以便在恢复视图的同时，也可以恢复 UCS。

2. 保存命名视图

既可以将当前视图（在当前视口中显示的所有内容），也可以将一个窗口区域保存成命名视图。在保存了一个命名视图后，可以随时在当前窗口中恢复该视图。可以在“视图”对话框中，单击“新建”按钮，在屏幕上显示的“新建视图”对话框（图 8-16）中，保存一个新视图。

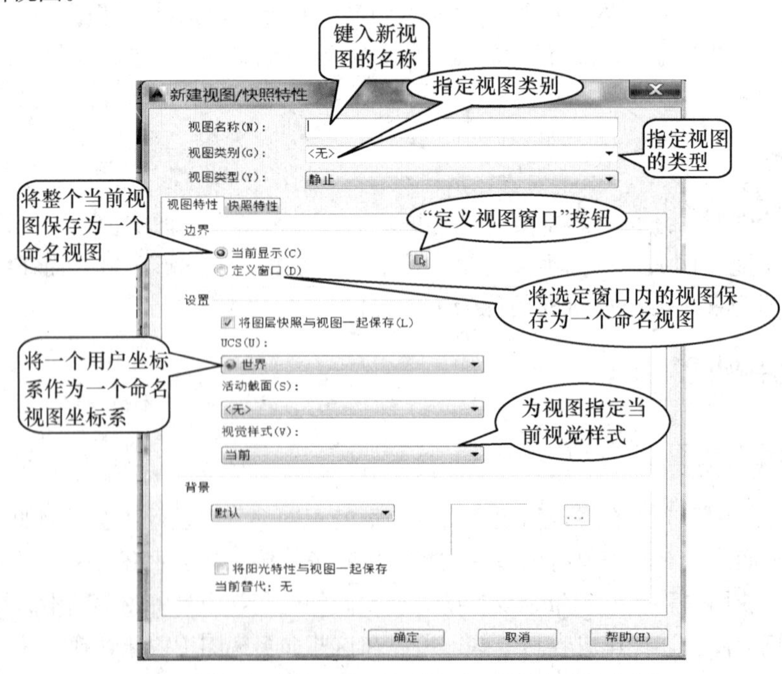

图 8-16 “新建视图”对话框可以创建新命名视图

（1）要将当前视图保存成一个命名视图，可按下列步骤进行：

① 在“命令：”提示下，键入 View（或 V），并按 Enter 键。

② 在“视图管理器”对话框中，单击“新建”按钮。

③ 在“新建视图”对话框的名称编辑框中，键入新建视图的名称。

④ 在“边界”栏中选择“当前显示”选项。

⑤ 如果需要在视图中保存一个坐标系，选择在“设置”栏的“UCS（U）”处指定与视图一起保存的坐标系。

⑥ 单击“确定”，关闭“新建视图”对话框。

⑦ 单击“确定”，关闭“视图管理器”对话框并结束命令。

（2）要将当前视口中的一个窗口区域保存成一个命名视图，可按下列步骤进行：

① 调用“视图管理器”对话框。

② 在“视图管理器”对话框中，单击“新建”按钮。

③ 在“新建视图”对话框的名称编辑框键入新建视图的名称。

④ 在“边界”栏中选择“定义窗口”选项。

⑤ 单击“定义视图窗口”按钮，对话框将会临时消失，并且 AutoCAD 提示如下：

指定第一个角点：

⑥ 指定视图窗口的第一个角点。AutoCAD 提示如下：

指定对角点：

⑦ 指定视图窗口的对角点。

⑧ 如果需要在视图中保存一个坐标系，选择在“设置”栏的“UCS（U）”处指定与视图一起保存的坐标系。

⑨ 单击“确定”，关闭“新建视图”对话框。

⑩ 单击“确定”，关闭“视图”对话框并结束命令。

3. 恢复命名视图

在保存了一个或多个命名视图后，在当前视口中可以恢复这些视图中的任意一个。要在当前视口中恢复一个命名视图，可按下列步骤进行：

（1）在“命令：”提示下，键入 View（或 V），并按 Enter 键。

（2）在“视图管理器”对话框中，选择想要恢复的命名视图。

（3）单击“置为当前”按钮，或单击右键，并从快捷菜单中选择“置为当前”选项。

（4）单击“确定”，关闭“视图管理器”对话框并结束命令。

提示：要删除一个命名视图，调用“视图管理器”对话框，选择所要删除的视图，然后，既可按“删除（D）”键，也可以单击右键从快捷菜单中选择“删除”选项。

4. 使用多重视口

“模型”选项卡可以被分割成多重视口。在开始一张新图形时，该图形通常显示在模型选项卡中的单一视口中，并且整个图形充满视口。可以将绘图区分割成多重视口，每一个视口可以显示图形的不同部分。例如，可以在一个视口中显示一个全部图形的视图，在另一个视口中显示一个图形局部细节的视图。或者，可以显示一个对象的俯视图、主视图和侧视图，每一个视图在它们自己的视口中。图 8-17 显示的是一个图形在三个视口中的典型示例。

将屏幕分割成多重视口后，可以单独控制每一个视口。例如，可以在一个视口中进行缩放或平移而不影响其他任何一个视口的显示。可以单独控制每一个视口的栅格、捕捉、查看方向和 UCS。可以在单独的视口中恢复视图，或是从一个视口到另一个视口选择一个点或对象来绘制图形，以及单独命名视口配置，以便将来可以重新使用。

在绘图过程中，在一个视口中对图形进行任何修改，在其他视口中将会立刻显示图形的变化。可以随时从一个视口转换到另一个视口，甚至在执行一个命令的过程当中，也可以进行转换。要转换视口，只需在新视口中单击，即可将其设置为当前视口。例如，可以在一个视口中开始绘制一条直线，然后单击另一个视口，随后在该视口中指定直线的端点。在一个视口中单击，将使该视口成为当前视口，十字光标将出现在该视口中，并且其视口边框将变成深黑色，如图 8-17 的左上角视口所示。

用这种方式划分的视口，由于它们完全充满整个图形区域并且不能重叠，因此通常被称作平铺视口。平铺视口创建在模型空间中，与在布局选项卡图纸空间中创建的浮动视口不同。图纸空间视口用于创建在打印一个图形副本之前的最终布局。在以后的章节中将会学习有关图纸空间中浮动视口的内容。在平铺视口中工作时，可以在任意视口中选择对象进行修改，仅仅是被选视口中的对象变成亮显。如果开始拖动被选对象，在当前视口中的所有对象都将变成亮显。在其他视口中仅仅是在那些视口中实际被选择的对象变成亮显。在完成对对象的修改后，其变化将在所有视口中显示。

注意：十字光标在左上角的视口中，表明该视口是当前视口。

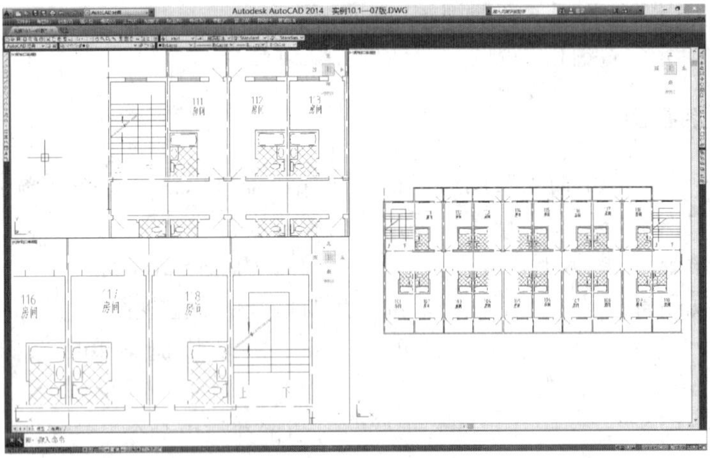

图 8-17　在三个视口中显示图形

（1）将当前视口分解成多重视口

可以使用 Vports 命令创建并操作平铺视口。既可以是显示的视口，也可以是当前视口，它们都可以被拆分为 2 个、3 个和 4 个视口。可以控制创建视口的数量和视口的排列。图 8-18 显示的是 12 个标准的视口配置。

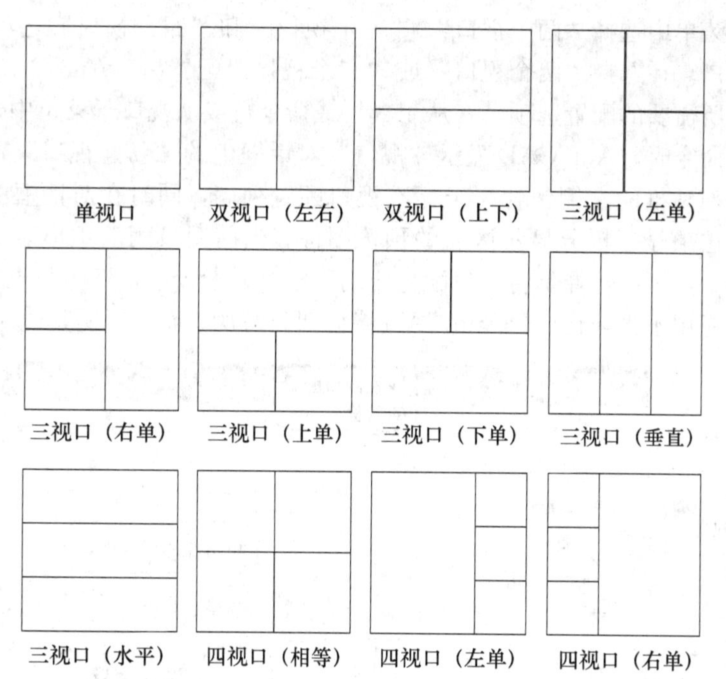

图 8-18　在模型空间中工作时，Vports 命令提供的 12 个标准的视口配置

注意： 单一视口选项总是将屏幕恢复成一个单一视口。“四个：右”和“四个：左”选项仅适合于整个显示以及仅在模型空间中工作时可用。其他 9 个配置可以用于整个显示或是用于细分当前视口。

要执行该命令，可以使用以下任一种方法执行 Vports 命令的视口选项：

- 命令：Vports。
- 工具栏：“视口”→“显示视口”。
- 下拉菜单：“视图（V）”→“视口（V）”，如图 8-19 所示。

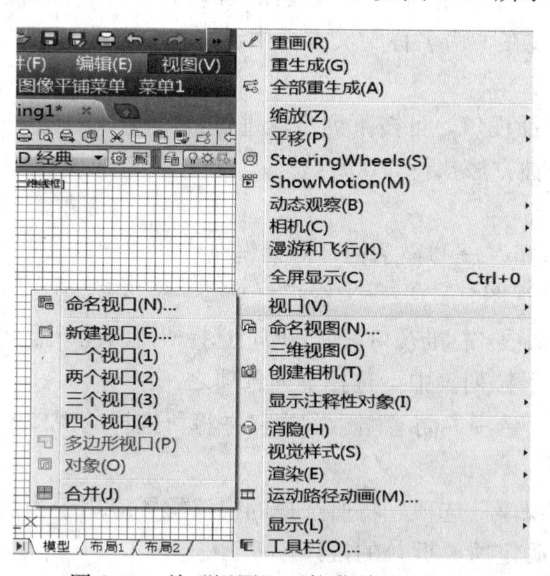

图 8-19　从“视图”下拉菜单选择选项

如果从子菜单中选择“两个视口”、“三个视口”和“四个视口”选项，AutoCAD 将细分当前视口。在选择“两个视口”或“三个视口”配置后，AutoCAD 将会提示在命令行中选择所需要的配置选项。在从工具栏或命令行或从视口子菜单中选择“新建视口”选项调用命令时，AutoCAD 显示“视口”对话框中的“新建视口”选项卡，如图 8-20 所示。在对话框的左侧包含一个标准视口配置列表，同时在对话框的右侧，将会根据所选择的选项显示拆分显示区后的预览图像。当前视口用双矩形表示。在“应用于”下拉列表中，可以选择是将视口配置应用于整个显示，还是仅应用于当前视口。如果将视口配置应用于当前视口，AutoCAD 将会细分该视口而不影响其他视口。

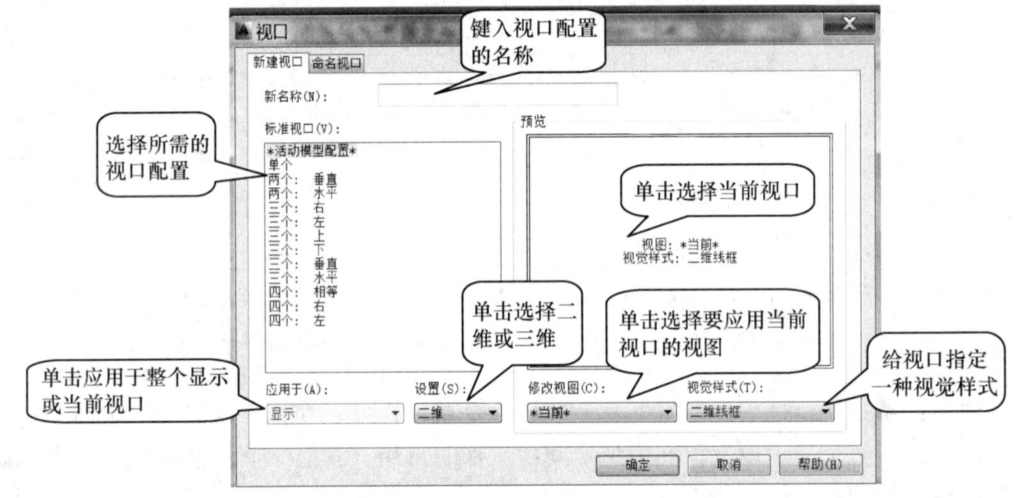

图 8-20　“视口”对话框中的“新建视口”选项卡，2D 设置

如果在“设置”下拉列表中选择“2D”，则在所有视口中使用当前视图来创建新的视口配置。

如果选择“3D”，一组标准正交三维视图（例如俯视图、主视图和侧视图）将被应用到视口配置中。通过在“新名称”文本框中键入一个名称，可将该视口保存成一个命名的配置视口。

① 要创建多重平铺视口，可按下列步骤进行：

a. 使用以下任一种方法执行 Vports 命令，新建视口选项：

● 命令：Vports。

● 工具栏：“视口”→“显示视口对话框”。

● 下拉菜单：“视图（V）”→“视口（V）”→“新建视口（E）”。

b. 在“视口”对话框“标准视口”列表中，选择所需的视口配置（例如，三个：右）。

c. 在“应用于”下拉列表中，选择下列选项之一：

● 选择“显示”选项，将忽略当前视口并将所选择的视口配置应用于整个模型选项卡。

● 选择“当前视口”选项，将所选择的视口配置应用于当前视口。如果细分当前视口，可在预览区中确定所要拆分的视口。

d. 单击“确定”按钮。

② 可以合并相邻的视口，以创建非标准的视口排列，只要合并后的视口排列成一个矩形即可。要合并两个视口，可按下列步骤进行：

a. 从“视图”下拉菜单中（图 8-19）选择“视口”→“合并”选项。AutoCAD 提示如下：

选择主视口<当前视口>：

b. 在包含所要保留的视图的视口中单击。AutoCAD 提示如下：

选择要合并的视口：

c. 在相邻的视口中单击，将该视口合并到第一个视口中。

注意：在布局选项卡中，可以使用 Vports 命令创建平铺图纸空间视口。尽管不能命名图纸空间视口，但可以恢复在模型空间中创建并保存的以前的视口。在以后的章节，我们将学习有关图纸空间视口的内容。

（2）保存和恢复视口配置

在创建一个视口排列时，如果指定了一个名称，AutoCAD 用该名称配置保存此视口排列，以便以后可以重新将该视口调用到屏幕中。被保存的视口数量和位置，按照当前的确切显示保存。AutoCAD 还可以保存每一个视口中的缩放比例、栅格和捕捉设置、查看方向和坐标系设置。

① 要在模型空间中命名和保存一个视口配置，可按下列步骤进行：

a. 调用“视口”对话框中的“新建视口”选项卡。

b. 在“新名称”文本框中，键入视口配置的名称，然后按 Enter 键。

c. 按照需要配置视口。

d. 单击“确定”按钮。

可以从“视口”对话框“命名视口”选项卡（图 8-21）中，恢复以前保存的命名视口。在选项卡的左侧包含一个以前保存的视口配置的列表；同时，在选项卡的右侧，显示在视口配置列表中与所选择的视口配置相对应的视口排列的预览图像。

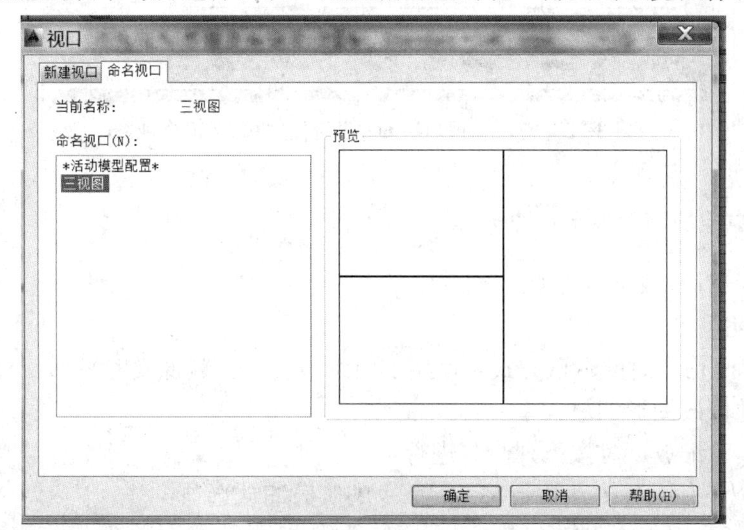

图 8-21　“视口”对话框中的“命名视口”选项卡

② 要恢复一个命名视口配置，可按下列步骤进行：

a. 在“命令：”提示下，键入 Vports，并按 Enter 键，然后选择“命名视口”选项卡。

b. 在“命名视口”列表中，选择所要恢复的视口配置。

c. 单击“确定”按钮。

提示：要删除一个命名视口配置，调用“视口”对话框“命名视口”选项卡，选择所要删除的命名视口，然后既可以按 Delete 键，也可以单击右键从快捷菜单中选择“删除”选项。

③ 图 8-22 显示的是一个古典拱桥标准的正交视图，它们从左上角开始按逆时针方向排列，依次为主视图、西南等轴测、俯视图、右视图 4 个视图。在第一次打开这个图形时，仅能看到一个等轴测视图。按照下列步骤可以自动将模型选项卡拆分为 4 个正交视图。

a. 调用“视口”对话框中的“新建视口”选项卡。如图 8-20 所示。

b. 在“设置”下拉列表中，选择“3D”选项。

c. 在“标准视口”列表中，选择“四个：相等”选项。

d. 单击“确定”按钮。

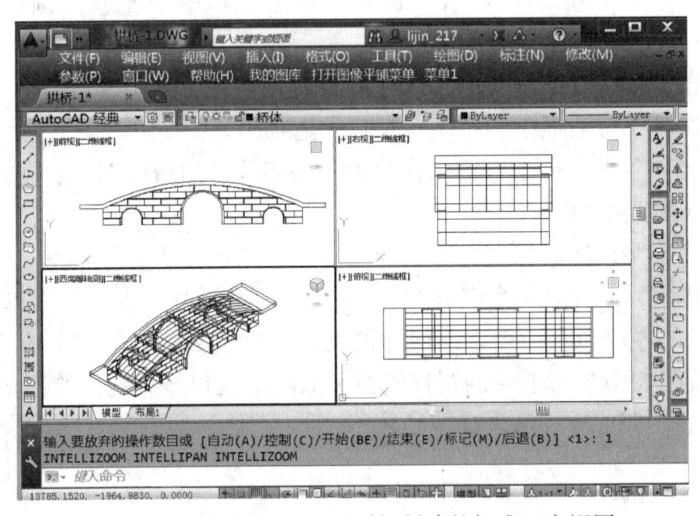

图 8-22 使用“视口”对话框创建的标准正交视图

5. 视图中控制图形显示

(1) 图形缩放（Zoom 命令）

① 实时缩放

使用 Zoom 命令时的默认方式是使用实时缩放特性。就像实时平移一样，实时缩放可以交互式地修改图形的放大率。

要进行实时缩放，可按下列步骤进行：

a. 使用以下任一种方法执行 Zoom 命令的实时缩放选项：

- 命令行：Zoom（或 Z）。

- 工具栏："标准"→"实时缩放"按钮。
- 下拉菜单："视图（V）"→"缩放（Z）"→"实时（R）"。
- 在绘图窗口中单击右键，从快捷菜单中选择"缩放"。

激活实时缩放后，光标变成一只带有加号（+）和减号（-）的放大镜，并且 AutoCAD 提示如下：

```
按 Esc 或 Enter 键退出,或单击右键显示快捷菜单
```

b. 单击并按住拾取按钮，然后拖动放大镜向屏幕的顶部移动可以放大图形，拖动放大镜向屏幕的底部移动可以缩小图形。

c. 松开拾取按钮，停止缩放。

d. 按 Enter 键或 Esc 键，结束 Zoom 命令。

移动放大镜时，如果移动的距离是从屏幕的底部到屏幕顶部距离的一半，则相当于将图形放大 2 倍；如果移动的距离是从屏幕的顶部到屏幕底部距离的一半，则相当于将图形缩小一半。如果达到 AutoCAD 放大图形的极限，那么放大镜旁的加号将会消失并在状态栏中出现如下信息：

```
已无法进一步缩放
```

与之相似，如果达到 AutoCAD 缩小图形的极限，那么放大镜旁的减号将会消失并在状态栏中出现如下信息：

```
已无法进一步缩小
```

注意：系统变量 WHIPARC 决定了 AutoCAD 是否将圆和圆弧显示为真实的曲线或是一系列矢量。AutoCAD 的缺省设置是将曲线对象显示为一系列矢量，这样可以提高图形重画、对象捕捉以及实体选择的速度。显示真实的曲线，其结果是曲线具有高品质显示，并且使用较小的显示列表内存，因此，减少了重生成图形的时间。

提示：如果使用 Microsoft 智能鼠标，通过滚动鼠标滑轮可以进行缩放操作。向前滚动滑轮可将图形放大，向后滚动滑轮可将图形缩小。要调整滑轮的缩放比率，可以修改系统变量 ZOOMFACTOR 的值。

② 使用缩放窗口

通过指定矩形窗口的角点，可以快速放大用窗口指定的图形区域。窗口的左下角将会变成新显示区的左下角。用窗口放大一个区域，我们仍以拱桥图形为例，如图 8-23 所示。

可按下列具体步骤进行：

a. 使用以下任一种方法执行 Zoom 命令的窗口缩放选项：

- 在"标准"工具栏或是"缩放"工具栏中，单击"窗口缩放"按钮。
- 从"视图"下拉菜单中，选择"缩放"→"窗口"。
- 在"命令："提示下，键入 Zoom（或 Z），并按 Enter 键。然后既可键入 W 并按 Enter 键，也可以单击右键，从快捷菜单中选择"窗口"选项。

b. 在所要观看的图形区指定一个角点。

c. 在所要观看的图形区指定另一个对角点。

完成操作后其视图效果如图 8-24 所示，视图显示的是图 8-23 所示图形的窗口部分。

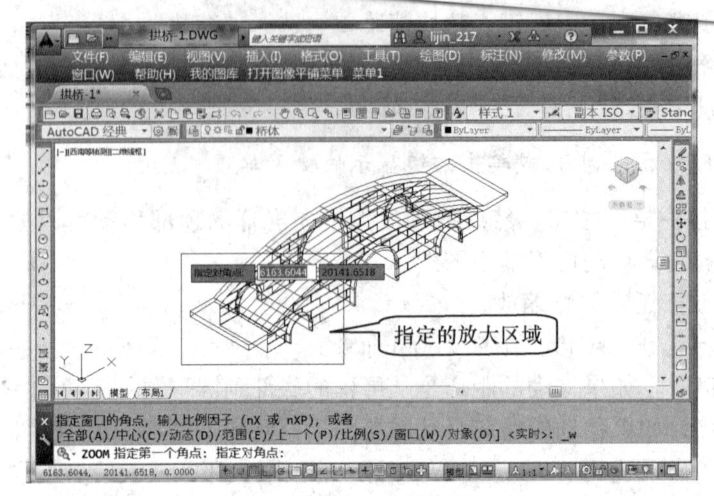

图 8-23　用窗口放大一个区域

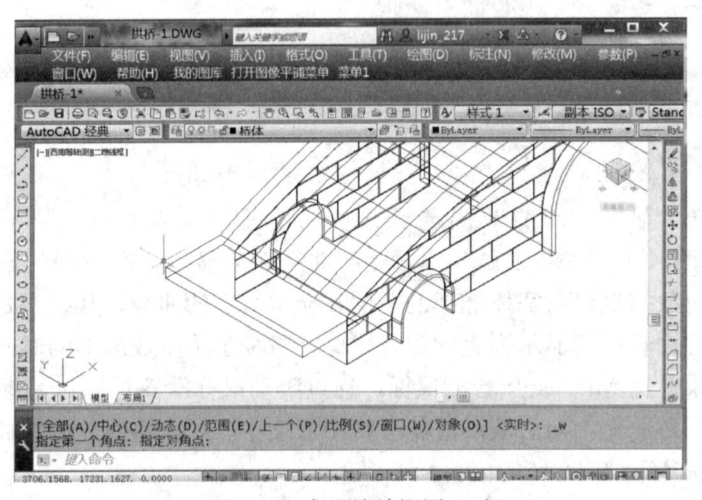

图 8-24　窗口缩放视图显示

③ 显示图形的上一个视图

在放大或使用平移观看部分图形的放大细节后，有时需要缩放回整个图形，使用该命令配合其他 Zoom 命令选项（如 Extend 选项）可加快定位速度。要重建上一个视图，可以使用以下任一种方法执行 Zoom 命令缩放到上一个选项：

● 在“标准”工具栏中，单击“缩放上一个”按钮。

● 从“视图”下拉菜单中，选择“缩放”→“上一个”选项。

● 在“命令:”提示下，键入 Zoom（或 Z），并按 Enter 键。然后键入 P 并按 Enter 键，或是单击右键，从快捷菜单中选择“上一个”选项。

④ 使用动态缩放

“动态”缩放选项提供了另一种方法用于在图形中进行平移缩放。Zoom 命令中的该选项，将使图形的生成部分与一个视图框一起显示在屏幕上（或在当前视口内）。使用定点设备可以调整视图框的大小并可在显示的图像中移动视图框。单击右键或按 Enter键，视图框内的图形将在绘图窗口中重画。

动态缩放图形包含一些特殊的符号，如图 8-25 所示。

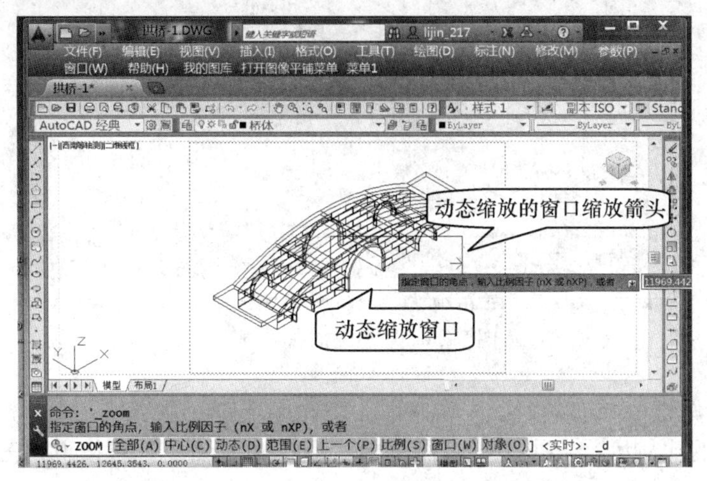

图 8-25 使用动态缩放时，屏幕上的图像包含一些特殊的符号

当前的图形范围包含一个外围矩形，该矩形通常是由蓝色虚线表示的。当前视图用一个稍小的内层矩形表示，通常显示成绿色虚线。激活动态缩放选项后，平移视图框将显示成一个黑色矩形并在其中心带有一个“X”。在显示视图框的同时，图形的放大率保持不变。可以拖动视图框到所需位置然后单击，使其转换成缩放模式。在缩放模式中，有一个指向视图框右边界的箭头。拖动光标可以调整视图框的大小。单击拾取键，可在平移和缩放模式之间进行转换。在选择所要显示的视图后，单击右键或按 Enter 键。

要进行动态缩放，可按下列步骤进行：

a. 使用以下任一种方法执行 Zoom 命令的动态缩放选项：

● 在“标准”工具栏或“缩放”工具栏中，单击“动态缩放”按钮。

● 从“视图”下拉菜单中，选择“缩放”→“动态”选项。

● 在“命令：”提示下，键入 Zoom（或 Z），并按 Enter 键。然后可以键入 D 并按 Enter 键，也可以单击右键，从快捷菜单中选择“动态”选项。

b. 在视图框中包含一个“X”时，将视图框移动到屏幕上不同的位置以平移不同的图形区域。

c. 单击拾取键，转换成缩放模式。视图框中的“X”将变成一个箭头。通过向左或向右拖动视图框的右边界可以调整视图框的大小。反复单击拾取键，可以根据需要，在平移和缩放模式之间进行转换。

d. 在视图框包含了所要观看区域后，单击右键或按 Enter 键，用视图框圈住的图像将变成当前的视图。

完成操作后其视图效果如图 8-26 所示，视图显示的是图 8-25 所示动态窗口内部图形放大的效果。

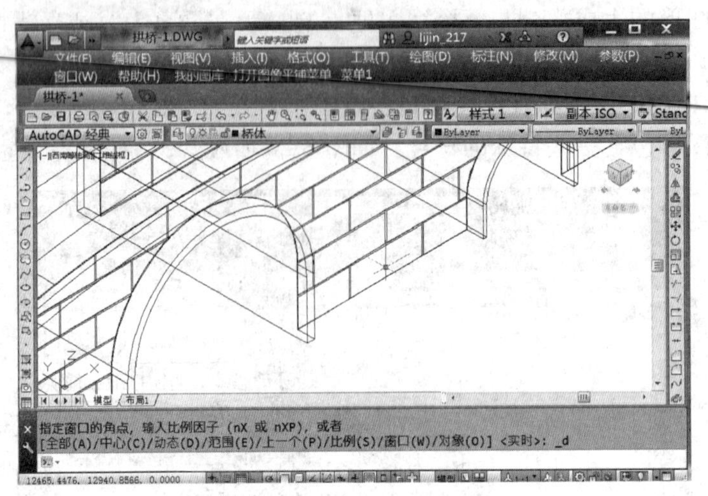

图 8-26　动态缩放视图显示

⑤ 指定比例进行缩放

通过精确的比例因子，可以将视图的放大率扩大或缩小，可按下列三种方法之一指定缩放比例：

- 相对于全部图形（图形界限）。
- 相对于当前视图。
- 相对于图纸空间单位。

a. 相对于全部图形（图形界限）缩放。改变放大因子，于当前视口中心的部分图形仍然保持在屏幕中心。要将图形放大率按照相对于图形界限进行改变，调用 Zoom 命令，然后键入一个代表放大因子的数值。例如，如果输入的比例因子值为 2，则按照原始图形的 2 倍显示图形；如果输入的比例因子值为 0.5，则按照原始图形的一半显示图形。

b. 相对于当前视图缩放。通过在放大比例因子值之后加上 X，可以相对于当前放大率（当前视图）改变图形的放大率。例如，如果输入的比例因子值为 2X，则以 2 倍的尺寸显示当前视图；如果输入的比例因子值为 0.5X，则以一半的尺寸显示当前视图。

c. 相对于图纸空间缩放。图纸空间中工作时，可以修改当前模型空间中视图的放大率，要相对于图纸空间单位按比例缩放视图，只需在输入的比例值之后加 XP。这种方式与相对于图形界限缩放图形是十分相似的，但是它仅仅影响当前视口和相对于图纸空间单位的比例，而不是绝对图形尺寸。例如，假设正在设计一个器件，如果器件的边长为 3 单位，并且想在侧视图中按一半的比例绘制，那么，可在侧视图视口中使用 XP 选项，输入比例因子 0.5XP。如果以后用全尺寸输出图纸空间视图，侧视图的输出结果将是全尺寸的一半。在以后章节中我们将学习有关图纸空间的内容。

使用指定比例进行缩放，可按下列步骤进行：

(a) 使用以下执行 Zoom 命令的比例缩放选项：

- 在“标准”工具栏或“缩放”工具栏中，单击“比例缩放”。
- 从“视图”下拉菜单中，选择“缩放”→“比例”选项。
- 在“命令:”提示下，键入 Zoom（或 Z）并按 Enter 键。然后键入 S 并按 En-

ter 键，或是单击右键，从快捷菜单中选择“比例”选项。AutoCAD 提示如下：

输入比例因子(nX 或 nXP)：

(b) 键入一个相对于图形界限、当前视图或是图纸空间视图的比例因子，并按 Enter键。

⑥ 居中缩放区域

在改变缩放比例因子时，位于当前视口中心点的部分图形，在改变放大率后仍然位于中心点。可以用“中心点”选项，在改变图形放大率时，指定一点使之成为视图的中心点。在使用该选项时，AutoCAD 首先提示指定缩放后图形区域的中心点，然后指定相对于图形界限、当前视图或是图纸空间的放大率。

要改变缩放区域的中心，可按下列步骤进行：

a. 使用以下任一种方法执行 Zoom 命令的中心缩放选项：

● 在“标准”工具栏或“缩放”工具栏中，单击“中心缩放”按钮。

● 从“视图”下拉菜单中，选择“缩放”→“中心点”选项。

● 在“命令:”提示下，键入 Zoom（或 Z），并按 Enter 键。然后既可以键入 C 并按 Enter 键，也可以单击右键，从快捷菜单中选择“中心点”选项。AutoCAD 提示如下：

指定中心点。

b. 选择一点，该点即为新视图中心点的位置。AutoCAD 提示如下：

输入比例或高度<缺省>：

c. 输入相对于图形界限、当前视图或图纸空间的比例因子值，并按 Enter 键。

⑦ 显示整个图形

要显示整个图形，可以相应地调用 Zoom 命令中的“全部”选项或“范围”选项，将图形缩小到它的图形界限或是图形范围（实际包含图形对象的区域）内。如果所有的对象绘制在图形的界限内，“全部缩放”选项将使图形显示到它的图形界限。如果对象范围超出了图形界限，那么，该选项将用显示图形范围代替图形界限。“范围缩放”选项，仅将图形显示到图形范围内，即使它小于图形界限。

要将图形显示到图形界限，可以使用以下任一种方法执行 Zoom 命令的全部缩放选项：

● 在“标准”工具栏或“缩放”工具栏中，单击“全部缩放”。

● 从“视图”下拉菜单中，选择“缩放”→“全部”选项。

● 在“命令:”提示下，键入 Zoom（或 Z），并按 Enter 键，然后既可以键入 A 并按 Enter 键，也可以单击右键，从快捷菜单中选择“全部”选项。

要将图形显示到图形范围，可以使用以下任一种方法执行 Zoom 命令的范围缩放选项：

● 在“标准”工具栏或“缩放”工具栏中，单击“范围缩放”。

● 从“视图”下拉菜单中，选择“缩放”→“范围”选项。

● 在“命令:”提示下，键入 Zoom（或 Z），并按 Enter 键。然后既可以键入 E

并按 Enter 键，也可以单击右键，从快捷菜单中选择“范围”选项。

注意： 无限长的构造线（参照线）和射线在图形范围内不受影响。

警告： 自从上一次将图形缩放到图形范围后，如果已经改变图形范围，“范围缩放”可能会要求重生成图形，那么，AutoCAD 将警告你需要重生成图形。

（2）图形平移（Pan 命令）

通过滑动条或平移可以移动当前视口中的图形。这样可以改变正在观察的图形，而不改变当前的放大率。滑动条可以水平和竖直地移动图形。平移可以沿任何方向移动图形。

① 使用滑动条

每一个 AutoCAD 绘图窗口都有水平和竖直滑动条，可以用它们平移整个图形。滑块在滑动条中的相对位置决定了图形相对于实际屏幕范围内的位置。

注意： 在多重视口中工作时，滑动条仅对当前视口有效。如有必要，可以在“选项”对话框的“显示”选项卡中关闭滑动条，以观察到更多的图形；也可以使用 AutoCAD 的其他方式（如平移）移动图形。

② 使用平移命令

Pan 命令可以沿任意方向移动图形。平移可使图形水平地、竖直地或沿斜线方向移动。而图形的放大率保持相同，仅仅是被显示图形的位置发生了改变。激活 Pan 命令之后，光标将变成一只“小手”。单击并按住定点设备上的拾取按钮（鼠标左键），将光标锁定在当前位置，然后，拖动图形使其移动到所需位置上。松开拾取按钮将停止平移图形。可以再次按下拾取按钮，将图形平移到其他位置上。

如果将图形平移到实际屏幕范围的边界时，若哪个方向到达了边界，就在手形光标的哪一侧显示一个边界栏。另外，AutoCAD 在状态栏上显示一个信息，明确指出已将图形平移到边界，并且不能继续沿该方向平移。

要平移一个图形，可按下列步骤进行：

a. 使用以下任一种方法执行实时平移命令：

- 在“标准”工具栏中，单击“实时平移”。
- 从“视图”下拉菜单中，选择“平移”→“实时”。
- 在绘图窗口中，单击右键，从快捷菜单中选择“平移”选项。
- 在“命令：”提示下，键入 Pan（或 P），并按 Enter 键。

b. 按下并按住拾取按钮。

c. 拖动图形。

d. 松开拾取按钮。

e. 按 Enter 键或 Esc 键，结束 Pan 命令。

提示： 如果使用微软的智能鼠标，则可以通过在拖动鼠标时按下鼠标滑轮来平移图形。同时按下 Ctrl 键和滑轮按钮，可以设置智能鼠标的操纵杆模式，用该模式移动鼠标从而平移图形。拖动鼠标可以控制操纵杆平移图形时的方向和速度。必须将系统变量 MBUTTONPAN 设置为 1，才能用鼠标滑轮进行平移。

实时平移和缩放：实时平移和缩放是 AutoCAD R14 首次应用的特性。这个特性可以相互激活转换图形的位置或改变图形的放大率。在 AutoCAD 早先的版本中，如果要平移图形，不得不在图形中拾取一点，然后输入坐标以响应命令提示。与之相似，要修改图形的放大率，必须使用 Zoom 命令中的一个选项。虽然在 AutoCAD 2000 中，仍然可以使用以前的方式进行缩放和平移；但是，其默认的平移或缩放图形的方式是使用实时特性。在使用实时平移特性时，光标变成一只“小手”。使用实时缩放特性时，光标变成一只“放大镜”，并标有加号（+）和减号（-）。无论何时，在激活实时平移和缩放时，都可以单击右键显示如图 8-27 所示的快捷菜单。可以使用快捷菜单退出命令；转换平移和缩放模式；在指定窗口中缩放；重新显示上一次平移或缩放的视图；或是进行范围缩放；也可以激活新的 3Dorbit 命令。

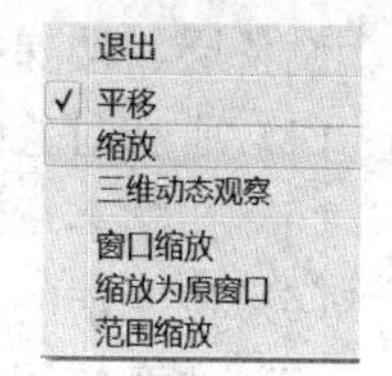

图 8-27　快捷菜单

8.4　要点回顾

本章要点如下：

- 学会块的重定义和更新命令的使用。
- 熟练掌握镜像和阵列命令，能够快速有效地组织图形。
- 能够熟练完成新建、保存和恢复视图显示操作。
- 能够快速完成图形缩放、平移显示等操作。

8.5　命令速查

◇　Vports：，在模型空间或布局（图纸空间）中创建多个视口。

◇　View：，保存和恢复命名模型空间视图、布局视图和预设视图。

◇　Mview：创建并控制布局视口。

◇　Hatch：，使用填充图案、实体填充或渐变填充来填充封闭区域或选定对象。

8.6　复习思考题及上机练习

8.6.1　复习思考题

1. 块的分解方法有哪些？

2. 什么是块的重定义？什么是块更新？它们有何异同？为什么在重定义时要保证是对源块的操作？

3. 什么是重画？什么是重生成？二者有何异同？

8.6.2　上机练习

绘制如图 8-28 所示的建筑平面图：

（1）绘图单位为毫米（mm），出图比例为 1∶100，根据图形大小自行设计图纸的图幅；

（2）CAD 绘图要求按 1：1 绘制；

（3）不同的图形对象应在不同的图层绘制，至少应有轴线层、墙层、柱层、门窗层、设备层、楼梯层；

（4）所有对象的线型及颜色属性均设置为随层（Bylayer）；

（5）初学本章者，尺寸不用标注；

（6）按要求的绘图步骤绘图；

（7）注意使用块定义、块更新和视图缩放等相关命令；

（8）注意图形的对称性和相似性；

（9）尽量使用镜像、阵列和复制命令，以便快速高效地完成绘图任务。

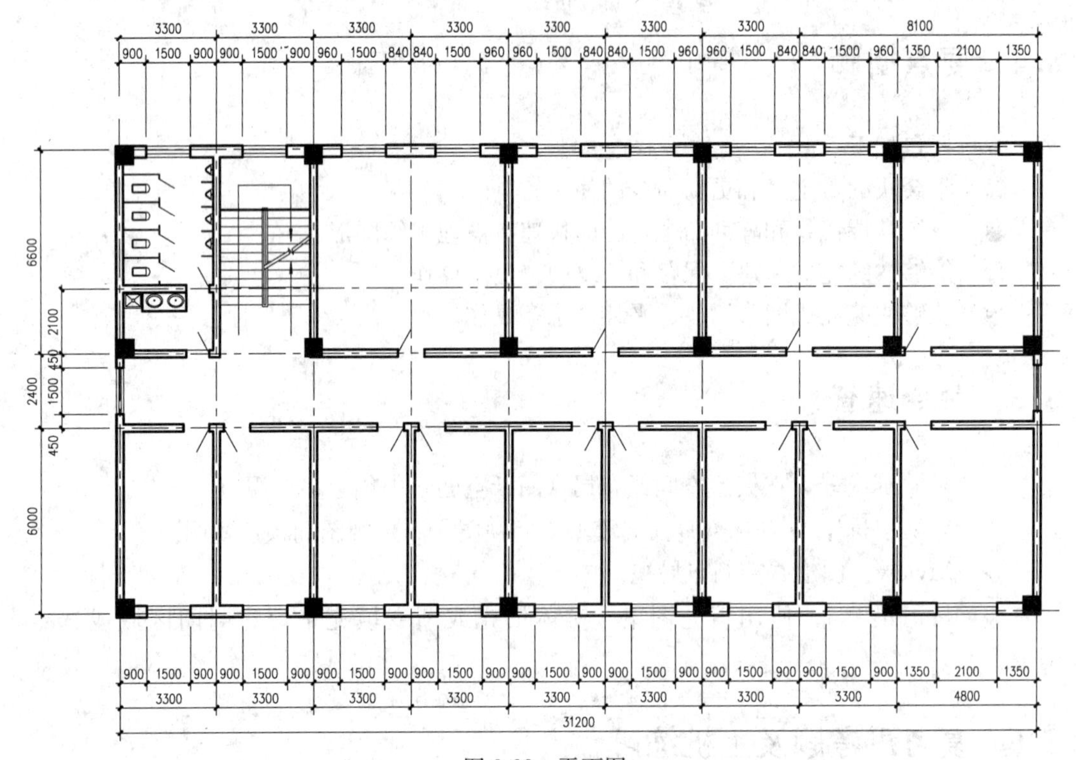

图 8-28 平面图

建议学时：1学时

第9章　给图纸加上文字标注

问题提出

图形中的文字表达了重要的信息。可以在标题块中使用文字，还可以用文字标记图形的各个部分、提供说明或进行注释。在本章中我们将解决以下问题：

- 在建筑工程中对文字有什么要求？
- 在 AutoCAD 中如何输入文字？如何设置文字样式？
- 对于输入好的文字对象如何编辑？

9.1　建筑结构中的文字设置

我们首先了解一下《房屋建筑制图统一标准》中有关文字的设置。下面是《建筑制图标准》中的一些规定，详细的规定参见《房屋建筑制图统一标准》（GB/T 50001—2010）中第5章的规定。

（1）文字的字高，应从下列系列中选用：

3.5、5、7、10、14、20（mm）。

如需书写更大的字，其高度按 $\sqrt{2}$ 的比值递增。

（2）图中说明汉字，应采用长仿宋体，宽度与高度的关系，应符合表9-1的规定。

表9-1　长仿宋字体高宽关系　　mm

字高	20	14	10	7	5	3.5
字宽	14	10	7	5	3.5	2.5

大标题、图册封面、地形图等的汉字，也可书写成其他字体，但应易于辨认。

（3）汉字的简化书写，必须遵守国务院公布的《汉字简化方案》和有关规定。

（4）拉丁字母、阿拉伯数字与罗马数字的书写与排列等应符合表9-2的规定。

表9-2　字体的高宽规定

书写格式	字体	窄字体
大写字母高度	h	h
小写字母高度（上下均无延伸）	$7/10h$	$10/14h$
小写字母向上或向下延伸部分	$3/10h$	$4/14h$
笔画宽度	$1/10h$	$1/14h$
字母间隔	$2/10h$	$2/14h$
上下行基准线的最小间隔	$15/10h$	$21/14h$
词间隔	$6/10h$	$6/14h$

注意：小写拉丁字母 a、c、m、n 等上下均无延伸，j 上下均有延伸；字母间隔，如需排列紧凑，可按表 9-2 中字母的最小间隔减少一半。

（5）数量的数值注写，应采用正体阿拉伯数字。各种计量单位凡前面有量值的，均应采用国家颁布的单位符号注写。单位符号应采用正体字母。

9.2 设置文字样式

在输入文本时，经常需要以不同的字符模式规定不同的中、西文的字体。使用 Style 命令就能达到这种目的。

AutoCAD 图形中的所有文字都有与之相关联的文字样式。当输入文字时，AutoCAD 使用当前的文字样式，样式设置字体、字号、角度、方向和其他文字特性。可以创建多种在图形中使用的文字样式。

AutoCAD 提供了各种不同的字体，使用同一种字体又可通过改变宽度比例、倾斜、反向和颠倒等参数给字型以多种变化，以丰富绘制字符的视觉效果。

Style 命令的功能是创建或修改已命名的文字样式，以及设置图形中文字的当前样式。

9.2.1 创建自己的文字样式

1. 调用命令的方式

- 命令行：Style（或′Style 用于透明使用）。
- 下拉菜单："格式（O）"菜单→"文字样式（S）"。

2. 创建文字样式的步骤

（1）从"格式"菜单中选择"文字样式"，打开"文字样式"对话框，如图 9-1 所示。

（2）在"文字样式"对话框中单击"新建（N）"按钮，打开"新建文字样式"对话框，如图 9-2 所示。

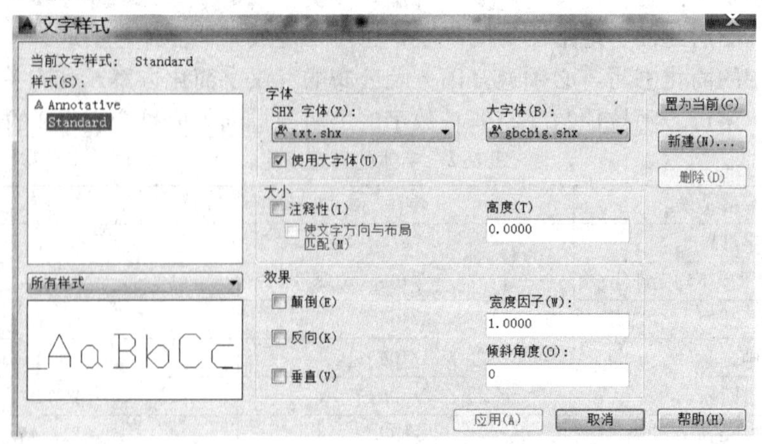

图 9-1 "文字样式"对话框（一）

（3）在“新建文字样式”对话框中输入文字样式名。如果未输入文字样式名，AutoCAD将该样式命名为“样式 n”，此处的 n 是从 1 开始递增的数字，自动为每个新命名的样式加 1，如图 9-2 所示。

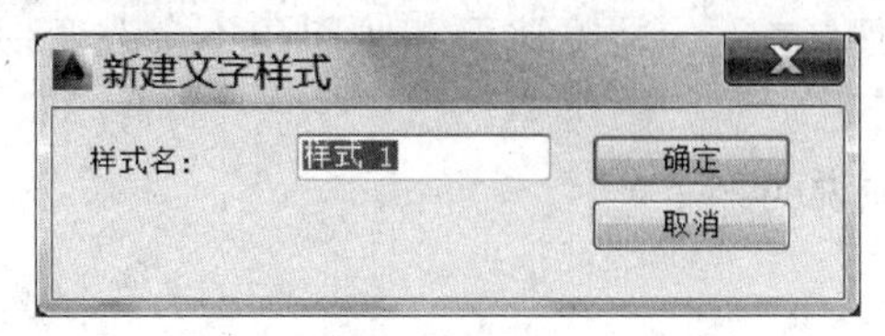

图 9-2　“新建文字样式”对话框

（4）单击“确定”按钮关闭“新建文字样式”对话框。“样式 1”成为当前的样式，如图 9-3 所示。

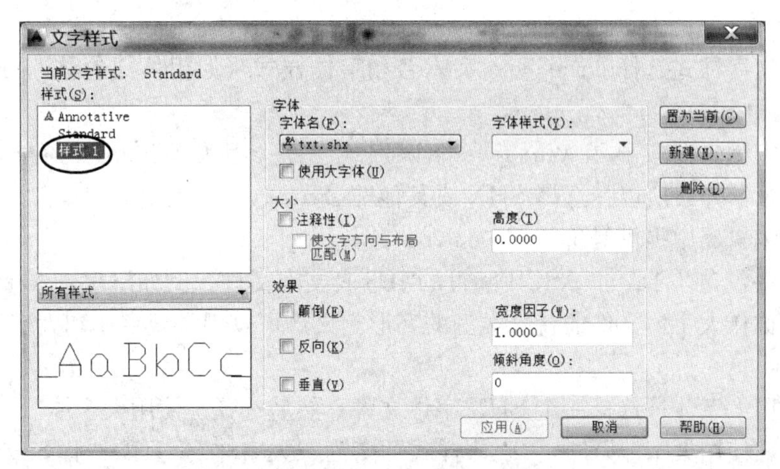

图 9-3　“样式 1”成为当前的样式

9.2.2　修改自己的文字样式

从“格式”菜单中选择“文字样式”，激活“文字样式”对话框，如图 9-4 所示。

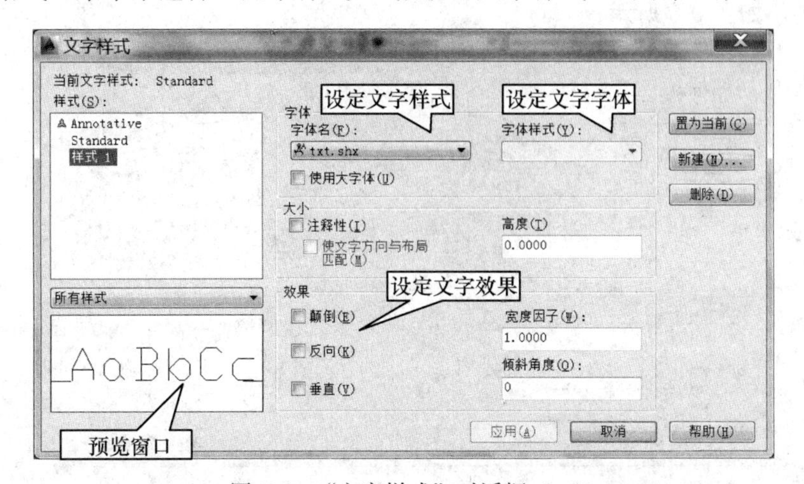

图 9-4　“文字样式”对话框（二）

通过修改设置，可以在“文字样式”对话框中修改现有的样式，也可以更新使用该样式的现有文字来反映修改的效果。

如果修改现有样式的字体或方向，将会重新生成使用该样式的所有文字，以反映新的字体或方向。修改文字的高度、宽度比例和倾斜角不会改变现有的文字，但会应用到以后创建的文字对象上。

对话框中的主要选项说明如下。

1. 样式名

用于选择当前样式。如果要使用其他文字样式来创建文字，可以改变当前的文字样式。在“文字样式”对话框的“样式名”列表中选择一个样式，选择“应用”即可。

2. 字体

可以为文字样式选择 TrueType 字体名和字体样式（如粗体或斜体），或选择 AutoCAD 生成的 SHX 字体。

多行文字编辑器仅显示 Windows 能识别的字体。因为 Windows 不能识别 AutoCAD 的 SHX 字体，所以在选择 SHX 或其他非 TrueType 字体进行编辑时，AutoCAD 在多行文字编辑器中提供等价的 TrueType 字体。

对于一些包含几千个非 ASCII 字符的字母表文本文件，例如汉字，AutoCAD 相应地提供一种称作大字体文件的特殊类型的字形定义。可以用常规字体和大字体文件来设置样式。

要想使用大字体，选择一个 SHX 字体文件，然后选择“使用大字体”。

当选择“使用大字体”时，“字体样式”变为“大字体”。只能选择 SHX 字体，并且在“大字体”框内也只显示大字体名。为了正确显示汉字，应选择 Gbcbig. SHX，而不是默认的 Bigfont. SHX，如图 9-6 所示。其步骤如下：

（1）从“格式”菜单中选择“文字样式”，激活“文字样式”对话框，如图 9-1 所示。

（2）点取样式名列表中的“样式 1”，并单击“置为当前”按钮，将“样式 1”设置为当前样式，如图 9-5 所示。

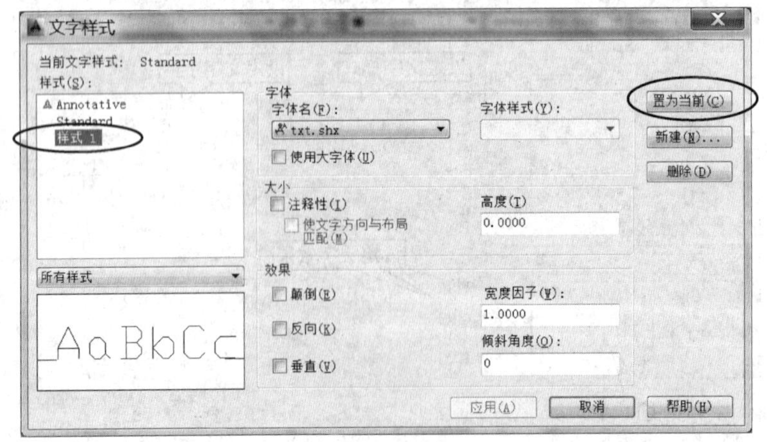

图 9-5 “文字样式”对话框（三）

(3) 勾选“使用大字体”，则“大字体（B)”选项激活（比较图 9-5 和图 9-6），选择字体 Gbcbig. SHX，并点击应用，“样式 1”修改完毕，点“关闭”退出。

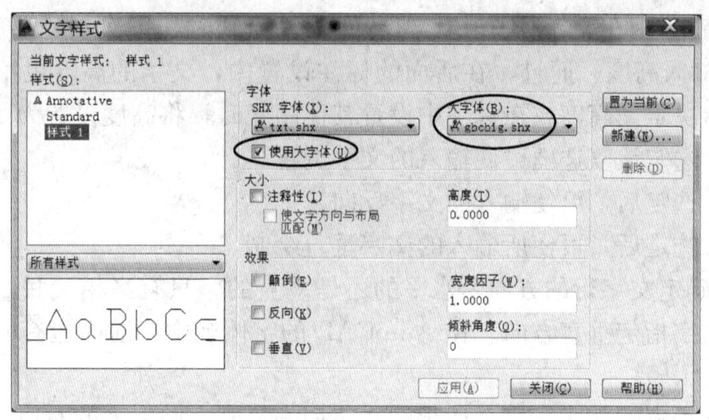

图 9-6　“文字样式”对话框（四）

注意：当字体使用默认的 Txt. SHX 字体，大字体选择 Gbcbig. SHX 时，在中英文混合编排时会发现这两种字体很不协调，英文文字显得比中文字体大，如图 9-7 所示。

2003 年于西安

图 9-7　使用 Txt. SHX 字体的中英文混排

这是因为默认的英文字体 Txt. SHX 不符合国家标准，因此应该选择符合国家标准的英文字体 Gbeitc. SHX（倾斜字体）或 Gbenor. SHX（正体），如图 9-8 所示。

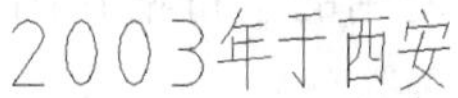

2003年于西安

图 9-8　使用 Gbenor. SHX 字体的中英文混排

注意：AutoCAD 是支持所见即所得的图形绘制软件，因此正确的打印机配置也是文字字体正常实现的关键，配置打印机不支持的字体将不能使用（如一些老的打印机或其他支持字体较少的虚拟打印机等），遇到这种情况，换一个打印机驱动即可。

注：实际情况下有些版本的字体配合后会导致字体混乱，把样式中对应的字体文件更换一下即可。如采用 Txt 与 Hztxt 后有时就会出现汉字不能正常显示，可以把 Txt 换成 Tssdeng. SHX，而把大字体换成 Tssdchn. SHX 即可正常显示。如无此类第三方提供字体，也可使用 Gbenor. SHX 和 Gbcbig. SHX。

3. 效果

修改字体的特性，例如高度、宽度比例、倾斜角、倒置显示、反向或垂直对齐。

(1) 高度：按绘图单位输入字高。

文字高度确定在使用的字体中以图形单位计算的字母大小。除 TrueType 字体外，该值通常表示大写字母的大小。

对于 TrueType 字体，文字的高度值可能并不表示大写字母的高度。指定的高度表示首字母的高度加上重音标志的升调区和其他用于非英语语言中的标志。指定给首字母和升调字符的相对区域部分由字体设计者在设计字体时决定，因此各种字体之间会有所不同。

除了组成用户指定高度的首字母和重音标志区域以外，TureType 字体还有字符部分的下画区域，延伸到文字基线以下，如y、j、p、g和q，部分汉字也有下行部分。

如果指定固定高度作为文字样式的一部分，那么当创建单行文字时，AutoCAD不会提示输入“高度”。在文字样式中，当高度设置为0时，每次创建单行文字，AutoCAD都要提示输入高度。而且，在后面的标注设置中，文字的高度也不能改变。因此要在创建文字时决定其高度或在标注中设置其他高度时，将高度设置为0。

（2）颠倒：选定该复选框可使输入的文字倒置。

（3）反向：选定后，可使输入的文字反向。

（4）垂直：选定后，可使所输入的文字垂直绘制。

AutoCAD确定文字行的方向是水平的还是垂直的。只有当相关联的字体支持双向时，才可以为文字指定垂直方向。在AutoCAD的字体名中，前面冠有@的字体均支持垂直方向。

可创建多列垂直的文字，每个后续的文字列都绘制在前一列的右边。垂直文字旋转角通常是270°。

注意：TrueType字体不支持垂直方向。

（5）宽度因子：可在此文本框中输入文字的宽度比例。

（6）倾斜角度：倾斜角决定了文字是向前还是向后倾斜。倾斜角表示的是相对于90°角方向的偏移角度。

输入一个－85到85之间的数值可使文字倾斜。倾斜角的值为正时，文字向右倾斜；值为负时，文字向左倾斜。

注意：使用这些效果的TrueType字体在屏幕上可能显示为粗体。屏幕显示对打印输出没有影响，字体的打印输出由使用的字符格式确定。

4. 预览

随着字体的改变和效果的修改，动态显示文字样例。

在字符预览图像下方的文本框中输入字符，将改变样例文字。

注意：“高度”不影响字符预览图像，这是因为如果文字高度值很大的话，只能看到文字的一小部分或者根本就看不到文字。

9.3 文字输入

绘制土木工程设计图，需要在图纸中写技术要求，对局部放大区域写文字性说明。使用Text命令能方便地完成这种任务。

AutoCAD提供了多种创建文字的方法。对简短的输入项使用单行文字，对带有内部格式的较长的输入项使用多行文字。虽然所有输入的文字都使用当前文字样式建立缺省字体和格式设置，但也可改变样式来改变文字外观或者建立新的样式。

9.3.1 单行文字输入

Text命令可用来在图中注写文字。文字可以采用不同的字体，并且可用Style命令控制字型。每个字符串均可以被旋转和对齐。用户可采用左/中/右和顶部/中部/基准线

/底部的任意组合来进行文本定位。

用 Text 命令创建一行或多行文字，在每行结束处按 Enter 键。每行文字都是独立的对象，可对其进行重定位、调整格式或进行其他修改。发布 Text 命令的方式如下：

- 命令行：Text。
- 菜单："绘图（D）"→"文字（X）"→"单行文字（S）"。

根据文本输入方式的不同，命令窗口的提示也是不同的，下面分别叙述。

1. 直接输入一点——向左对齐方式

如果用户指定了一个起点，AutoCAD 将沿基准线向左对齐文本，并要求确定文本的高度、基准线的转角以及输入文本字符串。操作方法如下：

（1）从菜单中选择"绘图（D）"→"文字（X）"→"单行文字（S）"，命令提示如下：

```
命令:TEXT↙
当前文字样式:缺省值↙
文字高度:缺省值↙
指定文字的起点或[对正(J)/样式(S)]:
```

（2）指定第一个字符的插入点，按 Enter 键后可紧接最后创建的文字对象定位新的文字。如果在当前文字样式中文字高度被设置为 0，将提示指定文字的高度。

```
指定文字的起点或[对正(J)/样式(S)]:100,100↙      （或用鼠标在屏幕点取一点）
指定高度<当前值>:
```

（3）拖动定点设备设置文字高度，光标和插入点之间的距离表明文字的高度；或者在命令行上以图形单位输入值。

```
指定高度<当前值>:5↙      （或用鼠标在屏幕点拉伸一段距离）
指定文字的旋转角度<当前值>:
```

（4）拖动定点设备设置文字旋转角，光标和插入点的连线与 X 轴正方向的夹角表明文字的旋转角度；或者在命令行上输入 X、Y 坐标值。

```
指定文字的旋转角度<当前值>:30↙      （输入旋转角度值）
输入文字:
```

（5）输入文字，按 Enter 键结束此行文字，开始下一行。Text 命令在屏幕上显示键入的文字，每行文字都是独立的对象。Text 执行期间，如果在图形中选择了另一点，光标将移动到该点处，可以从该点处继续输入文字。在一个空行上按回车键结束创建文字的操作。

```
输入文字:UNIVERSITY↙（输入文本）
输入文字:XI AN↙
输入文字:↙
命令:
```

结果如图 9-9 所示。

UNIVERSITY
XI AN

图 9-9　单行文字

2. 文字调整——对齐选项

（1）从菜单中选择“绘图（D）”→“文字（X）”→“单行文字（S）”，命令行提示如下：

命令:TEXT↙
当前文字样式:缺省值　文字高度:缺省值
指定文字的起点或[对正(J)/样式(S)]:

（2）输入J（对正），显示相关参数。

指定文字的起点或[对正(J)/样式(S)]:J↙
输入选项[对齐(A)/调整(F)/中心(C)/中间(M)/右(R)/左上(TL)/中上(TC)/右上(TR)/左中(ML)/正中(MC)/右中(MR)/左下(BL)/中下(BC)/右下(BR)]:

选项的参数说明如下：
对齐（A）：控制文字的高度及书写的范围。要求给出文字基准线的起点和终点。文字按样式设定的宽度用于均匀分布在两点间。此时不需输入文字的高度和角度，字高取决于字符串的长度。
调整（F）：要求给出文本基线的起点和终点及字高。字宽取决于字符串的长度。标准的文本将在文本基线上均匀排列。
中心（C）：要求给出文字基线的中点，按该点对文本进行定位和旋转。
中间（M）；要求给出文本的中点，按该点对文本进行定位和旋转。
右（R）：要求给出文字基线的终点，文本的最右端与该点对齐。
左上（TL）：要求给出文本顶部左端点，按该点对文本进行定位。
中上（TC）：要求给出文本顶部中点，按该点对文本进行定位。
右上（TR）：要求给出文本顶部右端点，按该点对文本进行定位。
左中（ML）：要求给出文本左端中心点，按该点对文本进行定位。
正中（MC）：要求给出文本中部中心点，按该点对文本进行定位。
右中（MR）：要求给出文本右端中心点，按该点对文本进行定位。
左下（BL）：要求给出文本左侧低线端点，按该点对文本进行定位。
中下（BC）：要求给出文本低线的中点，按该点对文本进行定位。
右下（BR）：要求给出文本低线的右侧终点，按该点对文本进行定位。
图9-10显示了文字的对准位置。

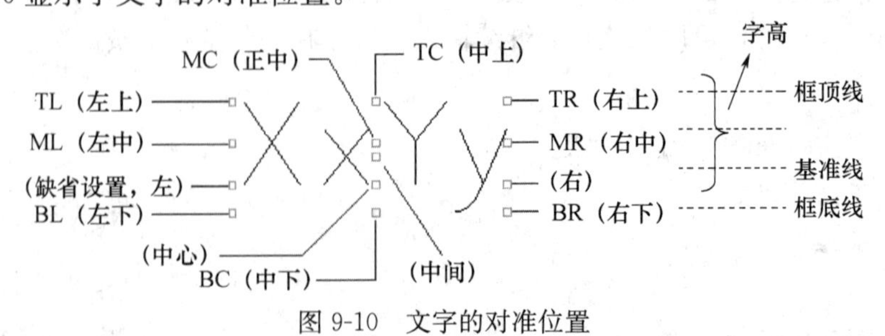

图9-10　文字的对准位置

(3) 输入一个对齐选项。每个对齐选项都会提示输入信息，例如“中间”对齐会提示输入文字的中点，“调整”对齐会提示输入起点和端点。

(4) 通过定点设备指出对齐信息，也可以在命令行上输入（X、Y）坐标。

(5) 拖动定点设备设置文字高度，光标和插入点之间的距离表明文字的高度；或者在命令行中以图形单位输入值。

(6) 拖动定点设备设置文字的旋转角度，光标和插入点之间的角度表明文字的旋转角度；或者在命令行中输入（X、Y）坐标。

(7) 输入文字，按 Enter 键结束此行文字，开始下一行。Text 命令在图形中显示输入的文字。在退出该命令前，文字对齐的结果不反映在屏幕上。

(8) 在一空行处按 Enter 键结束创建文字。

3. 选择文字字型

文字字型是由当前设置的文字样式来决定的。用户可使用本选择项选用不同的文字字型来绘制文本。通常在新作业开始时的缺省文字字型是标准型，字体为 Txt.SHX，它不支持汉字显示，如直接输入汉字，则在屏幕上打出的是“???”，如图 9-11 所示。

如果要在图形中输入汉字，必须是用大字体或 TrueType 字体，详见 9.2.2 节的说明。可用“S”响应，命令行提示如下：

?????????

图 9-11　汉字显示出错

```
命令:Text↙
当前文字样式:缺省值　文字高度:缺省值↙
指定文字的起点或[对正(J)/样式(S)]:S↙
输入样式名或[?]<当前样式>:
```

AutoCAD 将询问用户使用什么样式，我们可以使用一个现存且定义好的文字字型来回答；或者用空回车响应来使用当前字型；也可用“?”响应，以列出现存的全部文字字型。我们输入上一节定义好的“样式 1”，命令行提示如下：

```
指定文字的起点或[对正(J)/样式(S)]:"样式 1"↙　　(注意要用英文的引号)
输入文字:西安建筑科技大学↙
输入文字:↙
命令:
```

这时 AutoCAD 将显示如图 9-12。

西安建筑科技大学

图 9-12　汉字输入

9.3.2 多行文字输入

对于较长、较为复杂的内容，可用 Mtext 命令创建多行文字。多行文字可布满指定宽度，同时还可以在垂直方向上无限延伸。可以设置多行文字对象中单个字或字符的格式。

多行文字是由任意数目的文字行或段落组成的，布满指定的宽度。与单行文字不同的是，在一个多行文字编辑任务中创建的所有文字行或段落都被当作同一个多行文字对象。可以移动、旋转、删除、复制、镜像、拉伸或比例缩放多行文字对象。

与单行文字相比，多行文字具有更多的编辑选项。用“多行文字编辑器”可以将下画线、字体、颜色和高度的变化应用到段落中的单个字符、词语或词组，也可以使用“特性”窗口修改多行文字对象的所有特性。

在“多行文字编辑器”、命令行或第三方文字编辑器中都能创建文字。可以在“选项”对话框中或用MTEXTED系统变量指定第三方文字编辑器。

输入多行文本的方法是用Mtext命令，它是以文字编辑器方式进行输入的。该命令特别适合输入不同字体的文字和特殊符号。

1. 创建多行文字

创建文字前，必须先定义段落宽度。完成文字输入项以后，AutoCAD在对话框限定的宽度范围内输入要插入的文字。可将文字高度、对齐、旋转角、样式和行间距应用到文字对象中，或将字符格式应用到特定的字符中。对齐方式要考虑文字边界以决定文字要插入的位置。

创建多行文字的步骤如下：

（1）从菜单中选择“绘图（D）”→“文字（X）”→“多行文字（M）”。

（2）在“指定第一角点”提示下，用定点设备指定角点；或者在命令行中输入坐标值。

（3）在下一个提示中，用定点设备定义文字宽度，即指定边界框的对角点；或者在命令行中输入宽度值。如果在命令行中输入选项，AutoCAD继续在命令行中提示，直到指定边界框的对角点为止。在指定了边界框的第二角点后，出现“多行文字编辑器”。边界框中的箭头在当前对正设置的基础上指出输入文字的走向。

（4）在“多行文字编辑器”对话框中输入文字，超出边界框宽度的文字将被折到下一行。

（5）要对词语或字符应用格式，详见下节设置多行文字的格式。

（6）要使用堆叠文字，详见下节内容——使用堆叠文字。

（7）要在输入时将文字转换为大写，双击“自动大写”。

（8）单击“确定”按钮。

2. 设置多行文字

从菜单中选择“修改（M）”→“对象（O）”→“文字（T）”→“编辑（E）”，将激活“多行文字编辑器”。多行文字编辑器分上、下两部分，上部是“文字格式”对话框，它指示并可以设置当前文字样式，包括样式名称、文字字体及字高等文字样式相关内容，此外还包括文字效果按钮组、文字特性按钮组、图层设置下拉列表、“确定”按钮、标尺按钮和“选项”菜单；下部是文字输入及编辑窗口，缺省情况下带有水平标尺。如图9-13所示。

在选项菜单中“符号（S）”菜单项用于输入字符；“段落”菜单项用于设定段落特性，如段落对齐、段落间距和段落行距、段落左右缩进及制表位等；“查找/替换”菜单项用于查找和替换文本；“输入文字（I）”菜单项用于引入＊.TXT或＊.RTF文件中的文本作为当前文本。

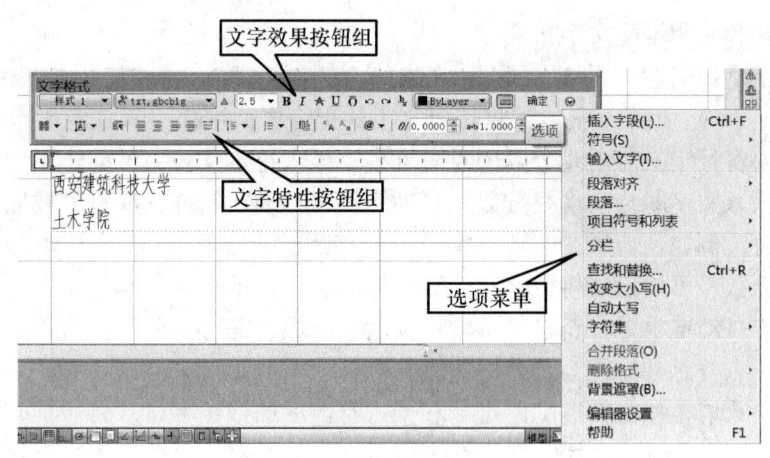

图 9-13　“多行文字编辑器”对话框及其选项按钮

（1）设置多行文字的格式

在“多行文字编辑器”中新创建的文字自动应用当前文字样式的特性。可以通过以下几种方法修改多行文字的样式：

- 在“多行文字编辑器”中，修改选中的文字或为文字对象应用不同的样式。
- 修改当前文字样式。
- 在“特性”窗口中编辑多行文字的内容，修改其特性。

在“多行文字编辑器”中能够将修改后的格式应用到选中的文字上，以此来替换当前的样式。如果以后文字样式被修改了，已应用的格式将保留不变。

使用“多行文字编辑器”可以在创建文字时设置其格式，或者编辑现有的多行文字。

（2）应用格式到字符

要将格式应用到多行文字对象中的选定文字上，在“多行文字编辑器”中使用字符效果按钮组中的按钮。可以改变字体和文字高度，应用粗体、斜体、下画线和颜色，堆叠文字，此外可以使用选项菜单的“符号（S）”菜单项插入特殊字符。所应用的格式变化只能影响选中的字符，当前的文字样式不会改变。

（3）修改多行文字对象的特性

可以使用“特性”窗口修改多行文字对象的内容、样式、对正、行距和旋转等设置，这些修改将影响选定的整个多行文字对象。多行文字对象还有通用的对象特性，例如颜色和线型。

可以用夹点移动、旋转、删除或复制多行文字对象。如果多行文字对象的宽度不为零，则在文字边界的四个角点（某些情况下是在对正点处）显示夹点。如果未指定宽度，则在对正点处有一个夹点。该命令的效果取决于所选择的夹点。

要定义和命名新的文字样式，使用 Style 命令。当修改多行文字对象的样式时，所有字符格式都被保留下来，而不会被新的文字样式替代。

注意：当从以前版本的 AutoCAD 中打开图形时，不能正确显示具有替代字符样式的多行文字对象。要重置字符格式，在“多行文字编辑器”中打开该对象，然后再次保存。如在 AutoCAD 下添加了第三方开发的字体，这时使用该字体输入的汉字，在没有安装该字体的 AutoCAD 版本打开，会显示成为“???”。

（4）设置和使用堆叠文字

堆叠文字是用来标记公差或测量单位的文字或分数。可以使用特殊字符：斜杠（/）、磅符号（#）和插入符（^）将选定文字标记为要被堆叠。斜杠定义水平线分隔的垂直堆叠；磅符号定义对角线分隔的对角堆叠；插入符定义公差堆叠，不用直线分隔。

可以在输入文字时自动堆叠分数。自动堆叠将自动在斜杠、磅符号或插入符的前后堆叠数字字符。例如，如果在非数字字符或空格后输入 1#3，自动堆叠会自动将文字堆叠为对角分数。可以设置将数字和分数之间的空白自动删除。

可以指定自动堆叠是将斜杠字符转换为垂直分数还是对角分数。磅符号总被转换为对角分数，插入符总被转换为公差格式。

自动堆叠只堆叠那些斜杠、磅符号和插入符前后的数字字符。要想堆叠包含空格非数字字符或文字，先选择文字，然后在“多行文字编辑器”对话框的文字效果按钮组中选择“堆叠”工具按钮。

输入文字，用以下字符中的一个作为分隔符：

- 斜杠：垂直堆叠文字，由水平线分隔。如 95/100 生成堆叠文字为：$\frac{95}{100}$。
- 磅符号：对角堆叠文字，由对角线分隔。如 95#100 生成堆叠文字为：$^{95}/_{100}$。
- 插入符：创建公差堆叠，不用直线分隔。如 95^100 生成堆叠文字为：$\begin{smallmatrix}95\\100\end{smallmatrix}$。

如果输入由堆叠字符分隔的数字，然后输入非数字字符或按 SpaceBar，将显示“自动堆叠特性”对话框，可以选择自动堆叠数字（不包括非数字文字）并删除前导空格，也可以指定用斜杠字符创建斜分数还是水平分数。如果不想使用自动堆叠，选择“取消”退出该对话框。

要想生成指数文字，在堆叠符号后不要加入任何字符。例如：10 2^ 生成堆叠文字为：10^2。

提示：我们还可以用多行文字的外部编辑器生成更多的堆叠样式。

在下面例子中，AutoCAD 使用记事本作为外部文字编辑器。

① 首先指定文字编辑器

a. “工具（T）”→“选项（O）”→“文件”选项卡。

b. 单击“文字编辑器、词典和字体文件名”旁边的加号（+）。

c. 单击“文本编辑器应用程序”旁边的加号（+）。

d. 双击“内部”，打开“选择文件”对话框，找到 Windows 目录下的记事本程序（Notepad.EXE），选择“确定”，退出所有对话框并应用修改的设置。

② 单击绘图→文本→多行文本或运行 Mtext 命令后会启动记事本。

③ 在记事本中输入下面格式文字：

```
\A1; \H2; EXPONENT\H1.5; \S 100^;
\A1; \H2; INDEX\H1.5; \S ^100;
\A1; \H2; STACKED\H1.5; \S100^333;
```

④ 退出记事本并保存文件，就会显示如图 9-14 所示的文字。具体参数可查阅相关文献。

EXPONENT ^{100}
INDEX $_{100}$
STACKED $\begin{smallmatrix}100\\333\end{smallmatrix}$

图 9-14 更多的堆叠样式

9.3.3　特殊字符输入

1. 控制码及特殊字符

在实际绘图时，为了满足某些特殊的要求，有时需要绘制一些特殊的字符。为此，AutoCAD 提供了实现这一目的的特殊手段——控制码。控制码是两个百分号%%，下面介绍一些常用的控制序列。

（1）下列控制码可使用标准 AutoCAD 文字字体和 PostScript 字体：

%%nnn 绘制字符的八进制表示数 nnn。

注意：%%nnn 方式只能用于 Text 和 DText 命令输入。

（2）下列控制码只能使用标准 AutoCAD 文字字体：

%%o 控制是否加上画线。

%%u 控制是否加下画线。

%%d 绘制度数符号（°）。

%%p 绘制正/负公差符号（±）。

%%c 绘制圆直径标注符号（ϕ）。

%%%绘制百分号（%）。

可同时为文字加上画线和下画线。控制码在文字字符串结束时自动关闭。

可使用%%nnn 控制序列以 PostScript 字体来显示特殊字符。但如果由 Psout 创建的 PostScript 文件中包含由上述方法创建的字符时，在文件中只显示字符轮廓。

提示：在 AutoCAD 的 Sample 子目录中提供了一个样例图形（Truetype. DWG），其中显示了每种字体的字符映射。

2. 使用单行文字输入命令输入特殊字符——钢筋符号

例如给图 9-15 所示梁截面配筋图进行文字标注时，钢筋符号是比较特殊的符号，输入时我们必须使用 Text 命令。步骤如下：

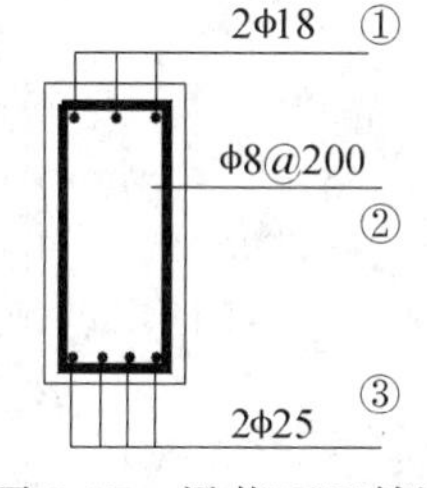

图 9-15　梁截面配筋图

命令：TEXT↙

当前文字样式：STANDARD　　（缺省值）

文字高度：300　　（缺省值）

指定文字的起点或[对正(J)/样式(S)]：　　（用鼠标在①取合适的输入点）

指定高度<当前值>：↙　　（缺省值）

指定文字的旋转角度<当前值>：↙　　（缺省值）

输入文字：2%%13118↙　　（输入配筋①，注意%%131 代表 HRB335 即以前的二级钢符号）

输入文字：　（用鼠标在②取合适的输入点）

输入文字：%%1308@200↙　　（输入配筋②，注意%%130 代表 HPB235 即以前的一级钢符号）

输入文字：　（用鼠标在③取合适的输入点）

输入文字：4%%13125↙　　（输入配筋③）

输入文字：　　（用鼠标在①取合适的输入点）

输入文字：↙

命令：

3. 使用多行文字输入命令输入特殊字符

多行文字的字符输入比较灵活，在运行多行文字输入命令“Mtext”后，将打开一个我们已经熟悉的对话框——多行文字编辑器，单击“选项”菜单，选择“符号（S）”菜单项，打开一个符号下拉菜单，如图 9-16 所示。

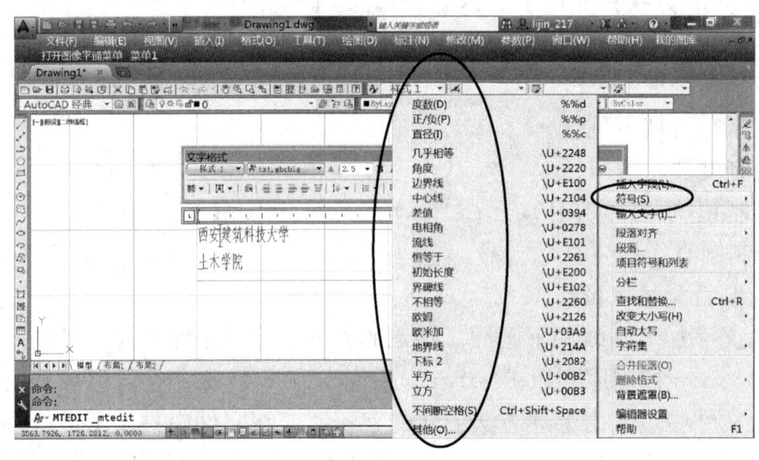

图 9-16　多行文字符号输入

如果还想选取其他更多字符，则点击“其他（O）”，这时将弹出“字符映射表”对话框，如图 9-17 所示。我们可以通过鼠标直接在该表中点取所需字符，插入图中。

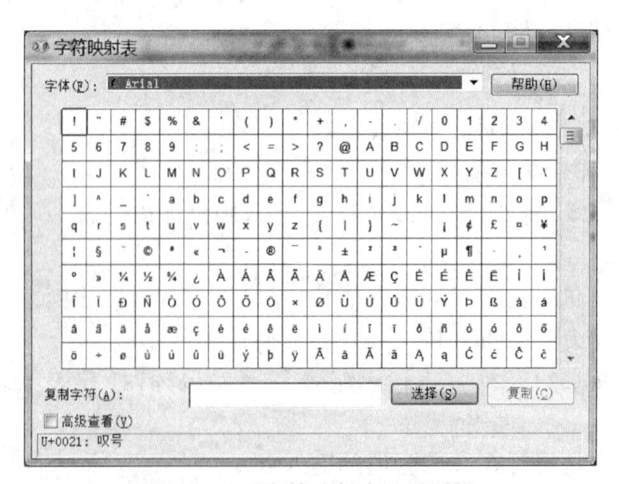

图 9-17　“字符映射表”对话框

注意：字符映射表是 Windows 系统自带的一个组件，必须安装才能激活。

9.4　文字的编辑

文字和任何其他对象一样，可以移动、旋转、删除和复制文字对象，也可以镜像或制作反向文字的副本。如果在镜像文字时不打算使文字反向，需将 MIRRTEXT 系统变量设置为 0。

文字对象也有用于拉伸、缩放和旋转的夹点。由于不同的输入产生的对象不同，使用单行文字输入命令“Text”输入产生的是单行文字对象，简称单行文字或文本，在基线左下角和对齐点有夹点；使用多行文字输入命令“Mtext”输入产生的是多行文字对象，简称多行文字或文本，在四个角和对齐点有夹点。命令的效果取决于所选择的夹点。

这里我们主要讲文字内容和特性的编辑。

9.4.1　使用 DDedit 命令修改文字的内容

命令 DDedit 是用于编辑文字和属性定义。属性是与块相关联的文字信息，属性定义就是创建一个属性的样板。

可以用以下方法发布命令：

● “修改Ⅱ”工具栏：A。

● “修改”菜单→“文字”。

● 快捷菜单：选择文本对象，在绘图区域单击右键，然后选择“编辑多行文字”或“编辑文字”。

● 命令行：DDedit。

DDedit 运行后，命令行提示如下：

选择注释对象或[放弃(U)]：
选择对象：

如果选择了由 Text 或 Dtext 创建的单行文字，那么 AutoCAD 2010 以上版本将高亮显示所选单行文字对象，此时可直接修改文字对象内容。对于 AutoCAD 2010 以下版本，会打开并显示“编辑文字”对话框，如图 9-18 所示。

图 9-18　单行文字编辑对话框

注意：对于单行文字，DDedit 只能编辑文字内容。Properties 显示“特性”窗口，在其中可以更改文字内容、插入点、样式、对正、尺寸和其他特性。

如果选择了由 Mtext 创建的多行文字，则 AutoCAD 显示多行文字编辑器，如图 9-19所示。

如果选中的是属性定义，那么 AutoCAD 显示“编辑属性定义”对话框。

Ddedit 重复提示直到按 Enter 键结束命令。

选择放弃操作，回到文字或属性定义的先前值。可在编辑后立即使用此选项。

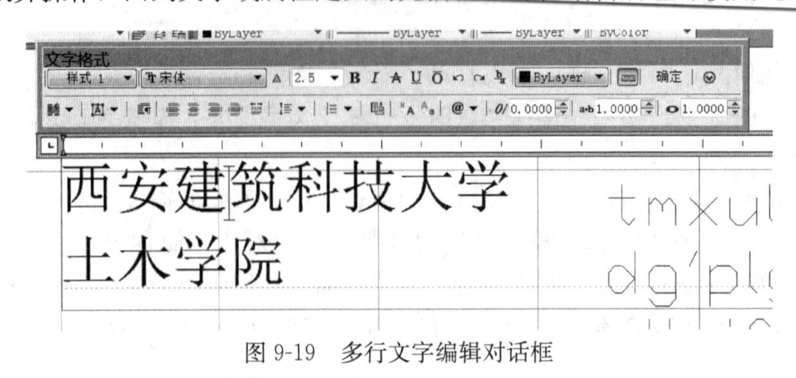

图 9-19　多行文字编辑对话框

9.4.2　使用对象属性管理器修改文字的特性

对象属性管理器用于控制现有对象的特性。可以用以下方法发布命令：

- “标准”工具栏：“特性”按钮。
- 单击“工具”菜单→“选项板”→“特性（P）”。
- 快捷菜单：选择要查看或修改其特性的对象，在绘图区域单击右键，然后选择“特性（S）”。
- 命令行：Properties。

运行命令后打开文字属性，对话框如图 9-20 所示，它是分栏显示的，左边一栏显示文字对象的全部特性名称，右边一栏显示属性的值。对文字高度、旋转、宽度比例和倾斜角度所做的修改仅仅作用于选定的文字对象，而对象的文字样式并不受影响，也不会出现 9.4.3 节所讲的情况。

(a)　　(b)

图 9-20　特性修改对话框

（a）单行文字特性；（b）多行文字特性

下面看一个用属性对话框修改文字高度的例子。

（1）首先用 Text 命令在图中输入“TEXT-UNIVERSITY”，再用 Mtext 命令输入“MTEXT-UNIVERSITY”，高度都是 5。如图 9-21 所示。

（2）用鼠标选取单行文本对象，并单击右键，出现如图 9-22 所示的弹出菜单。

（3）单击“对象特性”，就会弹出“特性”对话框，然后点击“高度”属性，将其值改为 10。结果如图 9-23 所示，单行文本被更新了。

图 9-21　文字原始样式

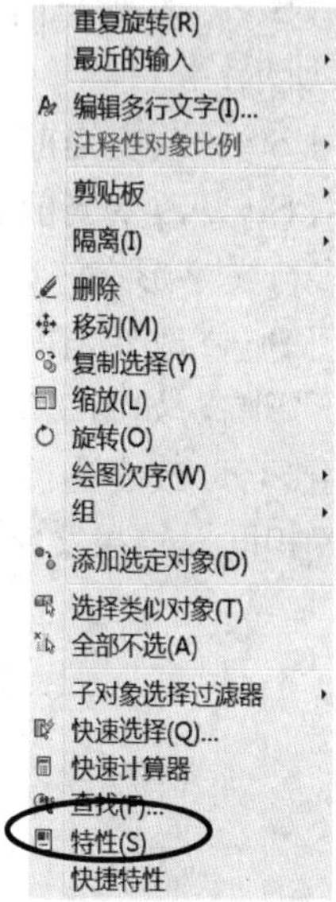

图 9-22　特性修改菜单

图 9-23　文字特性修改后的结果

9.4.3　通过文字样式编辑文字

1. 样式的改变对不同类型的文字对象的影响

由于通过不同输入方法输入的文字产生的对象不同，因此改变样式对不同的对象也有不同的后果。表 9-3 列述了改变不同项目后产生的不同效果。

表 9-3　样式对文字对象的影响

命令		单行文本	多行文本
字体名		改变	改变
高度		不变	不变
效果			
	倾斜角、宽度系数	不变	改变
	反向、颠倒	改变	不变
	垂直	改变	改变

2. 实例——样式改变对不同文字对象的影响

如图 9-24（a）所示两个文字对象，上边的是单行文字，下边的是多行文字。

从“格式”菜单中选择“文字样式”，激活“文字样式”对话框，如图 9-1 所示。依次改变各个选项变化如下：

如果使用 Style 改变当前文字样式的字体名 txt. shx 为 italic. shx，全部改变，如图 9-24（b）所示；

如果使用 Style 改变当前文字样式的高度，全部不变，如图 9-24（c）所示；

如果使用 Style 改变当前文字样式的效果：倾斜角、宽度系数，对于单行文字不影响；而改变多行文字形态，如图 9-24（d）所示；

如果使用 Style 改变当前文字样式的效果：反向、颠倒，改变单行文字形态；而对于多行文字不影响，如图 9-24（e）所示；

如果使用 Style 改变当前文字样式的效果：垂直，全部改变，如图 9-24（f）所示。由于起始位置相同，结果文字重叠了。

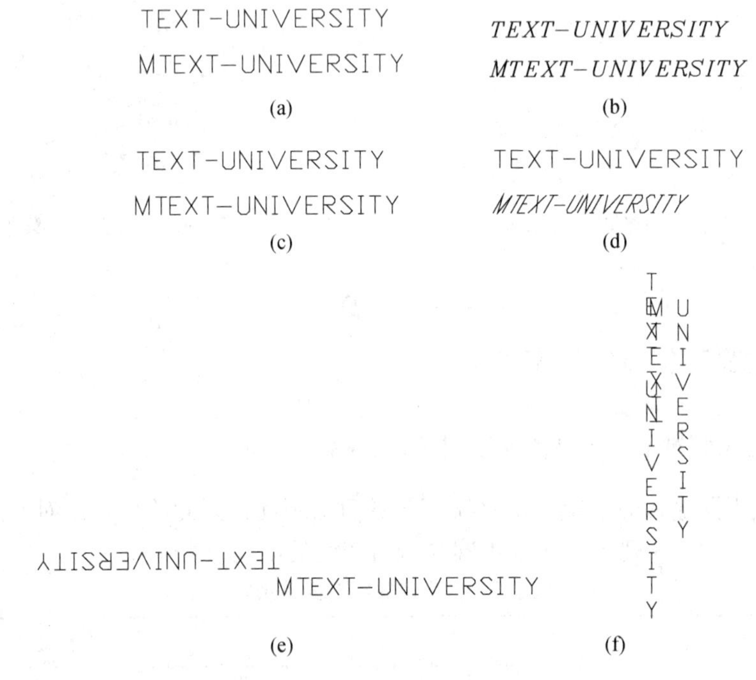

图 9-24　样式对文字对象的影响的图例

（a）原始对象；（b）改变样式的字体；（c）改变样式的高度；
（d）改变样式的倾斜角、宽度系数；（e）改变样式的反向；（f）改变样式的垂直

9.5　快速文本显示命令（QText）

QText 命令用于控制文字和属性对象的显示和打印。可用以下方法运行：

- 命令行：QText（或'QText 用于透明使用）。

这时命令行的提示为：

输入模式[开(ON)/关(OFF)]＜当前模式＞：ON↙

QText 命令的状态有“ON”和“OFF”（打开和关闭），新作业开始时为“OFF”（关闭）状态，用户最后一次设置的状态被记忆在绘图文件中，并作为提示项的当前值，可用空回车来承认当前值，以保留当前的设置。

当用户把 Qtext 命令设置为“ON”（打开）状态时，AutoCAD 将把图形中的所有文本均以矩形框代替，而不显示它们的具体文本字符。矩形框尺寸粗略地表示出文本行的长度、文本高度及其所在位置。但必须在该图执行下一次重新生成操作后才能生效。

QText 命令不是一个绘制和编辑对象的命令，它的作用是控制文本的显示方式。当该命令处于“ON”（打开）状态，执行重新生成操作时，AutoCAD 不对文本每个字符的笔画进行具体的计算与绘制操作，因而节省了时间。在绘图操作过程中，在执行 Zoom、Pan、View 命令时都伴有图形重新生成，重新生成操作是比较耗时的，如果一幅图形中含有较多文本的对象，那么使 QText 命令处于“ON”（打开）状态，将节省不少操作时间。

9.6　实例 9-1　加文字标注

给我们的平面图加上说明，如图 9-25（c）所示的房间号。文字作为单个对象，我们只能逐个地输入以下文字。

简单步骤如下：

（1）使用文字输入命令输入“101 房间”，如图 9-25（a）所示。

（2）用阵列命令 Array 复制，如图 9-25（b）所示。

（3）用鼠标选取多余的文字，按 Del 键将其删除。

（4）用 DDedit 命令逐个修改文字，如图 9-25（c）所示。

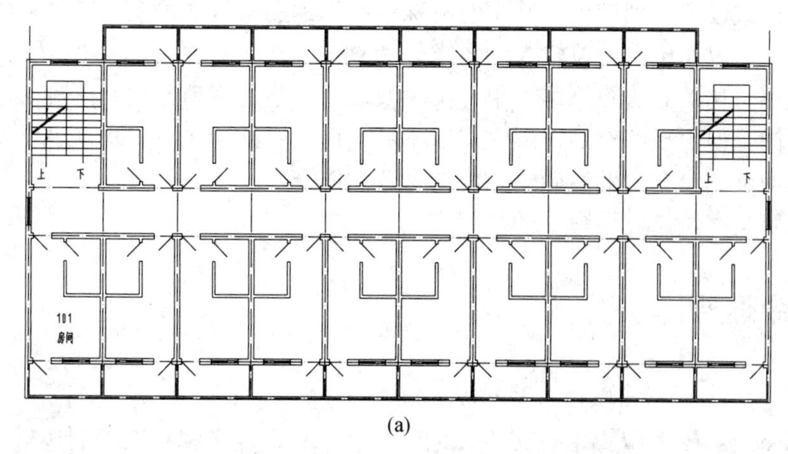

(a)

图 9-25　加入文字

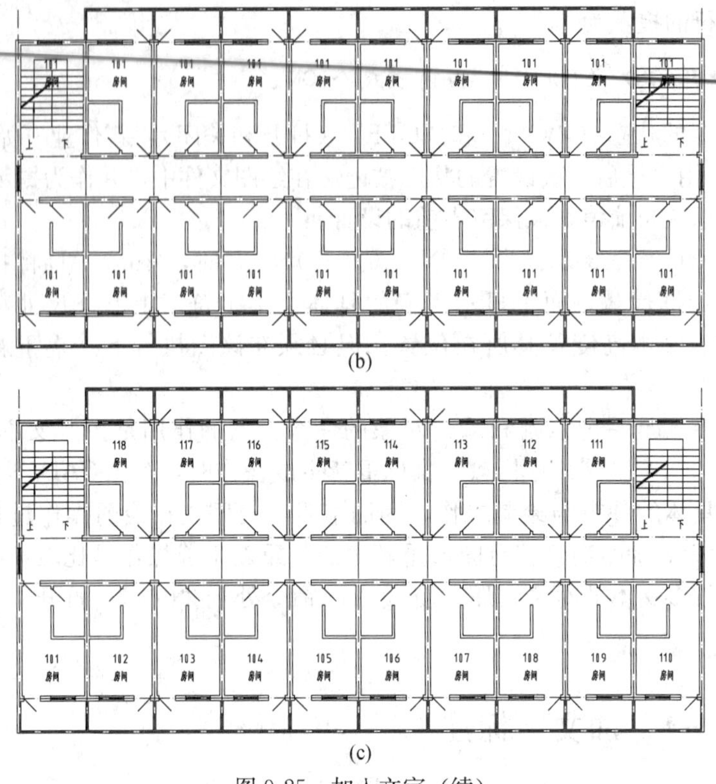

(b)

(c)

图 9-25　加入文字（续）

9.7　要点回顾

● 在了解建筑工程图纸中的文字规定的基础上，掌握建筑工程图纸的文字样式设置。

● 使用对比的方法熟练掌握单行文字及多行文字的输入方法，注意两种文字输入方式及输入样式设置差别较大，其中对特殊字符如钢筋符号的输入、特殊格式如文字的上下标的输入，以及中文字符输入的要求较为复杂，须尤为注意。

● 使用对比的方法熟练掌握单行文字及多行文字的编辑方法，两种文字的编辑工具虽命令相同，但出现的对话框形式有所不同，而且不同版本的 AutoCAD 功能相差较大，须仔细阅读其命令帮助以确定相应的命令功能。

● 了解文字快速显示命令的使用。

9.8　命令速查

◇ Text：A|，创建单行文字对象。

◇ DDedit：A，编辑单行文字、标注文字、属性定义和功能控制边框。

◇ Mtedit：A，编辑多行文字。

◇ Mtext：A，创建多行文字。

9.9 复习思考题及上机练习

9.9.1 复习思考题

1. 简述单行文字和多行文字的区别。
2. 如何让 AutoCAD 能显示汉字？
3. 简述建立文字样式的步骤。
4. 对标注文字进行镜像时，如何保证文字方向？
5. 文字样式设置中，为什么要将高度设置为 0？
6. 如何标注带有分数的文字？
7. 如何对多行文字中的部分字符进行效果设置？
8. 如何在 AutoCAD 中输入“Φ”、“%%C”？

9.9.2 上机练习

1. 绘制图签（图 9-26）。

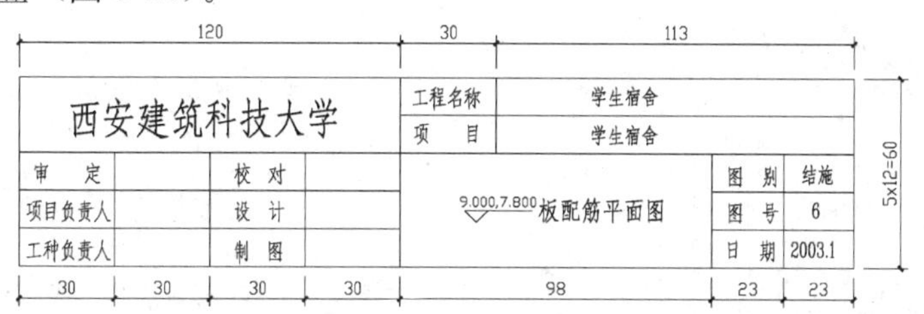

图 9-26　图签

2. 绘制如图 9-27 所示的结构平面布置图：

(1) 绘图单位为毫米（mm）；

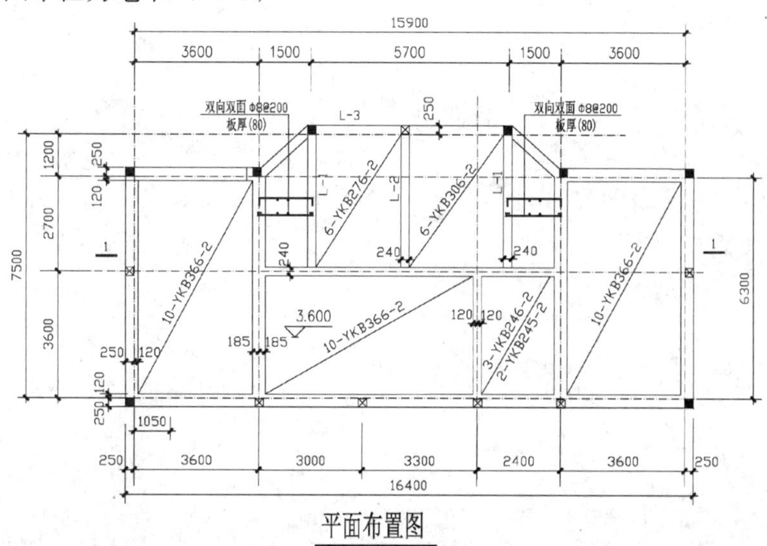

图 9-27　结构平面布置图

（2）出图比例为 1：100，根据图形大小自行设计图纸的图幅，设置工作区；

（3）CAD 绘图要求按 1：1 绘制；

（4）不同的图形对象应在不同的图层绘制，至少应有轴线层、柱层、墙层、文字层、钢筋层、楼板层；

（5）所有对象线型及颜色属性均设置为随层（Bylayer）；

（6）初学本章者，尺寸不用标注；

（7）按要求的绘图步骤绘图；

（8）注意使用块定义、块更新和视图缩放等相关命令；

（9）注意图形的对称性和相似性；

（10）尽量使用镜像、阵列和复制命令，以便快速高效地完成绘图任务。

建议学时：2学时

第10章　给图纸加上尺寸标注

问题提出

能否准确地反映建筑物中各类构件的形状大小和相互位置，是决定该图纸能否完成其正常功能的重要环节。因此就需要在已绘制好的建筑图上加一些必要的尺寸标注，这些标注反映了距离、角度等一些几何信息。

本章将以AutoCAD 2000中文版为例，详细介绍AutoCAD各种类型的尺寸标注和尺寸标注样式，并解决以下问题：

- 如何对图形中的对象标注尺寸？
- 如何编辑尺寸对象？
- 如何更改尺寸标注的大小等样式？

10.1　建筑结构中尺寸标注的组成和尺寸标注样式

尺寸标注是工程制图中最重要的表达方法之一，利用AutoCAD的尺寸标注命令，可以方便快捷地标注图纸中各种方向、形式的尺寸。在学习前，首先了解一下建筑结构中尺寸标注方面的一些基本知识。

10.1.1　尺寸标注概述

在这一部分，我们主要介绍包括尺寸标注的基本规则、尺寸标注的组成以及尺寸标注常用类型等相关知识。

1. 基本规则

（1）构件的真实大小应以图样上所注的尺寸数值为依据，与图形的大小及绘图的准确度无关。

（2）图样（包括技术要求和其他说明）中的尺寸，以毫米（mm）为单位时，不需标注计量单位的代号或名称，如采用其他单位，则必须注明相应计量单位的代号或名称。

（3）图样中所注的尺寸，为该图样表示构件的最后实际尺寸，否则应另加说明。

（4）构件的一个尺寸，一般只标注一次，并应标注在反映结构最清晰的图形上。

2. 尺寸标注的组成

一个完整的尺寸标注通常由尺寸线、尺寸界线、尺寸起止符号（箭头）和尺寸数字四大要素组成。图10-1显示了一个典型的建筑尺寸标注各部分的名称。

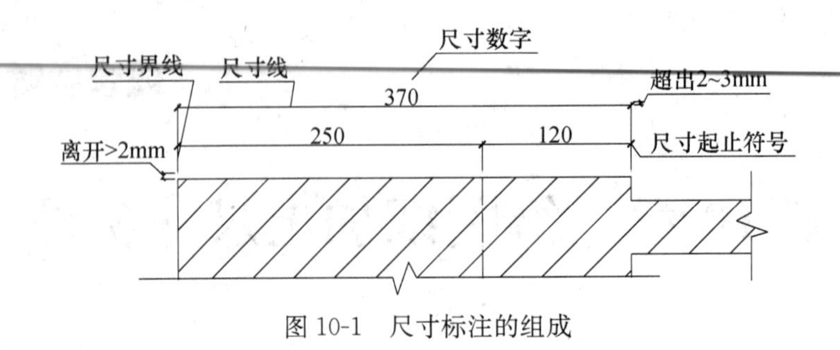

图 10-1　尺寸标注的组成

（1）尺寸界线（Extension Line）

尺寸的界线是从标注对象的标注点上引出，并延伸到尺寸线上的直线对象。通常出现在要标注尺寸的物体的两端，表示尺寸线的开始与结束。

（2）尺寸线（Dimension Line）

尺寸线表示的是尺寸标注的范围，一般由一条两端带箭头的直线段组成；当进行角度标注时，也可以是一条两端带箭头的弧。

（3）尺寸起止符号（Arrowhead）

尺寸起止符号是位于尺寸线两端的符号，它表示的是尺寸测量的开始和结束位置，以及尺寸线相对于图形实体的位置。

（4）尺寸数字（Dimension Text）

尺寸数字是尺寸标注中的文字内容，显示的是实际的测量数值，它与绘图所用的比例及绘图准确程度无关。建筑工程图上的尺寸单位，除标高及总平面图以米为单位外，均必须以毫米为单位。

3. 尺寸标注的类型

在建筑结构图纸中，尺寸标注一般有线性尺寸标注、径向尺寸标注、角度尺寸标注、指引尺寸标注、坐标尺寸标注等类型。AutoCAD 提供的线性型尺寸标注、径向型尺寸标注、角度型尺寸标注、指引型尺寸标注、坐标型尺寸标注和中心尺寸标注等六大类型标注，完全可以满足建筑工程的需要。各种类型尺寸标注的方法，本章在后面有详细的相关介绍。

10.1.2　建筑结构中的尺寸标注样式

1. 基本样式规定

我国工程绘图标准 GB/T 50001—2010 第 11 章对尺寸标注做了一些基本规定，下面通过对这些规定的了解，结合图 10-2～图 10-6 来认识建筑结构图纸中尺寸标注的基本样式。

（1）尺寸界线应使用细实线绘制，也允许用中心线或图形轮廓线代替尺寸界线。尺寸界线一般应与被标注长度方向垂直，其一端应离开图样轮廓线不小于 2mm，另一端宜超出尺寸线 2～3mm。

（2）尺寸线只允许以细实线绘制，不能用其他任何图线代替。尺寸线应与被标注长度方向平行，与尺寸界线接触而不超出。

（3）图样上线性尺寸的起止符号一般应用短斜中粗线绘制，其倾斜方向应与尺寸界线成顺时针 45°角，长度宜为 2～3mm，如图 10-2（a）所示。标注直径、半径和角度等尺寸时，尺寸起止符号应使用箭头。AutoCAD 提供的符号以箭头为主，只需稍加改动就可以变成符合我国标准的尺寸起止符号。图 10-2 所示是尺寸起止符号的画法。

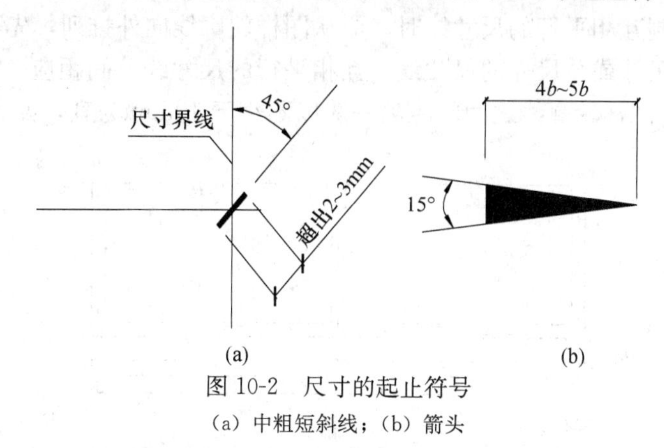

图 10-2　尺寸的起止符号

（a）中粗短斜线；（b）箭头

（4）尺寸线垂直时，尺寸数字的字头必须朝左；尺寸线水平时，尺寸文字字头必须朝上；尺寸线倾斜时，字头总要保持朝上的趋向，如图 10-3 所示。当尺寸线在图 10-3 所示的 30°斜线区内时，宜按图 10-4 的形式标注。

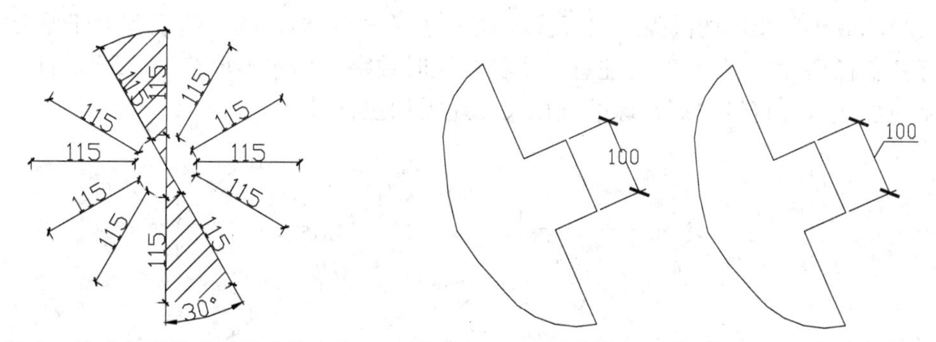

图 10-3　尺寸文字相对于尺寸线方向　　图 10-4　尺寸线在 30°斜线区域时的标注形式

（5）尺寸数字的书写位置应依据其读数方向，位于靠近尺寸线中部的上方，如果没有足够的注写位置，则最外边的尺寸数字可在尺寸界线的外侧注写，中间相邻的尺寸数字可上、下错开注写，也可引出在旁边注写，如图 10-5 所示。尺寸数字不应被任何图线所穿过，当不可避免时，也应将尺寸数字处的图线断开（图 10-6）。

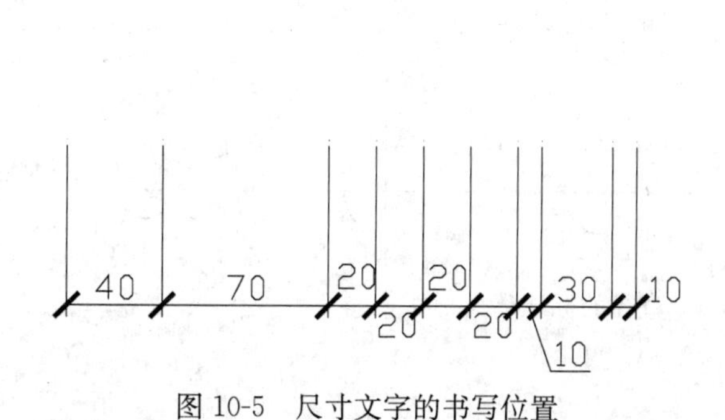

图 10-5　尺寸文字的书写位置

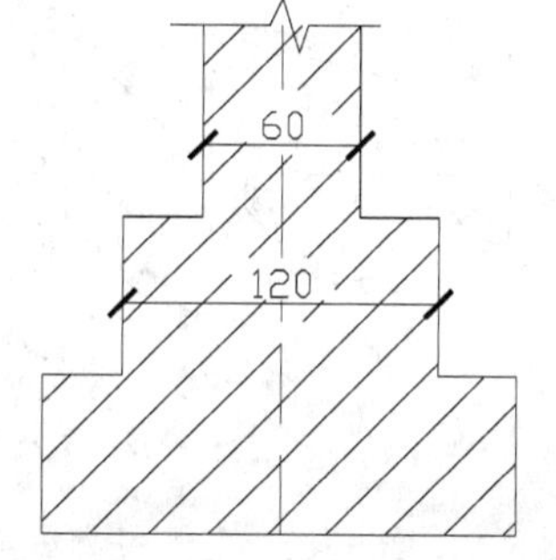

图 10-6　将尺寸数字处的图线断开

2. 线性尺寸的排列

在建筑结构图中，经常会遇到一个图样从外向内需要标注很多尺寸，而且许多尺寸线是平行的。绘制互相平行的尺寸线时，应从图样轮廓线向外排列，先是较小尺寸的尺寸线，后是较大尺寸或总尺寸的尺寸线。互相平行的尺寸线，间距应一致，一般为 7～10mm。尺寸线与图样轮廓线之间的距离一般以不小于 10mm 为宜，如图 10-7 所示。

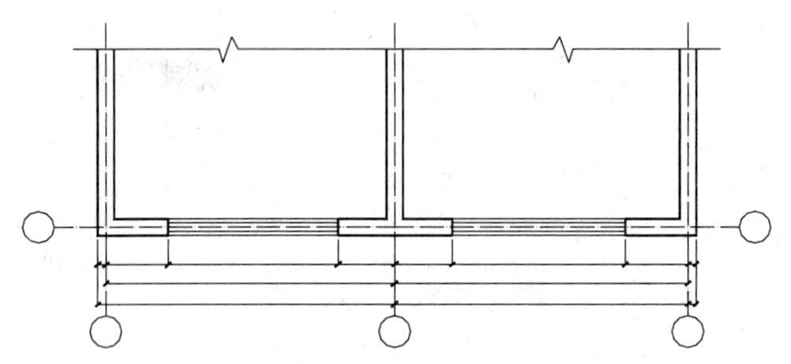

图 10-7　线性尺寸的排列

3. 半径和直径尺寸的标注

半圆或小于半圆的圆弧一般标注半径尺寸（图 10-8）。圆、球或者大于半圆的圆弧需标注直径尺寸（图 10-9）。注意：半径标注时数字前加注半径符号“*R*”，直径标注时数字前加注直径符号“ϕ”，球的直径尺寸还需加注符号“*S*”。

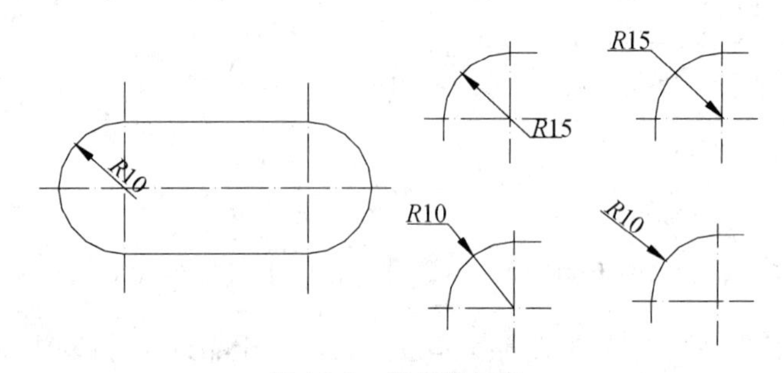

图 10-8　半径的标注

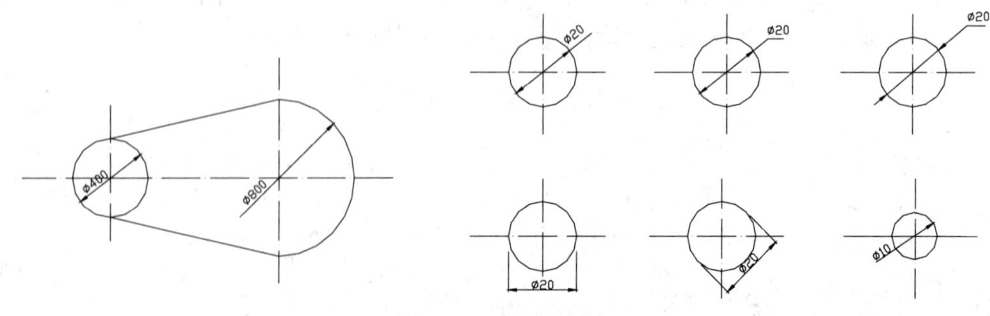

图 10-9　直径的标注

4. 角度的标注

角度的尺寸线应以圆弧表示，圆弧的圆心是该角的顶点，角的两个边作为尺寸界线，起止符号为箭头。角度的标注数字必须水平方向书写，这与角的方向无关（图 10-10）。

5. 坐标标注

外形为非圆曲线的图形，可以采用坐标式标注，如图 10-11 所示。

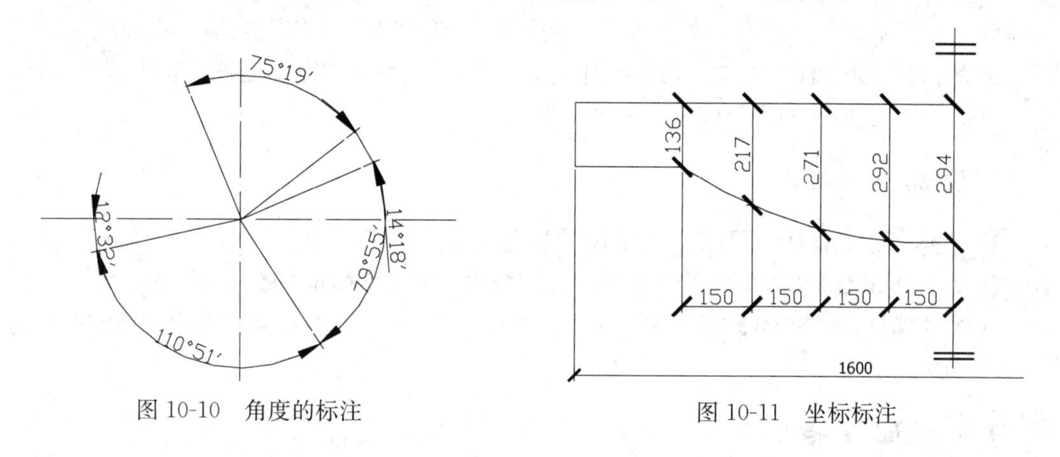

图 10-10　角度的标注　　　图 10-11　坐标标注

10.2　尺寸标注步骤与建筑尺寸样式设置

AutoCAD 2000 以上版本提供了多种方式的尺寸标注，基本上可以满足建筑结构图纸的标注要求。但是在 AutoCAD 中如何建立完全符合我国《房屋建筑制图统一标准》（GB/T 50001—2010）的尺寸标注样式？这将是本节主要讨论的问题。

10.2.1　尺寸标注的基本步骤

在 AutoCAD 中给图纸进行尺寸标注时，一般应按以下几个步骤进行操作。

1. 为尺寸标注创建一个独立的图层

由于尺寸标注与图纸图形绘制所用的颜色、线型以及打印线宽的不同，一般在绘制图纸时，将尺寸标注置于独立的图层中，这样处理是为了方便用户对尺寸标注的编辑和管理。

图层创建的过程如下：

（1）首先单击图层按钮或以命令、菜单形式，进入图形特性管理器中。

（2）再单击“新建（N）”按钮，输入图层名为“标注”，并选择颜色。

（3）再单击“当前（C）”按钮，将尺寸标注层置为当前。

（4）最后单击“确定”按钮，完成设置。

2. 为尺寸标注文本建立专门的文本类型

由于国家标准对于不同类型图纸的标注文字高度、宽度及书写方式有不同的规定，因此需要在标注前建立适合所绘制图纸类型的文本类型。

文本类型建立的过程如下：

（1）首先在“格式（O）”菜单选择“文字样式（S）”命令，打开“文字样式”对话框。

（2）再单击“新建（N）”按钮，进入“新建文字样式”对话框。

（3）输入一样式名，如“建筑结构”后，单击“确定”按钮，回到“文字样式”对话框。

（4）在“字体名”栏中选择字体为“仿宋”，确认“高度（T）”为零（将高度设置为零，是为了在尺寸标注时能随时修改尺寸文本的字高），设置“宽度比例（W）”为 0.67。

（5）单击“关闭（C）”按钮，完成设置。

3. 设置尺寸主样式

这个步骤要完成对不同图纸类型尺寸标注样式的设置。比如，要绘制建筑结构图纸，就要将 AutoCAD 的尺寸标注样式，设置成符合国家标准的建筑结构尺寸标注样式。这样做就可以使所绘制的图纸上的各个尺寸相通，风格一致。详细操作过程见 10.2.2 节相关内容。

4. 生成子尺寸样式

这个步骤要完成某总体尺寸样式下，不同标注类型样式的设置。比如，已经设置好了建筑结构尺寸标注的基本样式，但还需要对角度标注、直径标注等子尺寸样式做进一步的修改。详细操作过程见 10.2.2 节相关内容。

5. 开始标注

在完成对尺寸标注前的基本设置和准备工作后，就可以利用 AutoCAD 对已有的建筑图纸的尺寸进行标注，详细过程见 10.3 节相关内容。

10.2.2 建筑尺寸样式设置

尺寸标注样式如同文本字样，它确定某类尺寸标注的尺寸界线、尺寸线、尺寸起止符号（箭头）、尺寸数字等尺寸变量的值。设置完成做过修改后，AutoCAD 将自动保存，以便以后调用。下面按照建筑结构绘图的一般要求，在 AutoCAD 中创建一个标注设置以满足建筑结构标注尺寸的一般要求。

1. 创建尺寸标注主样式

（1）启动 DDim 命令

AutoCAD 提供 DDim 命令，用以创建或设置尺寸标注样式。用户可以通过下列几种方法来启动 DDim 命令：

① 单击“尺寸”工具栏上的“尺寸标注样式”按钮。

② 单击“格式（O）”菜单中的“标注样式”选项。

③ 单击“标注（N）”菜单中的“样式 Style”选项。

④ 在命令提示符下，输入“DDIM”并按 Enter 键。

启动 DDim 命令后，AutoCAD 将弹出如图 10-12 所示的“标注样式管理器”对话框。利用该对话框，用户可以方便地设置、更改尺寸变量，以建立尺寸标注样式。

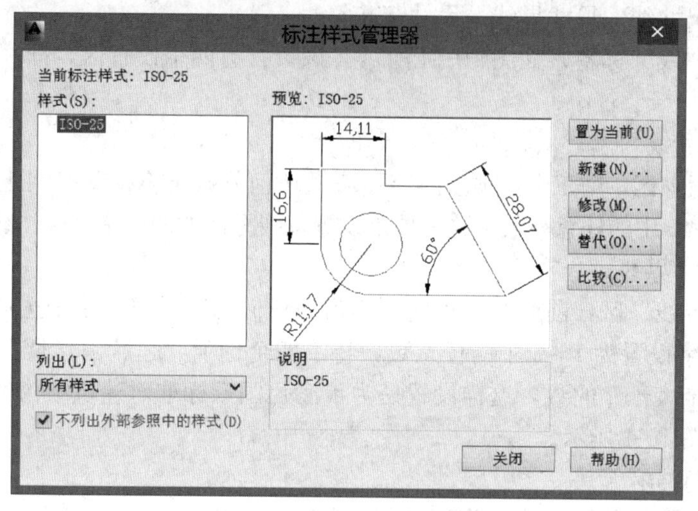

图 10-12　“标注样式管理器”对话框

单击“新建（N）”按钮，弹出“创建新标注样式”对话框，如图 10-13 所示。在“新样式名（N）”栏输入标注样式的名称，如“建筑结构”，“基础样式（S）”设置为“ISO-25”，“用于（U）”栏设为“所有标注”，单击“继续”，弹出“新建标注样式：建筑结构”对话框，如图 10-14 所示。

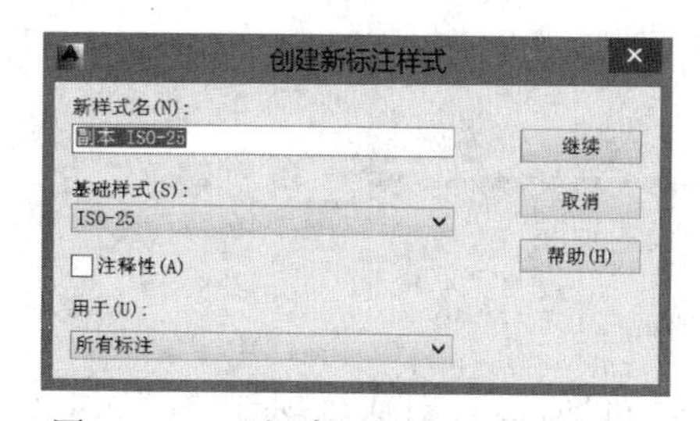

图 10-13　“创建新标注样式”对话框

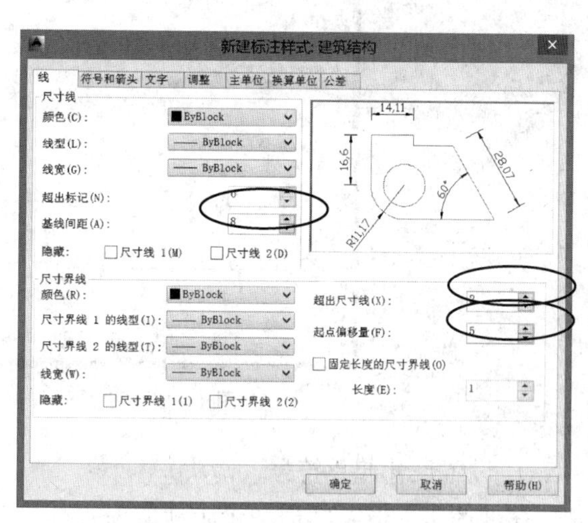

图 10-14　“尺寸线”设置页面

该对话框有 7 个标签，它们的功能分别为：

a. “线”页：设置尺寸线和尺寸起止符号。

b. “符号和箭头”页：设置箭头及弧长符号等。

c. “文字”页：设置尺寸文字。

d. “调整”页：控制标注位置及标注全局比例。

e.“主单位”页：设置标注的格式和精度。

f.“换算单位”页：设置变更标注的格式和精度。

g.“公差”页：设置公差格式及公差单位。

（2）设置尺寸线、尺寸界线、尺寸起止符号

默认进入“线”标签，如图 10-14 所示。该页含有两个设置区，即“尺寸线”、“尺寸界线”区。

① 设置尺寸线

在“尺寸线”区，前三个选项卡内容不需做任何修改，将“基线间距（A）”选项的数字设置为 7～10 中的任意整数，这一项是设置基线标注的两个平行标注线之间的距离。

② 设置尺寸界线

在“尺寸界线”区，前两个选项内容不需做任何修改，将第三个选项卡“超出尺寸线（X）”的数字设置为 1～2 中的任意数，将第四个选项“起点偏移量（F）”中的数字设置为 2 或一个大于 2 的数，这样设置是为了满足国家标准对建筑结构尺寸标注样式的基本要求，如图 10-1 所示。

（3）设置符号和箭头

在对话框中单击“符号和箭头”标签，将出现如图 10-15 所示的对话框。该页含有 5 个设置区，即“箭头”、“圆心标记”、“弧长符号”、“半径折弯标注”和“线性折弯标注”区。

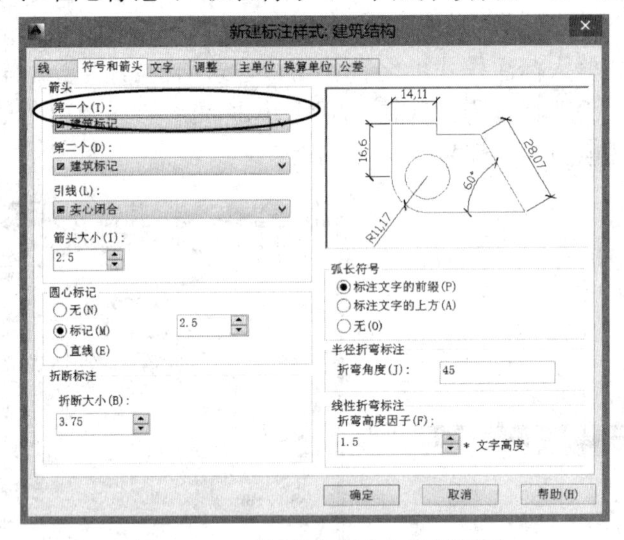

图 10-15 “符号和箭头”设置页面

① 设置尺寸起止符号（箭头）

在“箭头”区，将前两个选项的内容都选为“建筑标记”，引线选项保留“实心闭合”，第四个选项“箭头大小”的数字设为 2.5，这样尺寸起止符号就符合了建筑结构图纸的要求。

② 设置圆心标记

在完成对前区的设置后，这个区的内容一般不需再做修改。

（4）设置尺寸文字

在对话框中单击“文字”标签，将出现如图 10-16 所示的对话框。该页含有 3 个设

置区，即“文字外观”、“文字位置”和“文字对齐”区。

①设置文字外观

在“文字外观”区中的“文字样式”下拉列表，选择前面为建筑结构标注专门设置的文字样式“建筑结构”，“文字颜色”内容不变，设置“文字高度”栏数字为 3（mm）。

②设置文字位置

在“文字位置”区，“垂直”栏选择“上”，“水平”栏选择“居中”，“从尺寸线偏移”栏的数字可以不做修改。

③设置文字对齐

在“文字对齐”区，选择单选按钮“与尺寸线对齐”。

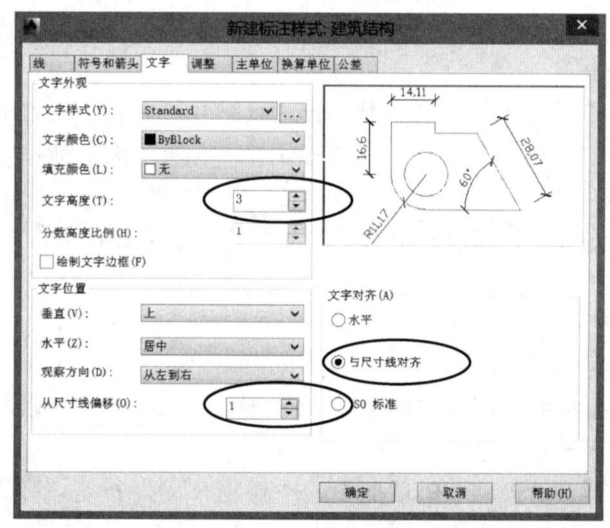

图 10-16　“文字”设置页面

（5）设置主单位

单击“主单位”标签，出现如图 10-17 所示的页面。该页含有 2 个设置区，即“线性标注”和“角度标注”区。

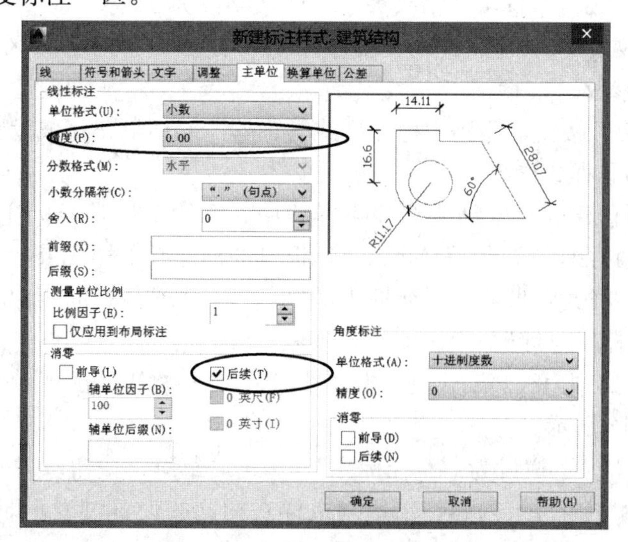

图 10-17　“主单位”设置页面

在“主单位”页上，“线性标注”中“精度”默认为“0.00”，不用设为 0（表示取整数），配合“消零”区设置为“后续”即可对整数后的 0 消除；小数分隔符选择“.”。

完成（1）、（2）和（3）步的参数设置后，对其他页面的内容不做修改，最后单击“确定”按钮结束设置。

2. 建筑尺寸子样式设置

在完成建筑尺寸样式设置后，界面回到如图 10-12 所示的“标注样式管理器”对话框。下面进行标注尺寸子样式设置。

（1）角度标注子样式设置

① 单击“标注样式管理器”对话框中的“新建（N）”按钮，弹出“创建新标注样式”对话框。

② 不修改“新样式名（N）”和“基础样式（S）”栏内容，在“用于（U）”栏选择“角度标注”后，单击“继续”按钮，进入如图 10-15 所示的对话框，只是对话框题头不同。

③ 在“箭头”设置区，将前三个选项的内容都选为“实心闭合”，第四个选项“箭头大小”的数字设为 5。

④ 再单击“文字”标签，进入“文字”页，在“文字对齐”区，选择单选按钮“水平”。

⑤ 单击“确定”按钮，回到“标注样式管理器”对话框，完成设置。

（2）半径标注子样式设置

① 单击“标注样式管理器”对话框中的“新建（N）”按钮，弹出“创建新标注样式”对话框。

② 不修改“新样式名（N）”和“基础样式（S）”栏内容，在“用于（U）”栏选择“半径标注”后，单击“继续”按钮，进入如图 10-15 所示的对话框，只是对话框题头不同。

③ 单击“符号和箭头”标签，在“箭头”设置区，将“第二个（D）”选项的内容选为“实心闭合”，第四个选项“箭头大小”的数字设为 5。

④ 再单击“文字”标签，进入“文字”页，在“文字对齐”区，选择单选按钮“水平”项或不做修改。

⑤ 单击“确定”按钮，回到“标注样式管理器”对话框，完成设置。

（3）直径标注子样式设置

由于在前面所创建的建筑结构标注主样式中，不能提供直径标注所需的加注符号“ϕ”，所以直径标注子样式要依据 AutoCAD 提供的标注基本样式 ISO-25 建立。

① 单击“标注样式管理器”对话框中的“新建（N）”按钮，弹出如图 10-12 所示的“标注样式管理器”对话框。

② 选择“样式”为 ISO-25 后，单击“新建（N）”按钮，出现“创建新标注样式”对话框，如图 10-13 所示。

③ 将“用于（U）”栏设为“直径标注”，单击“继续”按钮。

④ 对文字页和主单位页内容，采用与主样式相同的设置过程，即可完成直径标注子样式的设置。

（4）引线标注子样式设置

重复与半径标注子样式设置相同的过程，区别在于“用于（U）”栏选择“引线标注”。“箭头”设置时，“引线”选项的内容要选为“实心闭合”，“箭头大小”设为“0”。

单击“确定”按钮逐页返回，建筑尺寸样式创建完毕。

10.2.3　图形标注中的比例因子

如果不能正确控制标注中的比例因子，在图形打印时就不能获得正确的标注数据和标注的几何尺寸。对于标注的比例，用户需要弄清下面两个问题。

1. 标注全局比例的设置

全局比例标注能够整体放大或缩小标注的全部基本元素的显示和输出几何尺寸，如果尺寸数字设置为 2.5mm 高，再设置全局标注比例为 100，则实际获得尺寸数字为 250mm 高，当然其他标注基本元素的尺寸也被放大 100 倍。

注：出图时，出图比例为 1∶100，相当于将模型缩小 100 倍输出，这时 250mm 的数字打印在图纸上就变为 2.5mm 了。

设置方法为：

（1）单击菜单“标注（N）”→“样式（S）”，弹出如图 10-12 所示对话框。

（2）单击“修改”按钮，弹出如图 10-14 所示对话框。选择“调整”标签，出现如图 10-18 所示对话框。

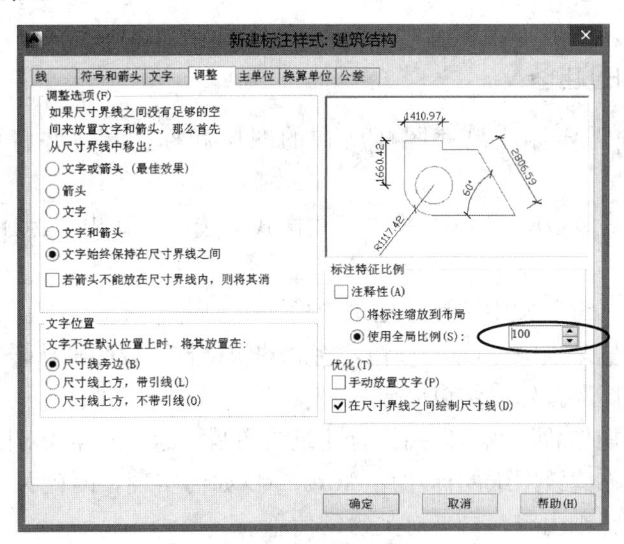

图 10-18　“调整”设置页面

（3）在“标注特征比例”区中，通过“使用全局比例”选项完成设置。一般输入的数字与前面所设工作区比例相同，如工作区放大 100 倍，此处比例也应为 100。

注意：还可以使用系统变量 DIMSCALE 设置全局比例。

2. 测量单位比例

“测量单位比例”一般应用在图纸空间，当在图纸空间标注实物时获得的标注数据与物体的实际尺寸不相符，就可以用测量单位比例对标注数据进行放大或缩小，使标注数据与物体的实际尺寸相吻合。

它的一个重要应用就是在同一个图形中存在两种比例，如绘制钢结构图时，截面比例与构件的长度比例总是不同的，如截面比例按 1∶1 绘制，而构件的长度按 4∶1 绘制，如果直接标注尺寸则构件长度的尺寸标注将会缩小 4 倍，而我们可以用“测量单位比例”的设置来实现，给截面尺寸设置一个尺寸样式，给构件的长度设置另一个不同的尺寸样式即可。（可参照第 13 章实战之二。）

设置方法为：

（1）单击菜单“标注（N）”→“样式（S）”，弹出如图 10-12 所示对话框。

（2）单击“新建”按钮，弹出如图 10-13 所示的“创建新标注样式”对话框。

（3）在“新样式”栏中输入“构件长度样式”，单击“继续”按钮，弹出如图 10-14所示对话框。

（4）选择“主单位”标签，出现如图 10-17 所示对话框。

（5）在“测量单位比例”区中，通过在“比例因子”选项中输入 4，完成设置。

在绘制构件尺寸标注时，只要把“构件长度样式”置为当前默认输入即可。

注意：还可以使用系统变量 DIMLFAC 设置测量单位比例。

10.3 建筑结构图纸中尺寸标注的实现

10.3.1 标注前的准备

（1）首先打开需要标注尺寸图样所在的图层和标注层，并将标注层设置为当前层。

（2）单击“格式（O）”菜单中的“标注样式”选项，弹出“标注样式管理器”对话框。

（3）在“样式（S）”栏中选择“建筑结构”。

（4）再单击“置为当前（U）”按钮，将“建筑结构”设为默认样式。

（5）单击“关闭”按钮，结束命令。

在完成前两步操作后，就可以用符合建筑结构制图标准的样式对图纸进行标注。本文旨在说明对于现有建筑图纸的标注用 AutoCAD 如何实现，因此关于 AutoCAD 2000 中有关标注类型的详细内容，参考有关帮助信息。

10.3.2 为图纸加上标注

在图 10-19 中，基本上包括了所有建筑结构图纸中所需的标注类型。下面我们分类型来说明在 AutoCAD 中如何实现这些标注。

在标注前，可以通过单击“视图（V）”菜单下的“工具栏（O）”命令项，选择“标注”项，打开“标注”工具条。应用“标注”工具条可以方便尺寸标注工作的进行，当然也可以直接输入标注命令完成尺寸标注。

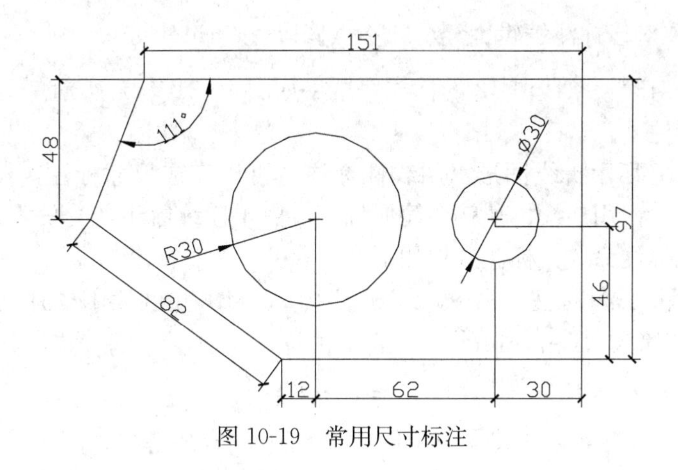

图 10-19　常用尺寸标注

1. 长度型标注的实现

图 10-19 中所有水平和垂直尺寸都可以采用“标注”菜单下的“线性标注”命令来实现。标注一个对象只需要确定所要标注尺寸的起点和终点，确定这两个点的位置可以由 AutoCAD 自动确定或由用户使用点捕捉功能捕捉这两个点。

仔细观察图 10-19，就会发现图纸最下方标注的特点是第一标注界线公用上一次标注的第二标注界线。如果应用“线性标注”方法标注，操作将很烦琐，这时可以选择“连续标注”命令，连续标注只需要指定第二标注界线点的位置。

图 10-19 中，右方两个垂直尺寸标注公用第一次标注的标注界线，对于这种样式的标注，可以选择“基线标注”命令实现。

图 10-19 中，还有一个既不水平又不垂直的长度标注，这是需要选择“对齐标注”命令来完成斜直线长度的标注。

基本命令实现：通过打开的“标注”菜单，单击所要用的命令选项来完成标注。

【实例 10-1】 对图 10-20 中的线段进行尺寸标注。

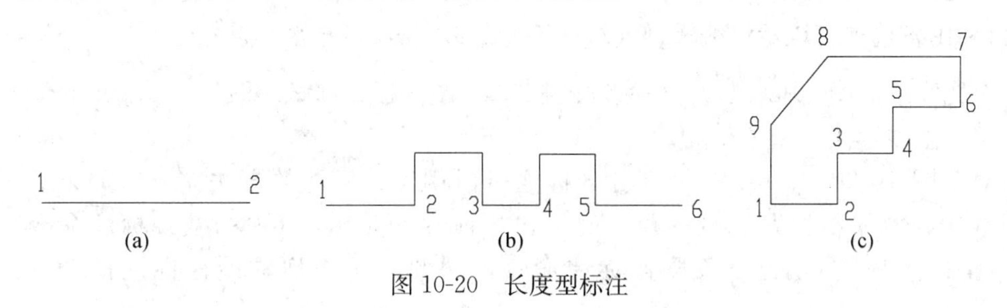

(a)　(b)　(c)

图 10-20　长度型标注

（1）线性标注

在命令行输入“Dimlinear”或单击标注工具栏中的“线性标注”图标激活线性标注命令。激活后对图 10-20（a）标注过程如下：

指定第一条尺寸界线起点或＜选择对象＞：　（单击鼠标左键选取 1 点）

指定第二条尺寸界线起点：　（单击鼠标左键选取 2 点）

指定尺寸线位置或[多行文字(M)/文字(T)/角度(A)/水平(H)/垂直(V)/旋转(R)]：

（可利用各选项对该标注编辑、修改，如不做修改，按Enter键）

至此完成了对第一条线段12的标注，结果如图10-21（a）所示。

（2）连续标注

图10-20（b）所示折线图形，用线性标注也可以完成尺寸标注，但需要多次重复操作同一个命令，而用连续标注就会简便许多。由于连续标注是关联性标注命令，因此必须先启动线性标注命令。标注过程如下：

① 首先激活“线性标注”命令，完成图10-20（b）中线段12的标注。

② 在命令行输入“Dimcontinute”或单击标注工具栏中的“连续标注”图标激活连续标注命令，完成余下操作。命令提示如下：

指定第二条尺寸界线起点或[放弃(U)/选择(S)]<选择>:(单击鼠标左键选取3点)
指定第二条尺寸界线起点或[放弃(U)/选择(S)]<选择>:(单击鼠标左键选取4点)
指定第二条尺寸界线起点或[放弃(U)/选择(S)]<选择>:(单击鼠标左键选取5点)
指定第二条尺寸界线起点或[放弃(U)/选择(S)]<选择>:(单击鼠标左键选取6点)
指定第二条尺寸界线起点或[放弃(U)/选择(S)]<选择>:↙
选择连续标注:↙

至此完成了对图10-20（b）的全部尺寸标注，结果如图10-21（b）所示。

（3）对齐标注

在图10-20（c）中，线段89为一斜线段，在AutoCAD中需要应用对齐标注命令，才能完成对它的尺寸标注。

在命令行输入“Dimaligned”或单击标注工具栏中的“对齐标注”图标激活对齐标注命令。激活后对图10-19（c）线段89标注过程如下：

指定第一条尺寸界线起点或<选择对象>: (单击鼠标左键选取8点)
指定第二条尺寸界线起点: (单击鼠标左键选取9点)
指定尺寸线位置或[多行文字(M)/文字(T)/角度(A)/水平(H)/垂直(V)/旋转(R)]:
（可利用各选项对该标注编辑、修改，如不做修改，按Enter键）

至此完成对图10-20（c）线段89的标注，结果见图10-21（c）。

（4）基线标注

对于图10-20（c）中折线部分的标注可以用连续标注的方法完成。如果只需表明折线中各水平线段距底线的距离时，可以利用AutoCAD中的基线标注命令进行相关标注。基线标注也是关联性标注命令，因此必须先启动线性标注命令。过程如下：

① 首先激活“线性标注”命令，完成图10-20（c）中折线段234的垂直方向的标注。

② 在命令行输入“Dimbaseline”或单击标注工具栏中的“基线标注”图标激活连续标注命令，完成余下操作。命令提示如下：

指定第二条尺寸界线起点或[放弃(U)/选择(S)]<选择>:(单击鼠标左键选取6点)
指定第二条尺寸界线起点或[放弃(U)/选择(S)]<选择>:(单击鼠标左键选取7点)

指定第二条尺寸界线起点或[放弃(U)/选择(S)]＜选择＞:↙

选择基准标注:↙

至此完成全部基线标注过程，结果如图 10-21（c）所示。

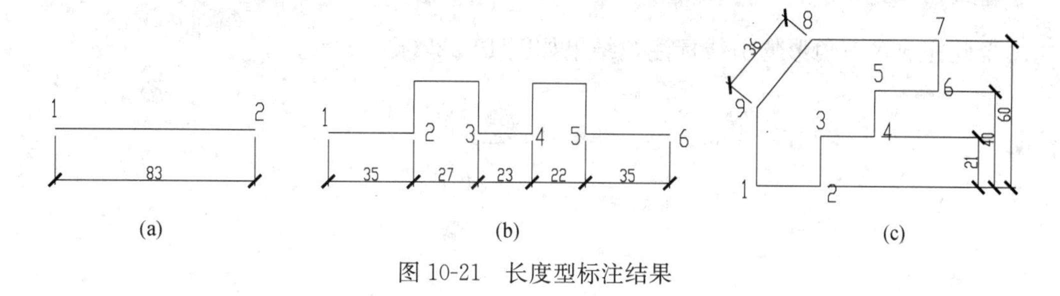

图 10-21　长度型标注结果

2. 角度型标注的实现

AutoCAD 提供的角度标注功能，可以标注弧和圆所对的圆心角，还可以标注两条直线的夹角。

基本命令实现：通过打开的“标注”菜单，单击“角度标注”命令选项来完成。

3. 引线型标注的实现

建筑结构图纸中，引线标注一般多为注释性标注，由引线和注释文字组成。

基本命令实现：通过打开的“标注”菜单，单击“引线标注”命令选项来完成。

注意：注释文本可以是文字、拷贝对象或块图形。

【实例 10-2】以图 10-22 为例说明在 AutoCAD 中角度标注和引线标注是如何实现的。

（1）角度标注

在命令行输入“Dimangular”或单击标注工具栏中的“角度标注”图标激活角度标注命令。激活后对图 10-22（a）标注过程如下：

选择圆弧、圆、直线或＜指定顶点＞:　（单击鼠标左键选取 *AB* 边）

选择第二条直线:　（单击鼠标左键选取 *AC* 边）

指定标注弧线位置或[多行文字(M)/文字(T)/角度(A)]:　（拖动鼠标选择尺寸标注，并观察随着鼠标的移动，屏幕上尺寸标注位置的变化，因为这时可以标注两个边夹成的内角，也可以标注两个边所成的外角。选择标注内角，按 Enter 键）

至此完成对角 *BAC* 的标注。同理，我们依次标注角 *ABC* 的外角、角 *ACB* 的内角。结果如图 10-22（b）所示。

（2）引线标注

在命令行输入“Qleader”或单击标注工具栏中的“快速引线”图标激活引线标注命令。激活后对图 10-22（a）标注过程如下：

指定第一条引线点或[设置(S)]＜设置＞:　（单击鼠标左键，在三角形内拾取一点）

指定下一点:　（单击鼠标左键，在三角形外拾取一点）

指定下一点：↙　　（结束画引线）

指定文字高度<0>：5

输入注释文字第一行<多行文字<M>>：三角形

输入注释文字下一行：↙

至此完成对三角形的引线标注，结果如图 10-22（b）所示。

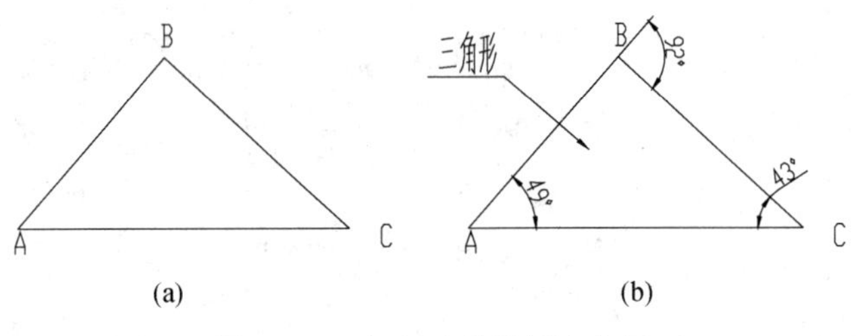

图 10-22　角度及引线标注实例

4. 径向型标注的实现

径向型标注主要由半径标注和直径标注两部分组成。它们都可以用来标注弧或圆。

基本命令实现：可以通过打开的“标注”菜单，单击所要用的命令选项来完成。

注意：在添加尺寸文本时，可以通过拖动鼠标来控制尺寸数字的标注位置。向圆内或弧内拖动，尺寸文本标注在圆或弧内，否则相反。另外，在进行直径标注时，要将其父样式设为当前，如在 10.2.2 的 2 小节的子样式设置中，对直径标注子样式的设置使用 ISO-25 标注样式为父式样，因此应设 ISO-25 为当前标注样式。

【实例 10-3】分别对图 10-23 中的图形进行半径标注和直径标注。

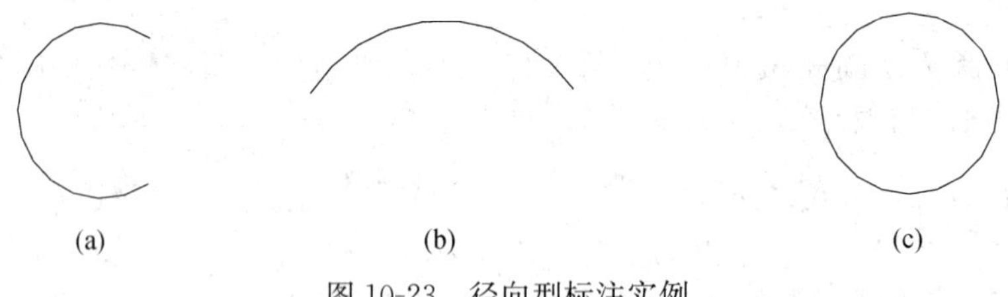

图 10-23　径向型标注实例

（1）半径标注

在命令行输入“Dimradius”或单击标注工具栏中的“半径标注”图标激活半径标注命令。激活后对图 10-23 标注过程如下：

选择圆弧或圆：　　（单击鼠标左键选取圆弧 a）

指定尺寸线位置或[多行文字(M)/文字(T)/角度(A)]：　　（拖动鼠标选择尺寸标注位置，选择标注在圆弧的内侧，单击鼠标左键；如果按 Enter 键，标注会在圆弧的外侧）

至此，完成对圆弧（a）的半径标注，重复上述操作过程，依次完成对圆弧（b）和圆（c）的标注，结果如图 10-24 所示。

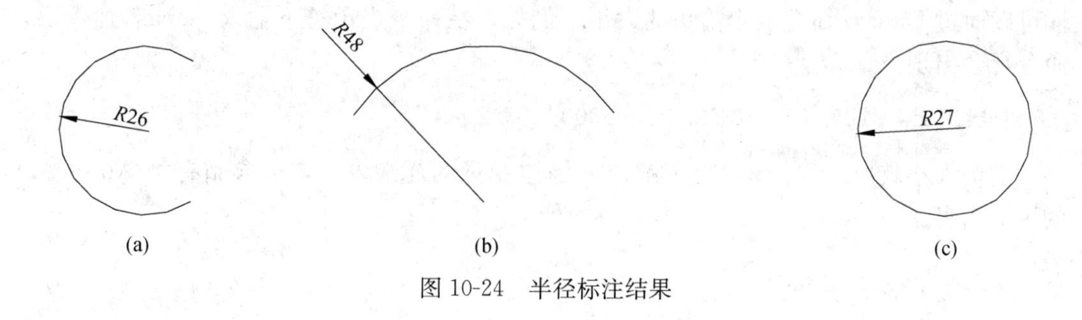

图 10-24　半径标注结果

（2）直径标注

直径标注前，先要将 ISO-25 样式设为当前样式。

在命令行输入“Dimdiameter”或单击标注工具栏中的“直径标注”图标激活直径标注命令。激活后对图 10-23 标注过程如下：

选择圆弧或圆：　（单击鼠标左键选取圆弧 a）

指定尺寸线位置或[多行文字(M)/文字(T)/角度(A)]：　（拖动鼠标选择尺寸标注位置，选择标注在圆弧的内侧，单击鼠标左键；如果按 Enter 键，标注会在圆弧的外侧）

至此，完成对圆弧（a）的直径标注，重复上述操作过程，依次完成对圆弧（b）和圆（c）的标注，结果如图 10-25 所示。

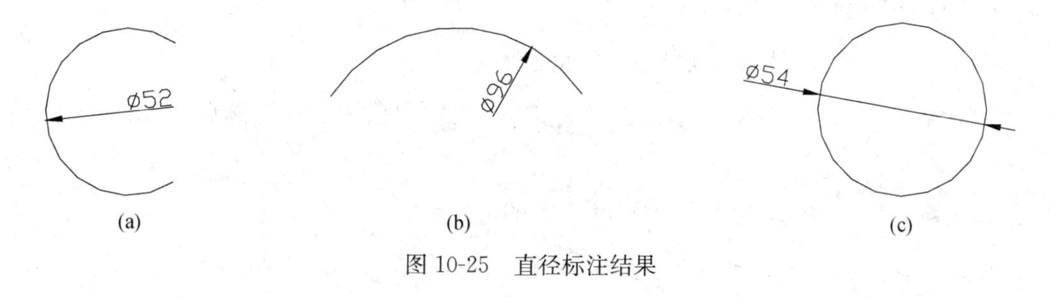

图 10-25　直径标注结果

10.4　建筑结构图纸中尺寸标注的编辑

在尺寸标注完成后，常常需要对已标注的尺寸进行编辑修改。AutoCAD 提供多种方法满足用户对尺寸标注进行编辑。下面有针对性地介绍一些常用方法及命令。

10.4.1　修改尺寸标注变量

所谓“尺寸标注变量”，就是控制 AutoCAD 尺寸标注结果的一些命令。这些命令在 AutoCAD 2000 以上的版本中，已被融入“标注样式管理器”对话框中，因此，对“标注样式管理器”对话框里的选项进行设置，无形中也就等于修改了这些尺寸标注变量。

虽然在“标注样式管理器”对话框里已经有了所有尺寸变量的设置方式，但是在实际操作中，直接在命令提示符下输入相应变量名来设置是最快的，但需要记的命令太多。

如 10.2.2 节中设置尺寸线时，就可以通过 Dimdli 命令设置新的“基线间距”，同样可以通过 Dimasz 命令改变箭头的大小。例如，在命令提示符下输入 Dimasz 命令后，命令行会出现：

Enter new value for DIMASZ ＜2.5000＞：3.2↙

箭头大小就更改为 3.2。要了解尺寸标注变量的详细内容，可参阅有关 AutoCAD 的帮助信息。

10.4.2 编辑尺寸标注

1. 启动 Dimedit 命令

AutoCAD 2000 以上版本提供了专门编辑尺寸标注的命令“Dimedit”，用户可以在命令提示符下输入“Dimedit”或键入简捷命令“DED”，来启动该命令。

启动该命令后，AutoCAD 将提示如下：

输入标注编辑类型[缺省(H)/新建(N)/旋转(R)/倾斜(O)]＜缺省＞：

2. 各选项含义

（1）缺省（H）：只还原尺寸文本旋转操作到未旋转前的状态。键入“H”，并按 Enter 键后，AutoCAD 将提示：

选择对象：　（选择要编辑的尺寸标注即可）

（2）新建（N）：修改尺寸文本值。键入“N”，并按 Enter 键后，AutoCAD 将提示：

选择对象：　（选择要更改的尺寸文本即可）

（3）旋转（R）：旋转所选择的尺寸文本。键入“R”，并按 Enter 键后，AutoCAD 将提示：

输入文本的角度：　（输入尺寸文本的旋转角度）
选择对象：　（选择要编辑的尺寸标注即可）

（4）倾斜（O）：将尺寸线按指定的角度倾斜。常用于标注锥形图形。键入“O”，并按 Enter 键后，AutoCAD 将提示：

选择对象：　（选择要编辑的尺寸标注）
输入倾斜角度＜按 Enter 则不倾斜＞：　（输入倾斜角度即可）

10.4.3 调整尺寸数字的位置

1. 启动 DimTEdit 命令

AutoCAD 2000 以上的版本提供了专门编辑尺寸数字的命令“DimTEdit”，用户可以在命令提示符下输入“DimTEdit”或键入简捷命令“Dimted”按 Enter 键，来启动该命令。

启动该命令后，AutoCAD 将提示如下：

选择标注：　（选择要修改的尺寸标注）

指定标注文字的新位置或[左(L)/右(R)/中心(C)/缺省(H)/角度(A)]：　（确定尺寸数字的位置）

2. 各选项含义

（1）左（L）：尺寸数字靠尺寸线左侧放置。

（2）右（R）：尺寸数字靠尺寸线右侧放置。

以上两选项仅适合于长度（线性）型、径向型尺寸标注，对其他类型尺寸标注不起作用。

（3）中心（C）：尺寸数字放置在尺寸线中间。

（4）缺省（H）：尺寸数字还原到默认位置。

（5）角度（A）：尺寸数字旋转指定的角度。

10.4.4 修改尺寸标注样式

1. 启动 Update 命令

用户可将某个已标注的尺寸按当前尺寸标注样式所定义的形式进行更新，即修改尺寸标注样式。在命令提示符下，输入“Dim”并按 Enter 键，然后在“Dim”提示符下输入“Update”命令，并按 Enter 键，或者打开“标注”菜单，单击“更新（U）”选项。

2. 更新尺寸标注样式

更新尺寸标注样式命令提示如下：

命令:DIM↙

标注:Update↙

选择对象：　（选择要更新的尺寸标注）

选择对象:↙　（按 Enter 键结束操作,回到标注提示下,或继续选择要更新的尺寸标注）

标注:E↙

命令：

通过上述操作，AutoCAD 自动将所选择的尺寸标注更新为当前尺寸标注样式所设置的形式。

10.4.5 分解尺寸对象

在一般情况下，AutoCAD 将尺寸作为一个图块，即尺寸线、尺寸界线、尺寸起止符号（箭头）和尺寸文本在尺寸中不是单独的实体，而是构成了一个块。如果对该尺寸标注对象进行拉伸操作后，尺寸标注的尺寸文本自动地发生相应变化，我们把这种尺寸标注称为关联性尺寸；反之，称为无关联性尺寸。为了适时反映图形的准确尺寸，一般我们都选择关联性尺寸标注；但有时又需要将其变成无关联性尺寸以方便编辑，这就需要分解尺寸对象。

AutoCAD提供系统变量DIMASO来控制尺寸标注的关联性。当DIMASO=1时，AutoCAD将自动建立关联性尺寸；当DIMASO=0时，所标注的尺寸都将是无关联性尺寸。

当然，用户还可以用Explore命令炸开关联性尺寸，使其成为无关联性尺寸。

10.5 尺寸标注实例

在这一节中，我们将利用所学的知识来对前面所绘制的建筑平面图进行标注。打开建筑平面图如图10-26所示。

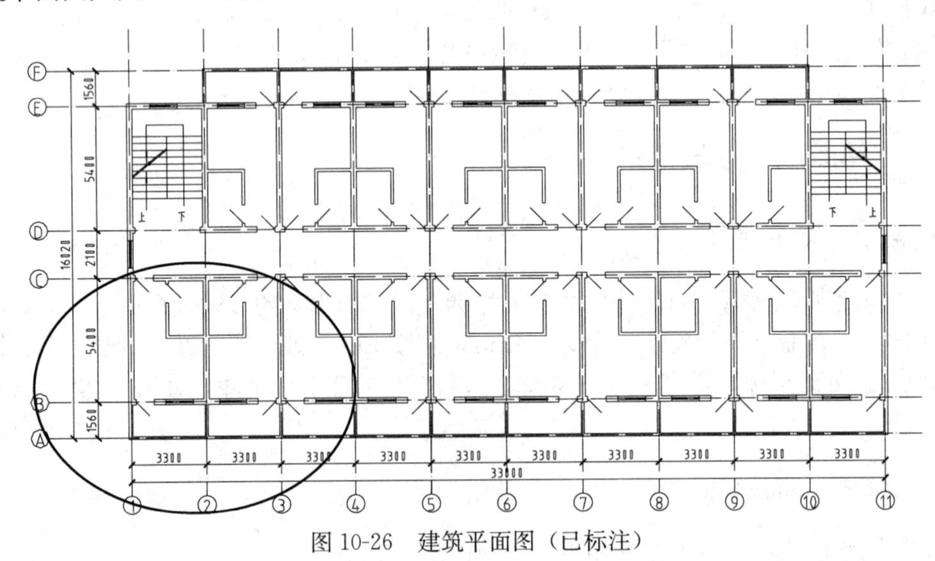

图10-26 建筑平面图（已标注）

在这张图上，我们需要对建筑物的轴线尺寸、窗口尺寸进行标注。下面以一局部图形的详细标注过程来说明如何对该图纸进行尺寸标注。标注完成时图纸应该与图10-26一样（局部）。

将图10-26左下脚的局部图形放大如图10-27所示，我们对轴线的交点以及轴线与窗口线的交点分别做了编号。

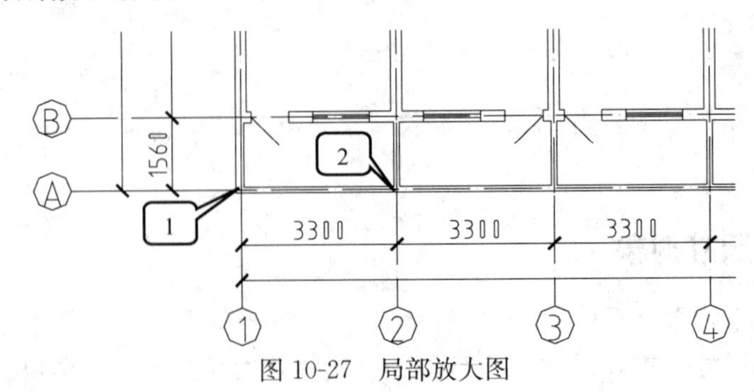

图10-27 局部放大图

标注步骤如下：

① 在命令行输入“Dimlinear”或单击标注工具栏中的“线性标注”图标激活线性标注命令。命令提示如下：

```
指定第一条尺寸界线起点或<选择对象>：　　(单击鼠标左键选取1点)
指定第二条尺寸界线起点：　　(单击鼠标左键选取2点)
指定尺寸线位置或[多行文字(M)/文字(T)/角度(A)/水平(H)/垂直(V)/旋转(R)]:↙
标注文字＝3300
命令：
```

但是会发现，此时标注线上没有尺寸数字“3300”出现，为什么？原来在绘制该图时，输入的绘制比例为1∶1，而这时的尺寸标注样式中文字高度为3mm，由于太小，就看不见了，而实际上它是存在的。为了能清楚地显示尺寸数字，需对尺寸标注的输出比例做修改。该比例与最后出图的图幅大小有关，根据第3章中工作区的设置，我们知道，图幅选用的是3号，工作区是3号图幅放大100倍即42000mm×29700mm，在3号图幅上字高应显示为3mm，由于图幅放大了100倍，所以文字也应放大100倍。

因此，只要我们定义好工作区后，全局比例确定了，文字的比例也就确定了。这对我们统一设置带来了极大的方便，这也是工作区设置的一个优点。

② 全局比例的设置可参见10.2.3节的相关内容，具体操作如下：

在命令行键入“Dimscale”，命令行提示：

```
输入DIMSCALE的新值<1.0000>:100↙
```

③ 启动连续标注命令Dimcontinute或单击“连续标注”图标。

可以用鼠标依次捕捉3、4、5、6、7、8……轴线，每捕捉一点后就单击鼠标左键，完成该点的捕捉，捕捉完最后点（*A*轴线与11轴线的交点）后，单击鼠标右键，在出现的对话栏中选“确认（E）”项，完成全部标注过程。

④ 采用相同的方法，水平标注轴线间距和建筑物总尺寸，由于竖向标注的过程、方法完全相同，在此不再赘述。

10.6　要点回顾

- 在了解建筑结构尺寸标注的基本要求基础上，通过掌握AutoCAD的尺寸标注样式的设置方法，学会使用AutoCAD设置符合建筑结构制图标准的样式。
- 熟练应用尺寸标注命令进行图形的基本标注，并掌握一定的标注技巧对图纸进行快速标注。
- 熟练掌握有关尺寸标注编辑命令。
- 理解全局比例的概念，掌握标注全局比例的设置。
- 理解测量单位比例的概念，了解在一张图上绘制不同比例图形的方法。

10.7　命令速查

◇　Dimlinear：，创建线性标注。
◇　Dimedit：，编辑标注文字和尺寸界线。
◇　Dimangular：，创建角度标注。
◇　Dimarc：，创建圆弧长度标注。
◇　Dimdiameter：，为圆或圆弧创建直径标注。
◇　Dimordinate：，创建坐标标注。
◇　Dimstyle：，创建和修改标注样式。
◇　Dimreassosiate：，将选定的标注关联或重新关联至对象或对象上的点。
◇　Qdim：，从选定对象快速创建一系列标注。
◇　Dimaligned：，创建对齐线性标注。
◇　Dimtedit：，移动和旋转标注文字并重新定位尺寸线。
◇　Dimcontinue：，创建从上一个标注或选定标注的尺寸界线开始的标注。
◇　Dimbaseline：，从上一个标注或选定标注的基线处创建线性标注、角度标注或坐标标注。
◇　Dimovrride：，控制选定标注中使用的系统变量的替代值。

10.8　复习思考题及上机练习

10.8.1　复习思考题

1. 如何建立一个新的尺寸标注样式？
2. 尺寸标注有几种？
3. 简述建筑结构尺寸中，对线性标注有哪些要求。
4. 标注全局比例与测量单位比例有什么不同？它们是如何应用的？

10.8.2　上机练习

1. 按照本章第一节中叙述的建筑结构尺寸标注要求，建立一个“建筑结构线性标注”样式。

2. 绘制如图 10-28 所示钢结构节点图，并标注尺寸。

（1）绘图单位为毫米（mm）；

（2）出图比例为 1∶25，根据图形大小自行设计图纸的图幅，设置工作区；

（3）CAD 绘图要求按 1∶1 绘制；

（4）不同的图形对象应在不同的图层绘制，应有钢梁层、连接板层、螺栓层、文字层、标注层、引线标注层；

（5）所有对象线型及颜色属性均设置为随层（Bylayer）。

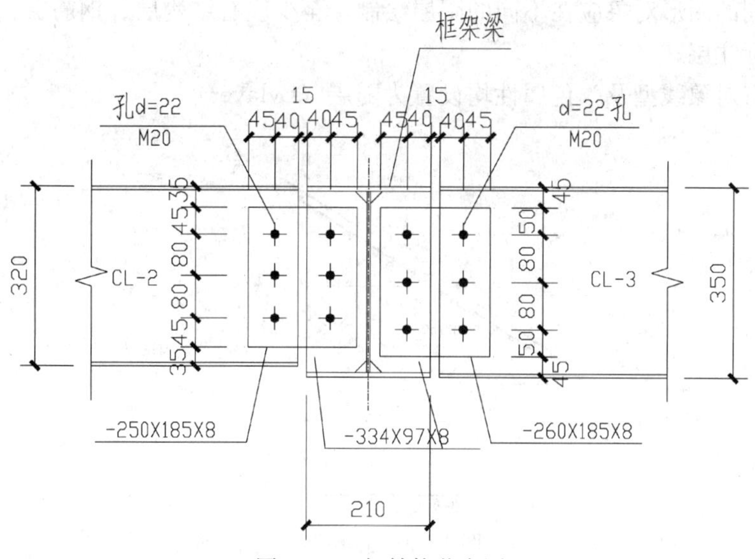

图 10-28　钢结构节点图

3. 绘制如图 10-29 所示柱脚详图，并标注尺寸。

（1）绘图单位为毫米（mm）；

（2）出图比例为 1∶20，根据图形大小自行设计图纸的图幅，设置工作区；

（3）CAD 绘图要求按 1∶1 绘制；

（4）不同的图形对象应在不同的图层绘制，至少应有轴线层、结构层、螺栓孔层、文字层、标注层、引线标注层；

（5）所有对象线型及颜色属性均设置为随层（Bylayer）。

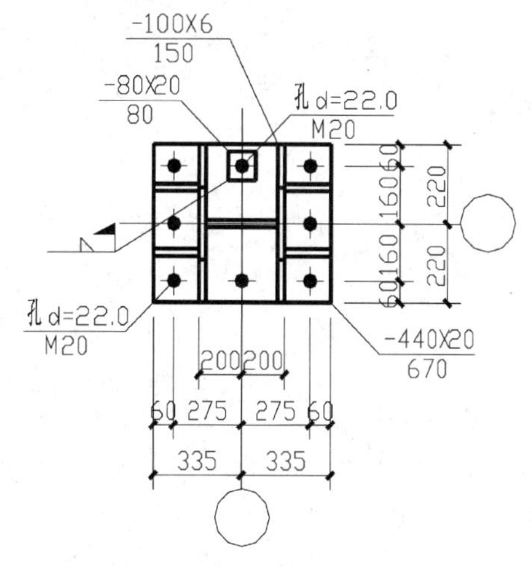

图 10-29　柱脚详图

4. 绘制如图 10-30 所示楼梯详图，并标注尺寸。

（1）绘图单位为毫米（mm）；

（2）出图比例为 1∶25，根据图形大小自行设计图纸的图幅，设置工作区；

（3）CAD 绘图要求按 1∶1 绘制；

（4）不同的图形对象应在不同的图层绘制，至少应有结构层、钢筋层、文字层、标注层、引线标注层；

（5）所有对象线型及颜色属性均设置为随层（Bylayer）。

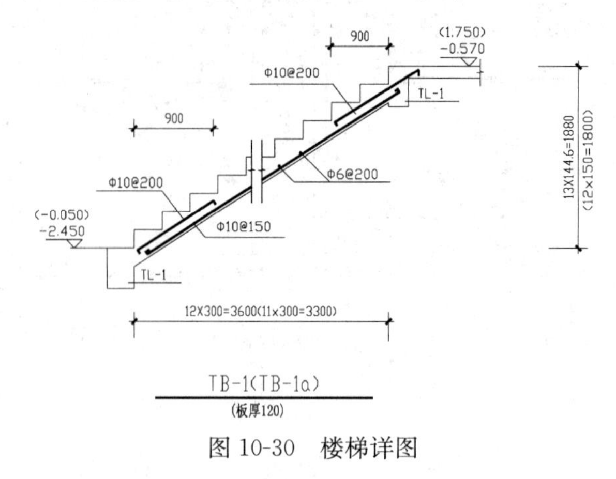

图 10-30　楼梯详图

建议学时：2 学时

第 11 章　复杂平面图形的绘制

问题提出

在绘制复杂图形时，如建筑平面图中的内外墙线等，在前几章我们用画线（Line）命令绘制外墙线，然后经过偏移（Offset）、修剪（Trim）等编辑操作才可以完成内墙线的绘制，而本章我们利用 AutoCAD 提供的多线命令，内外墙线绘制可一次完成。

块引用、块更新是 AutoCAD 中非常实用而强大的功能，但它有一个弱点——块的更新只能在一个文件中自动进行。那么能否在不同的文件中进行“更新”呢？答案是肯定的，使用外部参照将解决这个问题。

11.1　复杂图形的绘制

11.1.1　利用多线命令绘制墙线

我们前面所讲的实例，平面工整、结构简单，绘制过程比较简单。但是实际工程变化多样，平面形式各式各样，因此对于绘图的方法也千差万别。我们这里再介绍一种比较通用的绘制图形的方法。如图 11-1 所示的建筑平面图是一个三室的套型，也是典型中国现

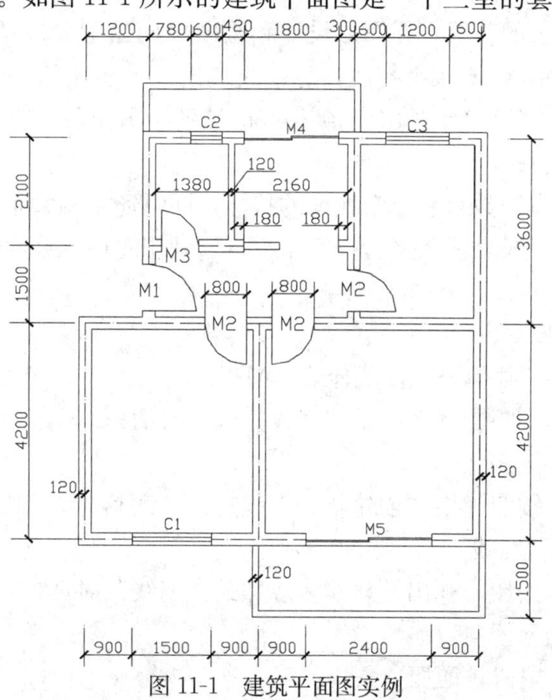

图 11-1　建筑平面图实例

代民居的风格。虽然结构也比较简单，但它代表了一类建筑平面的绘制方法。

1. 设置初始绘图环境

（1）选择 3 号图立式图幅，出图比例为 1∶50，设置 CAD 图形界限为 14850×21000。

（2）图层设置：创建辅助线、墙体、门窗、文字、标注等层，并为其设置不同的颜色和线型。

2. 绘制轴线

利用前面学过的 Line、Offset 命令在辅助线层绘制定位轴线。如图 11-2 所示。

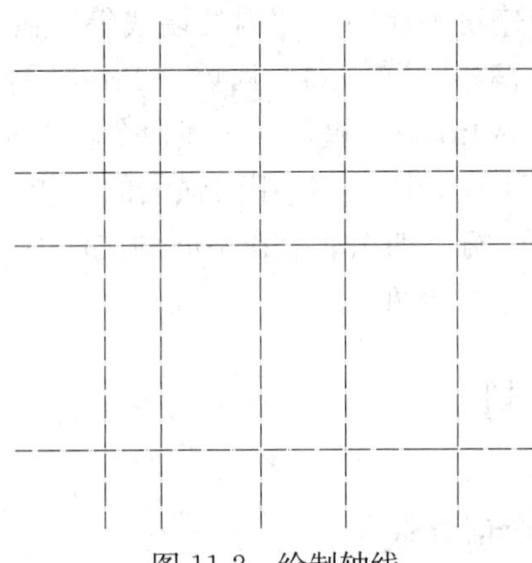

图 11-2　绘制轴线

3. 利用多线命令绘制墙体线

多线是指一组平行的直线，在图形设计和绘图中用途十分广泛。多线（Mline）命令允许用户一次绘制最多 16 条平行线，每条线被记录为多线的一个元素。如在建筑制图中，同时绘制 2 ～4 条平行线将会起到很好的辅助绘图作用（绘制墙体、窗户等）。

（1）多线样式设置

多线样式控制元素的数目和每个元素的特性，同时还控制背景颜色和每条多线的端点封口。多线的缺省样式是两条平行线，用户可以利用对话框修改多线样式。命令发布的方法如下：

● 命令行：MLstyle。

● “格式（O）”菜单→“多线样式（M）”。

执行该命令后弹出如图 11-3 所示“多线样式”对话框。

多线样式设置的步骤如下：

① 点击“新建”按钮弹出“创建新的多线样式”对话框，如图 11-4 所示，在新样式名中输入多线名称“墙线”。

② 单击“继续”按钮，弹出“新建多线样式：墙线”对话框，如图 11-5 所示。

③ 设置多线的图元。

a. 单击“添加”按钮，增加一条线。

b. 在编辑框中分别设置三条线“偏移”中心线的距离为“120、0、－120”。

c. 选择 0 偏移线，单击“颜色”按钮设为黄色，单击“线型”按钮，设置线型为“Center”（如选项中没有，需点“加载”，加载 Center 线型）。

d. 设置完成，单击“确定”按钮返回到如图 11-5 所示“新建多线样式：墙线”对话框。

图 11-3　“多线样式”对话框

图 11-4　“创建新的多线样式”对话框

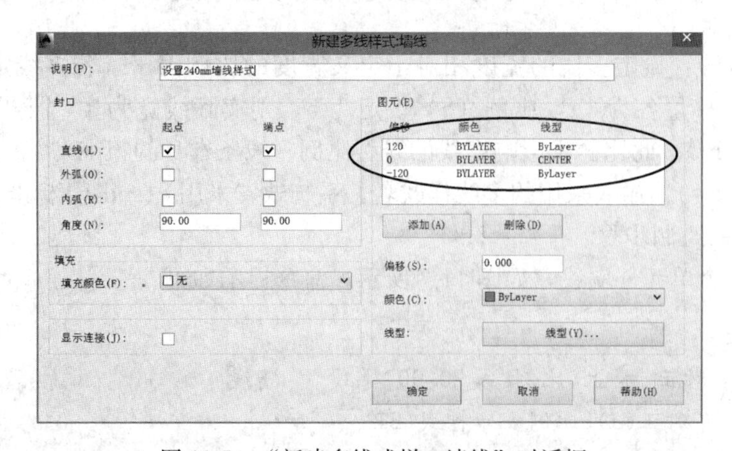

图 11-5　“新建多线式样：墙线”对话框

④ 设置封口。点取多线特性起点、端点复选框设置多线的封口形式，如是否封口、封口角度和封口线条等。例如勾选“起点”和“端点”为“直线”（图 11-5），则绘制的多线是在起点和端点处用直线封口的多线。

⑤ 单击“确定”按钮，完成多线样式设定。

（2）绘制多线

绘制多线与绘制直线基本类似，不同的是 Mline 命令允许像绘制一条线一样在一段中绘制 2 ～1 6 条线。命令发布的方法如下：

- “绘图”工具栏：⫽。
- “绘图”菜单→“多线”。
- 命令行：Mline 或 ML。

执行该命令，系统提示：

```
命令：Mline
指定起点或[对正(J)/比例(S)/样式(ST)]：
```

① 指定起点：系统要求指定多线的起始点位置，是系统的缺省选项。选择该选项后，系统将按缺省的多线样式、比例和对正方式绘制多线。并继续提示指定下一点。

② 对正（J）：设置基准对正位置。择该选项后系统提示如下：

```
输入对正类型[上(T)/无(Z)/下(B)]：
```

上（T）：以多线的外侧线为基准绘制多线。

无（Z）：以多线的中心线为基准，即 0 偏移位置绘制多线。

下（B）：以多线的内侧线为基准绘制多线。

多线的对齐方式决定线相对于选择点的绘制位置。如图 11-6 所示。

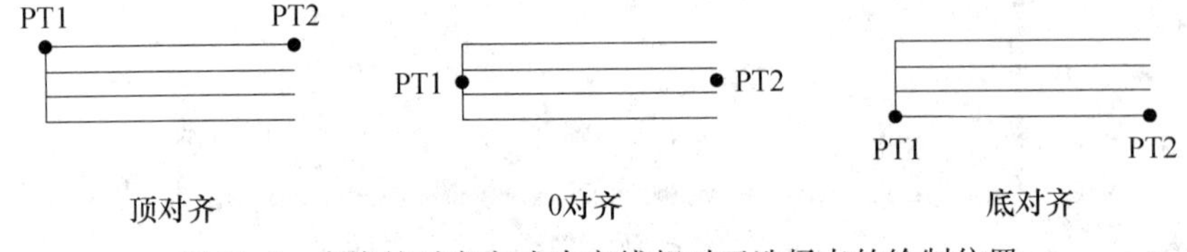

图 11-6　多线的对齐方式决定线相对于选择点的绘制位置

③ 比例（S）：设定多线的宽度相对于定义宽度的比例因子。若多线定义宽度为 2（内、外侧线偏移量各为 1），比例（S）设定为 5，则实际线宽为 10 个绘图单位（内、外侧线距离为 10）。此比例不影响多线的线型比例（线条本身的粗细）。

④ 样式（ST）：输入采用的多线样式名。系统缺省采用 Standard 标准样式。

（3）墙线的绘制步骤

① 绘制一个单元外墙线，如图 11-7 所示。命令提示如下：.

```
命令:Mline
当前设置：对正 = 上,比例 = 20.00,样式 = 墙线
指定起点或[对正(J)/比例(S)/样式(ST)]： j
输入对正类型[上(T)/无(Z)/下(B)]<上>： z
```

当前设置：对正 = 无，比例 = 20.00，样式 = 墙线

指定起点或[对正(J)/比例(S)/样式(ST)]：　s

输入多线比例 ＜20.00＞：　1

当前设置：对正 = 无，比例 = 1.00，样式 = 墙线

指定起点或[对正(J)/比例(S)/样式(ST)]：　＜对象捕捉 开＞＜正交 开＞　（指定交点①）

指定下一点：　（指定交点②）

指定下一点或[放弃(U)]：　（指定交点③）

指定下一点或[闭合(C)/放弃(U)]：　（指定交点④）

指定下一点或[闭合(C)/放弃(U)]：　（指定交点⑤）

指定下一点或[闭合(C)/放弃(U)]：　（指定交点⑥）

指定下一点或[闭合(C)/放弃(U)]：c

命令：

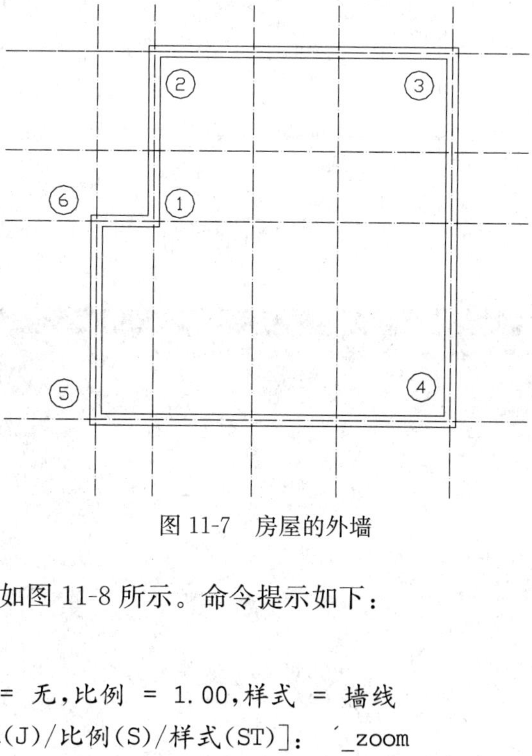

图 11-7　房屋的外墙

② 绘制隔墙线，如图 11-8 所示。命令提示如下：

命令：Mline

当前设置：对正 = 无，比例 = 1.00，样式 = 墙线

指定起点或[对正(J)/比例(S)/样式(ST)]：　'_zoom

指定起点或[对正(J)/比例(S)/样式(ST)]：　＜对象捕捉 开＞　（指定交点①）

指定下一点：　（指定交点⑨）

指定下一点或[放弃(U)]：↙

命令：

同理绘制出其他内墙。

（4）编辑多线

多线应采用 Mledit 命令进行编辑。该命令根据对话框中显示的预设编辑方式图标

编辑多线。该命令可以控制多线之间相交的连接方式，增加或删除多线的顶点，控制多线的打断或结合。命令发布的方法如下：

- 命令行：Mledit。
- “修改 II”工具栏：![icon]。
- “修改”菜单→“多线”。

执行多线编辑命令后弹出如图 11-9 所示的“多线编辑工具”对话框。

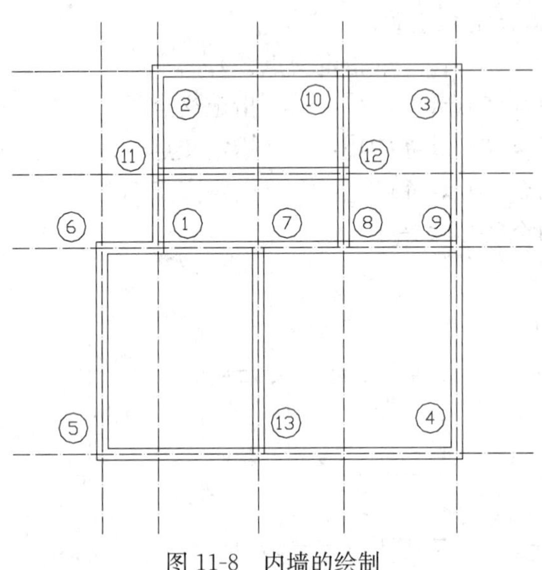

图 11-8　内墙的绘制

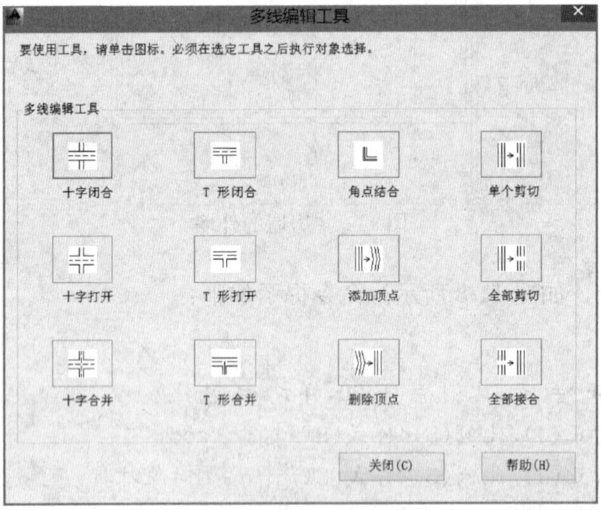

多线编辑工具

要使用工具，请单击图标。必须在选定工具之后执行对象选择。

多线编辑工具

十字闭合	T 形闭合	角点结合	单个剪切
十字打开	T 形打开	添加顶点	全部剪切
十字合并	T 形合并	删除顶点	全部接合

关闭(C)　帮助(H)

图 11-9　“多线编辑工具”对话框

该对话框以 4 列显示样例图像，包含了 12 种不同的工具按钮。第一列处理十字交叉的多线，第二列处理 T 形相交的多线，第三列处理角点连接和顶点，第四列处理多线的剪切或接合。单击任意一个图像样例，在对话框的左下角将显示关于此选项的简短描述。

(5) 继续编辑如图 11-8 所示的墙体线

① 在修改Ⅱ工具栏单击多线按钮，弹出如图 11-9 所示对话框。

② 单击“T 形合并”图像按钮（第三行第二列），单击“关闭”按钮。系统提示如下：

```
命令:Mledit
选择第一条多线:    (单击 7、13 点间的多线)
选择第二条多线:    (单击 5、4 点间的多线)
```

结果如图 11-10 所示。

注意：合并操作的顺序必须正确，先选 T 形的垂直线，再选 T 形的水平线。

重复以上操作，分别完成对各交点⑦、⑧、⑨、⑩、⑪、⑫合并操作。

“多线编辑工具”对话框中的 12 个图像按钮可用来编辑多线，并保留其原有特性。但是，“多线编辑工具”有时也不能满足某些形式多线的编辑要求，如图 11-10 中的交点①就无法直接用多线编辑工具进行 T 形编辑，因为它不是两条交叉多线，而须使用在前面章节学习的“分解”(Explode) 命令，将多线分解为单独的元素，然后进行相应编辑。如图 11-11 所示平面图是经分解后编辑而成的。

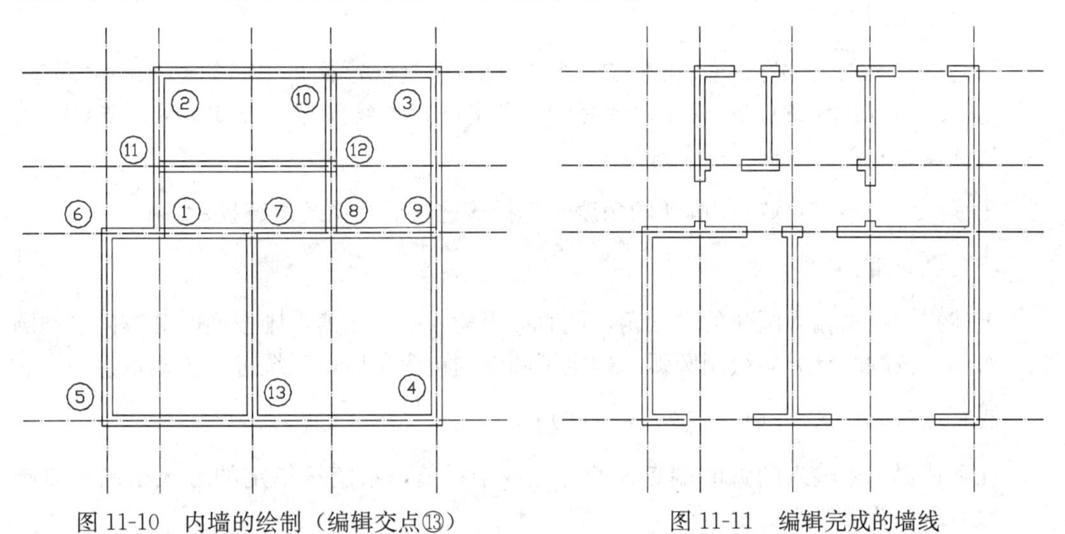

图 11-10　内墙的绘制（编辑交点⑬）　　图 11-11　编辑完成的墙线

多线被分解后，其中的所有线、弧与使用 Line、Arc 命令绘制的实体完全相同，而多线的颜色和线型被保留。但是由于每个元素已经成为单独的对象，因此可以使用任何标准编辑命令对其进行编辑。

11.1.2　使用多段线绘制梁的截面配筋图

多段线（或叫多义线）是绘图中比较常用的一种命令，它为用户提供了方便快捷的绘图方式。通过绘制多段线，可以得到一个由若干直线和圆弧连接而成的折线或曲线，整条多段线是一个实体，可以统一进行编辑。另外，多段线中各段线、弧可以有不同的线宽，这对绘图非常有利。在建筑图中，多段线用于表示各种不同的材料。在剖面图及详图中，通常使用不同宽度的线来区分剖切到的混凝土、钢材和木材与没有剖切到的材料。

1. 多段线命令执行方式

- 命令行：Pline。
- “绘制”工具栏：。
- “绘图”菜单→“多段线”。

2. 命令选项

执行命令后，出现以下提示：

命令:Pline
指定起点：　　（给定起点）
当前线宽为0.0000:
指定下一个点或[圆弧(A)/闭合(C)/半宽/(H)/长度(L)/放弃(U)/宽度(W)]:

命令选项说明如下：

(1) 圆弧（A）：选择A将进入本选项，转换为绘制圆弧多段线，同时提示转换为绘制圆弧的系列参数。

指定下一个点或[圆弧(A)/闭合(C)/半宽/(H)/长度(L)/放弃(U)/宽度(W)]:A(回车)
[角度(A)/圆心(CE)/闭合(CL)/方向(D)/半宽(H)/直线(L)/半径(R)/第二点(S)/放弃(U)/宽度(W)]:　　（输入一个选项）

① 角度（A）：输入绘制圆弧的角度。选择该选项后，系统继续提示：

指定包含角：

上述提示要求输入圆弧的包含角，此时如果输入一个正值，则按逆时针方向绘制圆弧；否则，按顺时针方向绘制圆弧。确定了圆弧的包含角后，系统进一步提示：

指定圆弧的端点或[圆心(CE)/半径(R)]:

在上述提示中输入圆弧的端点、圆心点或半径值，系统按指定的方式绘制一段圆弧，然后返回圆弧绘制提示。

② 圆心（CE）：输入绘制圆弧的圆心。选择该选项后，系统继续提示：

指定圆弧的圆心：

在上述提示中输入圆心的位置。系统继续提示：

指定圆弧的端点或[角度(A)/长度(L)]: a

在上述提示中输入圆弧的端点、角度或长度。系统按指定的方式绘制一段圆弧，然后返回圆弧绘制提示。

③ 方向（D）：可以输入起始方向与水平方向的夹角，以此确定圆弧在起始点处的切线方向。选择该选项后，系统继续提示：

指定圆弧的起点切向：

在上述提示下，可输入起始方向和水平方向的夹角，如果在屏幕上输入两点，系统将以该连线作为圆弧的起始方向。确定了圆弧的起始方向后，系统继续提示：

指定圆弧的端点：

在屏幕中选取合适的圆弧终点，完成该段弧的绘制后，返回圆弧绘制。提示：

指定圆弧的端点或
[角度(A)/圆心(CE)/闭合(CL)/方向(D)/半宽(H)/直线(L)/半径(R)/第二点(S)/放弃(U)/宽度(W)]：

④ 半宽（H）：输入多段线一半的宽度。

⑤ 直线（L）：转换为直线绘制方式。

⑥ 半径（R）：输入圆弧半径。

⑦ 第二点（S）：系统根据指定的三点绘制圆弧的方法，提示输入决定圆弧的第二点。

⑧ 放弃：系统删除最后绘制的圆弧。

⑨ 宽度：系统确定圆弧的起点宽度和终点宽度。

（2）其他选项：

① 下一点：绘制一条直线段。AutoCAD 将重复上一提示。

② 闭合（C）：在当前位置到多段线起点之间绘制一条直线段以闭合多段线。

③ 半宽（H）：指定线宽——多段线线段的中心到其一边的宽度。

指定起点半宽<当前值>：(输入一个值)或↙
指定端点半宽 <起点宽度>：(输入一个值)或↙

起点半宽将成为缺省的端点半宽。端点半宽在再次修改半宽之前将作为所有后续线段的统一半宽。宽线段的起点和端点位于直线的中心点。

④ 长度（L）：以前一线段相同的角度并按指定长度绘制直线段。如果前一线段为圆弧，AutoCAD 将绘制一条直线段与弧线段相切。

⑤ 放弃（U）：删除最近一次添加到多段线上的直线段。

⑥ 宽度（W）：指定下一条直线段的宽度。

指定起点宽度 <当前值>：(输入一个值)或↙
指定端点宽度 <起点宽度>：(输入一个值)或↙

起点宽度将成为缺省的端点宽度。端点宽度在再次修改宽度之前将作为所有后续线段的统一宽度。宽线段的起点和端点位于直线的中心点。

若起点宽度与终点宽度值相同，则绘制等宽线；否则，可绘制锥形线。

注意：通常，相邻多段线线段的交点将得到修整。但在弧线段互不相切、有非常尖锐的角或者使用点画线线型的情况下将不执行修整。

3. 绘制梁的截面配筋图的步骤

下面通过实例体会多段线的应用（图 11-12）。

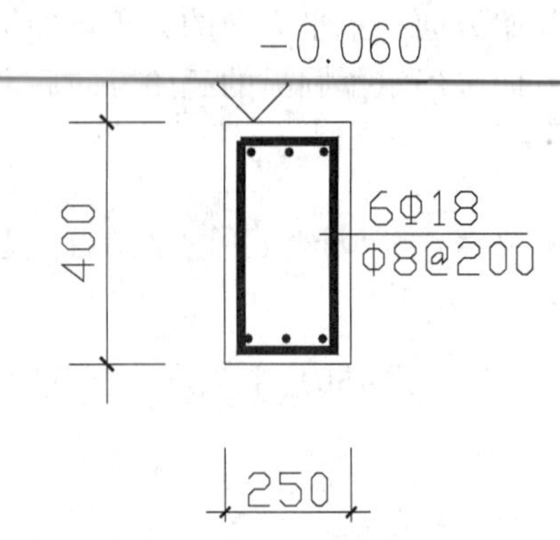

图 11-12　梁的截面配筋图（保护层厚度 30）

（1）利用 Line 命令绘制梁外框线。
（2）利用 Pline 命令绘制箍筋。
（3）利用 Donut 命令绘制主筋。
（4）给梁标注尺寸。
（5）标注标高。
（6）标注钢筋。

11.1.3　使用面域绘图（Region）

面域是指从生成闭环的对象构成的二维闭合区域。闭环是一系列相互连接但不相交的曲线和直线，在平面上定义一个区域，是构成图形的一些基本形状。闭环可由线、多段线、圆、圆弧、椭圆弧、样条曲线和实体构成。闭环（或称为面域）构成填充区域。

1. 命令执行方式

- “绘图”工具栏：[icon]。
- “绘图”菜单→“面域”。
- 命令行：Region。

使用以下命令序列创建面域：

```
命令:Region
选择对象：找到 m 个
选择对象：
已提取 n 个环
已创建 n 个面域
```

被选择的线形成面域，对面域可以进行图案填充和着色处理，并可分析面域的特性，如面域的面积和其惯性参数。通过并集、差集、交集等布尔运算或查找面域的交点，可创建复合面域。并且还可以将复合面域通过拉伸、旋转创建出复杂的实体。

2. 面域的布尔运算

下面我们通过实例介绍面域的并集、差集、交集等布尔运算建立复杂的面域。

对如图 11-13 所示的图（a）进行并集运算，对图（b）进行交集运算，对图（c）进行差集运算。

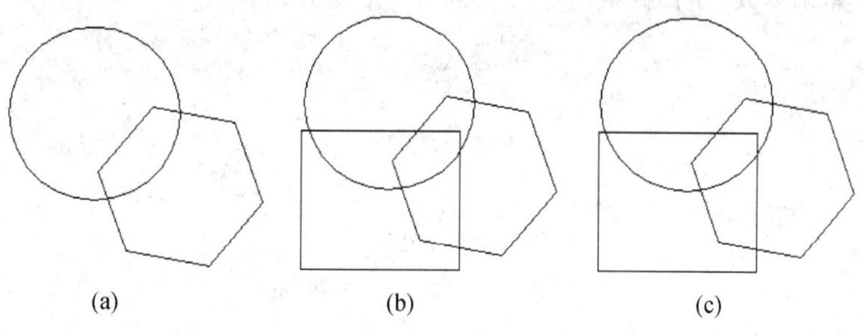

图 11-13　面域的布尔运算

（1）面域的并集运算

将两个或多个面域进行并集运算可用以下方式运行命令：

- 命令行：Union。
- 菜单“修改”→“实体编辑”→“并集”。
- 工具栏“实体编辑”：。

命令行提示如下：

命令：Union
选择对象：　（选择圆）
找到 1 个
选择对象：　（选择正六边形）
找到 1 个，总计 2 个
选择对象：↙

至此，系统将参与并集运算的各面域组成一个新面域。如图 11-14（a）所示。

（2）面域的交集运算

将两个或多个面域进行交集运算可用以下方式运行命令：

- 命令行：Intersect。
- 菜单“修改”→“实体编辑”→“交集”。
- 工具栏“实体编辑”：。

命令行提示如下：

命令：Intersect
选择对象：　（选择圆）
找到 1 个
选择对象：　（选择正六边形）
找到 1 个，总计 2 个
选择对象：　（选择正四边形）
找到 1 个，总计 3 个
选择对象：↙

在上述操作下，并集运算的结果如图11-14（b）所示。

注意： 如果在面域的交集运算操作中，选择的面域没有相交，则系统将删除所有选中的面域，运算结果是一个空集。

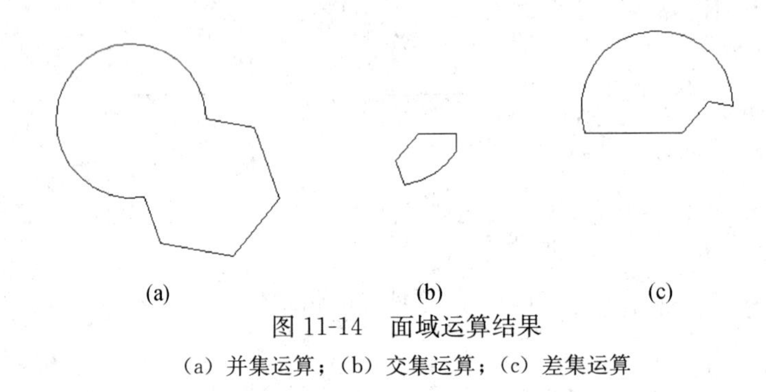

(a) (b) (c)

图11-14 面域运算结果

（a）并集运算；（b）交集运算；（c）差集运算

（3）面域的差集运算

将两个或多个面域进行差集运算可用以下方式运行命令：

- 命令行：Subtract。
- 菜单“修改”→“实体编辑”→“差集”。
- 工具栏“实体编辑”：◎。

命令行提示如下：

命令：Subtract

选择要从中减去的实体或面域...

选择对象： （选择圆）

找到1个

选择对象：↙

选择要减去的实体或面域..

选择对象：* （选择正四边形）

找到1个

选择对象： （选择正六边形）

找到1个，总计2个

选择对象：↙

至此，面域的差集运算结果如图11-14（c）所示。

注意： 在对面域进行差集运算时，如果所选面域实际上并没有相交，则直接删除被选的面域。

3. 命令实例

绘制如图11-15（c）所示的花坛平面示意图。

绘制方法如下：

（1）首先绘制$R=100$的大圆，再捕捉此圆的象限点绘制$R=30$的小圆。

（2）将大圆和小圆分别转变为单个域。

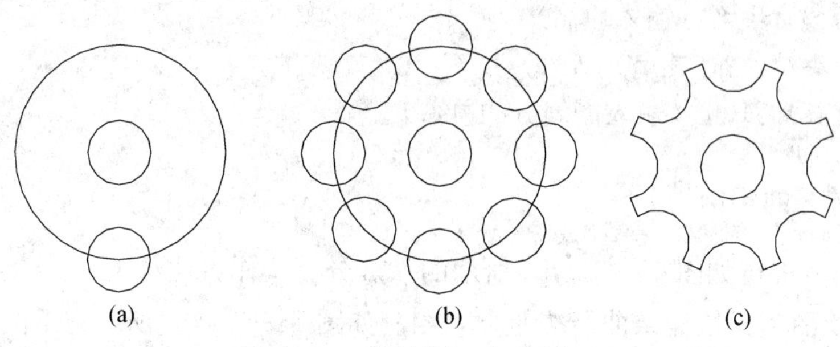

图 11-15 绘制花坛平面示意图

（3）复制小圆到圆心处，如图 11-14（a）所示。

（4）使用阵列命令 Array 复制出其他面域，如图 11-14（b）所示。

（5）使用上一小节讲述的面域的差集运算，用大圆减去所有的小圆，图形绘制完成。如图 11-15（c）所示。

11.1.4 定数等分 Divide 命令

1. 定数等分 Divide 命令

使用定数等分 Divide 命令可以将对象划分为任意数目的等长段以便编辑，一般通过沿线放置标记来完成这一操作。在建筑制图中这是一个非常有用的命令。例如，可以在两个楼层间等分间隔以布置楼梯踏步，或者沿梁布置应力点等。Divide 命令可以指定线、弧、圆或多段线上的等分点。

2. 命令执行方式

- 命令行：Divide。
- 在“绘图”菜单：“点”→“定数等分”。
- 工具栏：⅍。

输入该命令后，系统提示：

```
命令：_divide
选择要定数等分的对象：
```

此时首先选择要等分的单个对象。如果选择了不可等分的对象，则显示错误信息并退出命令。选择对象后，出现另外一个提示：

```
输入线段数目或[块(B)]：
```

输入一个 2～32767 之间的数并回车，对象被等分为相应的段数。实际上对象并未真正等分为独立的段，只是放置了一些标记，可借此来选择特定的位置点。

如果在系统提示下输入 B，Divide 命令按照相同的距离插入图块对象。系统提示如下：

```
输入线段数目或[块(B)]：B↙
```

输入要插入的块名：(输入块名)
是否对齐块对象？[是(Y)/否(N)]<Y>：↙
输入线段数目：10↙(输入需划分的总数)

3. 定数等分的实例

对样条曲线进行如图 11-17（b）所示的六等分。操作方法如下：

① 单击绘图工具栏样条曲线按钮，绘制如图 11-17（a）所示样条曲线。

② 单击主菜单“格式”→“点样式”，在打开的“点样式”对话框中，选择一种点样式，并设置大小，如图 11-16 所示。

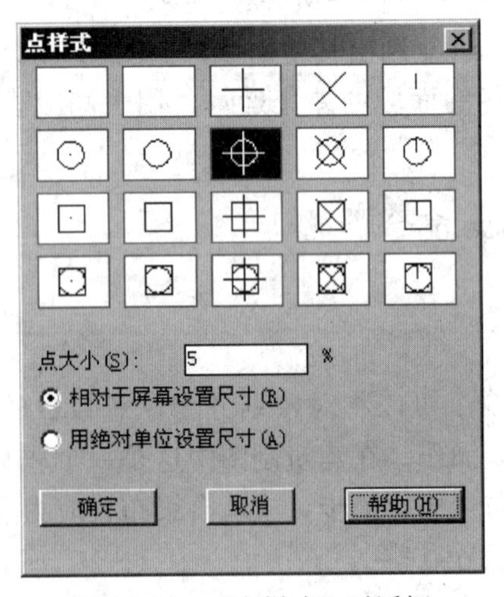

图 11-16　“点样式”对话框

③ 输入定距等分命令。

命令：_divide
选择要定数等分的对象：　(选择样条曲线)
输入线段数目或[块(B)]：6↙
命令：

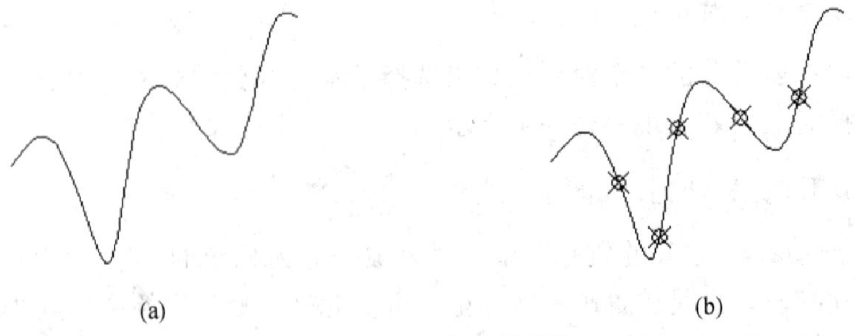

图 11-17　实体的等分
(a) 等分前的样条曲线；(b) 等分后的样条曲线

操作结果如图 11-17（b）所示。点标记并没有把实体断开，Divide 命令生成的点对象可作为 Node 对象捕捉的捕捉点。此时如果用“窗口方式”选择实体，系统会提示图形中有 6 个实体——样条曲线及 5 个点。

4. 等分插入图块的实例——绘制楼梯示意图

① 用 Line 命令绘制楼梯的基线，如图 11-18（a）所示。
② 使用 Divide 命令将基线划分出 10 段，如图 11-18（b）所示。
③ 利用 Line 命令绘制出第一个踏步，如图 11-18（c）所示。
④ 使用 Block 命令将第一个踏步定义为块，块名为“T1”。

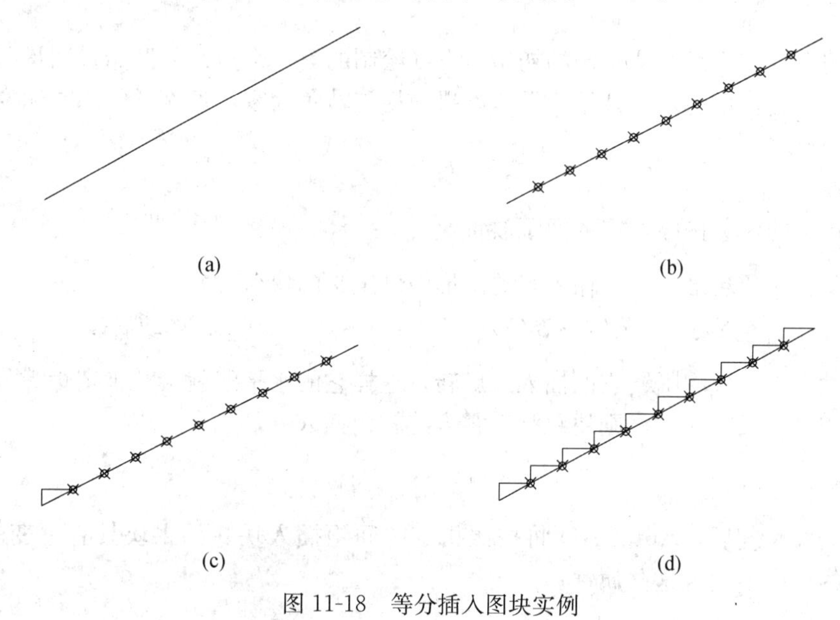

图 11-18　等分插入图块实例

⑤ 使用 Divide 命令将块插入图中，完成楼梯示意图。如图 11-18（d）所示。

命令：Divide
选择要定数等分的对象；　（选取基线）
输入线段数目或[块(B)]：B
输入要插入的块名：T1
是否对齐块和对象？[是(Y)/否(N)]<Y>：N
输入线段数目：10

11.1.5　使用等分 Measure 命令绘图

将点对象或块按指定的间距放置。

1. 命令执行方式

- “绘图”菜单：“点”→“定距等分”。
- 命令行：Measure。

- 工具栏：。

2. 命令选项

输入该命令后，系统提示如下：

选择要定距等分的对象：
指定线段长度或[块(B)]：　　（指定一段距离或输入B）

（1）线段长度

沿选定的对象按照指定的间距放置点对象，从与用来选择对象的点距离最近的端点处开始放置。

测量闭合的多段线要从它们的初始顶点（绘制的第一个点）处开始。测量圆要从设置为当前捕捉旋转角的角度开始测量。如果捕捉旋转角为零，那么从圆心右侧的圆周点开始测量圆。

（2）块

沿着选定的对象按照指定的间距放置块。

输入要插入的块名：　　（输入当前图形中已定义的块名称）
是否对齐块和对象？[是(Y)/否(N)]<Y>：　　（输入Y或N，或者按Enter键）

如果输入Y，块将围绕它的插入点旋转，这样它的水平线就会与被定距等分的对象对齐并相切；如果输入N，则块总是以零度旋转角插入。

指定线段长度：

指定线段长度后，AutoCAD将按照指定的间距插入块。如果块具有可变的属性，那么插入的块中不包含这些属性。

11.2　交叉引用实例：建筑图+结构图

一个建筑工程的绝大多数图纸往往是由代表不同工种的CAD绘图人员绘制而成，这些工种中的任何一方都必须有最新的图纸来保证他们在整个设计过程中不发生错误。利用外部参照或Xref，有助于保证每次作业都能引用到外部参照图所保存的最新版本。

11.2.1　外部参照的概念

利用前面所学的块插入的方法可以将一个楼层平面图的文件插入到一张图中并以此作为该图的基图。例如，该楼层平面图可以作为电气、机械、管道及框架平面图的基图，这种方法可以节省大量的磁盘空间，但是该楼层的平面图如果更新，那么所有涉及该平面图的图纸必须人工逐份修改，非常不便。如果使用外部参照，就能很好地解决这个问题。引用外部参照图与引用一个图块文件相似，每一次访问主图，它都与主图一同显示，然而这些图形并不是作为主图文件的一部分被存储，外部参照对图形文件的存储大小影响不大。

外部参照有以下三个特点：

（1）外部参照图可以自动更新。利用外部参照图，每次进入主图时，最新保存的外部参照图便会加载到它上面。对外部参照原图的修改可以使得其每一个附着的外部参照自动更新。

（2）外部参照图可以节省空间。一个外部参照图可被引入到当前图中进行查看，但它并不能成为当前图形数据的一部分。它是否能被修改，取决于其创建者的控制设置。一个外部参照图仅有图名及访问图形所需的少量路径信息被存储在引用文件中。

（3）外部参照在图形文件中可作为单一对象。在引用时也需要确定插入点坐标、缩放比例和旋转角度等参数。

11.2.2　引用外部参照

外部参照图是利用 Xref 命令或执行下拉菜单“插入”，选择“外部参照”选项，在打开的外部参照管理器对话框中建立的。

下面我们通过实例演示引用外部参照的操作过程。

操作过程如下：

（1）绘制如图 11-19 所示的建筑图，保存为“建筑-楼梯图”。

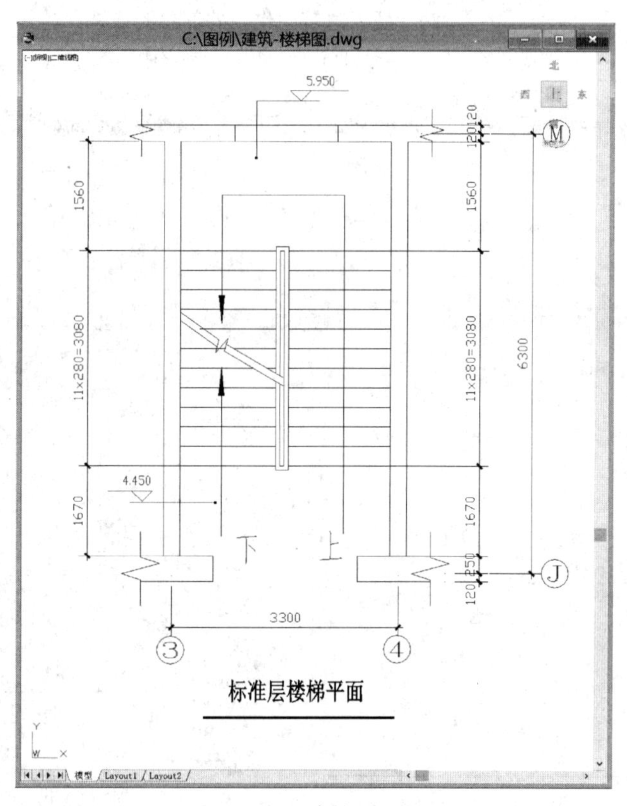

图 11-19　建筑-楼梯图

（2）新建一个“结构-楼梯图”文件，在“插入”菜单中单击“外部参照”项，激活“选择参照文件”对话框，如图 11-20（a）所示。

（3）在相应路径下选择“建筑-楼梯图”文件，单击“打开”按钮。系统切换到“附着外部参照”对话框，如图 11-20（b）所示。

（4）在“附着外部参照”对话框中做相应设置，如图11-20（b）所示。“参照类型”选择“附着型”，单击“确定”按钮。系统切换到“结构-楼梯图”绘图区域，则在结构图中引用已经绘制完成的建筑图的操作完成，如图11-21（a）所示。

（5）将楼梯的配筋绘制于图上，并做相应修改，完成结构图，如图11-21（b）所示。

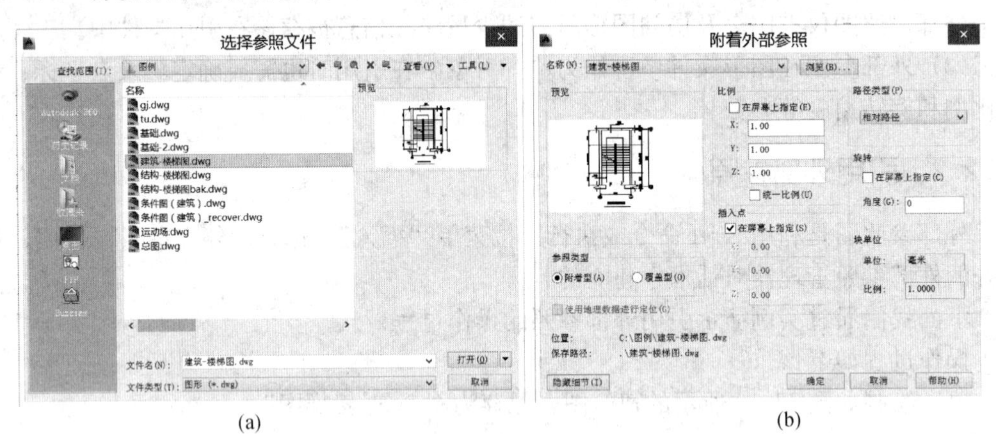

图11-20　插入建筑图作为外部参照

（a）“选择参照文件”对话框；（b）“附着外部参照”对话框

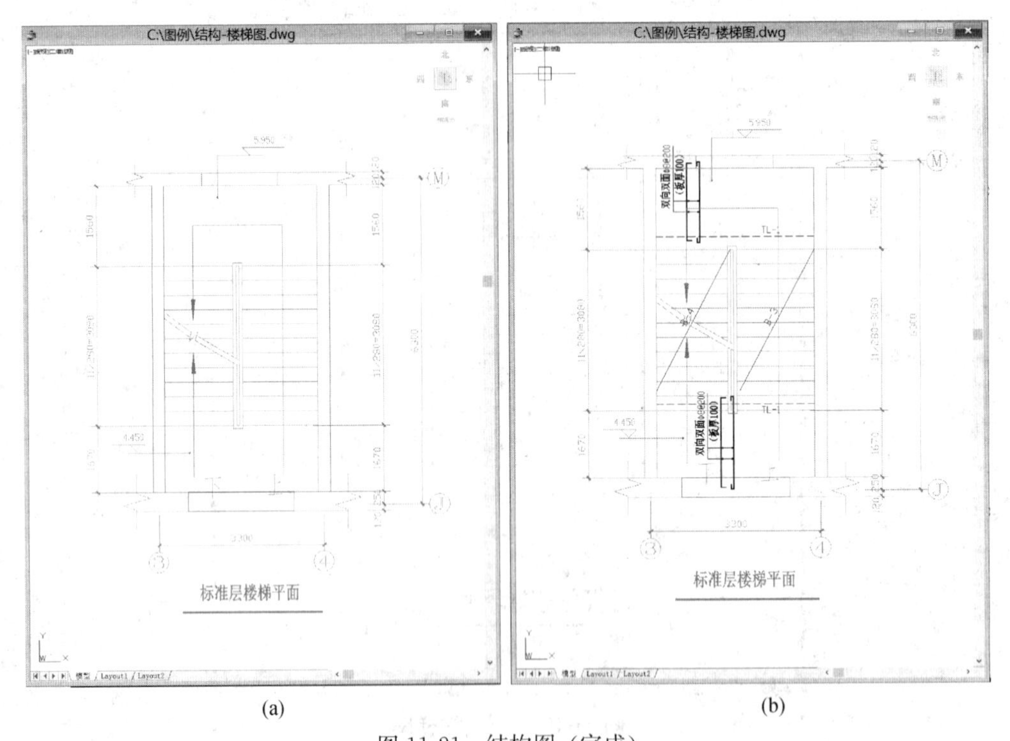

图11-21　结构图（完成）

（a）插入建筑图；（b）绘制结构部分

11.2.3　外部参照的自动更新

对外部参照原图的修改可以使得其每一个附着的外部参照自动更新。如果“建筑-

楼梯图”的图形发生变化［图 11-22（a）］，则“结构-楼梯图”中的外部参照将自动更新［图 11-22（b）］。具体操作步骤如下：

（1）打开“建筑-楼梯图”，修改图形，如图 11-22（a）所示，单击“保存”按钮。

（2）打开“结构-楼梯图”文件，观察到结构图中建筑图外部参照已自动更新，如图 11-22（b）所示。由于建筑图的变更造成图形的错位，很容易引起注意，从而避免了各工种由于图纸变更造成的“打架”现象。如果“结构-楼梯图”文件处于打开状态，会有如图 11-22（c）所示的消息提示外部参照已经更新。

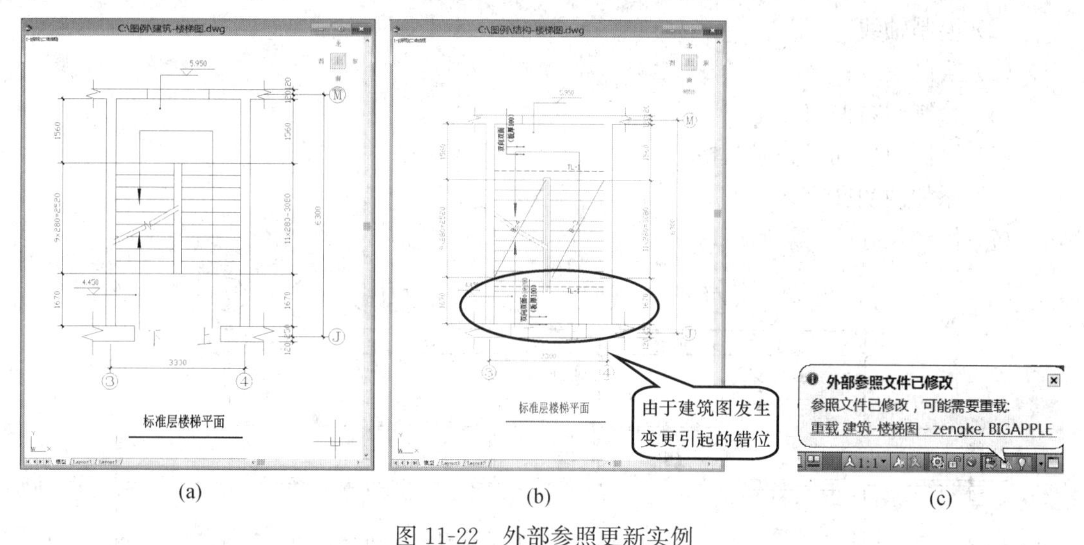

图 11-22　外部参照更新实例

（a）建筑图发生变更；（b）结构图发生相应的变化；（c）变更消息

11.3　要点回顾

- 掌握多线的绘制和编辑，学习另一种绘制建筑平面图的方法。
- 掌握使用多段线绘制图形。
- 理解交叉引用的概念，了解如何使用外部参考组织图形。

11.4　命令速查

◇　MLine：，创建多条平行线。

◇　Mledit：，编辑多线交点、打断点和顶点。

◇　Pline：，创建二维多段线，它是由直线段和圆弧段组成的单个对象。

◇　Pedit：，合并二维多段线，将线条和圆弧转换为二维多段线以及将多段线转换为近似 B 样条曲线的曲线（拟合多段线）。

◇　Dount：，创建实心圆或较宽的环。

◇　Region：，将封闭区域的对象转换为面域对象。

◇　Divide：，创建沿对象的长度或周长等间隔排列的点对象或块。

◇ Measure：⟋，沿对象的长度或周长按测定间隔创建点对象或块。

◇ Xref：▣，启动 ExternalReferences 命令。

11.5　上机练习

绘制如图 11-23 所示平面图，具体步骤要求如下：

(1) 设置工作区，建立层信息并设置层颜色和线型；

(2) 绘制轴线；

(3) 绘制墙线；

(4) 绘制门窗洞口；

(5) 绘制卫生间设备及楼梯；

(6) 添加说明文字；

(7) 标注尺寸。

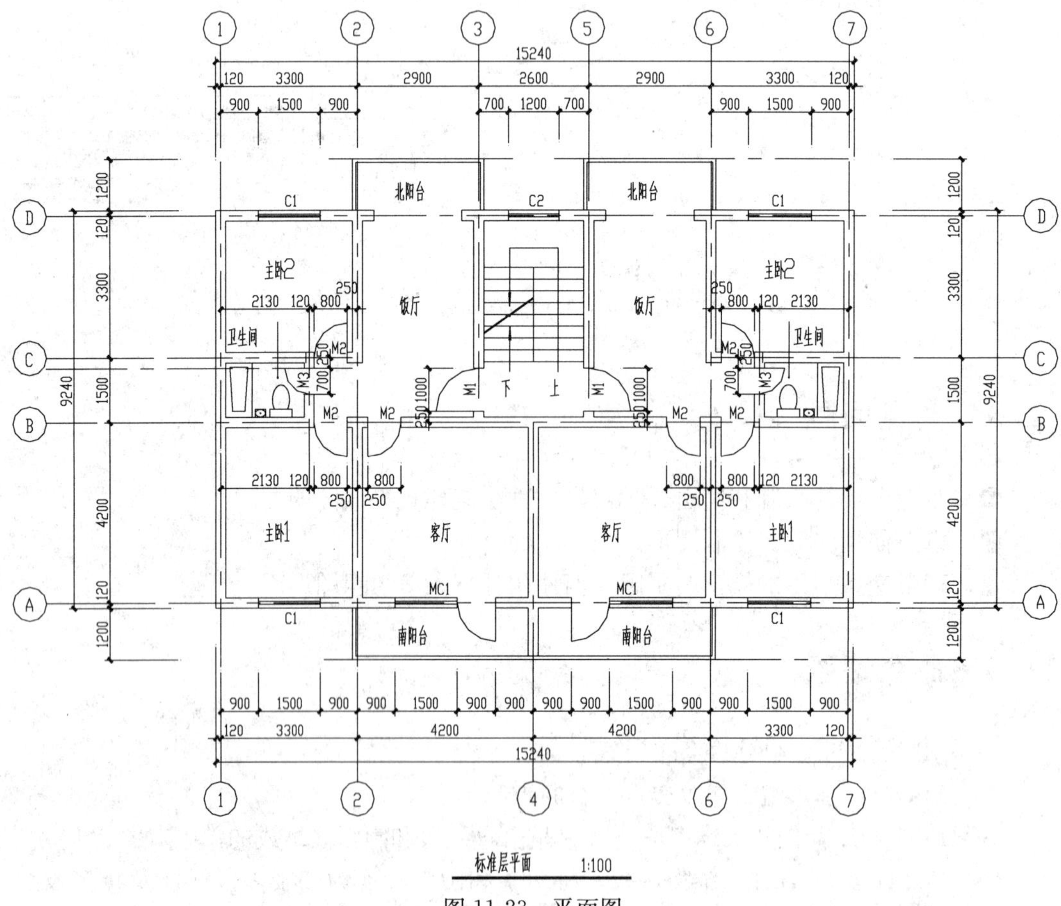

图 11-23　平面图

建议学时：1 学时

第 12 章　最后一步——打印出图

问题提出

通过前面章节的学习，我们已经能绘制出完整图形，本章将学习 AutoCAD 中打印出图的一些方法，主要内容包括：

- 什么是图纸空间和模型空间？
- 为什么要用图纸空间？
- 如何在模型空间里出图？
- 在图纸空间里出图的优点是什么？
- 如何在同一张图中绘制不同比例的图形？

12.1　模型空间和图纸空间的概念

在 AutoCAD 绘图中，有两种空间供用户选择，一种是模型空间（Model space），另一种是图纸空间（Paper space）。其主要区别：前者是图形实体的空间，后者是针对图纸布局的虚拟空间。

所谓模型空间，就是创建工程模型的空间。它为用户提供了一个广阔的空间，无论是绘制二维或者是三维图形，用户所考虑的是如何准确快速地完成绘图，没有打印设备也能正常工作。而图纸空间侧重于图纸的布局工作，而且是所见即所得，它与打印设备有很大的关系，如果你配置的是 A4 幅面的打印机，就不能选择 A3 的幅面做设计。但是在打印出图时，在模型空间中出图，其布局方式比较单一，而且视图比例是唯一的，没有变化。而在图纸空间中则不同，如多视图显示，虽然在两种空间中都存在，但在模型空间中只是为了图形的观察和绘图方便，不能用于出图；而图纸空间中，多视图是为了便于图纸的合理布局，用户可以对任何一个视图的属性进行编辑，甚至是视图的形状、比例、层的冻结等。如图 12-1（a）所示模型空间出图的效果，一张图纸上只有一个视图、一个比例；而图 12-1（b）所示图纸空间的出图效果就生动得多了。

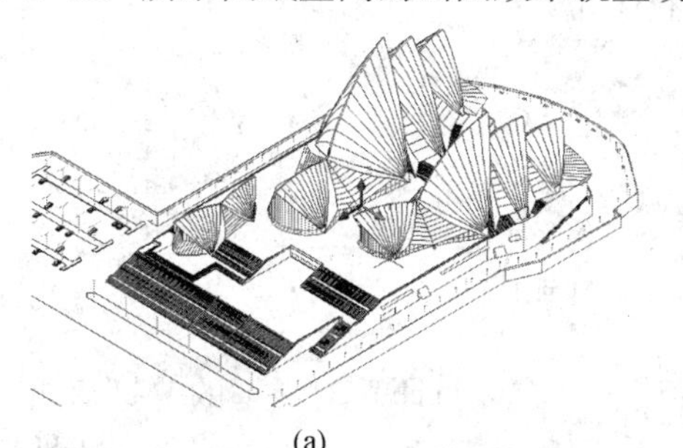

(a)

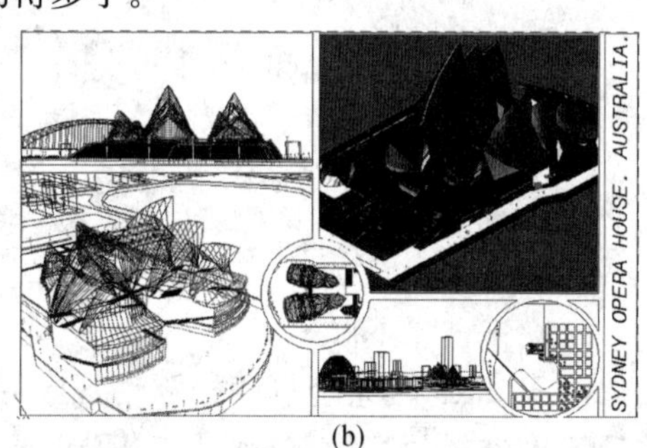

(b)

图 12-1　出图效果

（a）模型空间；（b）图纸空间

12.2 模型空间与图纸空间的切换

在AutoCAD 2000以上版本中，模型空间的切换可通过绘图区下部的切换标签来实现。单击“模型”标签，即可进入模型空间；单击“布局1”标签，则进入图纸空间。

在AutoCAD默认的状态下将引导用户进入模型空间。在绘图过程中，用户进入图纸空间对需要进行一些图纸布局方面的设置。具体操作如下：

● 单击“布局1”标签，打开“页面设置-布局1”对话框。

● 在“页面设置-布局1”中可以进行图纸大小、打印范围、打印比例等设置，有关该对话框的详细设置请参考相关资料。在此，用户只需单击“确定”按钮，使用AutoCAD的默认选项进入图纸空间。

12.3 在模型空间直接出图

12.3.1 打印机配置

在AutoCAD中使用Windows系统打印机和绘图仪无需进行其他配置。单击打印命令按钮或点击“文件”菜单中的“打印”选项，打开“打印”对话框，如图12-2所示。在“打印”对话框的打印机名称列表中，始终可以选择Windows系统打印机和绘图仪。它们的标志是一个打印机图标，如图12-2所示选择了“ Microsoft XPS Document Writer”。

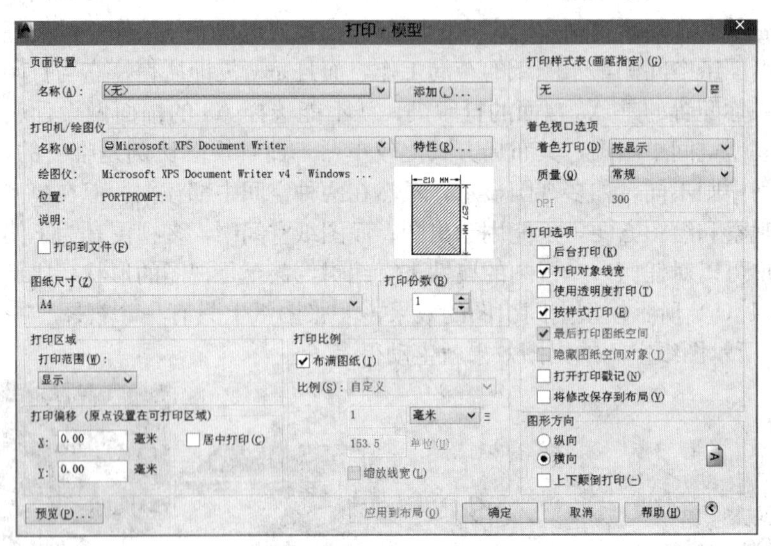

图12-2 “打印”对话框

要修改Windows系统打印机驱动程序的设置，在“打印”对话框的“打印机/绘图仪”选项区中选择“特性（R）”，然后在打印机配置编辑器中选择“自定义特性”。可以仅在当前的打印中应用对Windows系统打印机驱动程序所做的修改。将设置保存到打印机配置文件中可以节省时间，以后要使用保存的设置进行打印时，可以在“打印”对话框的设备名称列表中选择打印机配置文件。

12.3.2　打印样式建立

打印样式是一个对象特性，它能按层或按对象分配给所有的图形对象。打印样式可以改变打印图形的外观。

（1）在“打印”对话框的“打印样式表”下拉选项表里（图 12-3），选择“新建”启动“打印样式表”向导。

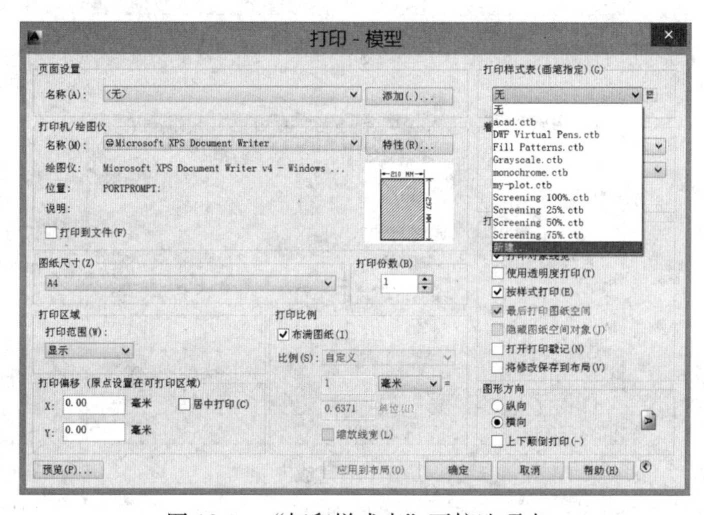

图 12-3　“打印样式表”下拉选项表

（2）在“开始”页中，选择“创建新打印样式表”，如图 12-4 所示，然后单击“下一步”。

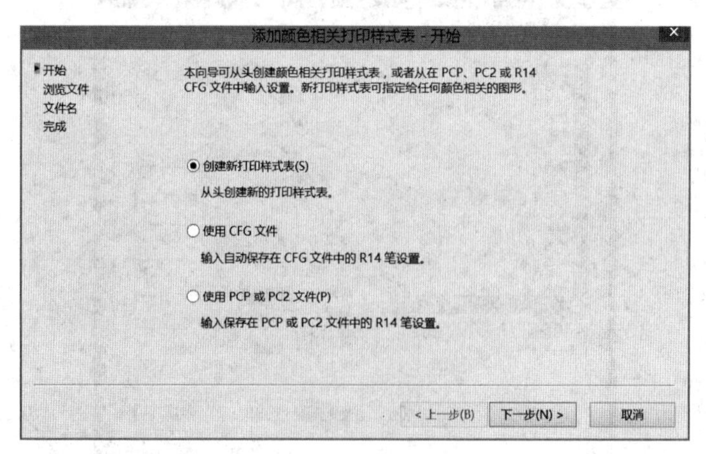

图 12-4　“开始”页

（3）在“文件名”页中，输入新打印样式表的文件名，如图 12-5 所示，然后单击“下一步”。

（4）在“完成”页中，单击“打印样式表编辑器”按钮，如图 12-6 所示。

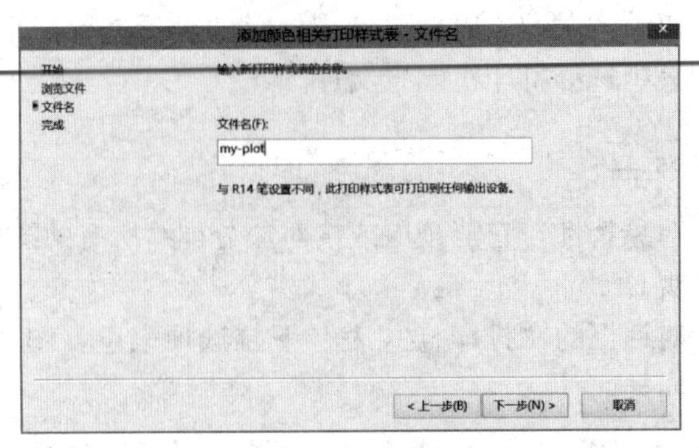

图 12-5　“文件名”页

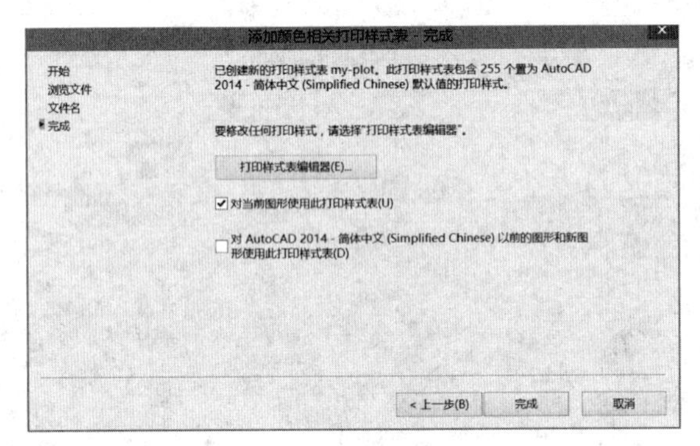

图 12-6　“完成”页

（5）在“打印样式表编辑器”的“表格视图”标签页中，设置 AutoCAD 颜色的打印特性，如图 12-7 所示。

图 12-7　“打印样式表编辑器”——“表格视图”标签页

(6) 在“打印样式表编辑器”中，单击“保存并关闭”保存新的打印样式表。

(7) 在“完成”页中，单击“完成”按钮。

新创建的打印样式表附着到图形并准备好打印。在打印图形时，将使用附着的打印样式表中的线宽、颜色、颜色淡显、灰度、抖动、线型、填充模式和笔数。

12.3.3 添加页面设置

在“打印”对话框中，设置图纸的尺寸和单位、图形方向、打印区域及打印比例等。在“页面设置名”项中，单击“添加”，然后输入文件名，如图 12-8 所示。“确定”保存本次页面设置，以后可随时调用。

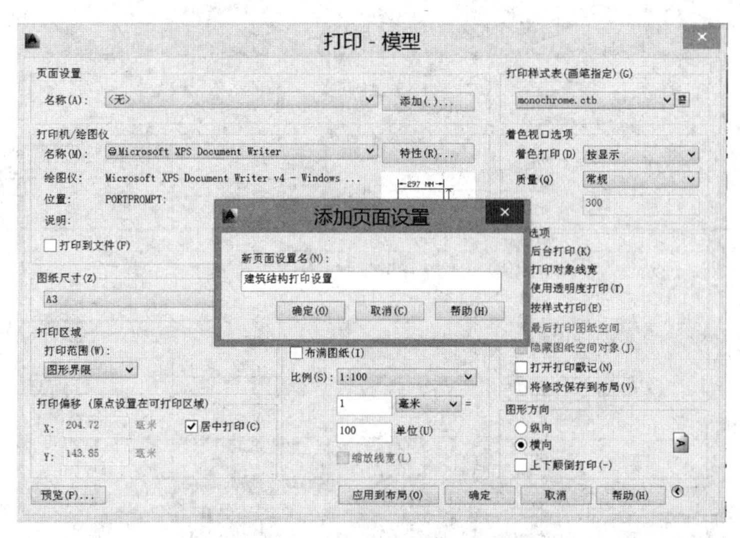

图 12-8　“页面设置”对话框

12.3.4 打印出图实例

以图 12-9 所示高层短肢剪力墙平面图为例，练习如何打印出图。

步骤如下：

单击打印命令按钮显示打印对话框。在“打印机/绘图仪”区的“名称”下拉列表中，选择所需的输出设备。本次练习可以选择“DWFx ePlot (XPS Compatiable). pc3”。

本例设定为单色输出，在“打印样式表（画笔指定）”区的下拉列表中选择“monochrome. ctb”，将打印机打印颜色设置为黑白色。本例设定轴线（颜色 1）、家具（颜色 8）线型宽度为 0. 18，墙体（颜色 255）线型宽度为 0. 5，其余均为 0. 25。如果在线型的绘制过程中设置了宽度，则该宽度优先于打印设定，AutoCAD 自动按图面绘制的线宽打印。

在“页面设置名”的下拉列表中选择所需的页面设置。本例设定“图纸尺寸”为“A3 (297mm×420mm)”；选择“图形方向”为“横向”；在“打印区域”中选择“打印范围”为“显示”；打印比例为“1：100”，打印偏移为“居中打印”；在“打印选项”区选择“按样式打印”。选择完毕，单击预览（P）…按钮，显示预览结果，如图 12-10 所示。

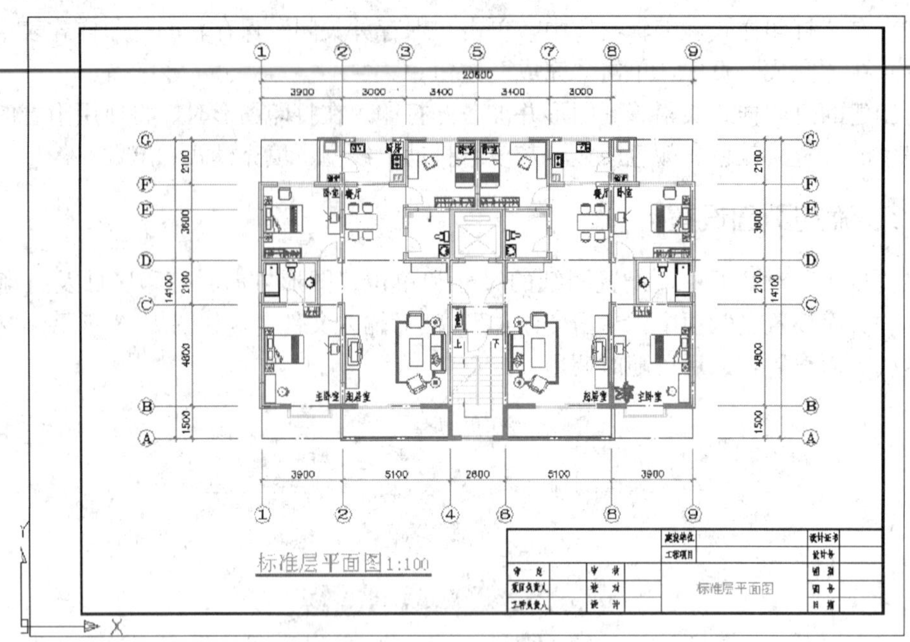

图 12-9　高层短肢剪力墙平面图

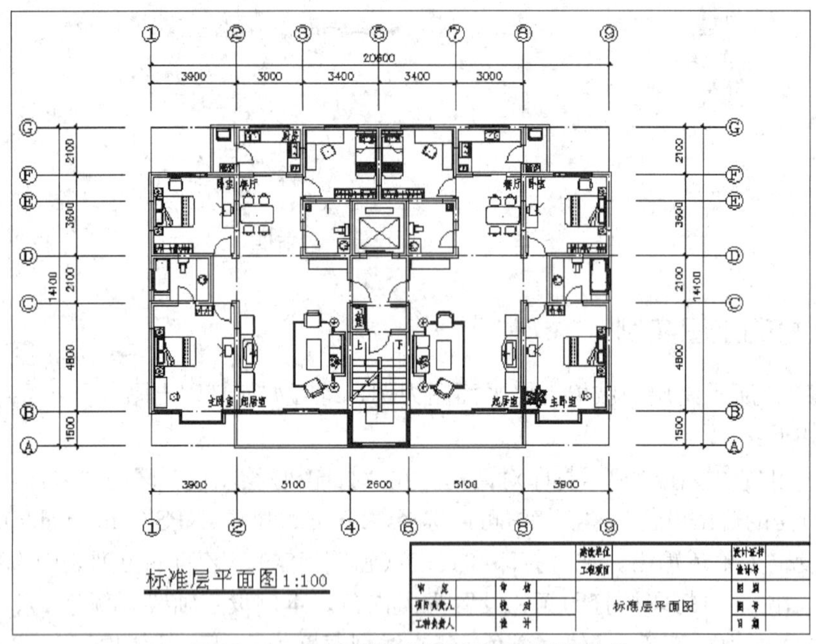

图 12-10　高层短肢剪力墙平面图预览结果

单击鼠标右键，在弹出的快捷菜单中单击“退出”选项，退出打印预览。单击**确定**按钮打印出图。

12.4　使用布局出图的实例

使用布局来出图，可以灵活地布置不同形状、不同显示比例的视口，其内容非常丰富。这里我们仅就工程中经常遇到的一个绘图问题，简单介绍一下 CAD 的解决方案。

12.4.1　在同一图纸中绘制不同比例的图形：平面图＋细部图

在同一图纸中绘制不同比例的图形，通常要通过视口比例的选定来实现。AutoCAD 可创建两种视图区。浮动视图区用于在图纸空间中创建绘图布局；平铺视图区用于在模型空间中协助图形显示。AutoCAD 最多创建 4 个标准的平铺视图区，但一次只能有一个视图区被激活。

在一幅图中使用不同比例绘图，在实际工程中是经常遇到的，如平面图要求 1∶100，而楼梯图要求 1∶50，我们可以有三种方法绘制。

1. 在绘制楼梯图时按 2∶1 即放大 1 倍绘制，尺寸标注时应采用不同的样式，该样式的“主单位设置”里的“测量单位比例”放大 2 倍。该内容在第 10 章中涉及到。

2. 在绘制楼梯时按 1∶1 绘制，但是文字标注应使用不同的高度，尺寸标注应使用不同的样式，即在尺寸样式的“调整”栏下的全局比例应设为 50 倍。

3. 在绘制楼梯时按 1∶1 绘制，但文字标注和尺寸标注不是在模型空间，而是在图纸空间中绘制。当然这时应将视口属性的显示锁定设“ON”，以防在不经意时移动实体，造成图形混乱。

当然绘制的方法还有许多，各种方法的优缺点也很显然，如果详图比较复杂，包含对象较多，则采用第二种即本节所述方法，会带来极大的方便。

12.4.2　打印实例

打印如图 12-11 所示二视口图形布局，出图比例分别为：左图比例 1∶100、右图比例 1∶50。

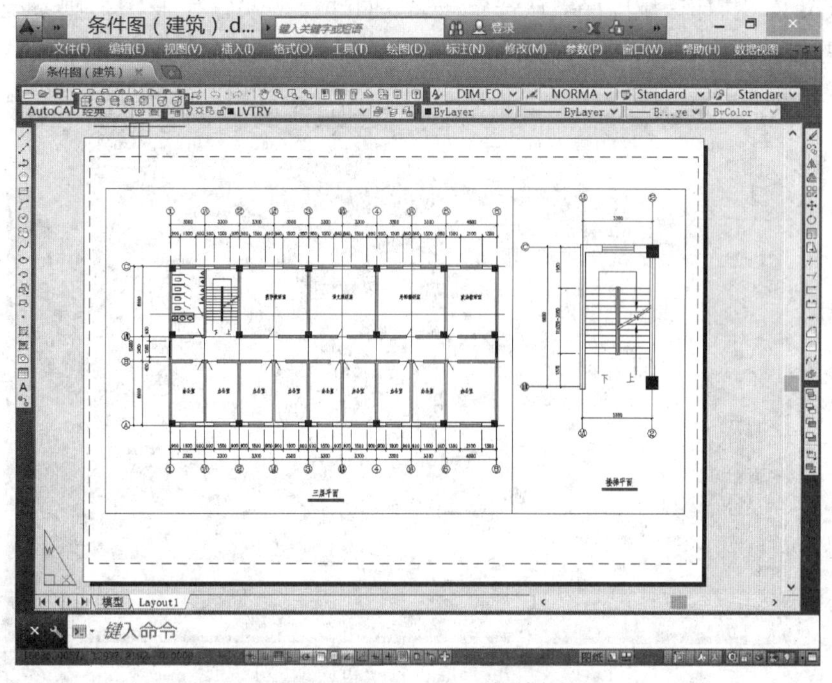

图 12-11　平面图（1∶100）＋细部图（1∶50）

（1）按照1∶1比例在模型空间分别绘制建筑平面图、楼梯节点详图如图12-12所示。

图12-12　在模型空间的效果

注意：楼梯详图的标注、文字以及轴线号的大小

（2）单击“布局1”选项卡，切换到图纸空间。当第一次进入布局选项卡，将弹出“页面设置—布局1”对话框，单击“布局设置”，出现如图12-13所示对话框，选择合适的图纸尺寸，打印区域确保默认选定布局，打印比例缺省为1∶1，则系统自动按缺省设置建立单一视口的布局。

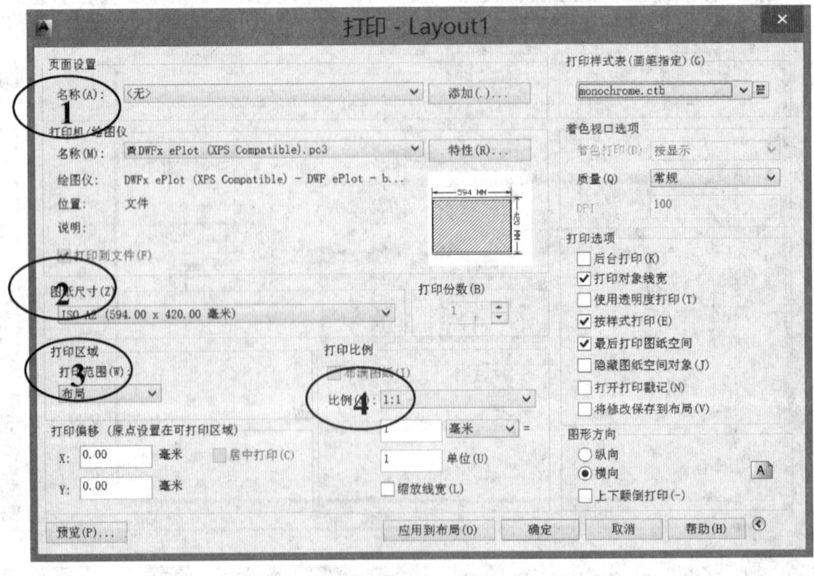

图12-13　“页面设置—布局1”对话框

（3）打开“视口”工具条，单击视口工具栏比例设置下拉列表，设置图纸空间比例为 1∶100，如图 12-14 所示。（如无 1∶100 选项，可按下文注中所述方法添加）

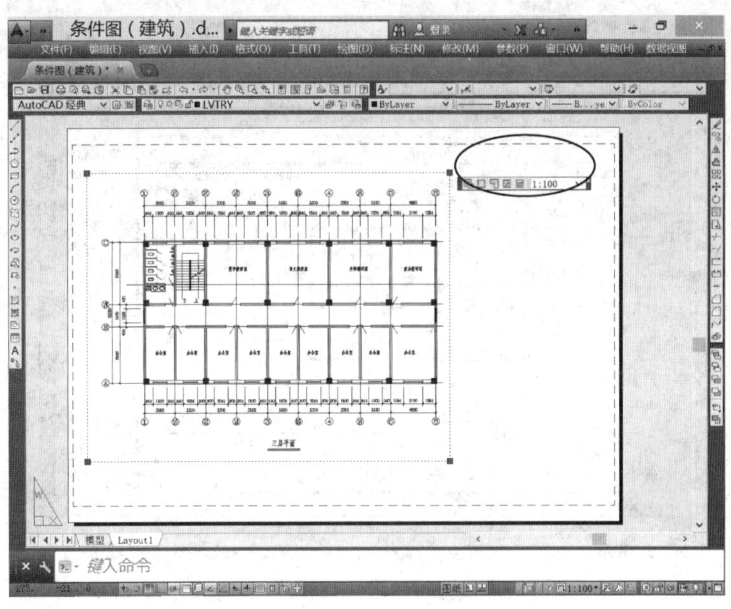

图 12-14　视口比例设置

（4）在图 12-14 中双击视口，激活该视口。使用平移工具，将视口中的房屋平面图调整到合适位置，再调节视口的大小及位置，使视口中的实体正确显示。

（5）在打开的“视口”对话框中，点击单个视口按钮，根据提示用鼠标在布局中拖出一个新视口。此时，图纸指定区域变成两个视口，如图 12-15 所示。

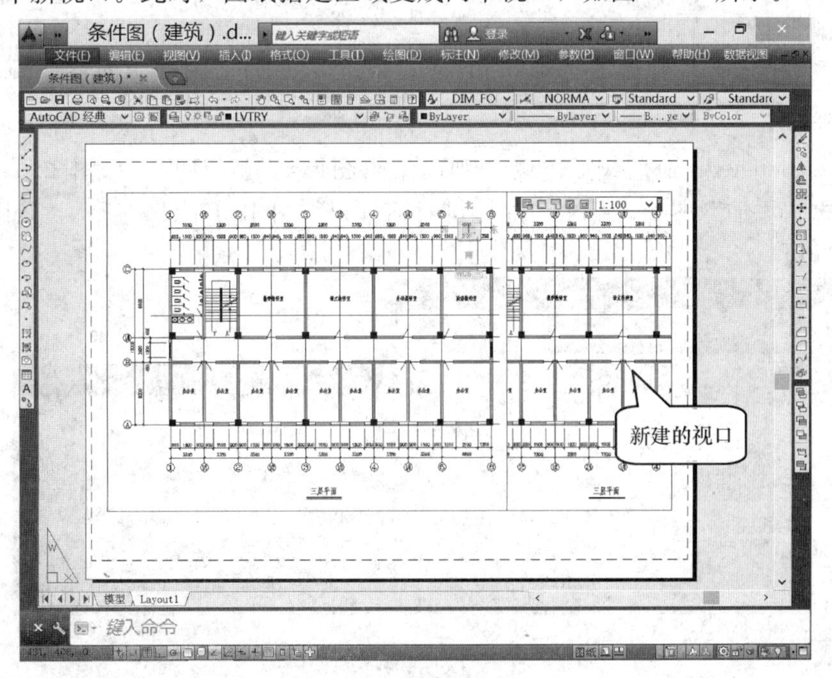

图 12-15　新建一个视口

（6）双击新建视口，激活该视口，打开“视口”工具条，单击视口工具栏比例设置下拉列表，设置图纸空间比例为 1∶50，如图 12-16 所示。

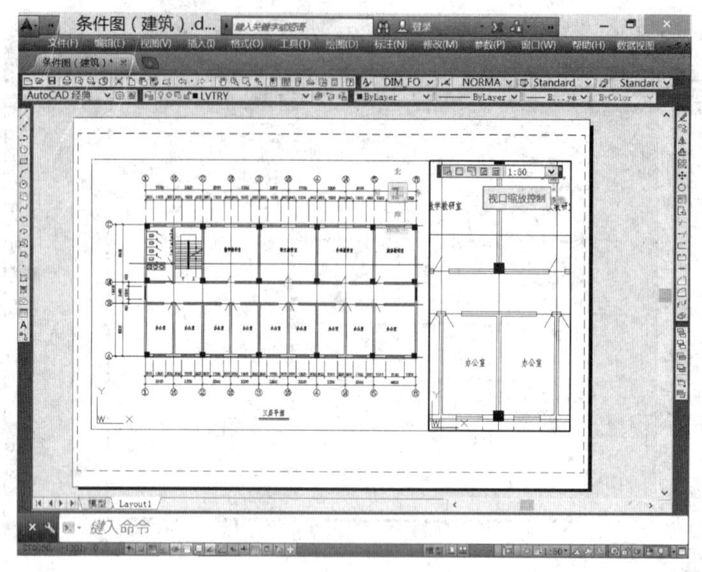

图 12-16　将新建视口比例设为 1∶50

（7）单击平移按钮，将右侧新建视口中的楼梯图调整到合适位置，单击鼠标右键，选择“退出”，则完成左上视口的设置操作。适当调整图形位置，完成布局的设置，结果如图 12-11 所示。

（8）单击打印按钮，即弹出如图 12-13 所示的打印对话框，此时只要点击“确定”，就可以打印出预期的效果，因为布局在建立时已经把参数设定好了，读者可以对比图 12-13。

注意：默认的绘图比例中没有 1∶100，需要自己添加。可编辑图形比例添加 1∶100 的选项，步骤如下：

运行 Scalelistedit 命令或点击，弹出编辑图形比例对话框，如图 12-17（a）所示，再点击“添加”按钮，弹出添加比例对话框，如图 12-17（b）所示，按图中所示添加比例即可。

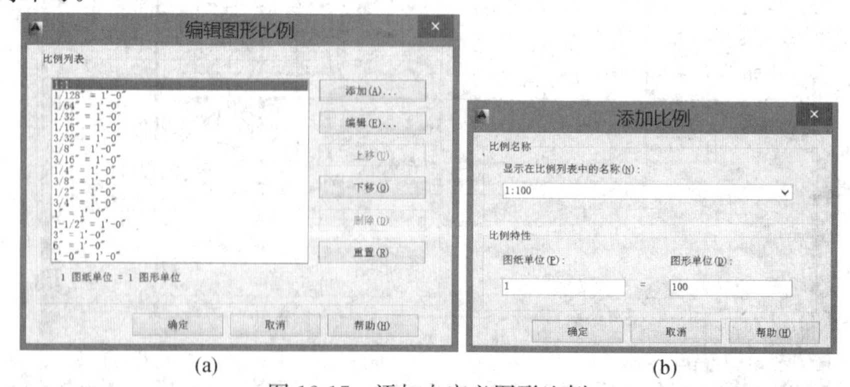

(a)　　(b)

图 12-17　添加自定义图形比例

（a）编辑图形比例；（b）添加图形比例

同理添加 1∶50 的选项。

12.5　要点回顾

● 理解模型空间和图纸空间的概念。

● 了解 AutoCAD 打印设置的方法，包括打印机配置及打印样式设置等。

● 了解两类出图的方法，即在模型空间和图纸空间出图。

● 了解布局的设置，在布局中建立视口的方法以及调整视口大小和设置视口比例的方法；学习本章中应用布局出图的实例，了解实现在同一图纸内使用不同比例出图的方法。

12.6　命令速查

◇ Plot：，将图形打印到绘图仪、打印机或文件。

◇ Plotstyle：，控制附着到当前布局，并可指定给对象的命名打印样式。

◇ Preview：，将要打印图形时显示此图形。

◇ Publish：，将图形发布为 DWF、DWFx 和 PDF 文件，或发布到打印机或绘图仪。

◇ Viewplotdetails：，显示有关完成的打印和发布作业的信息。

◇ Vports：，在模型空间或布局（图纸空间）中创建多个视口。

◇ Scalelistedit：，控制可用于布局视口、页面布局和打印的缩放比例的列表。

12.7　复习思考题及上机练习

12.7.1　复习思考题

1. 简述 AutoCAD 打印一般图形的过程。

2. 打印样式表的作用是什么？

3. 采用什么方法可以使单色打印机打印彩色 AutoCAD 图时不会出现彩色线型变虚的情况？

4. 什么是布局？如何创建一个新布局？如何创建多视窗布局？

5. 如何控制视口的比例锁定？

6. 在一个布局中有两个视口 A 和 B。是否可以在视窗 A 中冻结图层 1，显示图层 2；而在视口 B 中冻结图层 2，显示图层 1？

12.7.2　上机练习

绘制如图 12-18 所示图形，并练习打印出图。要求：平面图比例 1∶100，比例剖面图 1∶25。

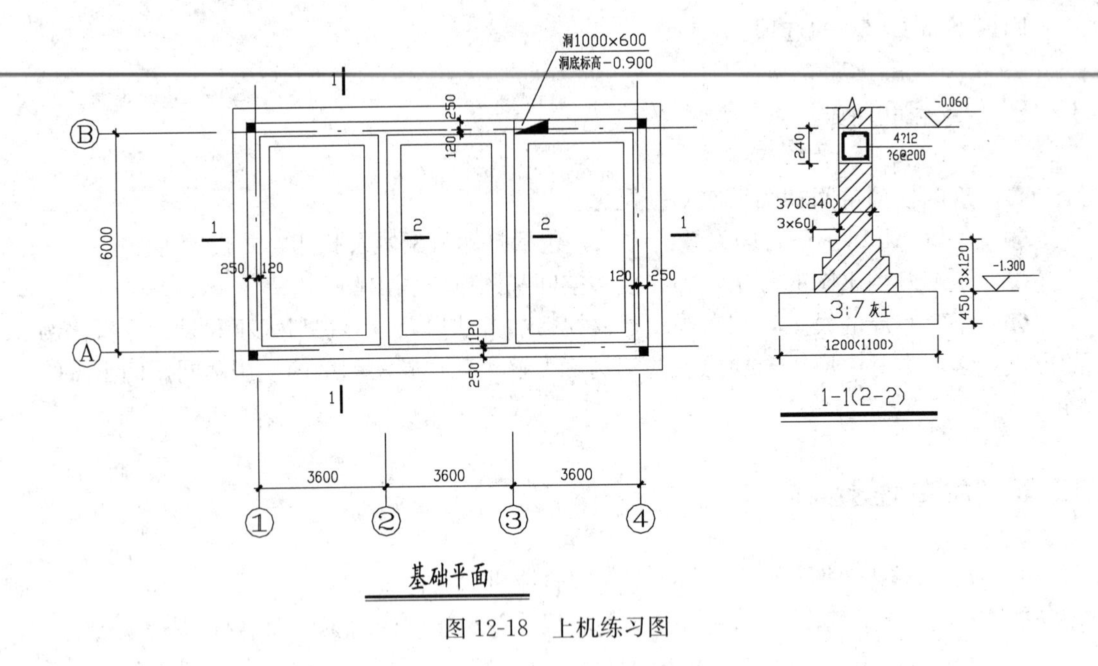
洞1000×600
洞底标高-0.900
1-1(2-2)
3:7灰土
1200(1100)
370(240)
3×60
4?12
?6@200
-0.060
-1.300
3600
6000
基础平面

图 12-18　上机练习图

第 13 章　实战练习

13.1　实战之一　绘制砖混结构平面图

绘制如图 13-1 所示的住宅平面图。

此住宅平面是左右对称的，因此可先绘制左半部分，然后再对称右半部分，设定单位为毫米（mm），出图比例 1∶100，图幅为 3 号图。

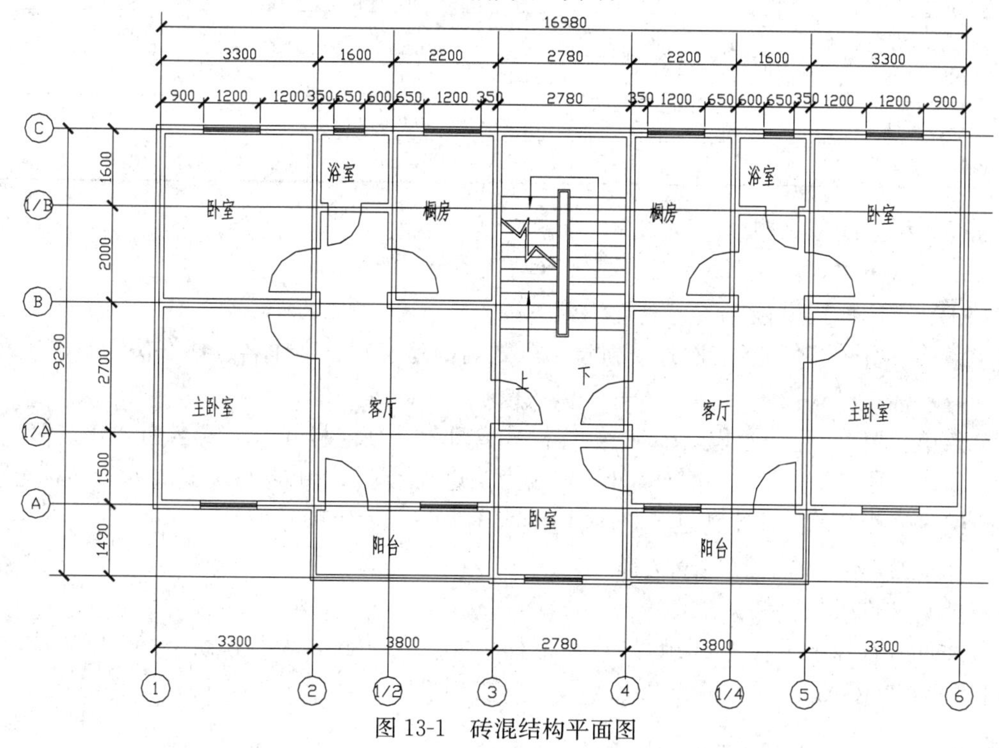

图 13-1　砖混结构平面图

分以下几个步骤完成。

1. 设置建筑图绘制模板

命令操作提示：

（1）工作区设置。

菜单：“文件”→选择“使用向导”→选择“快速设置”。

① 单位：选择“小数”。

② 区域：设为（42000，29700）。

（2）显示整个工作区，单击显示全部按钮。

（3）精确绘图设置。

①“栅格捕捉”设置：*X* 和 *Y* 间距设置为 1。

②“对象捕捉”设置：选择“端点”、“中点”、“交点”和“圆心”4 种捕捉模式。

③“对象追踪”设置：选择默认值。

（4）设置图层与线型和线宽，见表 13-1。

表 13-1

名称	颜色	线型	线宽
0	白	Continue	0.2
墙体	白	Continue	0.6
门	黄	Continue	0.2
窗	蓝	Continue	0.2
柱	紫	Continue	0.2
楼梯	青	Continue	0.2
轴线	红	Center2	0.2
标注	绿色	Continue	0.2
文本	40	Continue	0.2

（5）设置线型比例。

Ltscale→输入新线型比例因子 100（默认值是 1）。

（6）字体样式设置。

菜单：“格式”→文字样式→新建（样式名：建筑）→字体名选择（仿宋）。

（7）标注样式设置。

菜单：“标注”→样式（S）→标注样式管理器→新建样式（样式名为“建筑”）。

①“符号和箭头”页：箭头（T）修改为“建筑标记”；引线（L）选择“建筑标记”。

②“调整”页：标注特征比例→使用全局比例→设为 100。

③“主单位”页：精度→选择“0”。

（8）文件模板存储。

文件→存盘→另存为 AutoCAD 图形样板文件（文件名为“建筑样板 .DWT”，默认目录为“ACAD2000 \ Template \ ”）。

2. 绘制中心轴线（图 13-2）

命令操作提示：

（1）选择样板。

菜单：“文件”→新建→单击“使用样板”按钮→选择“建筑样板 .DWT”→选择另存为“砖混结构 .DWG”。

（2）设置“轴线”层为当前层。

（3）使用命令：Line→画①轴线。

（4）使用命令：Offset→指定偏移距离：3300→选择要偏移的对象（①轴）→指定

点以确定偏移所在一侧（右）。

（5）同（4）办法画②轴、③轴、1/2轴。

（6）使用命令：Line→画C轴。

（7）同（4）画法，绘制B轴、A轴和1/B轴、1/A轴。

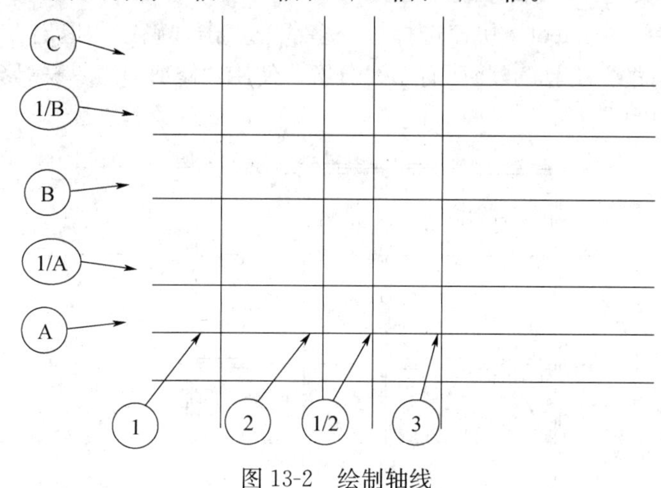

图13-2　绘制轴线

3. 绘制墙线（图13-3）

命令操作提示：

（1）设置“墙”层为当前层。

（2）绘制墙线。

使用命令：Mline→当前设置：对正＝无（Z），比例＝240，样式＝STANDARD。

（3）绘制阳台墙线。

使用命令：Mline→当前设置：对正＝无（Z），比例＝120，样式＝STANDARD。

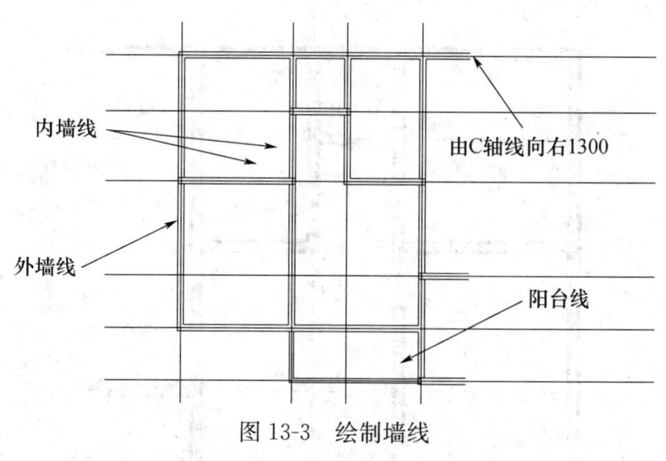

图13-3　绘制墙线

4. 修剪多余的墙段（图13-4）

命令操作提示：

（1）右击“工具栏”→选取“修改Ⅱ”工具栏。

（2）锁定“轴线”层。

（3）修剪墙线交叉点。

“修改Ⅱ”工具栏：“编辑多线”工具→选“T 形合并”，修改墙线交叉点。

（4）使用命令：Qselect→快速选择框→多线→点击“确定”退出。

（5）使用“分解”工具将所有多线分解，使用“修剪”工具修剪多余的墙段。

（6）打开“轴线”层。

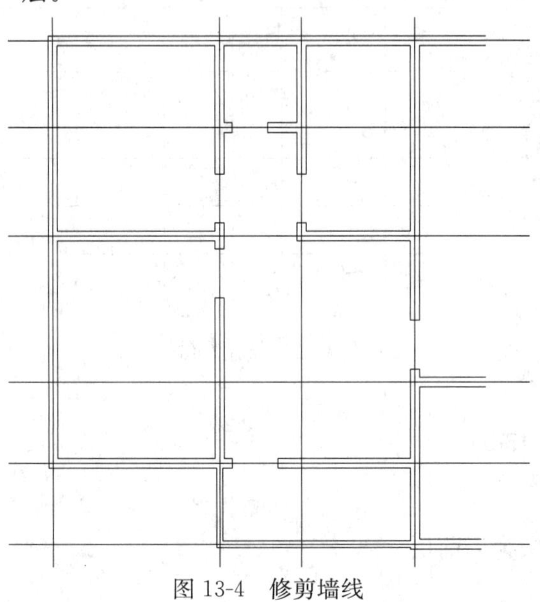

图 13-4　修剪墙线

5. 开门洞（图 13-5）

命令操作提示：

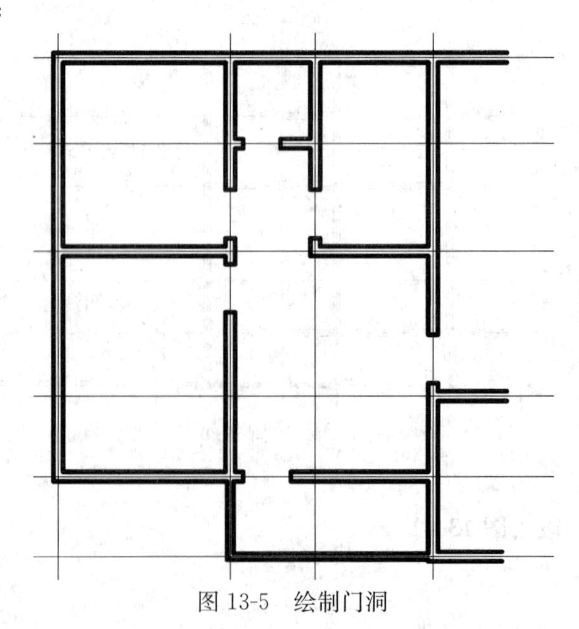

图 13-5　绘制门洞

（1）确定门洞起点部分。门洞起点距轴线为240。

① 使用命令：Offset→指偏移距离（240）→选要偏移对象（如②轴）→指定点以确定偏移所在一侧（如②轴右侧）。

② 绘制出所有门洞的起始线。

（2）将所有的门洞起始线改变到“墙”层。

使用特性匹配命令：Matchprop或工具栏：“特性匹配”按钮→选择源对象（墙线）→选择目标对象（门洞起始线）→确认。

（3）关闭“轴线”层。

（4）绘制门洞线第二部分。门宽为900。

使用命令：Offset→输入偏移距离为900→绘制开门洞的第二条剪切线。

（5）使用“修剪”工具修剪门洞多余线段（配合删除和直线工具）

（6）使用“拉伸”工具将浴室门洞宽改为700。

6. 绘制及插入门图形块（图13-6）

命令操作提示：

（1）选0层为当前层。

（2）绘制“门”块。

① 使用命令：Line→绘制门（边长取1000）

② 使用命令：Wblock→写块对话框→拾取点（门轴）→选择对象（门）→写块文件名（门.DWG）→设定存放目录（选择默认目录即可）→点击“确定”退出。

（3）选择“门”层为当前层。

（4）插入“门”块。

使用命令：Insert（插入图块）→点击“浏览”按钮选择块名文件（门.DWG）→设置插入缩放比例为0.9→在各门洞处插入“门”块。

图13-6　插入门块

7. 开窗洞（图13-7）

命令操作提示：

（1）选择“墙”层为当前层，关闭门层。

（2）绘制窗洞，起始线距离轴线900。

① 绘制窗洞起始线。

使用命令：Offset→输入偏移距离为900→选偏移对象（如轴线①）→偏移侧（轴线①右侧）。

② 利用Offset命令绘制出窗洞终止线，偏移距离为1200。

（3）将所有的窗的起始线改变到“窗”层。

使用特性匹配命令：Matchprop或工具栏：“特性匹配”按钮→选择源对象（墙线）→选择目标对象（窗洞划分线）→点击“确定”退出。

（4）关闭“轴线”层。

（5）绘制窗洞线第二部分。

使用命令：Offset→输入偏移距离为1200→绘制开窗洞的第二条剪切线。

（6）使用“修剪”工具修建窗洞多余线段。

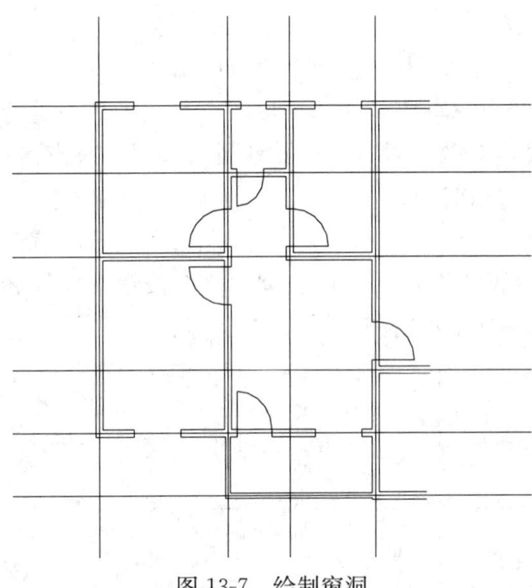

图13-7　绘制窗洞

8. 绘制及插入窗图形块（图13-8）

命令操作提示：

（1）选0层为当前层。

（2）绘制“窗”块。

① 使用命令：Line→绘制窗形（边长：1000，宽：100）

② 使用命令：Wblock→写块对话框→拾取点（左下端）→写块文件名（窗.DWG）→设定存放目录（选择默认目录即可）→点击“确定”退出。

（3）设定“窗”层为当前层。

（4）插入“窗”块。

使用命令：Insert（插入图块）→点击“浏览”按钮选择块名文件（窗.DWG）→设定缩放比例（$x=1.2$，$y=2.4$）→在各窗洞处插入“窗”块。

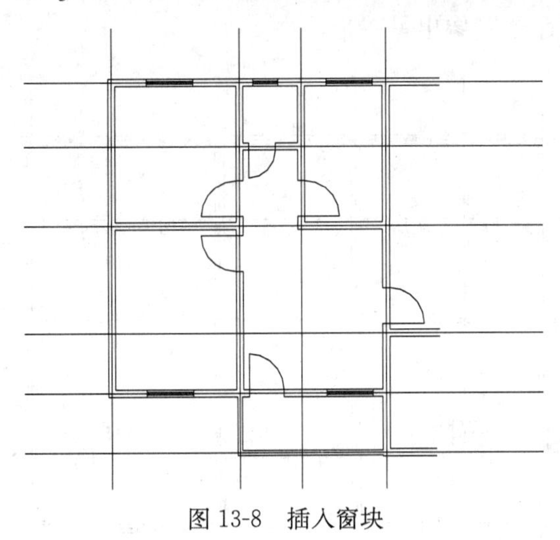

图13-8　插入窗块

9. 标注文字（图13-9）

命令操作提示：

（1）选定“标注”层为当前层。

（2）使用命令：Text（单行文字）→确定文字样式：选择样式“建筑”→指定文字起点（选空置图区）、文字高度（取500）→输入文字：卧室、主卧室、客厅、厨房、阳台5个单行文字。

（3）用夹点编辑将各单行文字移入适当位置。

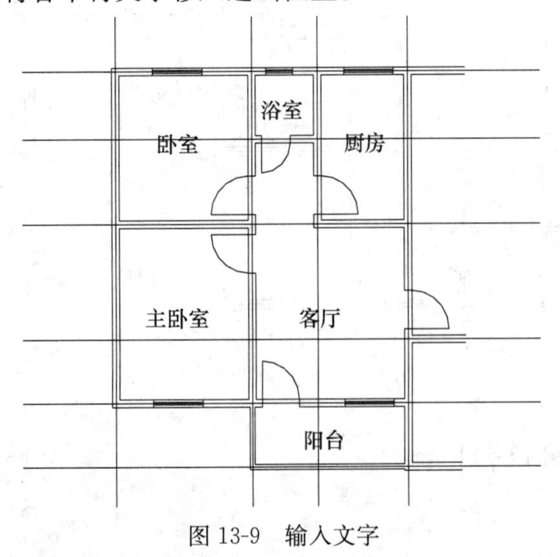

图13-9　输入文字

10. 镜像平面的另一半（图 13-10）

命令操作提示：

（1）使用命令：Mirrtext→设定其值为 0（使文本镜像后方向不变）。

（2）使用 Mirror 命令镜像出另一半。

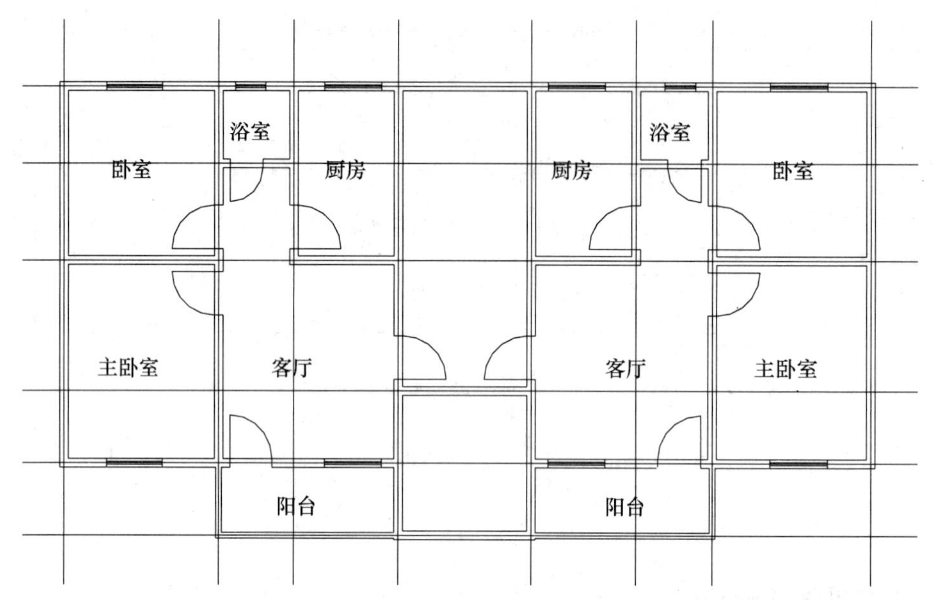

图 13-10　镜像平面的另一半

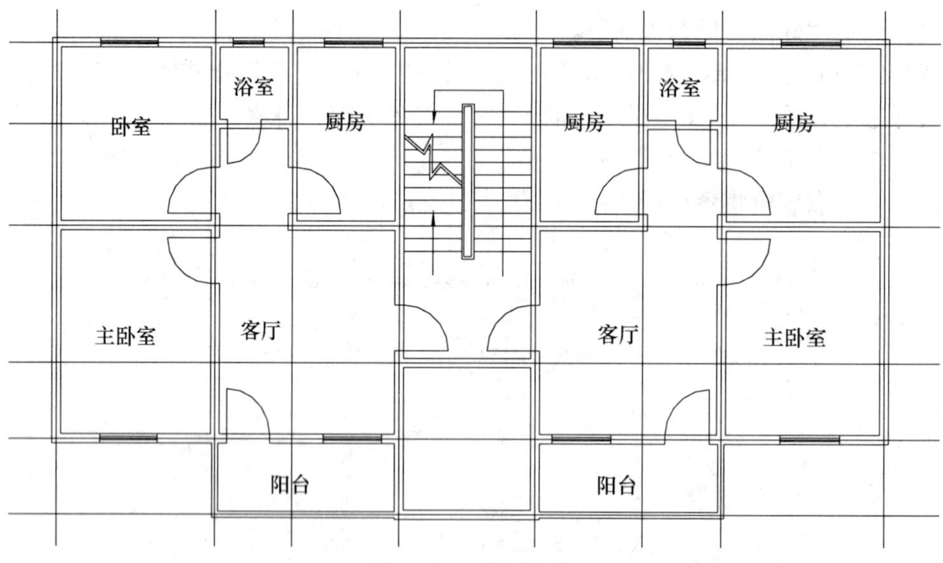

图 13-11　绘制楼梯

11. 绘制楼梯（图 13-11）

命令操作提示：

（1）选择“楼梯”层为当前层。

（2）绘制楼梯踏步。

① 使用命令：Line→在适当位置绘出楼梯第一条直线。

② 使用命令：Array→选择上述直线→选择矩形方式 r→输入行数：12→输入列数：1→输入行间距：250。

（3）绘制楼梯扶手。

① 使用命令：Rectang→指定第一角点（可用透明命令 TK 选定起始点：先捕捉直线中点→使鼠标向该中点水平朝左方向移动：输入 125→再使鼠标向该点垂直朝下方向移动：输入 150→按 Enter 键确认第一角点）→指定另一角点：@250，3050。

② 使用命令：Zomm→放大楼梯部分视图

③ 使用命令：Offset→设定偏移距离为 50→选偏移对象（扶手外侧）→选偏移侧（扶手内侧）。

（4）关闭“轴线”层。

（5）使用命令：Trim→选剪切边（扶手外侧）→选被剪边（扶手中间的楼梯线）。

（6）绘制剖面线。

① 使用命令：Pline（多段线）→绘第一条剖线。

② 使用命令：Offset→设定偏移距离为 50→绘第二条剖线。

③ 使用 Trim（修剪）和 Extend（延伸）修改剖线。

（7）用一条直线加箭头线段绘上下走线。

① 绘制上走线：Pline（多段线）→起点→下一点→（绘制箭头）右击激活多段线快捷菜单→选择“宽度”→设定起点：60→设定端点：0→（按 F8 键打开正交模式）指定下一点：输入 200。

② 绘制下走线：Pline（多段线）→绘一条连续拐弯直线并加一箭头线段。

（8）打开“轴线”层。

12. 补画门窗及文本（图 13-12）

命令操作提示：

（1）使用命令：Offset→设定偏移距离：240→选择偏移对象（1/C 轴线）→向下偏移。

（2）使用命令：Offset→设定偏移距离：650→选择偏移对象（3 轴线）→向右偏移。

（3）使用特性匹配按钮→选择源对象（墙线）→目标对象（两条偏移线）。

（4）关闭“轴线”层。

（5）使用命令：Offset→设定偏移距离：900（门宽）→偏移对象（水平偏移线）→向下偏移（形成中间卧室门洞剪切线）。

（6）使用命令：Offset→设定偏移距离：1200（窗宽）→偏移对象（垂直偏移线）→向右偏移（形成中间卧室窗洞剪切线）。

（7）使用命令：Trim→指定门洞和窗洞的剪切线→修剪出中间卧室的门洞和窗洞。

（8）使用命令：Trim→剪切掉门洞和窗洞的剪切线。

（9）选定“门”层作为当前层→插入“门”图块（缩放比例 $x=0.9$，$y=0.9$）。

（10）选定“窗”层作为当前层→插入“窗”块（缩放比例 $x=1.2$，$y=2.4$）。

（11）使用命令：Text→指定文字起点→输入文字：卧室、上、下。

（12）使用夹点编辑文字块，放置到适当位置。

（13）使用特性匹配按钮→选黄色文本（“文本”层）为源对象→选蓝色文本（“窗”层）为目标对象。

（14）打开“轴线”层。

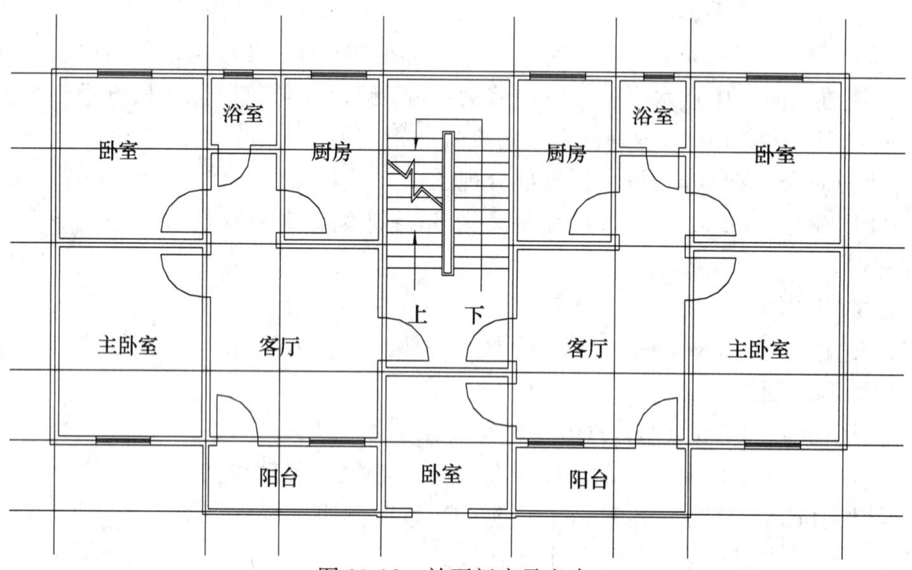

图 13-12　补画门窗及文本

13. 整理视图（图 13-13）

命令操作提示：

（1）使用命令：Zoom→All 显示全部视图。

（2）使用 Pline 命令构成作图区，作为轴线的剪切线和延伸线。

（3）使用 Trim 命令将过长的轴线剪掉，用 Extend 命令将过短的轴线延长。

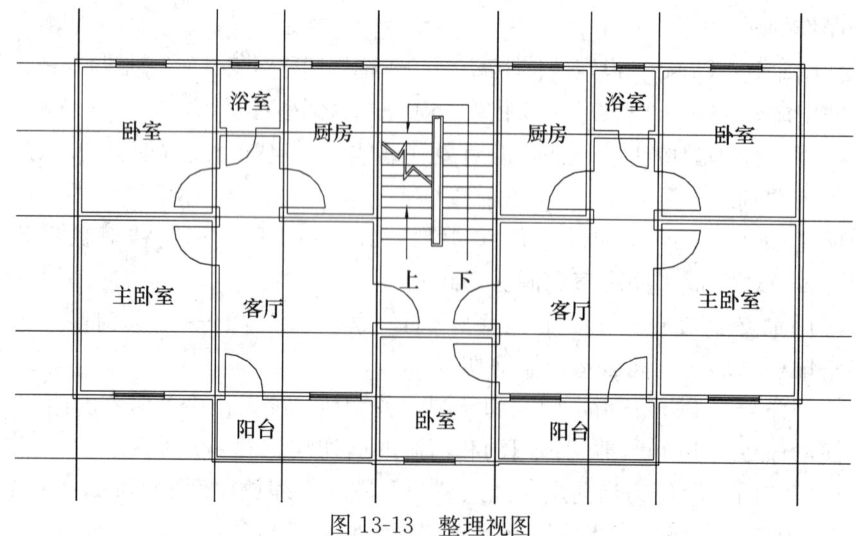

图 13-13　整理视图

14. 标注尺寸（图 13-14）

命令操作提示：

（1）选标注为当前层。

（2）用鼠标右击工具栏，弹出快捷菜单→选择“标注”工具栏。

（3）设置标注样式“建筑”为当前样式。

（4）使用命令：Dimlinear（线性标注）或⊢⊣→指定第一条尺寸界线的起点（1 轴线）→指定第二条尺寸线的起点（6 轴线）。

（5）使用命令：Qdim（快速标注）或⊢⚡⊣→选择要标注的几何图形（选 1、2、3 等轴线）→指定尺寸线位置。

（6）使用命令：Qdim 或⊢⚡⊣→选 1、2、3 等轴线并用窗口方式选择 C 轴墙段→编辑（E）→删除多余的标注点→指定尺寸线位置（C 轴墙段上面），使用“编辑标注”、“编辑标注文字”等工具调整标注。

（7）绘 A、B、C 等轴间标注线。

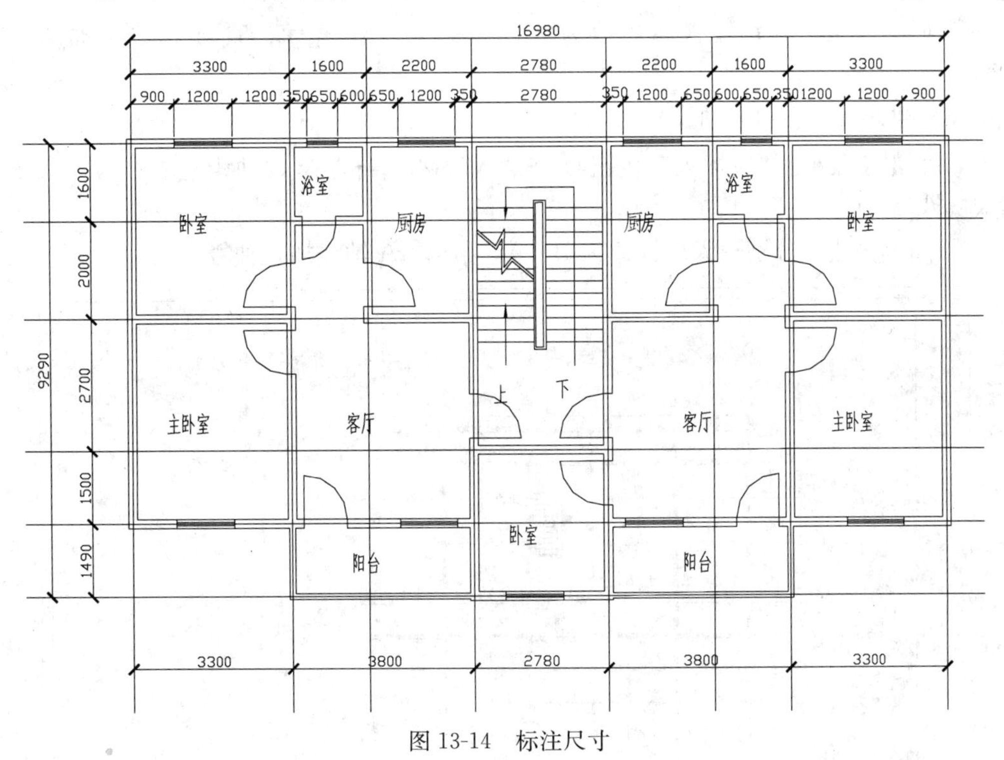

图 13-14　标注尺寸

15. 标注轴线号（图 13-15）

命令操作提示：

（1）选择 0 层为当前层。

（2）绘制轴线块。

① 使用命令：Circle（圆）→圆心→设定半径为 400。

提示：可用以下方法找到圆心位置：

发布“追踪自”命令 FRO→使用“端点”对象捕捉方式抓取①轴线的下端点→输入@0，400→按 Enter 键确认圆心

② 选择菜单：绘图→块→定义属性→属性：设置“标记”为“ZH”，设置“提示”为“输入轴线号”；文字选项：设置“对正”为“正中”，选择“插入点”为圆心。

③ 点击工具栏：“创建块”按钮→设置“名称”为“ZH1”→设置“拾取点”为（圆对象的 90°象限点）→选择对象（圆和属性“ZH”）→设置“保留”（原图）。

④ 点击工具栏：“创建块”按钮→设置“名称”为“ZH2”→设置“拾取点”为（圆对象的 0°象限点）→选择对象（圆和属性“ZH”）→设置“删除”（原图）。

（3）选择“标注”为当前层。

（4）插入水平方向的轴线号。

① 点击工具栏：“块插入”按钮→插入块 ZH1→选择 1 轴线下端作为插入点→输入属性值“1”。

② 同上方法，分别输入属性值为 2、3、4、5、6，给 2、3、4、5、6 轴加入轴线号。

（5）插入垂直方向的轴线号。

① 点击工具栏：“块插入”按钮→插入块 ZH2→选择 C 轴线左端作为插入点→输入属性值“C”。

② 同上方法，分别输入属性值为 B、A，给 B、A 轴线加入轴号。

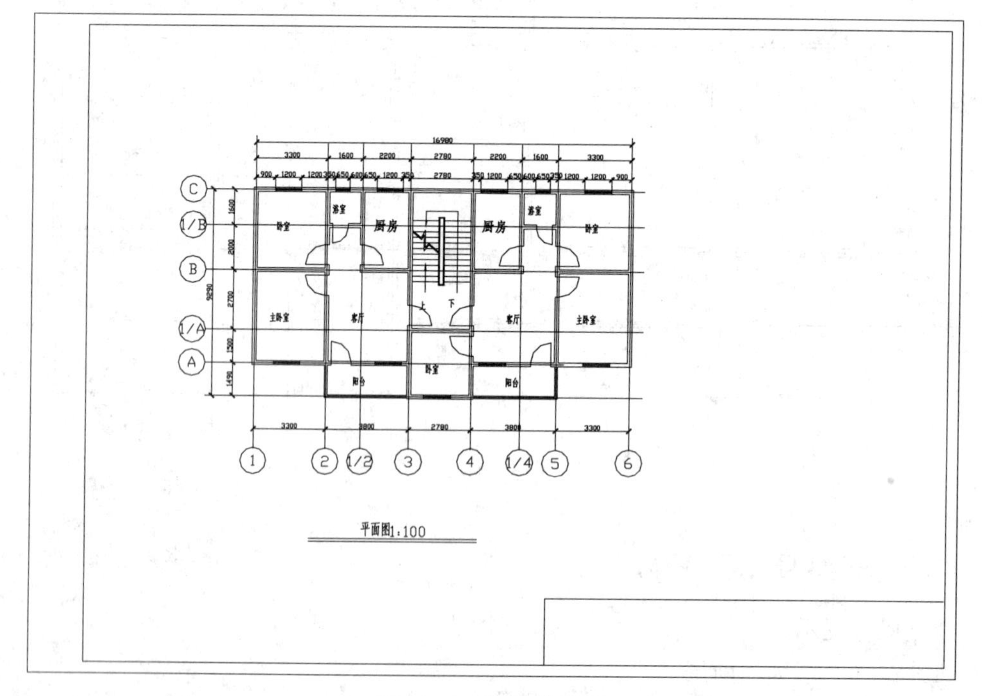

图 13-15　标注轴线号

13.2　实战之二　绘制钢结构图

绘制如图 13-16 所示的门式刚架图（多种比例绘图实例）。

此门式刚架跨度为 24m，檐口高度 4m，屋面坡度 1∶24，是左右对称的，因此仅需绘制左半部分，然后标注对称符号，设定单位毫米（mm），轴线比例为 1∶50，构件截面比例为 1∶25，节点图比例为 1∶10，图幅为 3 号图（420mm×297mm）。

柱子为 H300×300×10×16，梁为 H（600～500）×300×10×16（中间 6000 为 500 高）。

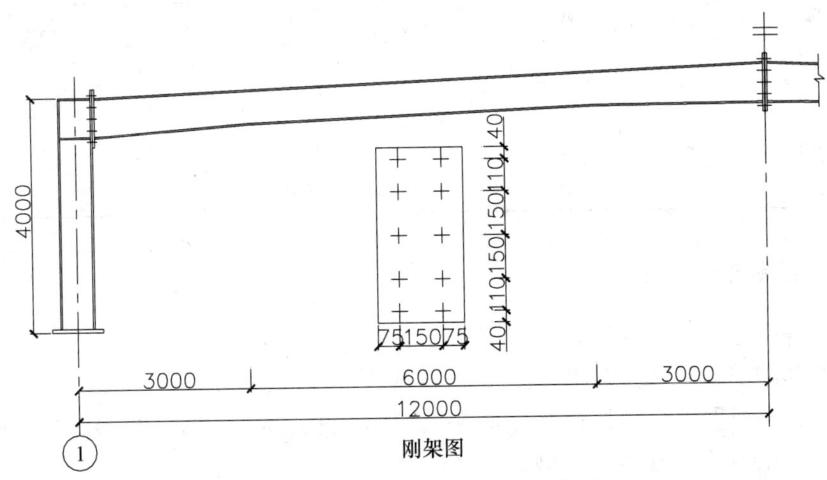

图 13-16　门式刚架及节点螺栓图

分以下几个步骤完成。

1. 设置建筑图绘制模板

（1）工作区的设置。

菜单："文件"→选择"使用向导"→选择"快速设置"。

① 单位：选择"小数"。

② 区域：设为（420×50＝21000，297×50＝14850）。

（2）显示整个工作区。

命令：Z（缩放）→命令：A（全部）。

（3）格式→单位→图形单位对话框→长度选项中，类型：小数，精度：0。

（4）精确绘图设置。

①"栅格捕捉"设置。

②"对象捕捉"设置。

③"对象追踪"设置。

（5）设置图层与线型和线宽（表 13-2）。

（6）字体样式设置。

菜单："格式"→文字样式→新建（样式名为：建筑）→字体名选择（仿宋）。

（7）标注样式设置。

菜单：“标注”→样式（S）→标注样式管理器→新建样式（样式名为“建筑”）。

①“符号和箭头”页：箭头（T）修改为“建筑标记”。

②“调整”页：标注特征比例→使用全局比例→设为 100。

③“主单位”页：精度→选择 0；比例因子：1。

（8）文件→存盘→另存为（刚架例题）→ACAD2000 \ Template \ 。

表 13-2

名称	颜色	线型	线宽
0	白	Continue	0.2
刚架	蓝	Continue	0.5
螺栓	黄	Continue	0.5
轴线	红	Center2	0.2
标注	绿	Continue	0.2
文本	绿	Continue	0.2

2. 绘制控制轴线（图 13-17）

（1）文件→刚架例题→另存为（用户目录 \ 文件名）。

（2）打开图层→轴线。

（3）Line→画①轴线（起始点为 3000，4000；终点为 3000，12000）。

（4）Ltscale→输入新线型比例因子（1.00）：50。

（5）Offset→指定偏移距离：12000→选择要偏移的对象（①轴）→指定点以确定偏移所在一侧（右）。

（6）同（3）办法画地平线（起始点为 1000，6000；终点为 19000，6000）。

（7）绘制檐口高度控制线：Offset→指定偏移距离：4000→选择要偏移的对象（地平线）→指定点以确定偏移所在一侧（上）。

（8）绘制屋脊高度控制线：Offset→指定偏移距离：500→选择要偏移的对象（地平线）→指定点以确定偏移所在一侧（上）。

（9）绘制梁顶面线；连接檐口高度控制点和屋脊高度控制点。

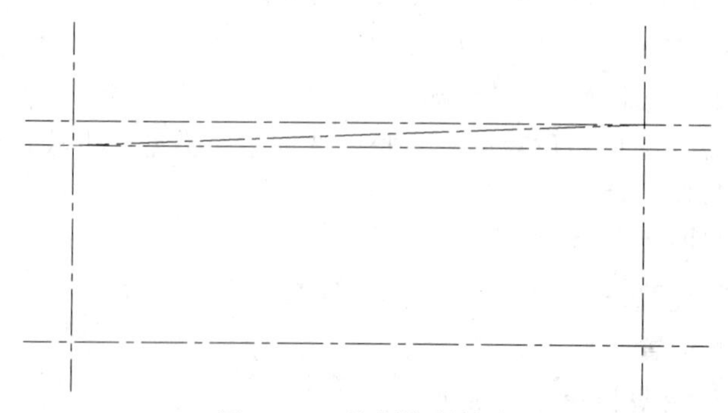

图 13-17　绘制控制轴线

3. 绘制构件（图13-18）

（1）选刚架图层为当前层。

（2）绘制等截面柱轮廓线：Offset→指定偏移距离：300→选择要偏移的对象（①轴）→指定点以确定偏移所在一侧（左、右）。

（3）绘制斜梁轮廓线：Offset→指定偏移距离：600→选择要偏移的对象（斜梁顶面线）→指定点以确定偏移所在一侧（下）。

（4）修改属性：点选偏移后的梁、柱轮廓线，单击右键，在弹出菜单中选择对象属性，将两条线所在层定义为刚架层。

（5）绘制工型截面梁、柱翼缘：Offset→指定偏移距离：16→选择要偏移的对象（梁、柱轮廓线）→指定点以确定偏移所在一侧（内）。

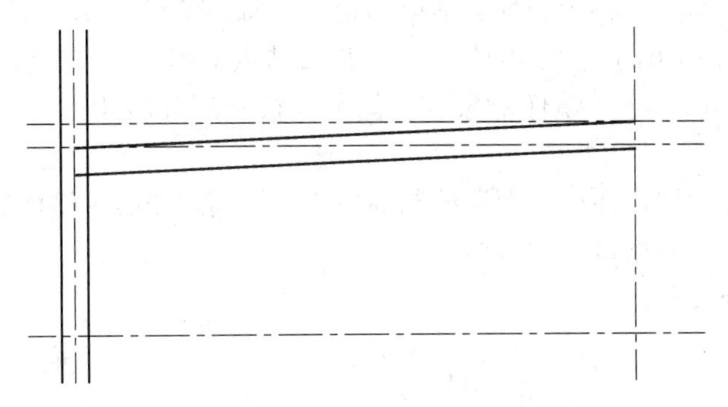

图13-18 绘制钢结构构件

4. 修剪多余线段、绘制斜梁变截面（图13-19）

（1）确定变截面位置：Offset→指定偏移距离：3000→选择要偏移的对象（①轴）→指定点以确定偏移所在一侧（右）；Offset→指定偏移距离：3000→选择要偏移的对象（跨中线）→指定点以确定偏移所在一侧（左）。

（2）绘制变截面梁段：Offset→指定偏移距离：100→选择要偏移的对象（梁下翼缘两条线，分两次偏移）→指定点以确定偏移所在一侧（下）。

（3）连接变截面两个端点，并删去多余线段（图13-20）。

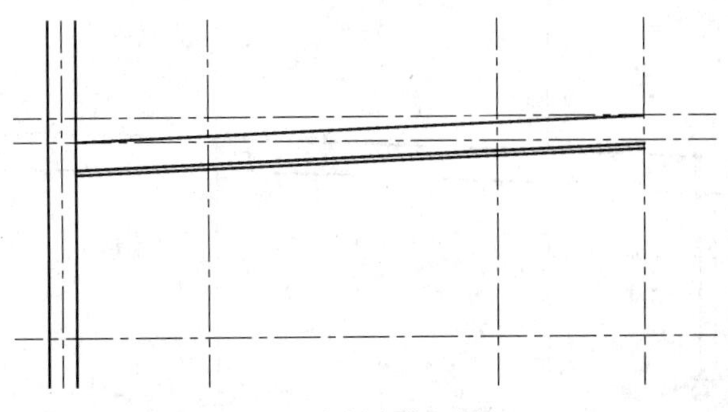

图13-19 绘制变截面梁（一）

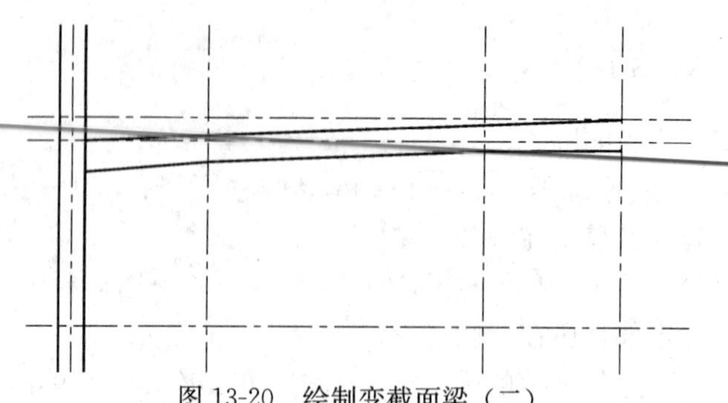

图 13-20　绘制变截面梁（二）

5. 绘制节点板（图 13-21）

（1）绘制屋脊节点：将屋脊处的斜梁外轮廓线向外偏移 150，将屋脊处的中心线向左偏移 20，并将偏移出的线改到刚架图层，形成节点板厚度，修剪多余线段。

（2）输入 Mirror→选择镜像对象（左侧节点板和部分斜梁）→镜像基线选择屋脊处轴线。

（3）激活标注图层，在标注图层绘制剖断线，按剖断线剪去镜像后的多余斜梁。

（4）同样方法绘制檐口和柱脚节点板。

（5）剪除多余线段。

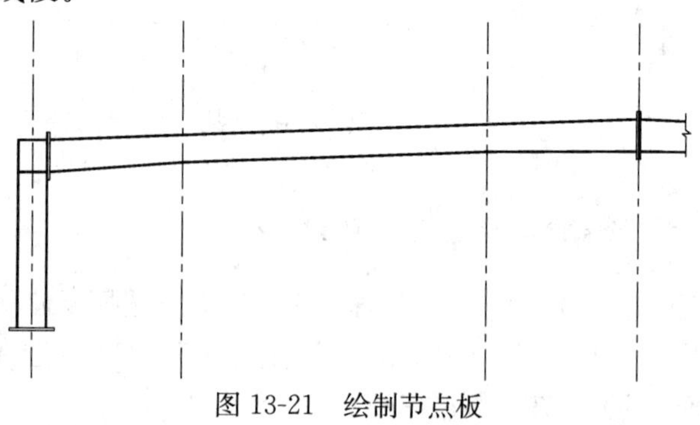

图 13-21　绘制节点板

6. 绘制节点螺栓（图 13-22）

（1）激活轴线图层。

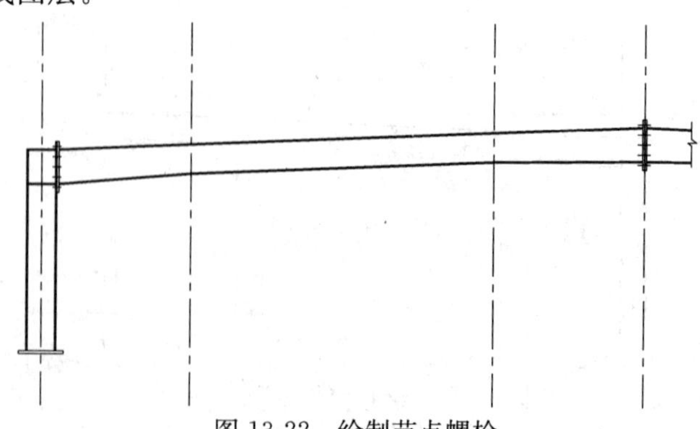

图 13-22　绘制节点螺栓

（2）绘制螺栓位置→激活对象捕捉，分别选择屋脊和檐口节点板的中点画线，定出螺栓轴线的位置。

（3）Offset→输入偏移量：200→选择对象（节点板中点螺栓轴线）→分别偏移出其他螺栓定位轴线位置。

7. 标注文字及对称标志（图13-23）

（1）选文本层为当前层。

（2）Text（单行文字）→确定文字样式，指定文字起点（选空置图区）、文字高度（取400）→输入文字（用Ctrl＋空格键，激活中文输入）“刚架图”。

（3）用夹点编辑将单行文字对象移入适当位置。

（4）用夹点编辑将轴线缩短，并在屋脊轴线上绘制两条平行线（对称标志）。

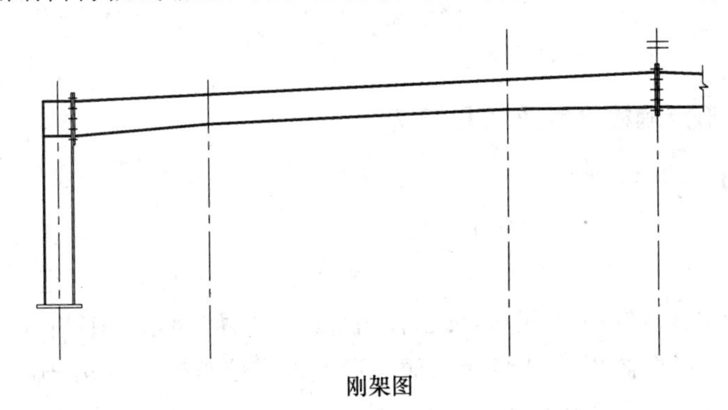

刚架图

图13-23　标注文字及对称标志

8. 标注轴线号及尺寸（图13-24）

（1）选标注层为当前层。

（2）Circle（圆）→半径：200。

（3）绘图→块→定义属性→属性标记：1，提示：输入轴号，文字选项：对正（正中），插入点：圆心。

（4）右击工具栏，弹出快捷菜单→标注→标注工具条→建筑。

（5）用Dimlinear（线性标注）→指定标注的起点（1轴线）→指定标注的终点（屋脊轴线）。

（6）用Dimlinear（线性标注）→指定标注的起点（1轴线）→指定标注的终点（第一次变截面轴线处）。

（7）用Dimlinear（线性标注）→指定标注的起点（第一次变截面轴线处）→指定标注的终点（第二次变截面轴线处）。

（8）用Dimlinear（线性标注）→指定标注的起点（第二次变截面轴线处）→指定标注的终点（屋脊轴线）。

（9）用Dimlinear（线性标注）→指定标注的起点（柱脚底板下轮廓线）→指定标注的终点（柱顶）。

（10）用Erase命令→第一次变截面轴线→第二次变截面轴线。

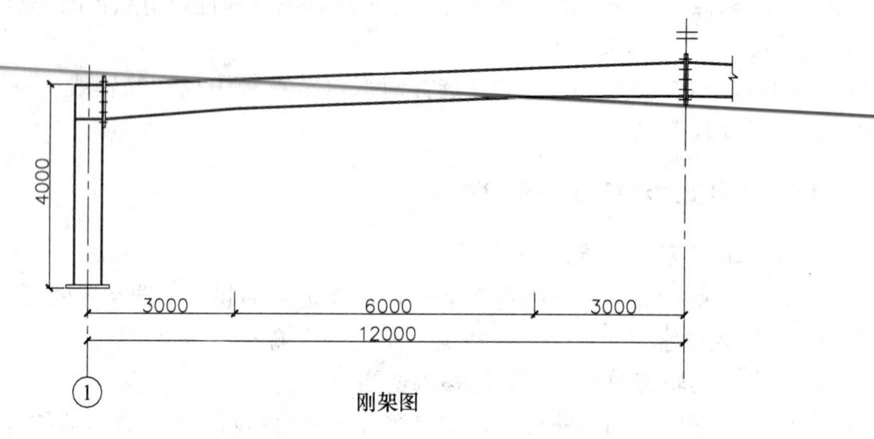

图 13-24　标注尺寸

9. 绘制屋脊节点螺栓位置图（图 13-25）

（1）选刚架层为当前层。

（2）用 Line 命令画 3000×1500 的矩形。

（3）用 Offset 命令画出 5 排螺栓的竖向定位轴线位置→Offset→指定偏移距离→键入距离（按图 13-25 中尺寸的 5 倍）→选择要偏移的对象→选择矩形两侧轮廓线向中心偏移。

（4）用 Offset 命令画出 2 列螺栓的横向定位轴线位置→Offset→用上下轮廓线偏移出水平轴线（按图 13-25 中尺寸的 5 倍）。

（5）将偏移好的线置于轴线图层中（选择偏移好的线后在图层下拉菜单中点选轴线）。

（6）用 Circle 命令在每个定位点绘制一个半径为 100 的圆。

（7）用 Trim 命令将螺栓定位轴线修剪好，并把圆删除。

（8）标注→样式（S）→标注样式管理器→新建（样式名为"节点"）→符号和箭头（T）修改为（选建筑标记）→调整（标注特征比例中的全局为 50）→主单位（小数，精度：0，比例因子：0.2）。

（9）Dimlinear（线性标注）→标注出螺栓轴线的尺寸，如图 13-25 所示。

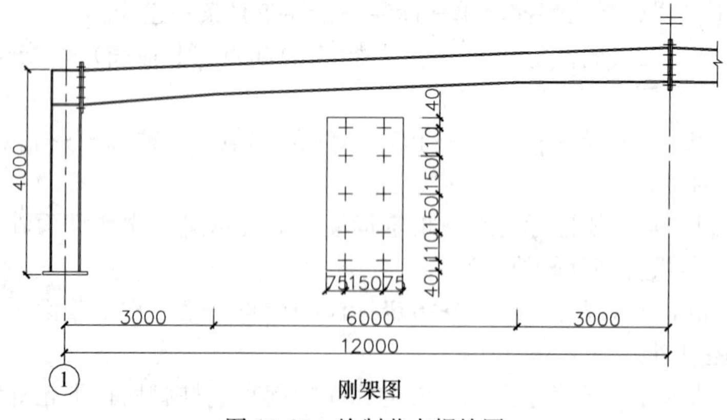

图 13-25　绘制节点螺栓图

附　录

1. 图纸幅面

为了做到房屋建筑制图基本统一、清晰简明，保证图面质量，提高制图效率，符合设计、施工、存档等的要求，以适应工程建设的需要，国家特制定了相应的房屋建筑制图标准。房屋建筑制图标准包含很多内容，例如图纸幅面、图线、字体、比例、符号、尺寸标注等，本节只简单介绍图纸幅面标准。

图纸的幅面及图框尺寸，应按附表 1 的规定。

附表 1　幅面及图框尺寸　　mm

尺寸代号 \ 幅面代号	A0	A1	A2	A3	A4
$b \times l$	841×1189	594×841	420×594	297×420	210×297
c	10			5	
a	25				

图纸分为横式和立式两种，以短边作垂直边称为横式，以短边作水平边称为立式。一般 A0～A3 图纸宜横式使用，必要时也可立式使用。附表参数如附图 1 所示。

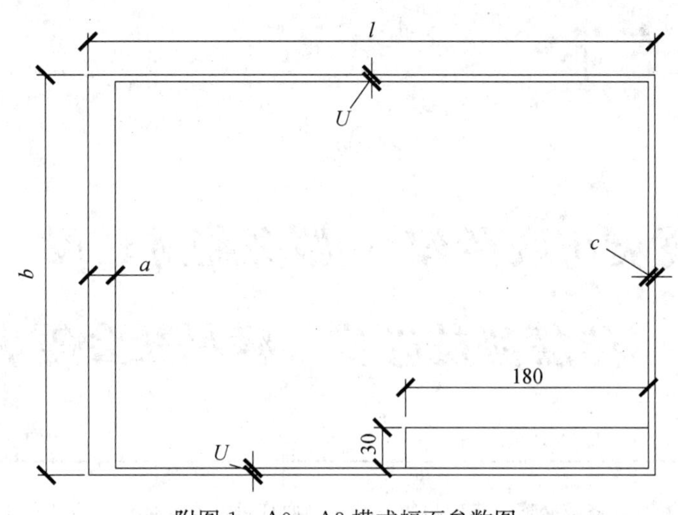

附图 1　A0～A3 横式幅面参数图

2. 标题栏

如附图 1 所示，长度应为 180mm，短边的长度，宜采用 40mm、30mm、50mm。